KB273290

알뜰 생활 도우미

생활의 지혜

이럴 땐 요렇게 박만선 편저

감의 떫은 맛 없애기 / 감자를 말려 바삭거리는 포테이토 칩을 / 간장 맛을 부드럽게 하려면
가스레인지에 기름이 묻었을 때 / 건강차 만들기 / 냄비의 찌든 때는 사과껍질 이용
고무장갑을 오래 쓰는 요령 / 국이 오래도록 식지 않게 하려면 / 신용카드 보상제도
달걀이 터지거나 금이 가지 않게 삶으려면 / 가죽제품에 핀 곰팡이를 제거하려면
오리털 점퍼는 때려야 좋다 / 구두약은 저녁에 바르고 아침에 닦아야 / 구두에서 냄새가 나면
다리미 바닥에 섬유질이 타 붙으면 / 멀미 날 때는 눕거나 찬바람 쐬야 / 고기 먹고 체했을 때
옷에 빨랫줄 자국이 나지 않게 하려면 / 다리의 피로 풀어주는 법 / 땀이 많이 나는 사람은
음식 궁합 / 머리카락에 윤기를 내리면 / 피부 거칠 땐 세수 헹굼물에 식초를 / 체질과 음식
겨울철 시동이 안 걸릴 때는 / 라디에이터에서 물이 샐 경우 / 스웨터가 오그라들었을 때는

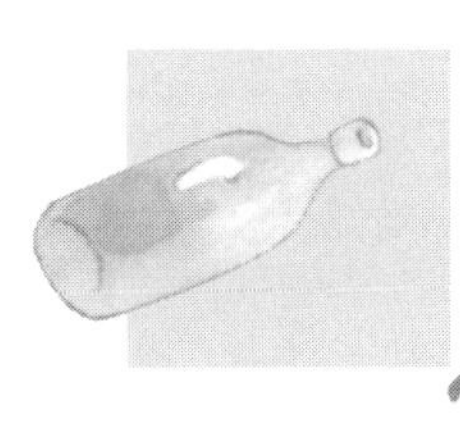

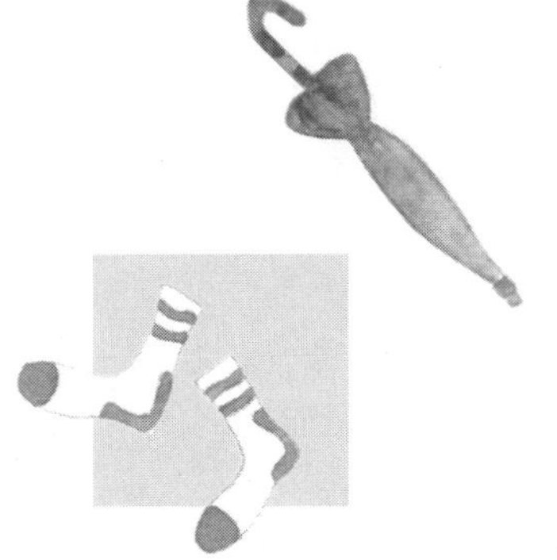

전원문화사

머 • 리 • 말

가정 살림을 하다 보면 하루종일 쉬지 않고 움직이는 데도, 해도해도 끝이 없는 게 살림이다. 더욱이 초보 주부라면 '세탁기, 냉장고도 없던 옛날 어머니들은 어떻게 자식을 몇씩이나 키우며 살림을 했을까?' 하는 의아심이 생기게 마련이다.

매사가 그러하듯 살림에도 경륜에서 터득하는 지혜와 노하우가 있다. 이런 살림의 지혜, 생활 힌트는 시어머니나 이웃의 선배 주부들로부터 대물림되어 왔다. 그러나 부모와 따로 사는 핵가족이 급속히 증가하고 또 이웃과 단절되어 살아가는 오늘날에는 이러한 지혜를 배울 기회조차 없다.

이 책은 현대 생활에 꼭 필요한 과학적인 살림 지혜 및 상식을 식생활, 의생활, 주생활, 건강·미용, 자동차, 그리고 생활상식으로 분류하여 구성하였다. 또한 각 상황별 주제어를 가나다순으로 배열하여 필요에 따라 쉽게 찾아볼 수 있게 하였다.

우리에게 꼭 필요한 살림 지혜와 일상 생활 상식들을 총망라한 이 책이 주부들에게 시간적 여유와 생활비 절약, 세련되고 화목한 가정 분위기를 가꾸는 도우미로서 활용될 것을 확신하며, 가족과 주변 사람들로부터 '똑소리 나는 아내' '야물딱진 주부' 라는 평판을 받게 될 것을 믿는다.

박만선

C · O · N · T · E · N · T · S

차 례

1 식생활 / 9

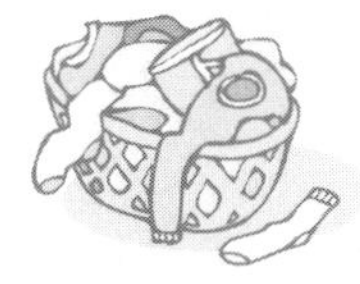

2 의생활 / 131

3 주생활 · 집안일 / 199

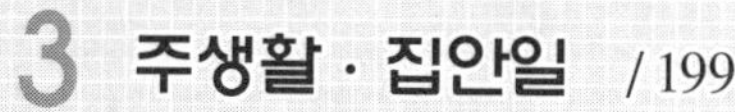

4 건강 · 미용 / 257

5 자동차 생활 / 351

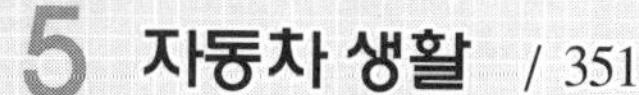

6 생활 상식 / 401

생활의
지혜

1
식생활

1. 식생활

가공식품 맛있고 신선하게 보관하는 방법

■ **버터** : 버터는 잘못 보관하면 사용 도중 여러 가지 냄새가 배기 쉬우므로 냉장고에 넣어둘 때는 밀폐된 용기에 넣어두어야 한다. 특히 버터에 한 번 밴 냄새는 결코 빠지지 않으므로 생선류같이 냄새가 나는 식품과 함께 넣어두지 말아야 한다. 또한 버터는 냉장보다 의외로 냉동보관이 좋다. 은박지에 싸서 비닐 팩에 밀봉해 넣어두면 맛도 향기도 변하지 않는다.

■ **치즈** : 치즈는 냉장실에 오래 두면 안 되는 식품 중 하나이다. 개봉하고 난 후에는 랩으로 싸서 공기와 닿지 않도록 하여 냉동 보관한다. 치즈가 조금 남아 있을 때는 건조되기 전에 강판에 갈아 가루로 만든 다음 밀폐용기에 넣어 얼린다. 얼어도 바삭바삭한 상태 그대로이다.

■ **소시지** : 시판되는 상태 그대로라면 비닐 팩에 넣어 냉장 보관한다. 이 때 공기가 들어가지 않도록 밀폐 상태를 만들어 준다.

■ **햄** : 먹고 남은 햄은 오래 두면 칼로 자른 부위가 변색된다. 나중에 필요한 양만큼 꺼내 쓸 수 있도록 잘라 랩으로 싸서 냉장 보관한다. 칼로 자른 부위에 술이나 식용유를 발라두어도 좋다.

가스레인지 불이 붉은빛 띨 때

기름 찌꺼기나 찌개 국물이 흘러 넘쳐 가스레인지의 버너 구멍이 막히면 불완전연소의 원인이 된다. 그렇게 되면 불길이 푸르지 않고 붉은 빛을 띠게 되는데, 이때는 버너를 들어내 와이어 브러시로 닦아주고 버너 구멍을 가느다란 철사로 뚫어 주어야 한다.

가스레인지에 기름이 묻었을 때

튀김 요리를 하고 나면 기름이 튀어 가스레인지 주변이 더러워지기 십상이다. 행주 따위로는 말끔하게 닦여지지가 않는다. 이때는 밀가루를 가스레인지 주변에 골고루 뿌린 다음 마른 천이나 키친 페이퍼로 닦아 보자. 기름기와 때가 말끔히 제거돼 깨끗하고 뽀송뽀송해진다.

깎아 놓은 사과의 변색을 막으려면

사과를 깎아놓고 손님을 기다리다 보면 얼마 안 있어서 색깔이 불그스름하게 변해 볼품없이 되어 버린다. 이러한 변색을 막으려면 깎은 사과를 연한 소금물에 담가두었다가 손님이 왔을 때 접시에 담아 내오면 변색될 우려가 없다. 소금물은 사과가 산화하는 것을 억제하는 효과가 있기 때문이다. 샐러드나 샌드위치용으로 잘게 자른 사과일 경우, 레몬즙을 조금 탄 레몬수를 사과에 뿌려주면 역시 변색되지 않는다.

간장 맛을 부드럽게 하려면

시판되는 간장 맛이 너무 강하여 좀 약하게 만들고 싶을 때는 간장에 다시마 조각(성냥갑 크기)을 3~4일간 담갔다가 꺼낸다. 그러면 맛이 한결 부드러워진다. 계속 담가두면 다시마가 변질될 수 있으므로 꼭 꺼내도록 한다.

간장보다 설탕을 먼저

간장과 설탕을 함께 넣는 조림 요리의 맛을 살리는 힌트 한 가지.

우선 간장과 설탕의 양은 설탕이 간장보다 많지 않도록 해야 한다. 그리고 넣는 순서가 중요한데, 먼저 설탕을 넣어서 다 녹인 다음 간장을 넣는 것이 좋다. 간장을 먼저 넣는다든가 함께 넣으면 설탕이 제맛을 내지 못한다.

감의 떫은 맛 없애기

감은 크게 단감과 떫은 감으로 나눌 수 있다. 단감은 따서 그대로 먹으면 되지만 떫은 감은 떫은 맛을 없애야 먹을 수 있다. 이 떫은 맛을 없애려면, 감을 두꺼운 종이에 싸서 약 10일간만 놓아두면 된다. 또 쌀 속에 20일 정도 묻어두어도 떫은 맛이 사라지고 단맛만 남게 된다.

감자껍질 벗기기

생강이나 감자의 껍질을 벗길 때 칼로 벗기게 되면 많은 손실이 있다. 이럴 때는 망사를 이용해서 껍질을 벗긴다면 아주 쉽게 벗겨지면서 썩은 곳은 더욱 깨끗하게 된다.

감자는 통째로 삶아 찌개에 넣는다

처음부터 감자를 적당한 크기로 썰어서 찌개나 국을 끓이게 되면 물에 녹기 쉬운 비타민 따위의 양분이 달아나고, 또 전분질이 찌개나 국물 속에서 흩어지는 등 좋지 않다. 따라서 감자는 우선 통째로 삶은 다음에 껍질을 벗겨 적당한 크기로 썰어서 사용하는 것이 양분도 보존될 뿐더러 맛도 훨씬 좋다.

감자를 말려 바삭거리는 포테이토 칩을

감자껍질을 깨끗이 벗겨 찬물에 2시간 정도 담가 전분을 어느 정도 제거한다. 이렇게 해야 색깔이 검어지는 것을 막을 수 있다. 그 다음 둥근 모양으로 얄팍하게 썰어서 싱거운 듯한 소금물에 살짝 데쳐 채반에 널어 말린다. 다 말린 감자는 기름에 튀겨 간식이나 술안주 등에 쓰면 시중에서 판매하는 포테이토 칩과 같은 맛을 낸다.

고구마는 깨끗이 씻어 적당히 익도록 삶은 다음, 큼직하고 얄팍하게 썰어 햇볕이 좋은 날 꾸덕꾸덕하게 말린다. 말린 고구마는 깨끗한 그릇에 고구마 한 켜, 설탕 한 켜의 순으로 담아 눌러 놓으면 아이들의 간식거리로 매우 좋다.

감자를 맛있게 간하려면

갓 삶아 낸 감자는 세포 하나하나가 부풀어서 부드러운 상태에 있다. 이 상태에서 조미료를 섞으면 안쪽까지 스며들기 쉬워서 맛이 잘 난다. 하지만 일단 식어 버리면 밥과 마찬가지로 전분이 굳어져 아무리 간을 해도 표면에만 들러붙을 뿐이다. 그래서 밑간은 뜨거울 때 하는 것이다. 또 감자 샐러드는 먹는 온도에도 주의해야 한다. 샐러드는 차게 해서 먹는 것이 상식이긴 하지만 감자를 차게 식힐 경우 맛이 떨어지므로 실온에서 먹는 것이 좋다.

감자를 맛있게 찌려면

감자는 껍질째 쪄야만 물기도 적고 포실포실하여 맛도 좋다. 감자의 껍질에는 비타민 C가 많다. 따라서 껍질을 벗기거나 썰어서 찌면 영양분이 그만큼 손실되므로, 우선 통째로 삶은 뒤에 껍질을 벗기고 적당한 크기로 썰어서 요리해야 맛과 영양이 동시에 살아난다.

또한 감자를 삶을 때는 물이 끓을 때 넣고 삶는 것보다 찬물에 넣고 삶아야 감자의 전분이 흘러나오지 않는다. 감자가 익은 뒤에도 솥뚜껑을 그대로 오래 덮어두면 감자가 질척해지게 되므로 주의해야 한다. 삶아 으깬 감자에다 우유나 버터, 소금 등을 넣고 버무리면 매시드포테이토가 되는데, 이는 이유식이나 어린이 간식용으로 좋다.

감자 싹 안 나게 보관하는 법

보관해 둔 감자에 싹이 나서 못 먹고 버리거나 도려내고 먹는 경우가 있다. 이렇게 감자에 싹이 나는 현상을 막으려면 감자 박스에 사과를 하나 넣어두면 된다.

감자에 싹이 났을 땐 두껍게 깎아야

감자에는 솔라닌이라는 유독물질이 포함되어 있다. 특히 싹이 돋아나는 3, 4월에는 솔라닌 성분이 급증한다. 싹과 껍질 부분에 많이 포함되어 있기 때문에 많이 먹으면 복통이나 현기증이 일어나기도 한다. 따라서 봄철에 감자를 먹을 때는 껍질을 두껍게 깎아내고, 싹도 깊이 파낸 다음 먹는 것이 좋다.

개량 김칫독 사용 요령

최근의 개량 김칫독은 각종 첨단 장치를 이용해 김치가 맛있게 익고 또 그 상태가 오래 유지되도록 신경을 쓰고 있다.

그러나 개량 김칫독을 사용해 맛있는 김치를 먹기 위해서는 알아두어야 할 몇 가지 사항이 있다. 담글 때의 온도가 높으면 김칫독 내부 온도도 높은 채로 유지되므로 주변 온도가 10℃ 이하로 내려갔을 때 김장을 담는 것이 좋다. 그렇지 않으면 담근 김치를 하룻밤 정도 밖에 내놓았다가 온도가 내려간 후 김칫독에 넣으면 신선도가 유지된다. 김치를 담고 나서 김칫국물은 내용물이 잠길 만큼 부어 미생물 양을 줄이는 것이 좋다.

개량 김칫독을 고를 때는 김장김치의 양을 고려해서 적당한 크기의 것을 고르되 뚜껑을 여닫아 보고 밀폐가 잘 되는지, 스테인리스와 우레탄 부분의 접착 부분이 매끄러운지를 살핀다. 또 통 내부에 흠이 있으면 녹이 슬 수 있으므로 마감 처리를 확인해야 한다.

건강차 만들기

다시마 차 : 다시마 분말 1작은술, 율무가루 1큰술, 찹쌀가루 1큰술을 온수에 넣어 고루 저어서 기호에 따라 설탕 또는 소금을 넣는다. 다시마를 곱게 채썰어 띄운 뒤 찻잔에 내놓는다.

흑임자 차 : 검은깨 간 것 1/2큰술, 들깨가루 1작은술, 검정 콩가루 1작은술을 온수에 넣어 고루 풀어서 잔에 그대로 따른다. 대추는 채썰어 띄운다.

땅콩현미 차 : 땅콩 1큰술, 현미가루 1큰술, 보리가루 1/2큰술을 넣고 잘 섞어서 설탕을 조금 넣어 잔에 낸다. 잣을 얹는다.

건포도를 부드럽게 하려면

건포도를 오래 놓아두면 뻣뻣해져 맛이 덜하다. 이럴 때는 건포도에 포도주나 물을 뿌려 랩을 씌운 다음 전자레인지에 넣어 약 30초 정도 가열하면 연하고 부드러워진다.

걸레 냄새

여름에는 특히 걸레에서 나쁜 냄새가 많이 난다. 그래서 걸레도 자주 열탕소독을 하고 햇볕에 쬐어줘야 한다. 그런데 여름에는 이것만으로는 부족하므로 걸레 가운데에다 끈을 하나 묶어 놓고 쓰지 않을 때에는 눈에 잘 띄지 않는 곳에 걸어두면 된다. 걸레 감으로는 못 쓰게 된 나일론제 스웨터 같은 것이 좋다. 이것은 흡수성과 건조성도 좋지만 오래 써도 냄새가 잘 나지 않기 때문이다.

껍데기 조개는 물 없이 삶아야 제맛

껍데기가 있는 조개는 물 없는 냄비에서 삶아야 조개 자체가 지닌 고유의 맛을 그대로 살릴 수 있다. 홍합, 조개, 고동 등은 냄비에 담고 뚜껑을 덮어 조리한다. 이때 레몬 한 조각을 넣으면 비린내도 없어지고 향긋해진다.

껍질 벗긴 감자의 변색 방지하려면

껍질 벗긴 감자는 식초를 몇 방울 떨어뜨린 물에 담가 냉장고에 보관하면 거무스름해지지 않는다. 자른 감자가 남았을 때도 같은 방법으로 보관한다.

너무 짠 음식에 손질한 감자 두 개 정도를 굵직하게 썰어서 넣으면 감자가 익으면서 소금기를 흡수하게 되어 간이 맞춰진다.

껍질 벗긴 바나나에는 레몬즙을

껍질 벗긴 사과가 변색되는 것을 막으려면 소금물에 담갔다가 건져내면 된다. 바나나 역시 껍질을 벗겨두면 쉽게 변색되므로 레몬즙을 발라주면 변색을 막을 수 있다.

게 고르기

살아 있다면 더할 나위 없이 좋고, 죽은 것이라면 딱지나 발을 보아서 윤기가 흐르고 등이 껄끄러운 것은 죽은 지 얼마 안 되는 것이므로 이런 것들 가운데 들어 보아서 묵직한 것을 고르도록 한다. 또 딱지를 살짝 들고 속살을 손끝으로 살살 눌러 보아서 탄력이 있으면 더욱 좋은 것이다. 고리타분한 냄새가 나면 상한 것이므로 피한다.

겨울철 김밥용 밥을 만들 때는

날씨가 추워지면 금방 밥이 딱딱하게 굳어져 김밥의 제맛을 내기가 어렵다. 이럴 땐 부드러움을 유지시켜 주는 설탕을 밥 섞을 때 약간 넣어주면 좋다. 또 밥을 섞을 때는 바깥쪽으로부터 한가운데로 마치 산을 쌓아가듯이 나무주걱으로 부드럽게 섞는 것도 맛있는 김밥을 만드는 비결이다.

계란말이를 할 때에는 설탕을

계란의 단백질에 열이 가해지면 단백질의 열 응고현상이 일어난다. 그런데 단백질 용액에 설탕을 넣으면 가열 시 설탕이 결합되면서 단백질 분자의 결합을 방해하기 때문에 단백질의 응고가 지연되므로 탄력성을 갖게 된다. 이러한 원리를 이용해서 계란말이를 할 때 설탕을 넣어주면 보다 더 부드러운 맛을 느낄 수 있다. 흰자위로 거품을 낼 때 설탕을 쓰는 것도 계란말이에 설탕을 첨가하는 것과 같은 이유이다. 계란말이에 설탕을 넣으면 부드러운 맛이 난다.

고구마가 익었는지를 알아보려면

보통 고구마를 찔 때 익었는지 어떤지를 알아보기 위해 젓가락으로 찔러 보는데, 그것만으로는 충분하지 못하다. 우선 냄비 뚜껑을 열고 찐 고구마

옆에다가 성냥불을 그어 대 보자. 이때 성냥불이 꺼지지 않고 끝까지 타면 고구마가 완전히 익은 상태이다.

고구마를 삶을 때는 다시마를 이용한다

고구마를 통째로 삶을 때 다시마를 조금 넣어서 함께 삶으면 놀라울 정도로 짧은 시간에 맛있게 삶을 수 있는데, 이것은 다시마에 있는 성분이 고구마를 부드럽게 해주기 때문이다.

고구마 · 토란 줄기 말리기

고구마 줄기는 연하고 부드러운 것을 골라 질긴 겉껍질을 벗겨서 끓는 소금물에 살짝 데쳐낸 다음 말려둔다. 토란 줄기는 겉껍질만 벗겨서 굵은 소독저 굵기와 길이(15cm 정도)로 쪽쪽 찢어서 끓는 물에 데친 후 물기를 꼭 짜서 채반이나 발 등에 펴 먼지가 적은 서늘한 그늘에 놓아 말린다. 비닐봉지에 담아서 보관했다가 먹을 때 다시 삶아 물에 우려내어 사용한다. 나물로 무쳐 먹거나 볶음, 육개장 등에 넣어 이용할 수 있다.

고기나 생선을 잘 구우려면

고기나 생선은 가열할 때 들러붙으려는 성질이 있다. 하지만 미리 가열해 둔 프라이팬일 경우에는 단숨에 열이 가해지기 때문에 들러붙을 틈도 없이 응고되고 만다. 꼭 고기나 생선이 아니더라도 밥이나 면류 역시 마찬가지다. 야채류도 미리 가열하지 않은 프라이팬에서 볶기 시작하면 수분이 필요 이상으로 나오게 된다. 식품의 수분이나 맛을 잃지 않기 위해서는 프라이팬을 미리 가열시키는 것이 필요하다.

고기는 찬물에 씻어야

고기는 독특한 냄새가 있다. 그래서 잘못 조리하면 국물에서 냄새가 나기도 하고 맛이 변하기도 한다. 고기는 조리하기 전에 냉수로 씻은 다음 물기를 완전히 빼고 요리를 해야 냄새도 덜 나고 국물 맛도 좋아진다. 냉수로 씻으면 고기 맛도 변하지 않는다.

고기의 누린내 없애는 방법

커피 : 탄 고기의 발암물질도 중화시킨다.
고기 양념장에 커피를 섞어 넣는다. 고기 자체의 맛을 살리는 갈비탕 같은 요리에도 응용. 끓는 물에 커피를 넣고 고기를 넣어 한 번 끓였다가 물을 따라 버리고 다시 한 번 물을 부어 끓인다.

와인 : 향긋한 냄새를 더한다.
쇠고기나 돼지고기 모두 잘 어울린다. 와인은 고기의 냄새를 없애준다기보다는 와인 자체의 향을 더하여 고기의 맛을 상승시킨다. 고기 한 근일 때 1큰술 정도만 넣으면 된다.

청주 : 넉넉하게 넣어도 좋아요.
청주는 고기의 밑간을 할 때나 양념장에 섞어서 쓰면 음식의 잡 냄새를 없애준다. 쇠고기 한 근에 3큰술 이상 넉넉하게 넣으면 맛이 좋다. 요리용 맛술보다는 청주가 좋다.

맥주 : 고기 구우면서 살짝 넣으면 좋아요.
고기를 재울 때 양념장에 함께 넣고 재워도 좋지만 맥주 자체의 깔끔한 맛을 더 즐기고 싶다면 고기를 구울 때 마지막에 살짝 넣도록 한다. 알코올이 날아가 냄새는 거의 나지 않는다.

녹차 : 진하게 우려 넣으세요.
녹차 잎 그대로 양념장에 넣어도 좋다. 하지만 입 안에 껄끄럽게 걸리는 게 싫을 때는 진하게 우려서 3큰술 정도 넣으면 된다. 물에 녹는 가루녹차(말차)일 때는 그냥 양념장에 함께 넣는다.

생강즙 : 고기 냄새 잡는 최강자.
생선이나 돼지고기의 누린내를 없애는 데는 생강 이상 없다. 생강을 곱게 갈아 즙을 낸 후 양념장에 섞는다. 돼지고기 한 근에 1큰술 정도만 넣어도 충분하다.

▪ **구기자** : 따뜻한 물에 우려서 넣으세요.
40~50℃의 따스한 물에 구기자 2큰술 정도를 넣고 진하게 우려낸 물을 양념장에 함께 넣는다. 구기자의 약간 떫은 맛이 고기의 누린내를 싹 가시게 한다.

고기의 육질을 연하게 하는 방법 

▪ **반 개를 쓱쓱 갈아서 : 배**

배는 고기를 연하게 할뿐만 아니라 달짝지근하면서도 깔끔한 맛을 내준다. 고기 한 근을 양념할 때 배는 반 개만 갈아넣으면 된다. 배가 없을 때는 시중에서 파는 갈아 만든 배 주스 한 캔을 넣는다.

▪ **고기 한 근당 딱 한 개만 : 키위**

키위는 고기를 연하게 하는 대표적인 재료. 하지만 양이 좀 많아지면 고기가 너무 흐물흐물해져서 먹을 게 없어진다. 키위는 고기 한 근 당 딱 한 개면 된다.

▪ **고기 재울 때 첫째 양념 : 설탕**

고기를 양념할 때 우선 설탕을 넣고 주물럭주물럭 재운 후 나머지 양념장을 섞어 고기에 넣고 주무른다. 설탕의 연화작용으로 고기가 연해진다.

▪ **30분만 폭 담가두세요 : 콜라**

고기를 양념하기 전에 콜라에 담그면 누린내도 없어지고 고기가 보들보들 연해진다. 고기 한 근이면 30분 정도. 더 오래 담그면 흐물흐물해진다. 이때 키위나 배는 따로 첨가하지 않는다.

▪ **즙으로 쓰거나 갈아넣거나 : 파인애플**

캔에 든 파인애플을 갈아서 고기 잴 때 넣어 보자. 혹은 파인애플 캔의 국물만 따라 넣어도 좋다. 이때는 설탕의 양을 조금 줄이고 키위나 배 등의 즙을 따로 넣지 않는다.

▪ **달착지근 시원한 맛 : 양파**

양파는 고기 한 근당 한 개 정도 쓴다. 그 중 반 개는 갈아서 즙을 내어 넣고 반개는 길게 썰어서 고기와 함께 섞을 것. 양파 즙에 20분 정도 미리 고기를 재웠다가 쓰는 방법도 있다.

스테이크용은 미리 재두세요 : 올리브유

두껍게 썬 스테이크용 고기는 미리 올리브유에 담가두었다가 구우면 훨씬 부드럽다. 올리브유 대신 식용유 등의 식물성 기름을 써도 된다.

고등어는 바다에서 나온 즉시 부패하기 시작한다

고등어는 부패가 매우 빨라 식중독을 일으키기 쉬운 생선이다. 그래서 특히 더 잘 골라야 하는데, 아가미의 색깔이 선명하고 흰 배는 은빛을 띠는 것을 고르면 된다. 고등어는 보기와는 달리 잘라 보면 살이 뭉개지는 등 싱싱하지 않은 게 많기 때문에 살을 눌러봐서 단단한 것을 고르는 것이 좋다. 그리고 가장 많이 먹는 고등어 자반은 고등어가 쌀 때 생고등어를 사서 소금을 조금 뿌린 다음 바로 구워 먹으면 싱싱한 자반을 먹을 수 있다.

고무장갑을 오래 쓰는 요령

겨울철에 특히 많이 쓰게 되는 고무장갑을 오래 사용하려면 일을 마친 뒤 반드시 잘 씻어두어야 한다. 설거지를 할 때 기름이 묻은 프라이팬 등은 맨 나중에 씻게 마련이므로 고무를 삭게 하는 기름때가 묻게 마련이다. 그러므로 설거지 후에는 장갑을 낀 채 세제용액으로 손을 잘 씻고 깨끗이 헹구어 바람에 말리는 것이 좋다.

고무장갑 속이 불결하면 습진 유발

주부습진의 원인 중 하나가 청결하게 관리하지 않은 고무장갑이라는 사실을 아는 사람은 많지 않다. 고무장갑 안쪽에는 손에서 배출되는 분비물이 묻어 있게 마련이고, 이 물질은 주부습진을 일으키는 곰팡이의 좋은 영양원이 된다. 따라서 사용 후에는 반드시 주방용 세제로 속까지 깨끗이 씻어 물기를 말렸다가 다시 사용하는 게 좋다.

또 사용 중에도 손에서 나는 땀 때문에 피부가 젖어 있게 되므로 면장갑을 끼고 그 위에 고무장갑을 끼는 게 좋다.

고추장에 곰팡이가 날 때

여름 장마철을 지나다 보면 고추장에 하얀 곰팡이가 생기기 쉽다. 이럴 때는 식초를 수저 뒷부분에 가볍게 묻혀서 고추장에 발라주고 햇볕을 쬐면 곰팡이가 말끔히 없어진다.

고춧가루 색깔을 곱게 하려면

김치는 고춧가루 색깔이 빨갛고 고울수록 먹음직스럽게 보인다. 그런데 만일 고춧가루 색깔이 좋지 못하다면 김치 담그기 하루 전쯤에 고춧가루를 따뜻한 물에 개어 불려두었다가 사용하면 빛깔이 고와진다.

고춧잎은 무침보다는 기름에 볶아 먹는다

고춧잎엔 비타민 A가 풍부하기 때문에 자칫 결핍되기 쉬운 비타민 A를 보충하는 데 제격이다. 고춧잎을 요리할 때 무침보다는 기름에 볶아 먹는 것이 좋은 이유도 여기에 있다. 지용성인 비타민 A는 다른 어떤 요리법보다 기름에 볶는 것이 흡수율을 높이기 때문이다.

과일 샐러드의 물기를 제거하려면

사과, 배, 파인애플, 감 등 각종 과일을 섞어 만든 샐러드는 과일에서 나오는 수분으로 인해 샐러드 드레싱이 묽어지기가 쉽다. 이럴 때는 샐러드에 땅콩을 갈아넣으면 과일의 수분을 흡수해 물기가 생기지 않고 땅콩의 고소한 맛이 과일과 한데 어우러져 한결 더 맛이 좋아진다. 샐러드에 넣는 과일은 얇게 썰어야 드레싱이 골고루 묻어 더욱 맛이 있다.

과일 선택 요령

- **딸기** : 표면에 있는 씨눈이 알알이 박혀 있는지 먼저 살펴보고 색깔이 지나치게 붉은 것은 피한다. 딸기는 표면이 울퉁불퉁해 농약 잔유량이 많기 때문에 농약을 많이 사용한 비닐하우스 제품보다 제철에 구입하는 것이 좋다.

- **멜론** : 손으로 들어 보아 무겁고 단단하며 배꼽 부분을 엄지로 눌렀을 때 약간 들어가는 것을 고른다. 그물 무늬가 선명하며 간격이 촘촘하게 나 있는 것이 좋다.

- **바나나** : 껍질에 갈색 반점이 나타나기 시작할 때 가장 달고, 비타민 C 함유량도 가장 높다. 껍질에 푸른빛이 도는 것은 덜 익은 것인데, 더운 곳에 놓아두었다 익으면 먹는다.

- **수박** : 꼭지의 줄기에 털이 없으며, 꼭지가 누워 있고 T자 모양인 것, 줄무늬가 선명하고 진한 것일수록 좋다. 꼭지가 서 있거나 누런 것은 오래된 것이며, 표면이 노란 것은 햇빛을 잘 받지 못한 것이다. 모양이 기형적으로 생기거나 비뚤어진 것은 별로 맛이 없다. 수박 아랫부분을 보면 꽃이 피었던 흔적이 있는데 그것이 작을수록 맛이 좋고, 두드렸을 때 맑은 소리가 나면 잘 익은 것이다.

- **참외** : 모양이 타원형으로 고르게 생긴 것, 선명한 노란색, 표면의 골이 깊이 팬 것이 좋고, 푸른색인 것이 신선하다. 꼭지가 오래될수록 꼭지가 누렇게 되거나 떨어진다.

- **키위** : 만졌을 때 말랑말랑하면서 탄력이 느껴지는 것이 싱싱하다.

- **파인애플** : 1.5kg 정도의 무게에 잎은 푸르고 몸체는 주황빛이 살짝 도는 것이 맛있다.

- **포도** : 한 알 떼어내 맛을 본 후 살 경우에는 포도송이 끝 부분보다 꼭지 쪽의 것을 맛보아야 전체의 맛을 알 수 있다. 포도는 끝 부분부터 익

어 들어가기 때문이다. 송이가 고르고 껍질 표면에 백색 분말이 있는 것이 싱싱하다.

과일에 설탕을 치면 영양가가 파괴된다

과일을 깎아낼 때 단맛을 돋우기 위해 설탕을 치는 경우가 더러 있다. 원래 과일은 몸 속에 들어가면 알칼리성 반응을 보이게 된다. 그런데 설탕을 치면 그 반대로 산성 반응을 일으키므로 섭취한 과일이 전혀 소용없게 된다. 설탕은 적게 먹을수록 좋은데, 구태여 과일에까지 넣어서 영양가를 떨어뜨릴 필요는 없는 것이다.

국물 간 맞추기

국수 국물이나 조개탕 등 국물 위주의 요리에 간을 맞출 때는 소금과 간장을 대략 7:3의 비율로 해서 맞추는 게 가장 좋다. 처음에는 소금으로 대강 간을 맞춘 다음, 요리가 거의 다 되었을 때 간장을 넣어서 완전한 맛이 나도록 하는 것이 요령이다. 그리고 간장을 넣은 다음에는 숟가락으로 젓는다든가 하지 말고 그대로 스르르 끓인 후 먹는다.

국산 · 수입 농수산물 구별하기

■ 생선류

• **고등어** : 국산은 등 쪽 물결무늬가 가늘며 청록색이나, 수입산은 이 무늬가 상대적으로 굵고 검은빛을 많이 띤다. 국산은 배 부위가 은백색이나 수입산은 백색인 점도 다르다.

• **조기** : 국산 조기는 붉은색에 몸 전체가 두툼한 반면 수입산은 비늘이 거칠고 꼬리가 길며 넓은 편이다. 옆줄이 선명하지 않고 유난히 광택이 나면 수입산인지 의심해 봐야 한다.

• **명태** : 국산은 몸통이 뭉툭하고 짧다. 이에 비해 수입산은 길쭉해서 늘씬하게 보인다. 가슴 지느러미가 검은빛을 띠며 주둥이 밑에 수염이 없

는 것은 수입 명태일 가능성이 높다.

곡류 구분하기

- **팥** : 국산은 낱알이 크고 굵으며 윤기가 반질반질 돌아 예쁜 팥색이 난다. 또 팥 배꼽 속의 흰 선이 선명하다. 반면 중국산은 낱알이 작고 먼지가 묻어 있어 윤기가 잘 나지 않고, 배꼽 속의 흰 선이 짧고 선명하지 않다.

- **녹두** : 국산 녹두는 서로 크기가 일정하지 않아 여러 가지가 섞여 있다. 또 대체로 표면이 거칠고 윤기가 없다. 그에 비해 중국산은 크기가 일정하고 표면이 매끈하며 윤기가 나는 것이 특징이다.

- **흰콩** : 국산은 껍질이 얇으며 밝은 빛이 난다. 낱알은 크고 윤기가 있다. 미국산은 껍질이 두껍고 거칠며 낱알이 작고 윤기가 없다. 또 배꼽 색이 우리 것은 미색이나 황색을 띠는 데 비해 미국산은 검은색을 띤다.

- **찰수수쌀** : 국산은 모양이 동글동글하며 부분적으로 적색 껍질이 보인다. 중국산은 낱알이 타원형에 가깝고 갈색 껍질이 남아 있다.

- **참깨** : 국산 참깨는 길이가 짧고 통통하며 모아 놓았을 때 일정한 색깔이 난다. 또 배 부분에 있는 세로줄이 거의 없다. 이에 비해 중국산은 낱알이 홀쭉하여 길어 보이고 서로 색깔이 차이 나는 것이 많다. 또 배 부분에 1자 형의 세로줄이 많다. 그리고 주부들이 시장에서 볶아서 파는 참깨를 많이 사먹는데, 이것들의 대부분은 수입산이라고 생각하면 맞다. 이 깨들은 보통 겉껍질이 터져 있는데, 우리 나라 것은 볶아도 타서 까맣게 되기는 하지만 껍질이 터지지는 않는다.

- **검정참깨** : 국산 검정참깨는 진한 색깔이 일정하고 윤기가 있으며 낱알이 크고 동글동글하다. 중국산은 연한 흑색이며 색깔이 고르지 않고 윤기가 없다. 낱알이 길쭉한 편이며 희끗희끗한 것이 많다.

야채 구분하기

- **양파** : 국산 양파는 크기가 대체로 작고 껍질은 밝은 갈색이며 매운 냄새가 강하다. 또 껍질이 부드러워 잘 찢어진다. 중국산은 크기가 크

고 껍질이 진한 갈색을 띠며 매운 냄새가 약하다. 또 껍질이 잘 벗겨지지 않고 찢어지지도 않는다.

- **마늘** : 국산은 알이 비교적 작지만 단단하고 대체로 잔뿌리가 그대로 달려 있다. 까놓은 모양은 통통하고 끝 부분이 뾰족하며 빻았을 때 매운 맛이 강하다. 수입산은 이에 비해 알이 굵고 무른 느낌이 들며 쪽수가 10~13개로 국산보다 많다. 그리고 뿌리가 운반 과정에서 떨어져나가 거의 없으며 빻았을 때 매운 맛이 약하다. 시중에 유통되고 있는 깐 마늘은 대부분 수입산일 확률이 높다. 수입산이 유통량의 70%를 차지하고 있으니 조금 귀찮더라도 판별이 쉬운 까지 않은 마늘을 사는 것이 좋다.

- **고사리** : 국산은 줄기가 가늘고 짧으며, 잎이 말리기 전의 상태 그대로 많이 붙어 있다. 색깔은 연한 갈색이고 줄기가 매끈한 편이며 향이 강하다. 반면 중국산은 줄기가 굵고 길며, 잎이 많이 떨어져 별로 붙어 있지 않다. 색깔은 진한 갈색을 띠고, 줄기가 매끈하지 않으며 향이 약하다. 먹을 때 줄기가 질겨 다 씹히지 않는다.

기타

- **땅콩** : 국산 땅콩은 대체로 동글동글하며 껍질이 잘 부서지지 않고 색깔이 연한 갈색이다. 또 껍질 주름이 적고 일정하며 먹었을 때 고소한 냄새가 강하게 난다. 이에 비해 중국산은 낱알이 대체로 길쭉하고 껍질이 잘 부서지며 색깔이 우리 것에 비해 진하다. 또 껍질에 주름이 많고 조금씩 벗겨진 것이 많으며 먹었을 때 고소한 맛이 약하다.

- **대추** : 국산은 대체로 색깔이 붉은색이 선명하고, 수입산은 약간 검은빛을 띠면서 색이 죽어 있다. 또 다른 방법으로는 이같이 눈으로 식별하기보다 냄새를 맡아보는 방법도 있다. 약품 냄새가 나면 거의 수입산이다. 대추는 집에서 보리차 등을 끓일 때 몇 개 넣으면 달콤한 향이 좋다.

국수가 달라붙지 않게 삶으려면

국수를 삶을 때 잘 저어주지 않으면 서로 달라붙게 된다. 건져내서 식힐 때도 달라붙기는 마찬가지. 따라서 국수를 삶을 때는 물이 한창 끓을 때 샐러드 기름이나 참기름을 한 숟갈 정도 넣고 국수를 세워서 풀어 넣는다. 그러면 국수가 서로 달라붙지 않을 뿐더러 한결 부드럽고 맛이 있다.

일단 국수가 끓어 넘치려 할 때 찬물 반 컵가량을 붓고 저어주면 거품이 가라앉는다. 그러고 나서 다시 국수가 떠오를 때까지 끓이면 알맞게 익는다. 이때 즉시 건져내 찬물에 두 번 정도 씻으면 국수가 쫄깃쫄깃하고 맛있게 된다.

국을 맛있게 끓이는 법

국을 맛있게 끓이기 위해서는 먼저 센 불에서 물을 펄펄 끓인 다음 재료를 넣고 재차 끓여 거품이 일기 시작하면 물이 자글자글 끓을 정도로 불을 약하게 줄인다. 또한 생선국을 끓일 때는 물이 완전히 끓은 뒤에 생선을 넣고 끓여야 살이 부서지지 않는다. 그러나 곰국을 끓일 때는 이와는 반대로 반드시 찬물에 고기를 넣고 서서히 가열해 가면서 끓여야 한다.

국이 오래도록 식지 않게 하려면

보온 기구를 사용하지 않고도 따뜻함을 유지하는 간단한 방법이 있다. 바로 녹말가루를 국이 끓을 때 조금 풀어 넣어 주는 것이다. 녹말가루로 인해 국물의 끓는 온도가 높아져 그릇에 국을 퍼 놓아도 잘 식지 않는다. 찌개에도 이 방법을 사용하면 좋다.

굳은 빵은 냉장고의 탈취제로 사용한다

먹다 남은 빵을 비닐에 담아 냉장고에 넣어두게 되면 빵이 딱딱하게 굳어 맛이 없어지게 된다. 이런 때 그것을 버리지 말고 비닐에서 꺼내어 냉장고에 넣어두면 훌륭한 냉장고 탈취제가 된다. 냉장고의 음식 냄새가 신기할 정도로 깨끗이 제거된다.

굴은 무와 함께 체에서 손질

굴은 손질법이 까다롭다. 대충 씻으면 껍질 찌꺼기가 씹히고, 또 너무 열심히 씻으면 굴 특유의 맛이 사라지기 때문이다. 굴을 잘 손질하기 위해서는 먼저 무를 갈거나 채를 썰어서, 거기에 굴을 섞은 후 체에 담는다. 그런 다음 옅은 소금물에 체를 담갔다 꺼내는 식으로 두세 번 씻는다. 굴을 깨끗이 씻는다고 손으로 주무르면 굴의 형태가 망가질 수 있으므로 물에 헹궈내는 정도가 가장 좋다. 이때 맹물에 헹구면 굴의 맛이 빠져나가 싱거워지므로 옅은 소금물에 헹군다.

굴은 유백색이고 미끈미끈한 것으로

굴이 가장 단맛을 내는 시기는 10월에서 3월로 보통 찬바람이 불 때 제맛이 난다. 굴은 유백색에 약간 미끈미끈하고 손가락으로 눌렀을 때 탄력이 느껴지는 것이 좋다. 너무 처지거나 미끌미끌하면 오래된 것이므로 피한다. 그리고 굴을 까서 그릇에 담아두면 점액질이 흘러나오는데, 이때 점액질이 너무 끈적끈적하거나 색이 진한 것은 싱싱하지 않다고 보면 된다. 그러나 신선하지 않은 굴이라도 물에 하루쯤 재워두면 싱싱한 것처럼 보이므로 굴을 살 때는 꼼꼼하게 잘 살펴보아야 한다.

꿀을 굳지 않게 보관하려면

순도가 높은 꿀일수록 냉장고에 보관하면 하얗게 되면서 점점 딱딱하게 굳어진다. 꿀이 하얗게 굳는 것은 포도당이 결정을 만들기 때문이다. 이렇게 변해도 품질에는 변화가 없지만 물에 타기도 어렵고 다루기 힘들어진다. 그래서 꿀을 보관할 때는 냉동실에 두는 게 좋다. 온도가 낮아서 포도당이 결정으로 되지 않고 걸쭉한 상태를 유지할 수 있다.

그릇의 상표는 아세톤으로

커피 세트나 기타 사기그릇에 붙어 있는 상표나 정가표 같은 것은 떼고 나도 자국이 남아 있는 경우가 많다. 솔로 문지르거나 더운물로 씻어도 잘을 사용하면 깨끗하게 지워진다.

금이 간 찻잔이나 컵은 우유로

찻잔이나 컵에 금이 가면 버리게 되는데, 작은 금이라면 눈에 띄지 않게 할 수 있다. 금이 간 즉시 냄비에 우유를 듬뿍 넣어 그 안에 찻잔을 담그고 4~5분 간 끓이면 우유의 단백질이 금이 간 틈에 들어가 메워주기 때문에 금이 안 보이게 된다. 중요한 것은 곧 이 작업을 해야 한다는 것이다. 시간이 지나 금에 때가 끼어 버리면 우유로 끓여도 표가 난다.

기름은 어떻게 버리나

오래 돼 못쓰게 된 기름을 버릴 때는 우유팩에 잘게 찢은 신문지나 면 소재의 천을 넣은 다음 기름을 부어 스며들게 한 다음 입구를 막아 버린다. 배수구에 그대로 기름을 버리면 막대한 수질오염을 일으키므로 반드시 우유팩을 이용해 버린다.

기름이 튀어 오를 때

기름에 물이 들어가게 되면 기름이 사정없이 냄비 밖으로 튀어 오른다. 이런 때는 얼른 식빵을 잘게 부서뜨려 기름 속에 넣어주면 멈춘다.

김은 두 장씩 한꺼번에 굽는다

김은 비타민 A가 풍부한 식품. 그런데 김을 구울 때 1장씩 굽게 되면 공기와의 접촉면이 넓어져서 김에 포함되어 있는 비타민 A가 산화, 파괴되기 쉽다. 그러므로 김을 구울 때는 1장씩 굽지 말고 2장씩 한꺼번에 굽는 것이 비타민 A의 손실률을 최대한 낮출 수 있다. 비타민 A는 지용성이므로 기름을 살짝 바르는 것이 흡수율을 훨씬 높여준다. 또 이렇게 두 장을 함께 구울 때는 매끈한 면을 가운데로 합치고, 꺼칠꺼칠한 부분을 밖으로 향하게 해서 구우면 김의 향이 달아나지 않는다.

김을 한꺼번에 많이 구우려면

여러 장의 김을 한꺼번에 굽는 방법이 있는데, 이렇게 하면 일일이 손으로 뒤집어 굽는 것보다 훨씬 간편하고 맛도 있다. 그 순서는 다음과 같다.
1) 기름에 소금을 섞어 골고루 김에 바른다.
2) 김을 적당한 크기로 잘라서 알루미늄 도시락 속에 차곡차곡 넣고 뚜껑을 덮는다.
3) 알루미늄 도시락을 약한 불에 올려놓고 2~3분가량 굽는다.
이렇게 구우면 김이 조금도 오그라들지 않고 곱게 구워진다.

김이 눅눅해졌을 때

장마철 또는 습기가 많은 날에는 김이나 과자를 잠깐만 꺼내놓아도 금방 눅눅해진다. 이럴 때 김을 전자레인지에 넣고 15초 정도 가열하면 다시 바삭바삭해진다. 과자도 마찬가지고 소금도 눅눅해질 경우 접시에 담아 랩을 씌우지 말고 전자레인지에 1~2분 정도 넣고 가열하면 다시 고슬고슬해진다.

김 저장법

다량의 김을 선물 받거나 하여 저장해야 할 때가 있다. 이 김을 잘못 저장하면 영양가는 물론 색깔과 향기가 퇴색되어 맛없고 볼품없이 되어 버린다. 따라서 마른 김을 보관할 때는 건조하고 어둡고 서늘한 곳에 두어야 한다. 특히 장마가 있는 여름철에는 잘 밀봉하여 냉동실에 보관해야 오래 보관할 수 있다.

김장김치를 맛있게 보관하는 법

김장김치는 섭씨 3~4℃에서 2주일 정도 익으면 제맛을 내는데, 익은 후에는 섭씨 0℃에서 영하 5℃ 사이에 보관하는 것이 맛과 영양가의 손실이 가장 적다. 또 햇빛이 많이 닿지 않도록 하고 공기 유입을 최대한 차단한 채 보관하는 것도 맛있는 김치를 먹을 수 있는 요령이다.

김장김치를 여름에 먹으려면

봄기운만 돌아도 시거나 색이 변해 보관하기가 어려운 게 김장김치. 그냥 냉장고에 넣어두면 많이 시어 버려 제맛을 잃기 쉽다. 여름에도 잘 익은 김장김치를 먹고 싶다면 냉동실을 잘 활용해 보자. 김치가 알맞게 익었을 때 비닐봉지에 한 포기씩 넣어 밀봉한 다음 냉동실에 얼려두었다가 여름에 하나씩 꺼내 먹으면 된다. 김장김치를 만들면서 간을 잘못 맞춰 짜게 됐을 때는 무를 썰어 중간중간에 넣고, 싱거울 때는 젓갈류를 중간중간에 부어 넣던가 아니면 김치 위에 소금을 솔솔 뿌려주면 된다.

김장과 우거지

김장을 담그고 나서 그 위에 덮는 우거지도 김장 맛에 큰 영향을 끼친다. 우거지는 두껍고 빈틈이 없이 폭 덮어야 하는데, 설날 전에 먹을 김치는 배춧잎 우거지로, 또 오래 두고 먹을 김치는 무청 우거지로 덮어 주어야만 중간에 우거지가 물러 김치 맛을 변하게 하는 일이 없다. 김칫독에다 대나무 잎을 따 넣어 그 잎이 누렇게 된 다음에 건져내고 먹으면 맛도 좋고 국물도 한결 맑아진다.

김장 배추는 어느 정도 절여야 하나

배추를 절일 때 대개는 하루 저녁 정도 재우는 것이 보통이다. 그러나 이렇게 하면 배추의 단물이 많이 빠져 나가 버리기 때문에 맛이나 영양 면에서 좋지 않다. 따라서 배추에 소금을 넉넉히 뿌리고 서너 시간 정도만 저렸다가 씻고 곧바로 속을 넣어야 단맛이 적게 빠져나간다. 그리고 손맛을 위해 맨손으로 고춧가루를 만질 때는 손에다 참기름을 좀 바르고 만지면 손이 훨씬 덜 맵다.

김장 양념할 때 마늘, 파, 생강은 적당히

김장을 담글 때 이것저것 양념을 많이 넣는다고 해서 김치가 맛있어지는 것은 아니다. 잘못하다가는 오히려 맛을 버려 놓을 수가 있다. 보통 요리할 때도 마찬가지지만 김치에 마늘을 많이 넣으면 군내가 나고, 파를 많이 넣으면 빨리 시게 되며, 생강을 많이 넣으면 김치 맛이 쓰게 된다. 따라서 배추 다섯 포기를 기준으로 할 때 마늘 한 통, 쪽파 반 줌, 생강 한 뿌리 정도가 적당하다.

김치가 일찍 쉬는 것을 막으려면

특히 여름철에는 김치가 쉽게 쉬어 버리는데, 김치를 담기 전에 달걀 껍질을 깨끗한 가제에 싸서 항아리 안에 넣어두면 잘 쉬지 않는다.

김치의 신맛을 없애려면

조개껍질을 이용하면 김치의 신맛을 없앨 수 있다. 조개껍질을 깨끗이 씻어서 김치 속에 반나절가량만 넣어두면, 김치 맛을 손상시키지 않고 신맛을 없앨 수 있다.

날생선의 기생충은 식초로 제거

식초는 날생선에 있는 기생충을 없애주므로, 초밥이나 덮밥용 생선은 식초에 적셨다 요리하면 좋다. 고등어나 전갱이는 식초에도 없어지지 않는 기생충이 있어 가열하거나 얼렸다 먹어야 한다.

남은 마늘은 샐러드유를 넣어 보관한다

마늘은 한번에 사용하는 양이 아주 적어 남은 마늘을 그대로 두면 싹이 트거나 말라 버리는 일이 많다. 쓰고 남은 마늘을 잘 보존하려면 먼저 껍질을 완전히 벗기고, 한 쪽씩 나누어 입구가 넓은 병에 넣는다. 그리고 그 위를 덮을 만큼 샐러드유를 넣고 서늘하고 볕이 들지 않는 곳에 놓아두면 장기간 보존할 수 있다.

남은 맥주는

가스레인지와 환풍기의 더러운 때를 없애는 데 효과적이다.

　냉장고 안을 닦는 데도 좋다. 맥주를 적신 행주로 냉장고 안을 닦으면 더러운 때는 물론 냄새까지 없어진다. 화초 잎에 낀 먼지를 맥주로 닦아주면 윤기가 나고 잎도 훨씬 싱싱해진다. 남은 맥주가 든 병이나 캔을 그대로 냉장고에 넣어둔다. 냉장고 탈취에 탁월한 효과를 보인다. 얼굴 화장을 닦아내는 데 사용해도 좋다.

남은 야채로 만드는 야채수프

　오래된 토마토나 요리하고 남은 감자 등은 수프로 만들면 좋다. 남은 야채들을 큼직하게 썰어 버터에 볶은 뒤 먹기 좋을 정도로 물러지면 체에 거른다. 여기에 우유를 첨가하고 간을 맞추면 훌륭한 수프가 된다.

남은 찬밥으로 영양 만점인 우유죽을

　남은 찬밥을 활용할 수 있는 방법은 많다. 김치 담글 때 풀죽을 써도 좋고, 볶음밥을 해도 꼬들꼬들해 좋고, 프라이팬에 살짝 태워서 누룽지를 만들어 먹어도 맛있다. 하지만 이런 평범한 음식 말고도 영양도 풍부하고 아이들 간식으로도 좋은 우유죽을 만들어 보면 어떨까?

　우유죽은 영양이 풍부하고 적은 양으로 포만감을 느낄 수 있어 아침식사로도 부족함이 없고, 소화가 잘 안 되는 노인이나 아이들의 영양 간식으로도 그만이다. 우유죽을 만드는 방법은 먼저 냄비에 밥을 넣고 넘치거나 눌지 않도록 주걱으로 잘 저어가며 끓인다. 그러다가 충분히 밥이 풀어졌을 때 우유를 넣고 다시 살짝 끓여준다. 여기에 소금이나 설탕을 넣어서 먹으면 영양 만점의 우유죽을 즐길 수 있다.

냄비의 찌든 때는 사과껍질 이용

　보통 사용하는 알루미늄 냄비에 왠지 때가 남은 듯한 검댕이 있는 경우가 있다. 이런 검댕은 세제로는 좀처럼 닦이지 않는다. 냄비에 사과껍질과 물을 함께 넣고 잠깐 끓이면 사과껍질에 포함되어 있는 산의 작용으로 냄비의 검댕이 지워진다. 사과 대신 귤과 레몬껍질을 이용해도 똑같은 효과를 볼 수 있다. 물론 식초를 이용해도 된다.

냉동 고기를 쉽게 해동하려면

냉동실의 고기를 꺼내어 요리를 하려면 해동하는 데 많은 시간이 걸릴 뿐만 아니라 잘못 해동하면 영양 파괴가 있을 수 있다. 이럴 때 알루미늄 냄비를 뒤집어 놓고 고기를 올려놓은 후 또 다른 알루미늄 냄비를 고기 위에 똑바로 올려놓으면 고기가 쉽게 해동되어 요리하기에 좋다.

냉동 생선을 해동하는 요령

냉동된 생선은 낮은 온도에서 천천히 녹이는 것이 가장 좋다. 하지만 급하게 요리를 해야 할 때는 냉동된 생선을 비닐봉지에 넣고 물이 들어가지 않게 입구를 잘 막은 뒤 물에 20~30분 정도 놓아둔다.
이렇게 하면 생선의 수분과 영양도 손실되지 않고 맛좋은 요리를 할 수 있다.

냉동어는 얼린 채로

냉동어는 요리하기 직전에 녹여서 사용해야만 싱싱하고 맛도 좋다. 따라서 어물전에서 미리 녹여 물을 뿌려 놓은 것은 신선도가 떨어져 맛이 덜하므로 피하는 것이 좋다.

냉이의 고유한 향기를 유지하려면

냉이를 국으로 하든 나물로 하든, 냉이가 지닌 고유의 향기를 잃지 않게 하기 위해서는 된장을 많이 쓰지 말고, 또 데칠 때에도 살짝 익힐 정도로 해야 한다. 국을 끓일 때는 조선간장과 참기름 외의 양념은 쓰지 않는 것이 좋다.

냉장고 악취 제거 방법

녹차를 마시고 난 찌꺼기를 말려서 냉장고에 넣어두면 냉장고 안에서 나는 악취를 제거할 수 있다. 김치 냄새가 밴 도시락이나 김치 통에도 녹차 찌꺼기를 넣어두면 냄새가 사라진다. 냉장고 안에 숯을 넣어두어도 냄새가 제거된다. 간단한 방법으로는 10원짜리 동전을 넣어두는 것인데, 이 방법도 효과가 있다.

냉장고에 보관하지 않아도 될 식품

냉장고를 사용하다 보면 물건을 보관할 공간이 없어 애를 먹을 때가 있다. 꼭 냉장고에 넣어 보관해야 할 물건만 보관하고 그렇지 않은 것은 따로 보관해도 된다. 물건을 구입할 때 냉장 보관돼 있는 물건이 아니면 특별히 냉장고에 넣어 보관할 필요가 없다. 예를 들어 캔류와 음료수 등은 냉장고에 넣을 필요가 없다. 하지만 개봉 후에는 반드시 냉장고에 보관해야 한다. 바나나, 파인애플, 멜론 등 열대과일과 감자, 고구마, 양파, 마늘은 망에 담아 바람이 잘 통하는 서늘한 곳에 걸어두면 된다. 무, 배추, 시금치 등의 채소는 신문지로 둘둘 말아두면 싱싱함이 오래 가므로 굳이 냉장고에 넣을 필요가 없다.

냉장고에 넣어서 좋지 않은 식품들

냉장고라 해서 어떤 식품이라도 넣어두기만 하면 좋은 것은 아니다. 바나나, 고구마, 가지, 마요네즈, 빵 따위는 냉장고에 넣어두면 오히려 맛이 떨어진다. 빵류는 장마철에 곰팡이가 필 염려가 있을 때만 냉장고에 보관하되 냉장실보다는 냉동실에 보관한다.

냉장고 제대로 알고 사용하기

바깥 기온이 30℃를 넘을 때 냉장고의 문을 열어 놓으면 냉장고 안의 온도가 10초마다 1℃가량씩 올라간다. 그러므로 물건을 한 번 꺼내고 넣고 하는 데 1분이 걸렸다고 하면 냉장고 속의 온도는 그 사이에 6℃가량 올라간 셈이 된다. 또 흔히 냉장고 위에 가전제품이나 그릇 등을 올려놓는데, 이런 것을 올려놓으면 냉장고의 기능이 약해져 전기를 더 소모하게 된다.
냉장고의 상단, 중단, 하단 등은 위치에 따라 온도가 다르므로 식품에 따라 보관방법을 선택하는 것이 효율적이다. 냉장고에 더운 식품을 넣으면 전기도 소모될 뿐 아니라, 다른 식품까지 상하게 하므로 반드시 식혀서 넣도록 한다.

　냉장고는 실내에서도 통풍이 잘 되고 온도가 낮은 곳에 두어야 하며, 냉장고에 넣으면 오히려 품질이 변질되는 식품이 있으므로 이런 것들은 냉장고에 넣지 않도록 한다. 냉장고의 내용량이 많으면 전력 소모량도 커진다.

■ 냉동실

① 보관식품 목록을 작성해 문에 붙여 놓으면 편리하다.
② 한 번 해동했던 식품은 다시 냉동시키면 맛이 떨어질 뿐만 아니라 위생적으로 좋지 않다.
③ 야채를 지나치게 데쳤을 때는 냉동실에 잠시 얼려서 사용한다.
④ 구운 김이나 고춧가루는 밀폐해 냉동실에 보관하면 눅눅해지지 않는다.
⑤ 먹고 남은 떡은 쾌속 냉동으로 얼려두면 원래의 모양과 맛이 유지된다.
⑥ 아이스크림, 생선, 육류 등은 냉동실 포켓에 넣지 않는다. 문을 열고 닫을 때 온도가 올라가 변할 수도 있기 때문이다.

■ 냉장실

① 꽁꽁 언 냉동식품은 냉장실로 옮겨 해동한다.
② 계란은 뾰족한 쪽을 아래로 세워 보관한다.
③ 봉지 식품을 보관할 때는 집게를 이용하면 편리하다.
④ 싱싱한 버섯은 주름 있는 쪽을 위로 해서 보관한다.
⑤ 무는 잎을 잘라내고 보관한다.
⑥ 양배추는 바깥 잎부터 손으로 떼어 사용한다. 칼로 자르면 빨리 시든다.

녹즙을 만들 때 주의할 점

　단백질과 지방 위주의 식습관으로 인해 자칫 결핍되기 쉬운 비타민과 미네랄, 칼슘 등의 섭취를 위해 녹즙을 마시는 것도 좋은 방법이다. 녹즙의 재료로 좋은 채소는 오이와 당근, 쑥갓, 미나리, 솔잎, 감잎, 부추, 케일, 신선초, 파, 양상추, 민들레 등이다. 이 가운데 오이와 당근에는 비타민 C를 파괴하는 효소가 들어 있으므로 다른 채소와 함께 사용하는 것은 좋지 않다.

또 간혹 녹즙에 맛을 더하기 위해 설탕을 넣는 경우가 있는데, 이는 비타민을 파괴할 수 있으므로 피하는 게 좋다.

눅눅해진 과자 전자레인지에 가열

습기가 많은 날은 김이나 과자를 잠깐만 꺼내놓아도 금방 눅눅해진다. 이럴 때는 김을 전자레인지에 넣고 15초 정도 가열하면 다시 바삭바삭해진다. 과자도 마찬가지고 소금도 눅눅해질 경우 접시에 담아 랩을 씌우지 말고 전자레인지에 1~2분 정도 가열하면 다시 고슬고슬해진다.

다시마는 검은빛을 띠고 눅눅하지 않은 것으로

검은빛을 띠고 윤이 나는 다시마가 좋은 다시마이나. 하얀 가루는 염분 때문에 생긴 것이므로 신경 쓰지 않아도 되지만, 하얀 가루가 너무 많을 때는 물에 살짝 씻거나 툭툭 털어 사용하면 된다. 그리고 눅눅한 것은 오래 보관했다는 증거이므로 구입하지 않는 것이 좋고, 또 집에 보관한 다시마가 눅눅해졌을 때는 통풍이 잘 되는 곳에서 말린다.

단무지 맛을 좋게 하려면

시장에서 사온 단무지 중에는 맛 자체가 별로 안 좋은 것이 있다. 그런 경우에는 물 한 컵에 식초를 새콤한 맛이 날 정도로 하고 설탕을 넣어 만든 국물에 사온 단무지를 잘라 30분 정도 담가놓는다. 이렇게 두었다가 꺼내서 먹으면 맛좋은 단무지가 된다.

달걀이 터지거나 금이 가지 않게 삶으려면

달걀을 삶으면 껍질이 터져 흰자위가 흘러 나와 볼품없이 되어 버릴 때가 종종 있다. 이는 흰자위와 노른자위의 응고되는 온도가 다르기 때문에 일어나는 현상이다. 따라서 달걀을 삶을 때 소금이나 식초를 약간 물 속에 넣어주면 흰자위를 단단하게 해주어 터지거나 금이 가지 않고 깨끗하게 삶아진다. 화력은 중간보다 약간 약하게 삶는다.

그리고 냉장고에서 꺼내 곧바로 삶으면 쉽게 금이 가므로 미리 얼마쯤 상온에 내놓았다가 삶아야 한다. 급격한 온도 변화가 달걀껍질을 갈라지게 하기 때문이다. 또 한 가지 방법은 달걀의 둥근 쪽에 바늘구멍을 내고 삶으면 달걀이 터지거나 금이 가는 것을 막을 수 있다.

딸기는 소금물에 씻는다

딸기는 거의 90%에 이르는 수분과 7% 정도의 당질이 주성분이며, 비타민 C는 사과보다 16배나 더 많이 들어 있어 과일 중에서 비타민 C가 가장 많은 편이다. 또 새콤한 맛을 내는 유기산이 1%가량 들어 있는데, 이것은 구연산 등으로 맛을 좋게 해줄 뿐만 아니라 신진대사를 도와 피로회복에도 도움을 주는 성분이다. 딸기에 많은 비타민 C는 여러 가지 호르몬을 조절하는 부신피질의 기능을 활발하게 하므로 체력을 증진시킬 수도 있다.

이처럼 과일 중 비타민 C가 가장 많은 딸기는 살이 물러 농약의 침투가 쉬운데 그렇다고 해서 깨끗하게 씻겠다고 물에 담가 여러 번 씻다가는 비타민 C가 모두 파괴되고 만다. 따라서 비타민 C를 보호하면서 농약을 제거하기 위해서는 씻을 때 각별히 조심해야 한다.

흔히 깨끗이 씻기 위해 주방용 세제를 쓰지만 주방용 세제는 아무리 약한 것이라 해도 인체에 좋지 않기 때문에 그것을 사용하기보다는 물에 약간의 소금을 푼 뒤 딸기를 넣고 살랑살랑 흔들어 씻는 것이 좋다. 또한 오톨도톨한 딸기의 표면에 붙어 있는 흙이나 먼지, 불순물을 제거하려면 딸기를 바구니에 담아 물에 담근 후 서너 번 물을 갈아주면서 흔들어 씻는 게 좋다.

또 딸기는 꼭지를 안 뗀 상태로 씻는 것이 좋다. 꼭지를 떼어내고 씻으면 꼭지 자리에 물이 들어가게 되어 단맛이 떨어지기 때문이다.

딸기에 설탕과 양주를 치면 별미

한물 간 딸기는 아무래도 제맛이 나지 않는다. 이럴 때는 딸기에다 설탕을 친 다음 위스키나 브랜디 등의 양주를 살짝 뿌려 놓으면 아주 새로운 맛으로 변한다.

닭고기 고르기

- 닭고기는 잡은 지 얼마 되지 않은 것이 가장 맛있다.
- 닭고기를 고를 때는 지방이 너무 많지도 적지도 않은 적당한 것을 골라야 한다. 담황색에 윤기가 있으며 살이 많고 탄력이 좋은 것을 고른다.
- 어린 닭일수록 고깃빛이 연하고 부드러울 뿐만 아니라 냄새도 좋다.
- 목이나 다리 등 잘린 부위가 누렇거나 적갈색을 띠는 등 살색과 너무 차이가 나는 닭고기는 좋지 않다. 또 닭고기가 크다고 무조건 좋은 건 아니다. 요리의 용도에 맞는 것으로 골라야 한다. 예를 들어 삼계탕은 영계, 닭도리탕은 큰 것으로.

닭고기 손질하기

- 닭고기는 가장 상하기 쉬운 고기. 구입한 날 사용하지 않을 경우에는 자르지 말고 통째로 랩에 싸서 냉동 보관해야 한다.
- 닭고기의 간은 구입 즉시 피를 빼고 물기를 없앤 뒤 보관한다.
- 닭고기의 냄새를 없애려면 양념장을 하기 전에 레몬즙이나 술에 잠시 재워둔다. 닭고기는 결이 가늘기 때문에 너무 오래 재우는 것은 피한다.
- 닭고기를 구울 때 작은 칼로 구멍을 내어 하면 고기가 쪼글쪼글해지는 것을 막을 수 있어 모양이 좋아진다.

당근은 채소 조리 때 따로 볶아야

당근은 비타민을 파괴하는 성분이 들어 있기 때문에 다른 채소와 함께 조리할 때는 별도로 데치거나 볶았다가 사용하는 것이 좋다. 쓰고 남은 것이나 물로 씻은 것은 신문지나 종이 행주에 싸서 구멍을 낸 비닐봉지에 넣어두면 오랫동안 싱싱하게 보관할 수 있다.

달걀껍질 이용법

달걀껍질을 버리지 않고 모아두면 여러 가지로 유용하게 쓸 수 있다.
① 물병 등을 씻을 때 사용한다. 달걀껍질을 부숴 물병 속에 넣고 흔들면

깨끗이 씻긴다.
② 흰 빨래를 삶을 때 가제에 싼 달걀껍질을 밑에 깔고 삶으면 신기할 정도로 빨래가 희어진다.
③ 화분의 거름으로 사용할 수 있다. 달걀껍질 몇 개를 화분 위에 올려놓으면 영양분이 화분의 흙으로 스며들어 질 좋은 거름이 된다.
④ 김치를 담글 때 달걀껍질을 밑에 깔아주면 김치가 더디게 익어 오래 먹을 수 있다.

달걀 냄새를 없애려면

달걀에서 좋지 않은 냄새가 날 때가 있다. 이런 때는 달걀을 요리할 때 파슬리를 얇게 넣으면 신기하게도 냄새가 사라진다.

달걀말이를 부드럽고 맛있게 하려면

달걀말이를 부드럽게 하려면 마요네즈를 넣어 본다. 달걀에 마요네즈를 섞고, 버섯·파·소금·후춧가루를 넣어 팬에 부치면 맛이 부드럽고 입 속에서 살살 녹는다.

달걀은 둥근 쪽을 위로 해서 보관한다

달걀은 놓아두는 방법에 따라 신선도가 달라진다. 달걀의 신선도를 유지하려면 껍질의 둥근 쪽을 위로 해서 놓아둔다. 왜냐하면 둥근 쪽은 달걀이 호흡하는 면이기 때문이다. 둥근 쪽을 아래로 하면 노른자나 흰자가 겹쳐 기실이 손상되어 달걀이 호흡 곤란으로 빨리 상한다.

또 달걀은 생명체이기 때문에 껍질에 무엇이 묻었다고 해서 물로 씻으면 호흡작용이 잘 안 돼서 쉽게 상한다.

먼저 사온 달걀과 새로 사온 달걀을 함께 놓아둘 때는 반드시 먼저 사온 달걀에 연필로 표시를 해두자. 그렇지 않으면, 먼저 사온 달걀이 뒤로 처질 경우 상한 것을 먹게 될 수가 있기 때문이다. 이때 사인펜 같은 것으로 표시하면 잉크가 속까지 배일 염려가 있으므로 반드시 연필을 사용하도록 한다.

달걀을 반숙으로 삶으려면

팔팔 끓는 물에 달걀을 넣은 다음 불을 끈다. 그리고 나서 약 6분쯤 지나면 이상적인 반숙이 된다.

달걀 프라이는 왜간장에 김 가루를 얹어 먹어야 별미

달걀 프라이는 대개 노른자위를 깨지 않은 상태로 소금을 뿌려서 먹곤 하는데, 왜간장을 붓고 그 위에 김 가루를 얹어 먹으면 별미다. 이때 김 가루는 손으로 부숴 만드는 것보다 가위로 잘라 만들어야 보기가 좋다.

달걀 프라이를 예쁘게 부치려면

달걀 프라이를 부칠 때 동그랗고 예쁘게 부치려면 양파를 이용한다. 먼저 양파의 중앙 부분을 약 1.5cm 두께로 잘라 바깥쪽 테두리를 떼어낸다. 그러고 나서 그것을 달궈진 프라이팬에 놓고 그 속에 달걀을 부어 부치면 모양이 양파 모양과 같이 동그랗고 예쁘게 부쳐진다. 접시에 옮길 때마다 프라이팬에서 양파를 떼어내어 다시 사용하면 두께와 모양이 일정해 예쁘다.

당근의 냄새를 없애려면

당근은 되도록 생으로 먹는 게 좋으나 그 독특한 냄새 때문에 싫어하는 사람이 있다. 이럴 때 쓰는 간단한 방법 한 가지. 당근을 물 속에 푹 담가 하루나 이틀쯤 두었다가 먹으면 냄새가 말끔히 빠져 생식의 즐거움을 맛볼 수 있다. 파슬리 같은 채소도 이 방법으로 냄새를 빼서 쓸 수가 있다.

도라지껍질은 망사나 수세미로 벗긴다

껍질을 벗기지 않은 도라지를 사면 훨씬 저렴하다. 껍질을 벗길 때는 물에 담가두었다가 망사나 수세미 등을 이용하면 수월하게 껍질을 벗길 수 있다.

말렸다가 먹고자 할 때는 껍질을 벗긴 도라지를 길이 방향으로 반으로 갈라 말리도록 한다. 도라지는 햇볕이 강하게 쬘 때 그늘에서 말려야 하며 그렇지 않을 경우, 뿌리 부분이 쉽게 누렇게 변색될 수 있으므로 가급적 빠른 시일 내에 바싹 말리도록 한다. 완전히 마르면 깨끗한 비닐봉지에 넣어 두었다가 필요할 때 꺼내 불려서 찢어 쓰도록 한다. 도라지는 당분과 섬유질이 풍부할 뿐 아니라 칼슘, 무기질 또한 많은 알칼리성 식품이므로 말려 두었다가 쓰면 겨울철 부족하기 쉬운 영양소를 보충해 준다.

도라지의 쓴맛 빼기

도라지 나물을 정성껏 무쳐 놓았는데도 쓴맛 때문에 식구들이 거들떠보지도 않는 경우가 있다. 도라지 나물은 무치기 전에 따뜻한 소금물에다 넣어 몇 번 주물러 씻은 다음에 무쳐야만 쓴맛이 사라진다. 그리고 생채를 할 때는 미리부터 식초를 치지 말고 상 위에 올려놓기 직전에 쳐서 먹어야 비타민의 손실을 막을 수 있다.

도마에 생선 냄새가 배이면

생선 비린내 제거에는 레몬과 생강이 좋다. 도마를 비누로 닦으면 음식에 비누 냄새가 배일까 걱정되고, 중성세제로 닦으려면 번거롭고…. 이럴 때 레몬이나 생강을 이용해 보자. 요리하는 중에 생선을 만진 손이나 칼, 도마에서 냄새가 날 때 레몬이나 귤 또는 생강즙으로 닦아주면 좋지 않은 냄새를 없앨 수 있다.

생선을 익힌 냄비에 배인 비린내는 차 찌꺼기와 물을 함께 넣어 약 10분 간 끓이면 없어진다. 그리고 물에 약간의 술을 풀어 헹구어도 신기할 정도로 비린내가 사라진다.

또 생선을 구운 그릴이나 구운 판은 열이 식을 때까지 그대로 방치하면 냄새가 남게 되므로, 아직 뜨거울 때 식초를 가해서 씻으면 비린내가 없어진다.

그리고 손에 배인 생선 냄새는 비누로 닦아도 좀처럼 없어지지 않는데, 이럴 땐 식초를 이용해 닦아 보자. 생선 비린내가 금방 제거된다. 치약을 손에 바르고 문질러 주어도 쉽게 제거된다.

돈가스에 된장을 찍어 먹으면 별미

돈가스를 자그마하게 잘라 된장을 살짝 발라 먹으면 의외로 맛있다. 여기에다 파를 약 4cm씩 잘라서 함께 곁들여 먹으면 더욱 맛이 있다. 간장이나 소스를 찍어 먹는 것보다 한결 개운한 맛이 나고 좋다. 물론 각자의 취향에 따를 일이다.

동태 고르기

몸통에 탄력이 있고 눈이 선명한 것을 고른다. 특히 생태를 고를 때는 중간 부분을 손으로 들었을 때 빳빳하게 탄력을 유지해야 하며, 살을 눌렀을 때도 탄력이 있어야 한다. 눈이 빨갛거나 탁한 것은 오래된 것이므로 주의한다.

동치미를 무르지 않게 담그려면

한겨울에는 시원한 동치미야말로 겨울 입맛을 한결 더 산뜻하게 해준다. 이 동치미를 잘못 담그게 되면 무가 물러 군내가 나게 되는데, 이를 방지하려면 무엇보다도 무를 씻을 때 껍질에 상처를 입히지 말아야 한다. 상처가 나면 무 속으로 물이 들어가게 되어 빨리 물러 군내가 나게 된다. 동치미 무는 한번에 하나씩 꺼내 먹을 수 있을 정도로 동글동글하고 자그마한 것이 좋다.

동치미 무로 짠지 만들기

동치미는 주로 시원한 국물을 즐겨 먹기 때문에 무 건더기가 많이 남게 된다. 그런데 남은 무들은 자칫하면 맛도 변하고 물러서 버리게 되는 경우가 많은데, 맛이 변하기 전에 꺼내어 밑반찬용으로 짠지를 만들어 먹으면 좋다. 우선 동치미 무를 맛이 변하기 전에 꺼내어 짠 소금물에 담가 돌로 누른 다음 꼭 봉하여 차게 보관해 둔다. 그랬다가 묵은 김치가 거의 다 없어질 무렵 채썰어서 고춧가루 등의 갖은 양념을 듬뿍 넣고 무쳐 먹으면 맛이 칼칼하고 산뜻하여 밥반찬으로 더없이 좋다. 보관하는 동안 소금물을 따라내어 두세 번쯤 다시 끓여 부어 주면 맛의 변질을 막아준다.

동치미에는 배를 껍질째 넣어야

보통 동치미에 배를 넣을 때 껍질을 깎아서 넣는데, 그렇게 하면 동치미 국물이 탁해지게 된다. 따라서 껍질을 벗기지 말고 그대로 깨끗이 씻어서 몇 군데 칼집만 내고 통째로 항아리 바닥에 넣어두면 배즙만 우러나게 되어 국물도 맑고 맛도 좋다.

돼지고기 고르기

- 색깔이 고운 붉은색이 돌며 냄새가 나지 않아야 좋은 돼지고기이다. 고기의 색은 부위마다 조금씩 다른데 볼기나 어깻살, 뒷다리살은 색이 조금 진한 편이다. 그러나 보통 색이 너무 짙은 고기는 늙은 돼지이거나 오래 보관된 것이다.
- 고기 색이 살색이거나 허연 느낌이 나는 것은 숙성 상태가 좋지 않은 고기다. 이런 고기는 지방질이 나빠서 푸석푸석해 씹히는 맛도 좋지 않다.
- 돼지고기는 쇠고기처럼 마블링이 안 생긴다. 돼지고기의 지방은 윤이 나는 흰색이어야 연하고 누린내도 덜하다. 지방층이 붉은빛을 띠거나 부분적으로 변색된 것, 손으로 눌러 탄력 없이 물렁거리는 것은 좋지 않다.
- 고기 결이 곱고 탄력 있는 고기가 신선하고 연하다.
- 돼지고기는 쇠고기에 비해 빨리 상한다. 얇게 자른 고기는 냉장고에서는 2~3일, 덩어리 상태로는 일주일을 넘기지 않는 것이 좋다. 상하는 속도는 덩어리 고기가 가장 느리고 다진 고기가 제일 빠르다.
- 냉동된 고기를 해동할 때는 포장한 상태로 냉장실에 넣어두었다 요리하는 것이 가장 좋다. 빨리 녹이고 싶을 때는 봉지에 넣은 채로 흐르는 찬물에 놓아둔다.

부위별 용도

- **갈매기살** – 고기에 지방이 섞여 있으면서 탄력이 있는 부위로 구이에 적당하다.
- **목살** – 어깨 부위의 살로 살결이 단단하지만 씹는 맛이 좋다. 구이, 불고기, 카레 등에 적당하며 소금구이로 많이 먹는다.
- **사태살** – 부드럽고 맛이 좋아 찌개나 불고기, 장조림용으로 쓸 수 있다. 특히 국물을 내는 데 많이 사용한다.
- **볼기살** – 지방이 적고 살집이 두꺼우며 고기결이 섬세하다. 튀김이나 불고기, 장조림용으로 사용한다.
- **갈비** – 갈비뼈 부분으로 지방이 거의 없으며, 바베큐 · 불갈비 · 갈비찜용으로 사용한다.
- **등심** – 지방이 적당히 섞여 있어 돈가스나 스테이크를 만들 때 쓰면 좋다.
- **안심** – 지방이 가장 적고 칼로리가 낮은 부위로 담백하고 부드러운 맛이 난다. 돈가스나 스테이크를 만드는 데 좋다.
- **삼겹살** – 단면을 보았을 때 적육과 비장이 교대로 3층을 이루고 있어 돼지고기 특유의 풍미가 난다. 구이나 베이컨에 좋다.

돼지고기 누린내 없애기

다른 고기와 마찬가지로 돼지고기에서도 독특한 냄새가 난다. 이 독특한 냄새로 인해 돼지고기를 안 먹는 사람도 있는데, 이럴 때는 약 5분쯤 끓이다가 다진 생강을 조금 넣어주면 신기하게도 누린내가 없어진다. 그리고 또 한 가지는 돼지고기를 삶을 때 된장을 조그만 헝겊에 싸서 넣어주면 누린내가 없어진다.

돼지고기 손질하기

- 돼지갈비는 30분 이상 양념장에 재워두어야 간이 골고루 배어 맛이 좋다. 쇠고기는 양념한 후 바로 구워 먹어도 맛있지만, 돼지고기는 간이 밴 후 구어야 제맛이 난다.
- 돼지고기를 요리하다 보면 냄새 때문에 곤혹스러울 때가 있다. 생강, 마늘, 후추, 청주 등 향이 강한 양념으로 요리하면 누린내가 나지 않는다.
- 힘줄을 자르고 익히면 고기가 수축되는 것을 막을 수 있고, 지방 부분

을 떼어내고 요리하면 지방 섭취를 줄일 수 있다.

- 돼지고기를 양념장에 버무리기 전에 술에 잠시 재워두면 더욱 연한 고기를 먹을 수 있다.
- 돼지고기, 쇠고기, 닭고기 등 맛이 강한 고기는 부추나 샐러리, 양파, 당근 등을 섞어 요리하면 더 맛있다. 또 야채에 간장과 겨자를 섞은 장을 만들어 찍어 먹으면 좋다.
- 냉동한 고기를 요리할 때는 하루 전 냉장실로 옮겨놓는다. 냉동시킨 고기는 포장을 뜯지 않은 채로 저온에서 천천히 녹여야 고기의 맛을 내는 육즙이 덜 빠져 나온다.

돼지고기는 마늘과 함께 먹는다

마늘의 주요 성분은 알리신과 스코르지닌. 스코르지닌은 강력한 산화작용과 환원작용이 있어 체내에 들어간 영양소를 완전히 연소시켜 에너지로 만든다. 즉, 비타민과 같은 작용을 하게 되는 것이다. 그러므로 돼지고기처럼 비타민 B_1이 많이 함유된 식품과 함께 섭취하면 비타민 B_1의 장내 파괴를 방지한다. 아울러 마늘의 성분과 합해져서 형성된 알리티아민은 비타민 B_1의 체내 흡수율을 10~20배나 높여준다. 마늘과 함께 먹어야 비타민 B_1이 잘 흡수된다.

두꺼운 고기를 구울 때는

커다랗고 두꺼운 고깃덩어리를 구울 때 영양소의 파괴를 막기 위해서는 표면과 내부의 온도를 조절하는 것이 포인트. 일반적으로 고기 속까지 열이 가기 전, 고기 표면이 불길에 굳어지면 속이 익기도 전에 겉만 타버리는 수가 많다. 그러므로 고기를 구울 때 처음에는 높은 온도로 구워서 표면을 익힌 다음 180℃ 정도의 온도로 낮추어 속까지 익힌다. 구울 때 야채를 넣어야 고기의 건조를 막을 수 있다.

두부를 보관할 때는

물에 담근 상태에서 팔고 있는 두부는 그 물이 오염되어 있을지도 모르므로 사온 즉시 깨끗한 물로 씻는다. 냉장고에 넣어둘 때는 큰 대접에 물을 부어 담아 보관한다. 그러나 오래 보관하고 싶을 때는 두부를 살짝 데쳐서 깨끗한 물에 넣어 보관하면 좀더 오래 보관할 수 있다.

두부에 밴 물기 빼기

두부 스테이크나 튀김두부를 만들 때 두부에 밴 물기를 제거하려면 다음과 같이 한다. 내열성이 강한 소쿠리에 두부를 얹어 놓고 전자레인지에 약 1분 정도 가열하면 물기가 알맞게 없어진다. 또 다른 방법은 물기가 없는 행주나 거즈로 두부를 완전히 말아 싼 다음 그 위에 무게가 나가는 물건을 약 2시간 정도 올려두면 물기가 빠진다.

떡쌀은 오래 불릴 필요가 없다

대부분 떡쌀을 밤에 담가두었다가 아침에 찧는 경우가 많다. 그러나 쌀을 너무 오랫동안 물에 담가놓는 것은 좋지 않다. 쌀은 처음 5분 동안에 10%의 물을 흡수하고 한 시간 후에는 80%를 흡수하기 때문에 세 시간이 넘으면 쌀은 더 이상의 물을 흡수하지 않는다.

드레싱 생마늘 이용법

그릇에 샐러드를 담기 전에 그릇 안쪽을 생마늘의 단면으로 문질러 주면 은은한 향이 남아 식욕을 돋우어 준다. 드레싱에 마늘을 빻아 직접 넣은 것보다 맛이 진하지 않고 입에서 마늘 냄새가 날 걱정을 하지 않아도 되므로 일석이조의 효과를 볼 수 있다.

라면의 느끼한 맛을 없애려면

라면을 끓인 후 포도주 서너 방울을 떨어뜨려 섞어 보자. 라면의 느끼한 맛이 없어지고 향기로운 프랑스식 라면이 된다.

레몬즙을 더 많이 내려면

레몬은 역한 냄새를 없애주고 요리의 맛을 돋우기도 하며 칵테일 등 여러 가지로 유용하게 쓰이는 과일이다. 대개는 즙을 내서 쓰는데, 이때 레몬을 미리 뜨거운 물에 담가놓거나 약간 익혀서 즙을 내면 그냥 즙을 내는 것보다 더 많은 즙을 얻을 수 있다.

마늘 간장 만들기

마늘 한 통을 깐 뒤 낱개를 반씩 잘라서 커피 병 등에 담고, 그곳에 간장 한 컵을 붓고 약 일주일 정도 두면 마늘 냄새가 배인 간장이 된다. 마늘 냄새가 너무 강하게 나면 불고기 요리할 때 고기를 재거나 혹은 고기를 구워 찍어 먹으면 좋다.

마늘 냄새와 매운 맛 없애기

깐 마늘을 설탕과 소금이 조미된 식초물에 한 일주일 정도 푹 담가두었다가 소쿠리에 건져내 물기를 완전히 제거한 뒤에 사이다에 담가두면 거북한 마늘 냄새와 매운 맛을 없앨 수 있다. 사이다에 담가둔 채 그때그때 꺼내 먹으면 된다.

마늘을 쉽게 찧는 법

마늘은 대부분 어느 음식에나 들어가는 것이지만 까서 찧는 것이 번거롭다. 도마 위에 마늘을 한 개씩 올려놓고 찧으려면 퉁겨나가고 찧기도 상당히 힘들다. 이럴 때는 라면이나 과자의 비닐봉지를 깨끗이 씻어 물기를 훔친 다음 껍질을 깐 마늘을 이 속에 넣고 봉지 입구를 꼭 잡아 쥐고 봉지째 찧으면 마늘이 고루 잘 찧어진다.

마른 멸치 비린내 없애기

찌개나 국을 끓일 때 마른 멸치를 그냥 쓰면 비린내가 많이 난다. 그러나 잠깐 시간을 내서 프라이팬이나 냄비에 넣고 살짝 마른 상태로 한번 볶아낸 다음 음식을 하면 특유의 냄새가 없어진다.

마른 오징어를 구울 때

마른 오징어를 구워서 술안주로 내놓을 때는 마른 채로 그냥 굽지 말고, 물에 살짝 씻어내고 소금을 발라 구우면 깨끗하고 맛도 있다. 너무 딱딱해진 오징어는 술에 하룻밤 정도 적셔 다음날에 먹으면 부드럽고 좋다.

마요네즈 묻은 그릇

마요네즈를 사용한 샐러드 접시 같은 것은 더운물로 씻어서는 안 된다. 마요네즈는 물과 기름이 분리되기 쉬운 상태로 있기 때문에 더운물을 사용하면 기름이 분리되어 그릇이 기름투성이가 되기 때문이다. 마요네즈가 묻은 그릇은 물과 기름이 분리되지 않은 상태에서 간단히 씻어야 하므로 반드시 찬물에 씻어야 한다.

마요네즈에 고추장을 타면 별미

우리가 보통 마른 오징어를 구워 먹을 때 마요네즈 또는 마요네즈에 토마토 케첩을 섞어 찍어 먹는데, 마요네즈에 고추장을 섞어서 먹으면 별미다. 이때 마요네즈와 고추장의 비율은 각자 취향에 따라 조절하면 된다. 고추장이나 된장을 함께 섞으면 더욱 색다른 맛이 난다.

만두피 반죽을 잘 하려면

설날에는 직접 만두를 빚어서 만두국을 끓여 먹는 경우가 많다. 그런데 만두국을 끓이다 보면 채 다 되기도 전에 만두가 풀어져 볼품이 없게 되는 수가 있다. 이런 경우에는 밀가루 5인 분에 참기름 한 찻숟가락과 달걀 두 개의 비율로 섞어 반죽을 하면 끈기가 있어 만두피를 빚기도 좋고 끓일 때 풀어지지도 않아 솜씨를 뽐낼 수 있다.

또 빚어놓은 만두가 밀가루를 뿌려두어도 쟁반이나 상에 붙어 버려 떼어내다 터지는 경우가 종종 있다. 이때 상 위에다 갱지를 한 장 깔아놓고 그 위에 밀가루를 뿌리고 만두를 놓아두면 하루나 이틀쯤 두어도 끄떡없다.

말린 생선 손질하기

말린 생선을 손질할 때는 흐르는 물에 아가미와 내장이 있던 곳을 잘 씻어야 한다. 그리고 말린 생선을 불릴 때는 쌀뜨물을 이용하는 것이 좋다. 쌀뜨물은 생선 고유의 맛이 흘러나오는 것을 막아주고, 쌀뜨물의 콜로이드성 물질이 생선의 떫은 맛을 흡수해 주기 때문이다.

말린 식품을 빨리 요리하려면

말린 표고버섯이나 미역, 무말랭이 따위를 요리할 때는 일단 물에 담가 불려서 사용해야 한다. 그런데 시간의 여유가 얼마 없을 때는 설탕을 약간 넣고 담가두면 좋다. 물에 그냥 담가두는 것보다는 훨씬 빨리 불려진다.

맛을 내는 조리비법 1

- 식초는 가열하면 향기가 날아가 버리므로, 향기를 살려야 하는 요리에는 레몬즙 같은 과일즙을 쓰는 것이 좋다.
- 국물의 간은 소금과 간장으로 섞어 맞춘다.
- 국수를 삶을 때 참기름이나 샐러드 기름을 한 숟갈 넣고 삶으면 국수가 붙지도 않고 또 한결 부드러워져 맛있는 국수를 즐길 수 있다.
- 굴은 3% 정도의 소금물에 씻어 껍질과 잡티를 가려낸다.
- 그릇에 샐러드를 담기 전에 그릇 안쪽을 생마늘의 단면으로 문질러 주면 드레싱에 마늘을 빻아 직접 넣는 것보다 맛이 진하지 않고 입에서 마늘 냄새가 날 걱정을 하지 않아도 되므로 일석이조의 효과를 볼 수 있다.
- 나물 무침을 할 때는 물기를 완전하게 짜는 것이 좋다.
- 냉이국이나 나물을 할 때 냉이가 지닌 고유의 향기를 잃지 않기 위해서는 양념이나 된장을 너무 많이 쓰지 말고 데칠 때도 살짝 익힐 정도로만 하는 것이 좋다.
- 냉커피에 사용할 얼음은 커피 물로 얼린다.
- 단무지를 맛있게 하려면 식초＋설탕물에 담가둔다.
- 닭고기에서 나는 냄새는 술과 무즙으로 없앤다.
- 돼지고기 구이는 센 불에 구우며, 끓이는 요리는 찬물에서 서서히 삶

되 끓는 동안에는 되도록 뚜껑을 열지 않아야 한다
- 돼지고기는 겨자에 찍어서 먹으면 맛이 한결 좋아진다.
- 생선조림을 할 때는 양배추를 깔아둔다.
- 연근은 식초물에 담가두면 식초물이 공기와 접촉하는 것을 막아서 깨끗한 색을 유지해 준다.
- 완두콩은 쌀 중간에 넣는다.

맛을 내는 조리비법 2

- 된장국은 쌀뜨물로 끓여야 제맛이 난다.
- 라면을 끓일 때 포도주를 넣으면 맛이 더욱 좋아진다.
- 레몬을 곁들이면 우유 냄새가 없어진다.
- 마른 오징어를 구울 때는 물에 살짝 씻는다.
- 장조림을 맛있게 하려면 간장은 나중에 넣는다.
- 묵은 쌀로 밥을 할 때는 얼음물을 이용하면 좋고, 찹쌀이 있으면 10% 정도 섞어서 밥을 짓는다.
- 밥을 맛있게 하려면 소금 약간과 샐러드 기름 한 숟갈을 넣어서 지으면 보드랍고 윤기가 자르르 흐르는 맛있는 밥이 된다.
- 전기밥솥으로 밥을 할 때 밥을 맛있게 하려면 밥이 다 되면 취사 쪽 불이 꺼지는데, 그로부터 10분 후에 다시 한 번 스위치를 넣는다.
- 비린 생선은 식초를 발라 굽는다.
- 새우 조리에는 레몬즙을 사용한다.
- 생선 구이에는 굵은 소금을 쓴다.
- 수프나 카레가 너무 묽게 되어 끈기가 모자랄 때는 밀가루와 버터를 같은 분량으로 반죽하여 이것을 묽은 수프나 카레에 섞는다.
- 술(청주나 포도주 또는 맥주와 같이 알코올 농도가 낮은 것)이 고기를 연하게 한다.
- 오징어 요리에는 되도록 물을 넣지 않는다.
- 조림 요리를 할 때는 설탕을 먼저 넣는다.
- 양배추와 같이 잎이 흰 채소는 쪄서 먹어야 맛이 있다.
- 조개국을 맛있게 끓이려면 조개를 넣고 끓이다가 조개가 입을 벌리면 조개를 건져 다른 그릇에 담아두며, 국물은 간을 하고 청주를 곁들인다.
- 육류는 두꺼운 냄비를, 채소류는 얇은 냄비를 쓴다.

• 버섯 종류는 뭉근한 불에 빨리 조리하여 비타민 D가 파괴되지 않도록 주의해야 한다.

맛있는 밥을 지으려면

1. 쌀 씻기

쌀을 씻을 때 어떤 사람은 여러 번 충분히 씻는 것이 밥맛이 좋다고 하는가 하면 또 어떤 이는 단시간 내에 재빨리 씻어야 한다고 말한다. 이렇게 사람마다 쌀 씻는 법이 각각 다르지만 대체로 밥을 맛있게 지으려면 쌀을 씻을 때 짧은 시간 내에 깨끗하게 헹궈내는 것이 가장 좋다.

① 쌀을 씻을 때는 가급적 쌀이 물에 오래 잠겨 있지 않도록 재빨리 씻어낸다. 이를 위해 물은 미리 받아두었다가 바가지로 부어가며 씻도록 한다. 수돗물을 틀어서 씻으면 시간이 오래 걸리므로 이 방법은 피한다. 쌀을 물에 오래 담가둔 채로 천천히 씻으면 쌀겨 냄새가 쌀에 배어 맛이 없어지므로 재빨리 헹구어낸다.

② 쌀이 물에 잠기도록 물을 부은 다음에 손바닥 전체를 사용해 쌀을 손 앞으로 긁어 모았다가 놓는 식의 동작을 한 번에 30회 정도(15초 이내가 적당) 반복한다.

③ 쌀을 씻을 때 너무 힘을 많이 주면 쌀이 부서져 버리므로 빡빡 문질러 씻지 말고 ②의 방법을 3~4회 정도 반복하는 식으로 씻는다. 쌀물이 투명해질 때까지 씻는 것이 바람직하다.

2. 쌀 불리기

맛있는 밥을 짓기 위해선 쌀을 잘 씻는 것 이상으로 적당하게 쌀을 불리는 것이 중요하다. 쌀을 불리는 이유는 딱딱한 쌀알의 내부에 수분이 충분히 흡수되어야 재빠르게 열을 받아 맛있는 밥이 지어지기 때문이다.

① 잘 씻은 쌀로 바로 밥을 짓는 것보다는 일단 물에 불렸다가 밥을 하는 것이 밥맛이 좋다. 하지만 그렇다고 해서 무조건 장시간 쌀을 불리는 것은 어리석은 일. 맛있는 밥을 짓기 위한 적당한 쌀 불리기 시간은 여름에는 최저 30분, 겨울에는 1시간 정도가 알맞다.

② 시간에 쫓겨 쌀을 충분히 불리기 힘들 때에는 미지근한 물이나 약간

뜨거운 물에 10분만이라도 담가두었다가 밥을 지으면 밥이 훨씬 빠르고 부드럽게 지어진다.

3. 밥물 맞추기

밥물을 제대로 못 맞추면 된밥이나 죽밥이 되기 일쑤. 맛있는 밥을 지으려면 밥물의 양을 잘 맞춰야 하는데, 밥물의 양은 쌀의 종류에 따라 조절하도록 한다.

① 햅쌀은 수분을 많이 함유하고 있으므로 보통의 쌀로 밥을 할 때보다 밥물의 양을 적게 잡는다. 햅쌀의 적당한 밥물의 양은 쌀 분량의 1.2배 정도가 좋다.

② 바짝 말라 수분이 적은 묵은 쌀은 물의 양을 넉넉하게 잡아야 밥맛이 좋아진다. 밥물은 쌀 분량의 1.5배 정도는 부어야 밥이 되지 않고 고슬고슬하게 잘 지어진다.

4. 화력 조절하기

위의 방법대로 잘 씻고, 적당하게 불린 쌀도 불을 알맞게 조절하지 않으면 맛있는 밥을 기대할 수 없다. 요즘에는 전기밥솥을 많이 사용하지만, 일반 밥솥에 밥을 하는 경우 다음의 3원칙에 따라 불을 잘 조절해야 밥을 맛있게 지을 수 있다.

① 밥물을 잘 맞춰 솥이나 냄비에 쌀을 안친 다음에는 우선 강한 불에서 밥이 한소끔 끓을 때까지 끓이는 것이 좋다. 강한 불에서 끓이다가 밥물이 넘치려고 하는 순간에 불을 조절하도록 한다.

② 강한 불에서 쌀이 한소끔 끓어 밥물이 넘치려고 하면 얼른 중간 불에 맞춘다. 간혹 밥물이 약간씩 넘치면 수시로 뚜껑을 열어 확인하는 사람이 있는데 이것은 금물. 밥을 짓는 중간에 뚜껑을 열면 밥맛이 떨어지기 십상이다.

③ 밥솥에서 구수한 냄새가 나고 어느 정도 쌀이 익으면 불을 약하게 조절해서 뜸을 들인다. 약한 불에서 충분히 뜸을 들여야 쌀이 부드럽게 잘 퍼진다. 밥이 다 되면 잠시 열을 식힌 다음 뚜껑을 열어 주걱으로 밥을 위아래로 충분히 섞어 여분의 수분을 날리면 밥맛이 좋다.

5. 남은 밥을 보관할 때는

① 사흘 이내에 먹을 때엔 냉장실에 보관한다. 밥이 남게 되면 여간 골 칫거리가 아니다. 보온밥솥에 오래 보관하면 밥이 누렇게 변하거나 자칫 딱딱해질 수 있으므로, 이틀 이상 보관할 때에는 냉장실에 넣어 두었다가 조금씩 데워서 먹도록 한다. 밥을 냉장실에 넣어 3일 이상 지나면 부슬부슬해져 맛이 떨어지므로 3일 이상은 넣어두지 않는 것 이 좋다.

② 장기간 두고 먹을 때엔 냉동실에 보관한다. 잔치나 가족 행사 등을 치 르고 나면 의외로 밥이 많이 남게 된다. 남은 밥의 양이 많아 장기간 보관해야 할 경우엔 냉동실에 넣어두는 것이 바람직하다. 냉동실에 보 관할 때엔 밥이 식기 전에 넣어두는 것이 밥맛을 오래 보존하는 방법. 단번에 냉동이 되면 원래의 맛있는 밥맛이 잘 유지되기 때문이다.

매실주용 매실은 물로 씻지 말도록

맛있는 매실주를 담그는 비결은 말할 것도 없이 좋은 매실을 고르는 것 이다. 매실주에 좋은 매실은 흠집이 없는 덜 익은 것으로서, 물로 씻지 말 고 반드시 젖은 행주로 한 알 한 알 잘 닦아서 담그도록 해야 한다. 매실을 다 넣은 뒤에는 뚜껑을 꼭 막고 그 위에 테이프나 촛농 같은 것으로 밀봉을 단단히 해두 어야 맛있는 매실주로 숙성된다.

맥주나 청주로 설거지를

그릇이나 유리를 닦을 때 먹다 남은 맥주나 청주를 이용하면 놀랍도록 깨끗이 닦아진다. 이는 알코올 성분이 지방을 용해시키는 작용을 하기 때 문이다. 맥주나 청주 외에도 당분이 들어 있지 않은 술은 모두 이용할 수 있다. 또 머리를 헹구는 물에 술을 조금 섞으면 머릿결이 부드러워지고 비 듬도 없어진다.

맥주는 냉장고에 오래 두지 않는다

냉장고에 맥주나 사이다 등의 음료를 며칠씩 넣어두는 경우가 많은데, 음료는 냉장고에 오래 넣어두면 맛이 떨어진다. 그러므로 될 수 있는 한 마시기 서너 시간 전이나 하루 전에 넣었다가 마신다.

무뎌진 칼날은 쿠킹호일 뭉치에 문지르면 날카로워져

칼을 사용하다 보면 잘 들지 않아서 파조차 썰어지지 않을 때가 있다. 그럴 때는 쿠킹호일을 조금 잘라서 뭉친 다음, 그 사이에 칼을 넣고 날을 문질러 주면 잘 들게 된다. 가끔 쿠킹호일을 쓰고서 무심코 버리게 되는데, 따로 모아두었다가 사용하면 좋다.

무를 맛있게 삶으려면

무를 삶으면 부드럽고 독특한 단맛이 난다. 그 맛을 보다 좋게 하려면 쌀 한 줌을 씻어서 가제로 만든 주머니에 넣고 무와 함께 삶으면 된다. 그러면 쌀의 녹말이 무의 쓰고 매운 맛을 흡수하므로 단맛이 늘어난다.

무말랭이는 김장 전에

무말랭이는 대개 김장 때 속을 썰고 남은 것으로 하지만 김장 때는 이미 날씨가 추워진 뒤이기 때문에, 무말랭이가 얼었다 녹았다 하여 잘 마르지 않는다. 따라서 김장 때보다는 가을 햇볕이 좋을 때 좀 일찍 무를 사서 말리는 것이 가장 좋다. 기왕에 말리는 것이므로 비싼 무보다는 약간 시들은 듯한 싼 것을 골라 말리는 것도 요령이다. 무말랭이는 두꺼운 것보다는 얇게 썰어 말려야 잘 마르기도 하지만, 나중에 조리했을 때 쫄깃해서 더 맛이 있다.

보통 무말랭이는 길쭉하게 채 썰어 말린 후 무쳐 먹는 게 대부분이지만, 채 썬 것 외에 반달 모양의 무말랭이를 만들어 두었다가 겨울철에 즐겨 먹는 생선조림을 할 때 넣으면 맛이 좋다. 무는 통풍이 잘 되는 곳에서 일주일 정도 말리면 꼬들꼬들해진다.

무의 줄기는 칫솔로 씻는다

열무 등 무의 줄기에는 패인 골이 있어서 그냥 손으로 문질러 가지고는 흙이나 벌레의 배설물 따위가 깨끗이 씻어지지 않는다. 이럴 때 칫솔을 이용하면 깨끗하게 씻을 수 있다.

무 제대로 활용하기

무는 부위마다 맛에 있어 미묘한 차이가 있으므로 부위마다 용도를 달리하면 좋은 맛을 살릴 수 있다. 머리 쪽은 단단하므로 된장국에 썰어 넣고, 가운데 몸통 부위는 가장 단맛이 나므로 국에 넣고, 뿌리 쪽은 매운 맛이 나고 익히게 되면 쓴맛이 나므로 절임에 쓰면 좋다.

무는 계절에 따라 종류도 다르고, 따라서 맛도 다르다. 봄, 여름에 나오는 무는 가늘고 연하며, 가을 무는 크고 굵으며 수분이 많고 단맛도 더 좋다. 깍두기는 밑이 퍼지고 단단한 재래종이 좋으며, 동치미는 작고 동글동글한 것으로 담가야 맛있다.

묵은 쌀 냄새

아침밥으로 사용할 쌀을 그 전날 저녁 미리 식초 1~2방울을 떨어뜨린 물에 씻어서 소쿠리에 받쳐 물기를 뺀다. 다음날 밥을 짓기 전에 한 번 더 미지근한 물로 헹군 후 약간의 소금과 식용유를 넣고 밥을 지으면 냄새가 없으며 매우 부드럽고 윤기 흐르는 밥이 된다.

문어 암수 구별법

문어는 수컷이 살이 부드럽고 맛이 좋은데, 수컷과 암컷을 구별하는 요령은 흔히 입이라고 하는 다리에 붙어 있는 빨판의 크기가 일정하게 배열되어 있으면 수컷이고, 불규칙적으로 배열되어 있으면 암컷이다.

물병에서 냄새가 나면

병을 오랫동안 사용하지 않고 방치해 두면 냄새가 나게 마련이다. 이럴 땐 뜨거운 물로 병 속을 깨끗이 씻은 다음 숯을 잘게 잘라 넣고 하루쯤 놔 두면 냄새가 없어진다. 또 물병을 보관할 때 그 속에 미리 숯을 넣어두면 냄새를 막을 수 있다.

물오징어를 맛있게 졸이려면

물오징어를 졸이거나 볶을 때는 별도의 물을 사용하지 않고 오징어가 가지고 있는 수분을 이용해야 오징어 본래의 짙은 맛을 느낄 수가 있다.

밀폐용기 냄새는 쌀뜨물로

합성수지로 만든 밀폐용기에 김치나 지방이 많은 생선을 넣어두면 냄새가 그대로 배어 다른 음식을 담기가 곤란한 경우가 있다. 이럴 때는 쌀뜨물을 받아 30분가량 밀폐용기를 그 속에 담가둔다. 그런 뒤에 스펀지로 구석구석 문지르고 물로 헹구어 내면 냄새가 깨끗이 제거된다.

미꾸라지 손질하기

미꾸라지는 흙 냄새와 비린내가 많이 나긴 하지만 강장작용이 뛰어나 몸을 따뜻하게 해준다. 또한 피의 흐름을 원활하게 해줄 뿐 아니라 빈혈 치료에도 아주 좋은 민물고기다. 미꾸라지를 손질할 때는 산 채로 소금을 뿌려 거품과 해감을 토하게 한 후 소금물에 여러 번 헹군다. 이때 소금물에 호박잎을 넣으면 미끈거리는 것이 빨리 빠진다. 추어탕을 끓일 때 파와 고사리, 우거지, 호박순 등을 넣으면 비린내를 없앨 수 있고, 여기에 후추·고춧가루·산초 등으로 양념을 하면 더욱 맛이 난다.

미역이나 다시마에 곰팡이가 슬면

미역이나 다시마를 습기 찬 곳에 보관하게 되면 곰팡이가 슬게 되는데,

이때는 진한 소금물에 담가서 곰팡이를 깨끗이 씻어낸 뒤에 다시 그늘에 바삭바삭할 때까지 말리면 된다.

미역이나 다시마의 색깔을 푸르게 하려면

뜨거운 물에 살짝 데쳐서 즉시 찬물로 헹궈내면 된다.

믹서로 갈면 영양소가 파괴되는 것들

일반적으로 믹서로 갈아서 주스를 만들면 비타민이 파괴되어 버린다고 생각하나 모든 야채가 그런 것은 아니다.
- **쉽게 파괴되지 않는 것** : 양배추, 양파, 무, 토마토, 귤
- **쉽게 파괴되는 것** : 홍당무, 감자, 호박, 사과, 바나나

민물고기의 비린내 없애기

붕어나 잉어와 같은 민물고기를 잘못 요리하게 되면 비린내가 심하여 맛을 잃게 된다. 식초를 엷게 탄 물에 살아 있는 물고기를 얼마 동안만 넣어 두어 보자. 그러면 물고기의 몸 속에 있는 비린 것이 모두 토해지고, 또 피부의 비린 지방분이 중화되어 비린내가 나지 않는 맛있는 요리가 된다.

밀가루 반죽을 쉽게 하려면

수제비 등과 같은 밀가루 음식을 만들어 먹으려면 우선 반죽을 해야만 하는데, 이 일은 그리 만만치가 않다. 이때 반죽을 힘들이지 않고 쉽게 하는 방법이 있다. 우선 밀가루에 물을 알맞게 부은 다음, 대강 주물러 덩어리를 만들어서 깨끗한 비닐봉지에 약 20분가량 싸둔다. 그러면 밀가루가 부드러워져 힘 안 들이고도 반죽을 쉽게 할 수 있다.

바나나 고르기

바나나가 각이 져 있고 긴 것은 중남미 산이고, 둥글고 작은 것은 대만산이다. 껍질에 푸른빛이 도는 것은 덜 익은 것이고, 껍질에 반점이 있는 것이 가장 잘 익은 것이다. 덜 익은 것은 요리용으로 사용하거나 더운 곳에 놔두어 익혀 먹으면 되고, 익은 것은 그날로 먹어야 맛있다.

바나나가 변색되는 것을 막으려면

바나나는 껍질을 벗겨놓고 나서 얼마 안 있으면 금방 색이 거무스름하게 변한다. 이것을 방지하려면 벗긴 바나나에 레몬즙을 떨어뜨려 주면 된다.

바나나를 보관하려면

먹고 남은 바나나를 그대로 방치해 두면 너무 익거나 상하여 먹을 수 없게 된다. 바나나를 상하지 않게 보관하려면, 껍질을 벗겨 랩에 싸서 냉동하면 좋다.

바나나를 맛있게 만들어 먹으려면

오래되어 속이 검게 변한 바나나는 볼품도 없을 뿐더러 맛도 없다. 그럴 때는 우선 껍질을 벗겨 서너 토막으로 자른 다음 우유에 반죽한 달걀을 살짝 입혀 데친다(달걀 반죽은 우유 반 병에 달걀 노른자 한 개를 풀어 섞은 다음, 거기에 밀가루 1큰술과 달걀 한 개 분의 흰자를 넣어 거품을 내어 섞으면 된다). 그리고 여기에 설탕과 향료를 약간 뿌려 먹으면 아주 맛이 좋다.

바닥에 떨어뜨린 달걀 제거법

실수로 달걀을 바닥에 떨어뜨렸을 때 제거하기가 힘들다. 곧바로 닦으면 미끈거리고 시간이 지난 뒤에 닦으려면 딱딱하게 굳어 있다. 이런 경우는 즉시 소금을 뿌리고 10분쯤 두었다가 닦아낸다.

바지락과 모시조개의 해감내를 없애려면

살아 있는 조개의 해감을 토해내게 하려면 우선 물 속에서 조개가 입을 벌리고 호흡할 수 있는 상태를 만들어 주어야 한다. 그래서 대부분의 주부들은 민물조개나 바닷조개나 간에 모두 맹물에다 담가두는데, 이는 잘못된 방법이다. 담수에 살고 있는 바지락은 맹물에 담가놓아야 하지만 모시조개는 바다에서 자라온 점을 감안하여 바닷물과 비슷한 농도의 염분, 즉 물 10컵에 소금 4큰술을 넣고 조개가 약간 잠길 정도로 해야 호흡을 하게 된다. 소금물에 식칼이나 못을 함께 담가두면 철분 작용으로 인해 한층 더 효과가 있다. 그리고 대합같이 큰 것은 주둥이를 아래로 향하게 하면 모래가 깨끗이 잘 빠진다. 조갯살은 소금물로 헹구어 씻는다.

미리 까놓은 조갯살은 상하기가 쉽다. 따라서 조개를 살 때는 좀 귀찮지만 껍질째 사다가 까서 사용하는 것이 좋다. 조갯살은 연하기 때문에 잘못 씻으면 상하기 쉽다. 그러므로 구멍이 가는 소쿠리에 담아서 소금물에 흔들면서 헹구어야 맛도 좋고 모양도 상하지 않는다.

밥이나 빵을 오래 보관하려면

많은 식품 가운데 밥이나 빵은 섭씨 0~5℃에서 맛이 떨어지고 영하 7℃ 이하에서 사실상 노화가 멈춘다. 그러므로 냉장고에서는 노화되지만 냉동실에서는 상태가 변하지 않는다. 냉동실에 넣을 때는 밥을 그릇에 담아 랩으로 덮어둔다. 해동은 전자레인지를 이용하면 편리하다.

밥 탄 냄새를 없애려면

솥에서 밥이 타게 되면 밥 탄 냄새가 밥 전체에 퍼지게 된다. 이럴 때는 깨끗한 종이 한 장을 밥 위에 올려놓은 다음 거기에 숯 한두 덩이를 얹어놓고 얼마간 뚜껑을 닫아두면 밥 탄 냄새가 씻은 듯이 사라진다.

빻은 마늘의 변색 막으려면

마늘을 빻아서 오래 두면 갈색으로 변해서 음식에 넣어도 깔끔하지가 못하다. 이것을 방지하려면 마늘을 갈 때 양파를 조금 넣으면 오랫동안 색깔이 변하지 않고 마늘 고유의 노란 색깔을 고스란히 유지할 수 있다. 또 마늘을 빻은 후 설탕을 약간 뿌려서 보관하여도 변색되는 것을 막을 수 있다.

버섯볶음을 할 때 마늘은 나중에

버섯을 볶을 때 마늘은 나중에 넣는다. 다른 요리는 마늘부터 볶는 경우가 많지만 버섯요리만큼은 버섯의 향을 유지하기 위해서 나중에 조리하는 것이 좋다. 또한 향긋한 맛을위해 너무 오랜 시간 가열하지 않도록 주의해야 한다.

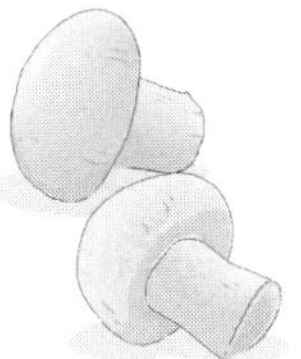

베이컨을 튀기려면

우유에 소맥분을 타서 고기에 발라 튀기면 형태가 보존되고 베이컨의 맛과 즙을 보존해 준다. 그리고 쓰고 남은 베이컨을 보관할 때는 팩을 3~4등분하여 랩에 싸서 냉동시키면 좋다.

병 바닥 세척

길이가 긴 병은 보리차나 주스 등을 담는 병으로 이용도가 높다. 그러나병이 너무 깊기 때문에 바닥의 찌꺼기 등이 잘 제거되지 않는 경우가 있다.이런 경우 소금을 한두 줌 넣고 물과 함께 흔들어 씻으면 구석에 붙은 찌꺼기 등이 완전히 제거된다.

보온병 냄새를 없애려면

보온병은 사용하기에는 편하지만 내부를 잘 씻어내는 일이란 그리 쉬운작업이 아니다. 보온병의 내부 유리를 씻을 때는 달걀껍질을 잘게 빻아 물과 함께 넣어 흔들어 주면 더러운 때는 물론 냄새까지도 제거할 수 있다.

달걀껍질에 붙어 있는 흰자위가 물때나 앙금을 용해시키고 달걀껍질이 수세미와 같은 역할을 하기 때문이다.

볶아둔 참깨 사용 전 한 번 더 볶으면 좋아

한 번 볶은 참깨도 사용하기 전에 한 번 더 볶는 것이 좋다. 참깨의 향과 맛은 볶는 데서 생기기 때문이다. 중간 불로 프라이팬을 달군 다음 수저로 저으며 깨알이 하나 둘 튀기 시작할 때까지 재빨리 볶아낸다. 너무 오래 볶으면 맛과 향이 사라진다.

부엌 조리대 청소는 무를 이용

조리대가 더러워지면 무에 세제를 묻혀서 닦아 보자. 흠집도 나지 않고 놀랄 정도로 잘 닦인다. 쉽게 더러워지는 배수구도 이런 식으로 닦으면 잘 닦인다.

비닐 팩에 내용물이 묻지 않게 하려면

비닐 팩에 들어 있는 고추장, 된장 따위를 그릇에 옮겨 담으려면 비닐에 묻어나는 것이 많다. 이럴 때에는 비닐 팩을 냉장고에 넣었다가 옮기면 깨끗하게 옮겨 담을 수 있다.

비린내 나는 생선을 프라이할 때

비린내 나는 생선을 프라이하려면 우선 배를 갈라 내장과 가시를 발라낸 다음 식초를 알맞게 뿌려 약 30분 정도 놔두면 식초가 몸통에 스며들면서 얇은 막이 벗겨진다. 이때 빵가루와 튀김옷을 발라 프라이하면 비린내가 없어진다.

비타민 C는 과일보다 채소에 더 많다

일반적으로 비타민 C라고 하면 과일을 떠올리게 되지만 실제로는 과일보다 채소에 더 많은 양이 함유되어 있다. 파슬리의 경우 비타민 C가 100g당 200mg이나 포함되어 있기 때문에 성인 하루 필요량(우리 나라에서는 보통 성인 하루 필요량을 50mg으로 산정한다)을 충분하게 섭취할 수 있는 보고이다. 그러나 비타민 C는 수용성이라 조리할 때 어쩔 수 없이 약간의 손실을 초래하게 마련이므로 채소는 1일 필요량의 2배 정도 먹어두는 것이 좋다.

비타민 C 함유 식품은 단시간에 조리하고 전자레인지 이용

비타민 C는 씻을 때에도 파괴되지만 열을 가하는 요리를 할 때에도 손실이 많으므로 주의를 해야 한다. 따라서 열을 가할 때에도 가급적이면 조리 시간을 단축하는 것이 좋다. 가령 비타민 C의 보고인 딸기잼을 만들 때 전자레인지를 이용하면 가스불로 조릴 때보다 설탕이 30% 정도 적게 들고 시간도 1/3 정도 절약된다. 당연히 비타민 C 손실도 줄어든다.

100g에 비타민 C를 23mg이나 함유하고 있는 감자는 양상추나 아스파라거스, 토마토보다 비타민 C가 많은 우수 식품이다. 이런 감자를 40분간 찌면 비타민 C 잔존율이 74%로 줄고, 시금치는 3분 동안 데칠 경우 잔존율이 48%로 줄어든다. 감자의 비타민 C는 전분질이 감싸고 있어 손실이 적은 편이다.

브로콜리는 열과 공기에 특히 약한 식품. 따라서 다량 함유된 비타민 C를 제대로 섭취하기 위해서는 섭씨 170℃ 기름에 빨리 튀겨내야 한다. 이렇게 하면 공기와의 접촉으로 비타민 C가 산화되는 것을 어느 정도 방지할 수 있다.

빵가루 만들기

대개 카스텔라로 빵가루를 만드는데, 너무 단 것이 흠일 때도 있다. 이럴 때는 식빵을 키친 타월 위에 나란히 놓고 전자레인지로 약 2분 정도 가열한 다음 손으로 비비면 결이 고운 빵가루가 된다.

붕어를 뼈까지 무르게 요리하려면

붕어로 매운탕을 끓여 놓고 보면 억센 가시가 많아서 생각처럼 그렇게 맛있게 먹을 수가 없다. 이 붕어뼈를 무르게 하는 방법이 있다. 술과 물을 반씩 섞은 다음 약한 불로 졸이면 뼈까지 무르게 된다. 술이 없으면 식초를 넣어 졸여도 되며, 다 익힌 다음에 설탕과 간장을 넣어 간을 맞춘다.

사과껍질을 이용해 고기를 연하게

고기 요리를 할 때 배나 키위, 양파 등을 많이 쓰지만 깎아 먹고 남은 사과껍질을 모아두었다가 고기를 연하게 하고자 할 때 사용하면 매우 좋다. 사과껍질을 갈아서 고기를 재우거나 고기 사이사이에 끼워서 재우면 된다.

사기나 유리로 된 그릇을 오래 사용하려면

새로 샀거나 오래되어 정이 든 그릇이 깨지면 몹시 속이 상한다. 자칫 깨지기 쉬운 사기나 유리그릇을 좀더 견고하게 할 수 있는 방법이 있다. 쌀뜨물에 소금이나 식초를 조금 넣고 그곳에 그릇을 담아 팔팔 끓인다. 그리고 나서 물이 차게 식을 때까지 그대로 두었다가 사용하면 그릇 안의 조직이 자리를 잡아 상당히 견고한 그릇이 된다.

사발면을 담백하게 끓이려면

조리하기는 쉽지만 느끼한 맛이 흠인 사발면을 맛있게 먹으려면 물을 넣을 때 티백을 함께 넣어 보자. 기름기가 제거돼 깔끔한 국물 맛을 즐길 수 있다.

쌀뜨물을 요리에 사용하려면

찌개 등에 쌀뜨물을 받아 사용하고자 할 때는 쌀을 한 번 헹궈내어 잡티나 먼지를 깨끗이 제거하고 나서 그 다음 것을 받아 사용하는 것이 좋다. 깨끗이 한다고 세 번째 것을 사용하면 뜨물이 제대로 나오지 않을 뿐더러 맛도 덜하다. 만일 쌀에 잡티나 먼지 등이 많아 부득이 한 번 더 씻어내야 할 경우, 첫 번째와 두 번째 모두 물로 가볍게 헹궈내는 정도로 씻은 다음 세 번째 것을 받아 사용하도록 한다.

쌀뜨물 이용하여 설거지를

쌀을 씻어낸 쌀뜨물은 시래기국을 끓이는 데도 쓰지만 중성세제 대신 써도 좋다. 특히 기름기가 묻은 그릇이나 비린내가 나는 음식을 담은 그릇을 씻을 때는 쌀뜨물이 제격이다. 쌀뜨물로 애벌 씻고 그 다음에 맑은 물로 헹구어 내면 그릇이 깨끗이 씻어질 뿐만 아니라 손에도 냄새가 배지 않아 좋다.

쌀을 씻는 요령

쌀을 씻을 때 처음부터 강하게 씻으면 쌀겨 냄새가 쌀에 배기 때문에 맛있는 밥을 지을 수 없게 된다. 왜냐하면 쌀은 먼저 물을 흡수하려고 하기 때문에 쌀겨나 기타 더러운 것이 함께 섞여 있는 동안에 쌀을 강하게 씻다 보면 그런 것들까지 쌀이 흡수해 버리기 때문이다. 약하게 씻되, 같은 물로 오래 씻지 말고 여러 번 헹구어 내는 것이 좋다.

쌀통에 사과를 넣으면 햅쌀처럼 신선해져

쌀을 햅쌀처럼 신선하게 보관하기 위해서는 사과를 같이 넣어두면 좋다. 또 쌀벌레를 없애려면 마늘이나 붉은 고추를 넣어두는 게 효과적이다. 보관 장소도 중요하다. 흔히 부엌과 나란히 있는 다용도실에 보관하는 경우가 많은데 다용도실이 물을 자주 사용하는 곳이라면 문제가 있다. 쌀을 퍼낼 때 물이 묻은 그릇을 사용하는 것도 좋지 않다. 수분 함량이 수시로 변하면 쌀이 변질될 가능성이 그만큼 높아지기 때문이다.

삶은 달걀껍질을 잘 벗기려면

달걀을 삶고 나서 바로 찬물에 넣으면 껍질이 잘 벗겨진다. 그러나 달걀을 식지 않은 상태에서 따뜻하게 먹고 싶으면 삶은 달걀을 소금에 잠시 묻어두었다가 꺼내어 벗기면 잘 벗겨진다.

삶은 달걀을 자를 때

삶은 달걀을 까서 잘라 잔칫상 등에 올려놓아야 할 때가 있다. 그런데 잘못 자르게 되면 달걀이 부서지거나 매끄럽지 못해 볼품없이 되는 경우가 있다. 이런 때는 칼을 잘 간 다음 뜨거운 물에 담갔다가 자르면 매끄럽게 잘 잘라진다. 반숙한 달걀은 양쪽 끝 부분을 조금 잘라내 평평하게 해서 세운 다음 실을 이용하여 자르면 잘라진다.

삶은 채소는 탈수기를 이용한다

무청·고춧잎·고구마 줄기 등은 삶아서 말리는데, 말리는 도중 식품의 신선도가 떨어질 수 있다. 따라서 삶은 채소는 베주머니에 싸서 탈수기에 넣고 1~2단 사이에서 탈수를 한 후 말리도록 한다. 이렇게 하면 말리는 시간도 단축되고 신선도도 유지될 수 있어 좋다.

삼치를 고를 때는 늘씬하고 통통한 것으로

표면이 매끈하고, 회색과 하얀빛이 그대로 살아 있는 삼치가 좋다. 삼치는 살이 많은 생선이기 때문에 손으로 눌러 봐서 단단한 것을 골라야 한다. 상온에서 오래된 것은 표면 무늬가 선명하지 않고 상처가 나 있다.

새로 사온 냄비에서 냄새가 날 때

새로 사온 냄비나 솥 등에서는 특유의 냄새가 나는데, 이는 아무리 물로 씻어도 없어지지 않는다. 이런 때는 냄비를 불에 올려놓고 안팎이 벌겋게 달아오를 때까지 가열한다. 그리고 나서 그 속에 뜨거운 물과 야채 부스러기를 넣고 끓이면 신기할 정도로 냄새가 완전히 제거된다.

새우는 꼬리가 빨갛고 통통한 것으로

신선한 새우를 고르려면 무엇보다 꼬리를 잘 살펴야 한다. 꼬리가 빨갛고 통통해야 신선한 새우. 오래된 새우는 꼬리나 껍질의 가장자리가 거무스름하거나 몸통 부분에 흰 반점이 있다. 또 몸통이 검은빛을 띠어도 오래된 것이다. 신선한 새우살은 하얗고 탄력이 있으며 통통한 느낌이 나면서 팽팽하다.

새우 머리와 껍질은 국물내기로

새우튀김을 하거나 해물탕을 끓일 때 새우머리나 껍질은 그냥 버려 버리는데, 이것을 깨끗하게 씻어 냉동 보관해 두었다가 필요할 때 국물내기로 쓰면 좋다.

새우 손질법

새우의 등에 있는 내장을 빼내지 않으면 모래가 씹히거나 비린내가 나서 맛도 없다. 싱싱한 새우의 경우, 천천히 머리를 잡아당기면 내장까지도 함께 따라 나온다. 일단 가열을 하게 되면 내장이 절대로 빠져 나오지 않으므로 반드시 처음 손질할 때 빼내도록 한다.

색 바랜 초콜릿으로 코코아를

초콜릿을 오래 두면 색깔이 허옇게 볼품없이 변하는데, 이것을 우유에 넣으면 맛있는 코코아가 된다.

샌드위치에서 수분이 나오지 않게 하려면

샌드위치를 만들고 나서 시간이 좀 지나게 되면 흐물흐물하게 된다. 이를 방지하려면, 만들 때 식빵의 안쪽에 버터를 발라주면 된다. 빵의 기포까지 메우며 바른다. 그러면 수분이 밖으로 스며 나오지 않아 샌드위치가 질편해지지 않는다.

샐러드용 감자는 차게 해서 버무린다

감자를 찐 바로 직후의 상태는 조직이 부드러워 내부의 전분이 물을 흡수하기 쉬워진다. 여기에 마요네즈를 치면 유화된 마요네즈가 열 때문에 식초와 기름으로 분리되어 감자 속으로 스며든다. 또한 온도가 높아질수록 침투가 왕성해지고 심한 경우에는 마요네즈의 계란 노른자가 응고되므로 샐러드가 먹기 불편하고 볼품없게 된다. 샐러드는 감자를 차게 해서 마요네즈와 함께 버무린다.

색다른 밥 짓기

좀 색다르고 맛있는 밥을 지어 보자. 밥솥에 안쳐 놓은 쌀 위에 약 3cm 정도 크기의 다시마를 올려 놓고 밥을 지으면 밥에 다시마 맛이 스며들어 한층 맛이 새롭다. 또한 쌀에 술을 한 방울 떨어뜨리거나 소금 또는 샐러드 기름을 조금 넣고 지으면 윤기가 흐르고 맛있는 밥이 된다.

샌드위치에 카레를 발라 먹으면 별미

카레를 샌드위치에 발라 먹으면 맛이 일품이다. 카레가 너무 묽으면 불에 좀더 졸이고, 양파를 얇게 썰어서 섞으면 양파의 매운 맛이 스며들어 산뜻한 맛이 난다.

생강껍질은 병 뚜껑으로

생강은 자그마하면서도 우둘투둘하여 껍질을 벗기기가 어렵다. 이런 경우에는 식칼을 쓰는 것보다는 맥주나 소주의 병 뚜껑을 이용하는 것이 좋

다. 이런 종류의 뚜껑을 왕관이라 하는데, 왕관 둘레의 들쭉날쭉한 부분으
로 생강을 긁어대면 껍질이 잘 벗겨진다. 또 나무젓가락에 철사를 감아서
문질러도 쉽게 벗겨진다.

생선 고를 때 유의점

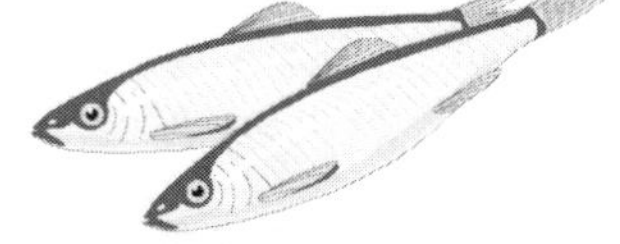

일반 생선을 고를 때 알아두어야 할 몇 가지

- 비늘 생선은 먼저 비늘이 고르게 붙어 있는지, 윤기가 나는지 확인한
  다. 비늘이 떨어져 있거나 윤기가 없는 것은 오래된 것이다.
- 생선을 손으로 눌러 봐서 살이 제 모양으로 돌아오면 신선한 것이다.
  눌러진 상태로 있거나 원래 상태로 돌아오는 시간이 길면 이미 부패가
  많이 되었다고 보면 된다.
- 아가미는 색깔이 선명하고 점액질이 적어야 신선한 생선이다. 또 아가
  미의 색깔이 지나치게 붉어도 의심해 봐야 한다.
- 비린내가 나지 않아야 한다. 싱싱한 생선은 비린내가 거의 나지 않는다.
- 꼬리지느러미 앞에 있는 항문 밖으로 내장이 나오지 않은 것이 좋다.
- 생선을 잘랐을 때 살이 뭉개지지 않아야 한다.

말린 생선을 고를 때 알아두어야 할 몇 가지

- 말린 생선은 오래되면 기름이 끼어서 적색을 띠며 끈적끈적한 점액이
  묻어 난다. 색깔이 맑고 깨끗한 것이 좋다.
- 냄새가 적게 나야 한다. 습한 곳에서 말렸거나 비위생적으로 말린 것
  은 생선 구린내가 난다.
- 아가미나 뱃속이 깨끗하게 처리된 것이어야 한다.
- 생선 형태가 원래 모양대로 잘 말려진 것이 좋다. 신선한 생선을 말렸
  다는 증거다.

토막내어 포장된 생선을 고를 때

- 살이 투명감이 있고 탄력이 있으며, 단면이 단단하며 빨간색인 것을
  고르도록 한다.
- 팩의 밑바닥에 국물이 고이지 않은 것이 좋다. 국물이 있다는 것은 신

선하지 않다는 증거이다.

- 포장지에 표시된 날짜는 고기를 얼마 동안이나 보관했느냐에 상관없이 팩을 포장한 날짜에 불과하므로 믿을 것이 못된다. 예컨대, 포장지에 나타난 날짜가 하루밖에 지나지 않았어도 국물이 생겼다면 신선하다고 볼 수가 없다.

생선구이에 마늘가루를 뿌리면 별미

생선은 갓 구워낸 뒤에 바로 먹어야 제맛이 난다. 이때 생선에 마늘가루를 살짝 뿌려서 먹으면 생선구이의 맛이 한결 두드러진다. 마늘가루는 수퍼에서 쉽게 구입할 수 있는데, 생마늘과는 또 다른 맛을 느낄 수 있다.

생선구이용 생선에는 소금을 뿌린다

· 생선에 소금을 뿌리면 삼투압 현상에 의해 식품 내부에 있던 수분이 밖으로 흘러나오게 된다. 그러므로 요리를 하기 전에 소금을 뿌려두면 재료의 형태가 단단히 유지되고 약간 절여져서 굽기도 쉬워진다. 생선에는 알부민과 글로불린 계통의 단백질이 요리 도중에 용출되어 영양가와 맛이 떨어지는데, 이럴 때 소금을 요리 전에 미리 뿌려두면 단백질이 빨리 응고되므로 한결 맛이 좋아진다. 굽기 전 소금을 뿌려두면 살이 단단해진다.

생선비늘은 수저로 벗기면 편하다

일반적으로 생선비늘은 칼로 벗기는데, 그보다는 수저가 편하다. 수저를 생선의 몸통에 대고 밀면 칼로 하는 것보다 훨씬 비늘이 깨끗이 잘 벗겨진다.

생선에서 DHA 손실을 줄이는 요리법

생선을 구워먹는 경우에는 기름을 발라 굽지 말고 센 불에 빨리 구워 생선 속의 지방이 흘러내리지 않도록 해야 한다. 조림은 30분 이상 불에 올려놓지 말도록 하고 찌개나 국에 넣었을 때는 국물까지 모두 먹는 것이 바람직하다. 튀김은 DHA의 손실이 가장 크므로 옷을 두껍게 잘 입히고 단시간에 튀겨내는 것이 좋다.

생선을 뼈째 익히려면

생선은 뼈째 먹도록 조리하는 것이 좋다. 생선을 뼈째 조리하기 위해서는 냄비 밑에 콩을 깔고 콩 위에 생선 토막을 얹어 조리하면 생선이 충분히 익어 뼈째 먹을 수 있게 된다. 이렇게 하면 콩에도 양념의 간이 적당히 배여 콩을 따로 요리할 필요가 없게 된다.

한편 간장이나 술 등에 미리 절여둔 고기를 튀길 때에는 기름이 많이 튄다. 이것을 막기 위해서는 기름에 소금을 조금 뿌려두면 기름이 튀는 듯하다가 곧 사라지기 때문에 쉽게 요리할 수 있다.

생선을 보관하려면

아무리 신선하다 할지라도 생선은 배를 갈라 소금물에 씻어 보관하는 것이 좋다. 새우의 경우 등 내장을 빼서 연한 소금물에 흔들어 씻고, 게는 수세미에 소금을 묻혀 씻고 물기를 닦아낸 다음 밀폐용기에 담아 냉장고에 보관한다. 염분이 많은 생선은 소금물을 연하게 타서 담가놓으면 되고, 송어나 연어 등은 잘라서 무즙에 담가두면 된다.

생선을 석쇠에 구울 때

생선을 석쇠에 올려놓고 굽다 보면 껍질이 철사에 눌어붙어 생선이 볼품없게 되어 버리는 경우가 있다. 이럴 때는 석쇠에 식초를 바르고 나서 구워 보자. 신기하게도 생선이 눌어붙지 않고 깨끗하게 구워진다. 또 석쇠를 충분히 달구고 나서 구워야 생선껍질이 철사에 눌어붙지 않는다. 생선을 구울 때는 여러 번 자주 뒤집지 말고 한쪽을 충분히 구워서 익힌 다음에 뒤집어 다른 쪽을 한 번에 익히는 것이 좋다. 오징어, 새우, 조개류와 같이 익으면 살이 오그라드는 것은 굽기 전에 소금을 쳐주면 된다.

생선의 비린내를 없애려면

생선은 오래된 것일수록 비린내가 더 난다. 생선에서 비린내가 나는 이유는 생선의 신선도가 떨어지면서 생기는 트리메틸아민이라는 물질 때문이다. 이 비린내를 없애는 방법 몇 가지를 소개한다.

① 생선을 된장이나 우유에 담가 놓거나 삶으면 비린내가 사라진다. 단백질은 냄새를 흡수하는 성질이 있기 때문이다.
② 생선 요리 시에 생강이나 파를 넣는다.
③ 소금을 뿌려 냄새나는 물질을 빠져나가게 한다.
④ 생선에 레몬즙이나 식초를 발라준다.
⑤ 생선을 포도주나 청주에 적셔서 냄새나는 성분을 굳힌다.
⑥ 바닷물 정도로 간간한 소금물에 생선을 약 20분 정도만 담가두면 비린내가 가신다.

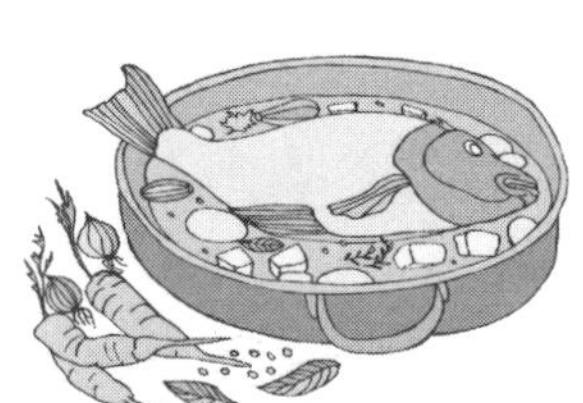

생선을 맛있게 졸이려면

대부분 생선을 졸일 때, 생선을 담은 냄비에 먼저 간장을 붓고 졸이다가 그 다음에 갖은 양념을 치곤 하는데, 이렇게 하면 제맛도 나지 않을 뿐더러 비린내가 나기도 쉽다. 우선 졸이기 전에 생선의 아가미를 떼어낸다. 그런 다음 맹물에 설탕이나 소금을 넣은 물에 그 생선을 넣고 끓이다가 나중에 간장을 넣어야 생선 맛이 전체에 골고루 퍼져 맛있게 졸여진다.

생선을 졸일 때

생선을 졸일 때 프라이팬 바닥에 생선껍질이 눌어붙어서 벗겨지게 되면 요리가 볼품없이 된다. 이럴 때는 프라이팬 바닥에 양배추 잎 하나를 펼쳐 놓은 뒤에 요리하면 눌어붙지 않는다. 그렇게 한다고 해서 맛이 변하는 것도 아니다. 또 정어리나 전갱이 같은 생선을 졸이다 보면 살이 잘 부서진다. 이와 같은 생선은 생선이 잠길 만큼 국물을 넉넉히 붓고 뚜껑을 덮은 다음 약한 불에 졸여야 살이 부서지지 않는다.

또한 붕어 같은 민물고기나 작은 생선은 직접 졸이기보다는 양념을 하지 않고 살짝 구워서 국물에 넣어 졸이면 부서지지 않고 맛이 있다. 비린 생선은 끓기 시작했을 때 생강을 잘게 썰어 넣으면 비린내가 없어진다. 그리고 물을 붓고 졸일 때는 반드시 뚜껑을 꼭 덮어 끓는 국물이 냄비 속 전체에 퍼지도록 하는 것이 좋다.

생선 접시는 찬물로 닦는다

설거지는 따뜻한 물로 해야만 냄새나 오염을 깨끗이 제거할 수 있어 좋지만, 생선 접시의 경우는 예외이다. 생선 접시를 더운물로 닦으면 주방에 생선 비린내가 풍기게 되므로 찬물로 씻도록 한다.

생선찌개를 맛있게 끓이려면

반드시 물이 끓고 난 뒤에 생선을 넣어야 단백질이 굳어져 고기 맛이 밖으로 빠져나가지 않는다. 물의 양은 생선의 표면이 밖으로 약간 나올 정도면 된다.

생선 튀기기

작은 생선은 내장을 발라내지 않고 그냥 튀기는 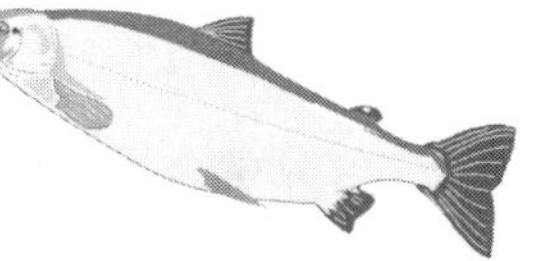 것이 좋다. 내장을 발라내면 신선도가 떨어지기 때문이다. 180℃의 기름에 빨리 튀겨낸다.

덩치가 큰 생선을 튀길 때는 몸통에 서너 군데 칼집을 내어 두 번에 나누어 튀긴다. 처음에는 약 140℃, 그 다음에는 약 180℃의 기름에 튀긴다. 표면이 노릇노릇해질 때까지 튀기는 것이 좋다.

생표고버섯은 씻지 말고

표고버섯 등의 버섯류는 보통 씻어서 요리하지만 물에 씻으면 맛이나 향이 떨어지고 모양도 쉽게 뭉그러진다. 생표고버섯은 우산 같은 머리 부분을 툭툭 털어주면 주름 사이로 먼지나 흙 따위가 모두 떨어진다. 그 다음 젖은 행주로 닦아서 그대로 요리를 하면 독특한 표고버섯의 맛을 즐길 수가 있다. 그러나 말린 표고버섯은 물에 불려야만 향기가 살아나기 때문에 하룻밤 정도 물에 담가두었다가 사용한다.

석쇠 관리

김이나 생선을 굽는 석쇠는 기름기와 생선 찌꺼기가 붙어 쉽게 더러워진다. 석쇠는 칼이나 쇠붙이 등으로 긁으면 쉽게 망가진다. 중성세제를 탄 물에 석쇠를 담가 불린 후 못 쓰는 칫솔로 구석구석 닦는다. 또는 석쇠를 가열한 후 알루미늄 쿠킹호일을 구겨서 문지른 다음 물로 씻어낸다. 깨끗이 닦은 후에는 헹궈서 불 위에 얹어 물기를 말려 보관한다. 물기가 있으면 녹이 슬어 쉽게 망가지기 때문이다.

설탕이 변했는지를 알아보려면

설탕도 습한 곳에 두거나 구입한 지가 너무 오래되면 변질된다. 이것을 그대로 먹을 경우 탈이 나고 심하면 식중독까지 걸릴 수 있다. 설탕이 변질되었는지 어떤지를 알아보려면, 우선 컵에 따뜻한 물을 떠놓고 그 속에 설탕을 차 스푼으로 2~3개가량 넣어서 잘 녹지 않고 덩어리가 되거나 물에 기름이 뜨면 변질된 것이다.

설탕 통에 개미가 꼬이지 않게 하려면

설탕이나 꿀 등 단것을 담아놓는 그릇에는 개미가 잘 모여드는데, 이런 경우에는 설탕 그릇의 아랫부분에 고무줄을 몇 겹 감아두면 개미가 얼씬도 하지 않는다. 개미는 고무 냄새를 싫어하기 때문에 설탕 냄새를 맡고 그릇으로 기어오르다가도 고무 냄새 때문에 모두 물러가게 된다. 또한 개미가 설탕 그릇 속에 들어가 있을 때는 불 옆에다 따뜻하게 해두면 개미가 모두 기어 나오게 된다.

소금은 언제 넣어야 하나

소금을 넣는 때에 따라 음식 맛에 차이가 난다. 소금을 넣어 간을 맞추는 가장 좋은 때는 재료가 얼마쯤 익어서 한결 부드러워졌을 때이다. 그 전에 미리 간부터 맞추어 놓으면 재료가 좀처럼 부드러워지지 않거나 맛이 제대로 우러나지 않게 된다.

속이 비지 않은 무를 고르려면

시장에 가서 무를 샀는데 잘라 보니 속이 텅 비어 있는 경우가 더러 있다. 바람이 든 무는 맛도 없고 비타민 함량도 적어 경제적으로나 영양 면에서 손실이 크다. 겉만 보고도 속이 비었는지 찼는지를 알아내는 방법은 무 잎 하나를 하단에서 잘라 보아 그 단면이 파랗고 생기가 있으면 속이 차 있는 것으로 봐도 무방하다. 반대로 단면이 허옇게 탈색된 것은 십중팔구 속이 빈 것이다. 무는 줄기에 바람이 들면 뿌리까지 바람이 드는 경향이 있기 때문이다.

손에 음식 냄새가 배일 때

생선이나 파, 마늘 등과 같이 비리거나 향이 강한 음식을 요리하고 나면 손에 냄새가 배이게 되는데, 이 냄새는 좀처럼 없어지지 않는다. 이럴 때는 그릇에 식초와 물을 넣고 양손을 담가 씻으면 냄새가 간단하게 제거된다. 마찬가지로 도마에 배인 냄새도 식초물로 닦아내면 없앨 수 있다. 또 우엉 뿌리를 요리하고 나면 손에 검은 물이 들어서 잘 지워지지 않는데, 이럴 때도 식초로 닦아내고 다시 물로 씻으면 깨끗이 잘 닦인다.

손의 기름때는 설탕으로 없앤다

손에 묻은 기름때는 비누로 씻어도 좀처럼 닦이지 않는다. 이런 때 설탕을 손바닥에 조금 쏟아서 양손으로 비비면 신기할 정도로 잘 닦인다. 그리고 기름 냄새는 귤껍질의 안쪽에 손을 대고 문지르면 잘 빠진다.

쇠고기 고르기

• 고기에 붙어 있는 지방은 흰색일수록 좋고, 고기 색은 선홍색을 띠는

것이 신선하다. 하지만 지나치게 붉으면 오래된 것
이며, 노란색을 띠면 산화된 고기이다. 산화된 고
기는 아무리 좋은 양념을 해도 맛이 살지 않는다.

• 고기가 검붉은 빛깔이어도 괜찮다. 그러나 갈색으로 변
  한 고기는 신선하지 못하다는 증거이다. 이 역시 조리를 해도 맛이 없는
  것은 마찬가지.

• 불고깃감으로 제일 많이 쓰는 등심은 지방이 살에 골고루 박힌 마블링
  상태인 것이 가장 맛있다.

• 결이 가늘고 섬세한 고기가 부드럽고 맛있다.

• 동물은 죽으면 사후 강직 현상이 나타나게 되므로 보름쯤 냉장해 둔
  숙성된 고기를 구입하는 것이 좋다.

• 고기의 부위를 용도별로 알아두는 것이 좋다. 구입할 때마다 잘 관찰
  해 두어 다음에 살 때 비교해 본다. 살 때마다 고기의 부위별 특성을
  적어두자.

• 전문가가 아닌 이상 육안으로 좋은 고기를 고르기란 쉽지 않다. 축협
  이나 농협 등 믿을 만한 곳에서 구입하거나, 믿고 구입할 수 있는 단골
  정육점을 만드는 것이 좋다.

부위별 용도

• **목심** – 국거리나 장조림용으로도 좋고 특히 불고기를 하면 깊은 맛이 느껴
  진다.

• **갈비 부위** – 갈비의 위쪽으로, 매우 부드러워 노약자들이 먹기에 좋다.

• **갈비** – 풍부한 맛과 씹는 맛이 있어 바비큐용으로 좋다.

• **양지머리, 가슴살** – 질긴 부위이므로 오래 끓이는 요리에 좋다. 깨끗한 육수
  를 만드는 데 적합하다.

• **사태, 양지** – 탕, 찜 등에 적합하다.

• **채끝** – 지방이 적당히 섞여 있고 매우 부드러워 등심구이나 스테이크, 전골,
  샤브샤브에 적당하다.

• **안심** – 쇠고기 중 가장 연한 부위로 스테이크나 철판구이 등에 적합하며, 살
  짝 익혀 먹는 것이 제맛을 즐기는 방법이다.

• **설도** – 허리 부위 고기로 스테이크나 야채볶음에 어울린다.

• **엉덩이살, 우둔** – 육질이 부드러워 각종 구이, 찜, 장조림, 볶음요리에 적당
  하다.

쇠고기 손질하기

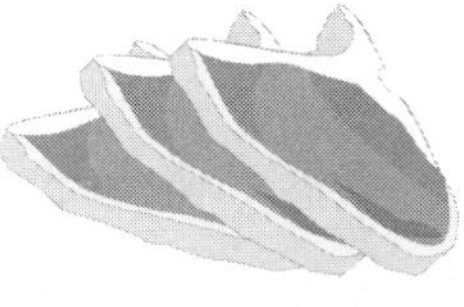

- 냉동된 고기를 해동할 때는 하루 전에 냉장실로 옮겨놓는다. 고기는 저온에서 천천히 녹여야 육즙이 덜 빠진다.
- 쇠고기는 반드시 덩어리째 찬물에 담가두어 핏물을 뺀 후 요리한다.
- 쇠고기를 삶을 때는 냄새 제거를 위해서 파와 마늘을 넉넉하게 넣는다.
- 쇠고기를 더욱 연하게 하고 싶다면 양념장에 배나 키위, 양파, 정종 등을 넣는 것이 좋다. 키위를 많이 넣으면 너무 연해지므로 주의한다.
- 쇠고기를 샐러드유와 야채에 재웠다 사용하면 고기의 조직이 연해지고 맛도 좋아진다.
- 쇠고기는 너무 오래 재우면 육즙이 빠져서 맛이 없어진다. 재우는 시간은 30분 정도가 적당하다.
- 육회를 할 때 가늘게 채 썬 쇠고기에 참기름과 다진 마늘을 넣어 양념하면 고기의 누린내가 제거된다. 참기름은 고소한 맛을 내기도 하지만 살균작용도 한다.
- 쇠고기에 부족한 비타민을 보충하려면 요리할 때 참기름을 쓰는 게 좋다. 필수 지방산이 많은 참기름은 콜레스테롤이 혈관에 끼는 것을 막아 준다.
- 쇠고기를 먹을 때 상추에 싸먹거나 야채와 곁들여 먹으면 고기 때문에 산성으로 기울게 되는 체액을 중성으로 유지시켜 준다.
- 국거리용 쇠고기는 한 번에 다 먹기가 힘들다. 이럴 때는 일 회분씩 랩으로 싸서 보관해 두었다가 요리할 때마다 녹여서 사용하면 좋다.
- 고기를 튀길 때는 간이 밴 고기에 불린 녹말을 넣으면 바삭바삭해지고 맛이 좋아진다.

수돗물의 소독약 냄새

수돗물의 약 냄새는 염소가 주성분이어서 열에 약하다. 그러므로 뚜껑을 덮지 않고 5분가량 끓여두었다가 사용하면 전혀 냄새가 나지 않으며 위생적이다. 냉장고에서 얼음을 만들 때도 수돗물을 그대로 사용하면 얼음에서 소독약 냄새가 나기 때문에 끓인 물을 사용하면 좋다. 또한 수돗물의 염소는 쌀의 비타민을 파괴하는 성질이 있기 때문에 밥을 지을 때는 미리 받아둔 물을 사용하거나 약하게 끓인 물을 사용하는 것이 좋다.

쑥을 오래 보관하려면 데친 후 냉동을

쑥은 이른봄부터 초여름까지만 뜯을 수 있으므로, 이때 따서 보존만 잘 한다면 1년 내내 향긋한 맛을 즐길 수 있다. 질이 좋은 쑥을 골라 끓는 물 에 살짝 데친 후 꼭 짜서 냉동실에 보관한다. 데칠 때 소다를 조금 넣으면 초록빛이 더 선명하게 살아난다. 봄에 넣어둔 것을 추석에 송편 만들 때 꺼 내 쓸 수도 있고, 겨울까지도 이용할 수 있다.

술을 넣고 밥을 지으면 오래 보존할 수 있다

아침에 한 밥을 전기밥통 속에 넣어두었다가 저녁에 먹으려면 밥이 변해 냄새가 나는 경우가 있는데, 이를 방지하려면 밥을 지을 때 약간의 술(쌀 2 컵에 1/2작은술)을 넣고 지으면 된다. 또 식초 2스푼 정도를 넣고 지어도 밥이 변할 염려가 없고, 밥맛을 돋우어 주는 역할도 한다.

술을 데울 때는

겨울철에는 술을 데워야 할 경우가 있다. 이때 어떤 술이든 간에 직접 불 위에다 주전자째 올려놓고 데우면 맛이 없어지기 십상이다. 일단 다른 그 릇에 물을 데운 다음, 그 속에 술이 담긴 주전자를 넣고 데우는 것이 원칙 이다.

쓰레기통 냄새

쓰레기통 밑바닥에 신문지를 몇 겹 깔고 그 위에 표백제가 든 세척액을 뿌려두면, 쓰레기에서 나오는 수분을 흡수해 냄새를 막을 뿐 아니라 살균 소독의 효과도 있다. 또 쓰레기통을 항상 청결하게 유지하는 일도 잊지 말 도록 하며, 세척액으로 자주 씻어주도록 한다.

시거나 맛없는 사과로 주스를 만들어 마시면 좋다

너무 익었거나 단맛이 없고 시기만 한 사과로 주스를 만들어 먹으면 좋다. 사과와 낑깡(사과 1개당 낑깡 3~4개)을 적당한 크기로 썰어서 믹서기에 넣고 갈아서 주스를 만들어 마시면 맛과 향이 뛰어나다.

시금치에는 참깨를

시금치 나물을 무칠 때 참깨를 넣으면 효과적이다. 시금치에는 여러 가지 영양소가 풍부히 들어 있지만 수산이라는 물질 때문에 결석이 생기기 쉽다. 그런데 결석은 칼슘과 수산의 비율이 1:2일 때만 생기며, 이 균형이 조금만 깨져도 생기지 않는다. 이 때문에 칼슘이 풍부한 참깨를 시금치 나물에 넣으면 결석이 생길 염려는 없다.

시든 야채를 소생시키려면

야채는 전체의 약 90%가 수분이다. 썰어서 그대로 두면 수분이 계속 빠져나가게 된다. 특히 칼자국이 많이 간 채썰기는 수분이 금방 빠져나가 순식간에 시들어 버린다. 이것을 방지하려면 물 속에 담가두어 야채의 세포 안에 물이 계속 들어가게 해 빳빳한 상태가 되게 한다. 단, 물이 미지근해서는 안 된다. 또 너무 오랫동안 담가놓으면 비타민 C가 파괴되므로 찬물에 살짝 담그는 것이 비결이다.

냉장고에 넣어둔 야채가 시들었을 때는 레몬즙을 떨어뜨린 찬물에 잠시 담가두면 싱싱함이 되살아난다. 맛이 약간 느껴지는 정도의 설탕과 식초를 섞은 물에 10~15분간 담가두어도 야채의 싱싱함이 되살아난다.

시들해져 버린 나물로 나물밥 부침을

나물들을 모아 잘게 썰고 여기에 달걀을 풀어 섞는다. 여기에 남은 찬밥을 넣어 다시 골고루 섞은 후 밀가루를 넣으면 부침의 재료가 된다. 이것을 기름 두른 프라이팬에 지져내면 그야말로 참신한 나물밥 부침이 된다.

식초가 지나치면 술을

음식에 식초를 치다가 너무 지나쳐서 맛을 버리는 경우가 더러 있다. 이 때에는 술을 조금 쳐 보자. 신맛이 훨씬 가라앉을 것이다.

그리고 식초를 넣어 버무리는 나물과 같은 요리는 먼저 재료에 소금을 약간 뿌린 다음 식초를 치는 것이 맛을 훨씬 좋게 하는 요령이다.

식초의 다양한 이용법 50가지

1. 석쇠에 생선을 구울 때 식초를 바르면 생선이 석쇠에 달라붙지 않는다.
2. 고기산적을 구울 때 꼬챙이에 식초를 적셔서 꽂으면 고기가 붙지 않고 잘 빠진다.
3. 식초를 푼 물로 생선을 씻으면 비린내가 가시고, 식초를 약간 넣으면 뼈가 부드러워져 뼈까지 먹을 수 있다.
4. 작은 생선을 졸일 때 식초를 약간 넣으면 모양을 보기 좋게 유지할 수 있다.
5. 생선찌개를 끓일 때 넣으면 생선의 모양을 보기 좋게 유지할 수 있다.
6. 달걀 지단을 부칠 때 식초를 넣으면 잘 펴지고 찢어지지 않는다.
7. 조개를 식초 푼 물(식초와 물의 비율은 1:1)에 씻으면 미끈미끈한 점액을 효과적으로 제거할 수 있다.
8. 고기가 질기고 단단할 때 식초를 고기에 비비듯이 발라준다. 고기에 식초가 스며들 때까지 기다렸다가 요리를 하면 연한 고기를 먹을 수 있다.
9. 푸른 채소를 무칠 때 식초를 넣으면 향과 색이 살아난다. 식탁에 내기 직전에 쳐야 한다. 미리 쳐놓으면 색깔이 나빠진다.
10. 식초를 가미한 요리를 하려고 할 때 재료를 미리 식초로 가볍게 씻어두면 식초 맛이 재료 안까지 배어 맛있는 요리를 먹을 수 있다.
11. 무채나 무즙이 너무 매울 때 식초 몇 방울을 떨어뜨리면 매운 맛이 가라앉는다.
12. 토란의 미끈거림은 식초를 약간 넣은 물에 데쳐서 찬물에 헹궈내면 없어진다.
13. 양배추를 데칠 때 식초를 조금 넣으면 양배추가 보다 희게 데쳐진다.

14. 우엉이나 연근, 참마 등을 다듬어 손이 가려울 때 식초물에 손을 씻으면 가려움증을 없앨 수 있다.

15. 손이나 도마에 양파나 파 냄새가 배었을 때 식초를 넣은 따뜻한 물로 씻으면 냄새가 가신다.

16. 더운 여름 밥을 지을 때 식초 몇 방울을 떨어뜨리면 빨리 쉬지 않는다.

17. 너무 짠 음식에는 식초 몇 방울을 떨어뜨리면 짠맛이 줄어든다.

18. 달걀을 삶을 때, 끓는 물에 식초를 몇 방울 떨어뜨리면 달걀이 터지거나 흰자가 흘러나오는 것을 막을 수 있다.

19. 냉장고 안을 청소할 때 식초물을 묻혀 닦으면 살균, 방부, 곰팡이 방지 효과가 있다.

20. 설거지용 스펀지나 수세미를 살균할 때 사용한다. 먼저 수세미를 깨끗하게 씻은 다음, 식초와 소금을 넣은 뜨거운 물에 잠시 담가둔다.

21. 도마나 주걱 등을 식초로 닦으면 살균효과가 있다.

22. 부엌 쓰레기를 버릴 때, 식초를 약간 끼얹으면 살균과 냄새 제거 효과가 있어 썩는 냄새가 사라진다.

23. 은수저의 빛깔이 변했을 때는 소금을 식초에 적셔 문지르면 깨끗이 닦아진다.

24. 갈증이 나서 물이 자꾸 먹힐 때 물에 식초 2~3방울을 떨어뜨려서 마시면 갈증이 가신다.

25. 겨자를 풀고 식초를 몇 방울 떨어뜨리면 겨자가 오래 간다.

26. 오이의 쓴맛을 빼려면 식초를 탄 물에 오래 담가둔다.

27. 다시마를 삶을 때 식초를 탄 물에 삶으면 색깔도 곱게 잘 무른다.

28. 비린내가 나는 생선을 조리할 때 식초를 치면 비린내가 가신다.

29. 연근, 우엉 등을 삶을 때 식초 몇 방울을 떨어뜨리면 아린 맛이 가시고 빛깔이 고와진다.

30. 기름종이에 글씨를 쓸 때 먹을 식초에 갈아서 쓰면 번지지 않고 잘 써진다.

31. 너무 짠 음식에 식초를 몇 방울 떨어뜨리면 짠맛이 덜어진다.

32. 밥통의 밥을 오래 보존하려면 밥통에 식초를 몇 방울 떨어뜨린다.

33. 김밥을 자를 때 식초에 칼을 담갔다가 자르면 잘 잘라진다.

34. 가구에 잉크 얼룩이 묻었을 때 미지근한 물에 식초를 타서 닦는다.

35. 카레를 불에서 내려놓기 전에 식초를 조금 넣으면 독특한 풍미가 난다.

36. 여름이면 묵은 쌀에서 냄새가 나 가뜩이나 식욕이 없는 계절에 더욱 밥맛을 잃게 한다. 아침밥 지을 쌀을 전날 저녁에 식초 한두 방울을 떨어뜨린 물에 미리 씻어놓으면 묵은 쌀 냄새를 없앨 수 있다.

47. 전화기, 밥통 등에 때가 타 있을 때도 식초를 헝겊에 묻혀 닦으면 된다.

48. 세탁물에 표백제를 사용한 뒤 냄새가 가시지 않을 때는 마지막 헹구는 물에 식초를 몇 방울 떨어뜨리면 된다.

49. 부엌에서 사용하는 식기나 행주 등에서 나는 냄새도 역시 식초를 탄 물에 담그면 곧 냄새가 빠지게 된다.

50. 아이들의 옷단을 내릴 때 접혀 있던 자리가 완전히 펴지지 않아 보기 흉한 때가 있다. 그런 때도 식초를 한 방울씩 떨어뜨리면서 다림질하면 잘 펴진다.

식품을 오래 보관하는 요령

- 감자·무·바나나 등은 냉장고에 보관하지 않는다.
- 감자를 오래 보관하려면 싹이 트는 즉시 칼로 그것을 전부 파내 버리면 시들지 않는다.
- 김장독은 작은 독을 여러 개 사용하여 공기와의 접촉을 피하고 적당한 온도를 유지시킨다.
- 냉동육을 보관할 때는 랩으로 두껍게 포장해야 표면 건조에 의해 고기색이 갈색으로 변하는 것을 막고, 산패를 지연시켜 저장 시간을 연장할 수 있다.
- 덜 익은 과일을 맛있게 먹으려면 사과와 함께 비닐봉지에 넣어 보관하면 사과에서 나오는 에틸렌 가스가 숙성을 빠르게 돕는다.
- 먹다 남은 (양)배추는 겉잎이나 신문지에 싸서 냉장고의 맨 아래 칸이나 야채실에 넣어 보관한다.
- 미역에 생긴 곰팡이는 농도를 짙게 한 소금물에 담가 씻은 다음 그늘에 말린다.
- 버터는 사용 도중에 여러 가지 냄새가 배어들기 쉬우므로 밀폐된 그릇에 보관한다.
- 생강은 모래 속에 저장하며, 모래를 구할 수 없을 경우에는 한두 군데 구멍을 뚫은 비닐봉지에 넣어 냉장고에 보관하는 것도 한 방법이다.
- 아이스크림은 쿠킹호일에 싸서 보관하면 아이스크림에 냉장고의 냄새

가 스며들지 않고 아이스크림 맛도 오랫동안 변하지 않는다.
- 케이크는 냉동실에 보관하며 먹기 한 시간 전에 냉동실에서 꺼내어 실내 온도에서 해동시켜서 먹는다.
- 맥주나 사이다 등의 음료는 냉장고에 오래 넣어두면 맛이 떨어진다.
- 젓갈류를 저장할 때는 완전하게 밀폐시킨다.
- 우유 팩과 빈 상자 바닥에 물에 적신 티슈를 깔아놓고 야채를 세로로 보관하는 것은 야채의 신선도를 유지하는 데 도움이 된다.
- 개봉한 차는 비닐 팩에 다시 넣어서 보관해야 차의 향과 맛을 그대로 유지할 수 있다.

식품의 재활용 지혜

- 감껍질은 말려서 간식으로 이용한다.
- 고추씨를 빻아서 햇된장을 담글 때 섞으면 된장 맛이 훨씬 구수해진다.
- 굳어진 치즈를 부드럽게 하려면 뚜껑 있는 그릇에 치즈를 넣은 뒤 브랜디나 위스키를 살짝 뿌리고 2, 3일간 밀봉해 두면 된다.
- 남은 김치는 밀가루를 묻혀 기름에 튀긴다.
- 말라 쪼그라든 마늘은 가루로 빻아서 사용한다.
- 먹다 남은 국수는 대바구니에다 널어 잘 말린 다음 라면을 끓일 때 라면보다 조금 먼저 넣어 끓인다.
- 멸치 대가리는 조미료로 이용한다.
- 불고기를 구울 때 나오는 육수는 양파를 잘게 썰어 버터로 볶은 뒤 육수를 넣고 뜨거운 물을 조금 부은 다음 케첩과 함께 끓이면 아주 맛있는 수프가 된다.
- 엉겨붙은 커피 가루는 뜨거운 물에 녹여 냉장고에 넣어 필요할 때마다 꺼내 기호에 맞게 크림과 설탕을 타서 마시면 된다.
- 튀김이 끝난 튀김 기름은 될 수 있는 대로 식지 않았을 때 여과망에 걸러 병에 부었다가 구이 요리를 할 때 쓰는 것이 경제적이다.
- 먹다 남은 채소 등은 즙을 낸 다음 세숫비누를 잘게 썰어 섞어 하루쯤 지나면 비누가 풀리는데, 잘 저어서 머리를 감으면 비듬이나 가려움증, 탈모 예방에도 좋다.

식품 첨가물을 줄이는 조리 아이디어

■ **라면** : 라면에는 쫄깃쫄깃한 특성을 주기 위해 면류 알칼리제가 첨가되며, 산화 방지를 위해 기름에 산화방지제가 들어간다. 또한 제품의 색깔을 좋게 하기 위해 천연색소 등으로 착색을 한다.

이와 같은 라면의 유해성분을 줄이려면 면을 끓인 후 물을 완전히 따라 버리고 다시 물을 끓여 삶는다. 산화방지제와 착색제 성분이 없어지고 면발도 더 쫄깃해질 것이다.

■ **어묵·생선 통조림** : 어묵을 조리할 때는 일단 끓는 물에 데쳐 사용하면 방부제가 어느 정도 없어지고 나쁜 기름도 없앨 수 있다. 양념을 진하게 해서 요리할 경우도 방부제 희석 효과를 볼 수 있다.

통조림 제품은 함께 들어 있던 기름이나 국물을 버리고 조리한다. 특히 골뱅이 통조림은 체에 받쳐 물기나 조미액을 적당히 빼고 이용한다. 하지만 남은 것을 보관할 때는 국물과 함께 넣어두는 것이 좋다.

■ **야채 가공품·야채 통조림** : 야채 가공품은 반 조리된 통조림 식품이 대부분. 따라서 생야채를 구하기 힘든 계절에 요긴하게 사용할 수 있어 좋다. 하지만 통조림 안에는 방부제라든가 조미료, 향신료 등이 들어 있어 그대로 먹을 경우 어쩐지 마음이 개운치 못하다. 통조림 식품은 재료에 따라 끓는 물에 다시 한 번 데친다든가, 물에 잠시 담가두어 잡맛을 없애는 등의 손질이 필요하다. 음식을 만들 때는 체에 쏟아 통조림 안에 들어 있는 물기를 빼고 사용한다.

• **옥수수 통조림** : 체에 부어 물기를 빼고 조리해야 발색제와 산화방지제 등을 조금이라도 줄일 수 있다. 남은 것은 유리병이나 밀폐용기에 옮겨 담아둔다. 냉장고에서 3~4일 이상 보관하지 않도록 한다.

• **완두** : 반 조리된 제품이기는 하지만 끓는 물에 한 번 데친 후 사용하는 것이 좋다. 물에 한 번 헹구어 조리하면 발색제 성분을 희석시킬 수 있다. 끓은 후 바로 찬물에 담가두어 파란색이 선명해지도록 한 후 건져서 물기를 뺀다.

• **껍질콩** : 끓는 물을 끼얹거나 끓는 물에 살짝 데쳐 물기를 뺀 후 사용한

다. 콩 통조림에도 발색제와 산화방지제 등이 들어 있다.

- **죽순** : 가공된 것이지만 통조림에서 꺼낸 죽순은 찬물에 담가 역한 맛을 충분히 우려낸 후 조리한다.

■ 햄 · 소시지 · 육가공품 통조림

햄이나 소시지에는 고기의 끈기를 좋게 하고 수분을 유지하기 위해 인산염, 아초산염, 초산칼륨 등 발색제를 첨가한다. 또한 지방의 산화 방지를 위해 산화방지제, 부패 방지와 고기의 산도 조정을 위해 PH 조정제, 인공색소 등이 사용된다.

햄을 조리하기 전 끓는 물에 살짝 데쳐주면 이들 성분을 어느 정도 없앨 수 있다. 소시지는 끓는 물에 삶아 조리하면 많은 양의 발색제 성분이 빠져 나간다. 또 이들 식품에는 염분이 많이 들어 있는데, 물에 데치면 염분이 술어늘어 짜지 않게 먹을 수 있다. 캔에 들어 있는 햄을 꺼내다 보면 윗부분에 노란 기름이 굳어 있다. 이 부분은 잘라내고 조리한다.

신 김치를 덜 시게 해서 먹으려면

아주 신 김치를 덜 시게 해서 먹은 방법이 있다. 김치 한 포기 당 날달걀 2개 정도의 비율로 신 김치 속에 파묻어 두었다가 약 12시간쯤 지나서 꺼내 먹으면 신맛이 훨씬 덜하다. 이때 달걀껍질은 흐물흐물해지지만 속에는 아무런 이상이 없으므로 안심하고 먹어도 된다. 또 깨끗이 씻은 조개 껍데기를 넣어두어도 하루만 지나면 신기하게도 신맛이 없어진다.

신선한 달걀 고르기

신선한 달걀을 고르려면 다음의 4가지를 살펴보아야 한다.

첫째, 껍질을 보고 고른다. 껍질 표면이 매끄러운 것은 오래되어 좋지 않은 것이고 까칠까칠한 것이 신선하고 좋다.

둘째, 달걀을 흔들어 보고 고른다. 만약 소리가 난다거나 속이 흔들리는 것은 이미 한물 간 것이므로 흔들리지 않는 것으로 고르는 것이 좋다.

셋째, 햇빛에 비추어 보아서 투명한 것이 신선한 것이다.

넷째, 달걀을 물 속에 넣었을 때 옆으로 누워 가라앉으면 신선한 달걀이고, 물에 떠오르며 곤두서면 상한 달걀이다.

그러나 냉장고에 넣어둔 달걀은 그 신선도를 알아보기가 어려우므로 반드시 달걀이 실내 온도를 유지했을 때 시험해 보아야 한다. 만일 달걀을 사서 깨어 보았을 때 피가 섞여 있으면 날로 먹지 말고 반드시 삶아 먹어야 한다.

신선한 생선 고르기

① 우선 배를 눌러 봐서 탄력이 있고, 항문이 닫혀지고, 눈알이 선명하고 밖으로 튀어나온 것이 좋다.

② 생선을 들어 보아서 탄력이 없고 흐느적거린다든지 머리나 표피가 표백된 것처럼 보이면 변질된 것이다.

③ 생선을 잘랐을 때 칼 자리가 선명하게 나면 싱싱한 것이다.

④ 지느러미가 본래의 아름다운 색상을 지니고 있으며, 아가미는 선명한 색깔을 띠고 점액질이 적은 것이라야 하며, 아가미 쪽과 비늘을 손으로 문질러 보아서 색소가 묻어나면 상한 것이므로 피하는 것이 좋다.

⑤ 손가락으로 비늘을 가볍게 긁어 보아서 비늘이 쉽게 빠지면 상한 것이다. 아가미는 신선도가 꽤 오래 지속되는 곳인데, 검은색이 감돌기 시작하면 완전히 썩은 것이다. 그리고 눈에는 붉은 줄이 몇 개 생길 때까지가 구입할 수 있는 한계가 된다.

⑥ 바다 조개류는 바다 냄새가 나는 것이 신선도가 좋다.

신선한 조개 고르기

조갯살을 만져 봐서 연하면 한물간 것이다. 싱싱한 것은 탄력이 있고 단단한 반면 오래된 것일수록 탄력이 없고 물컹하다. 껍질째로 있는 조개의 경우, 입을 벌리고 조갯살을 빼물고 있는 것이 싱싱하다. 오래된 것은 입을 다물고 있다. 또 한가지 방법은 조개를 양손에 하나씩 들고 서로 두들겨 보는 것이다. 이때 만약 투명한 소리가 나면 신선한 것이고, 둔탁한 소리가 나면 오래되었거나 죽은 조개로 보면 틀림없다.

신토불이 자연 건강식

호박 쑥죽

- 재료 : 서양호박 1개, 찹쌀가루 4큰술, 조가루 2큰술, 수수가루 2큰술, 보리 · 율무가루 각 1큰술, 쑥가루 3큰술, 콩 · 팥 각 1/2컵, 꿀 2큰술, 소금 조금

- 만드는 법
  ① 호박은 찜통에 찌는데, 손으로 눌러 보아 들어갈 때까지 찐다.
  ② 콩, 팥은 씻어서 30분 이상 불렸다가 건져서 삶는다.
  ③ ①의 호박은 윗부분을 지름이 3cm 정도 되도록 잘라낸 후 스푼으로 씨를 파낸 다음 호박살을 파낸다.
  ④ ②와 ③의 호박 파낸 것을 냄비에 담고 함께 끓이다가 거의 다 익으면 찹쌀가루, 조가루, 수수가루, 보리, 율무, 쑥가루를 넣어 함께 저어서 눌러붙지 않게 약한 불에서 끓여준다.
  ⑤ 다 되면 꿀 또는 설탕을 넣어 잘 섞은 다음 호박 속에 넣어서 상에 낸다.

감자 그라탕

- 재료 : 감자 3개, 버섯 2개, 호박 30g, 당근 30g, 양파 1개, 버터 조금, 찹쌀가루 · 쌀가루 · 수수가루 · 조가루 각각 1/2컵, 우유 1/2컵, 소금 조금

- 만드는 법
  ① 감자는 껍질을 벗겨 둥글게 썬다.
  ② 당근, 호박, 버섯은 채를 썰어 준비한다.
  ③ 양파를 잘라서 버터를 넣고 볶다가 ②의 재료도 함께 넣고 볶는다.
  ④ 그라탕 그릇에 버터를 바른 다음 ③의 재료와 감자 썬 것을 차례대로 담는다.
  ⑤ 팬에 기름 없이 찹쌀가루, 쌀가루, 조가루를 가볍게 볶다가 버터 1/2큰술을 넣고 고루 섞는다. 여기에 우유를 넣어서 고루 저은 다음 끓기 시작하면 불을 끄고 소금으로 간한 다음 체에 걸러서 ④에 끼얹는다. 250℃로 미리 달군 오븐에 15분간 굽는다.

싱크대가 막혔을 때

싱크 배수구나 욕실 배수구가 막힌 경우에는 시중에서 판매하는 트레펑(뚜러펑) 등을 사용할 수도 있지만 가성소다 1컵을 배수구에 붓고 식초 1컵을 부으면 거품이 생기는데, 이때 뜨거운 물을 부으면 막힌 것이 뚫리게 된다.

싱크대 배수구에서 악취가 심하게 올라올 때

싱크대 배수관은 하수구로부터 올라오는 냄새를 막기 위해 아랫부분이 구부러져 있는데, 그곳에 물이 고여 냄새가 차단되는 것이다. 그런데 그곳에 구멍이 나는 등의 이유로 물이 고여 있지 않으면 악취가 올라오게 된다. 따라서 그곳에 구멍이 나 있을 때는 새것으로 교체하든지 수리하여야 한다. 그런 다음에 물 한 바가지를 부어주면 된다.

또 주방 청소를 청결히 했는데도 계속 냄새가 난다면 배수관이 막혀 있을 수 있다. 배수구 입구에는 본래 오물을 걸러주는 거름망이 있어서 웬만한 찌꺼기는 여기에 모두 걸려들게 되지만, 무심코 버린 기름 등으로 인해 배수관이 끈적끈적해지고 여기에 이물질이 엉겨붙는 수가 많다. 이것이 오랫동안 붙어 있게 되면 심한 악취가 나는 것이다. 이럴 때는 주방용 세제를 이용하여 칫솔에 막대기를 이어 배수관 속을 깨끗이 닦아낸 뒤, 여기에 식초와 물을 희석하여 부어주면 악취가 사라진다.

기름기가 묻어 있는 그릇을 설거지하고 나면 반드시 배수구에 뜨거운 물을 부어 그때그때 기름기를 녹여주는 습관을 들이도록 한다.

싱크대에 곰팡이가 슬었을 때

장마철이 되어 습기가 차게 되면 특히 부엌에 둔 세간과 찬장, 싱크대 등의 내부에 곰팡이가 피기 쉽다. 그런데 곰팡이는 물이나 비누로 닦아도 쉽게 없어지지 않는다. 이럴 때 마른행주에 식초를 찍어서 닦아내면 곰팡이는 산에 약하기 때문에 깨끗이 없어진다.

또 부드러운 칫솔이나 스펀지에 치약이나 세제를 묻혀 문질러 주어도 곰팡이가 없어지지만, 심하게 피었을 때에는 $60 \sim 70℃$ 정도의 따뜻한 물에 환원형 표백제를 풀어 씽크대에 바르고 30분 정도 지난 뒤에 닦아내면 잘 닦인다.

아기 우윳병은 계량컵으로 이용

아기가 다 커서 쓸모 없게 된 유아용 우윳병을 계량컵 대용으로 활용해 보자. 계량 눈금이 있어 간장, 참기름, 우유, 조미료를 넣어두면 요리할 때 편리하게 사용할 수 있다.

안심하고 먹을 수 있는 천연 조미료 만드는 법

천연 조미료는 집에 두고 먹는 재료로도 쉽게 만들 수 있다. 마른 멸치, 마른 새우, 가다랭이, 다시마, 말린 표고 등은 곱게 빻아 넣으면 구수하고 시원 담백한 맛이 난다. 생선찌개 등 비린 맛이 강한 음식에는 버섯이나 다시마가루를 넣고 볶음이나 찌개, 국 등에는 고소한 맛과 함께 칼슘을 보충해 주는 마른 멸치나 새우가루, 가다랭이 국물이 적당하다.

또한 다시마 우린 물은 어느 국물에나 넣어도 맛이 나는데, 이는 원래 화학 조미료의 주성분인 글루타민산 나트륨(MSG)이 다시마의 맛을 연구해서 만들어낸 것이기 때문이다.

■ **가루 조미료** : 무엇이든 빻아서 가루 상태로 만들어 먹는다. 여기서 쓰이는 재료는 대부분 말린 상태의 것이다. 건어물 상가에 가면 흔히 볼 수 있는 말린 새우나 홍합·멸치·표고버섯 등이며, 다시마·콩도 쓰인다. 분마기에 넣고 곱게 빻아 체에 받쳐서 병에 넣고 쓴다. 조림이나 찌개, 밑반찬 등에 유용하게 넣어서 사용한다. 콩이나 새우가루는 부침을 할 때 조금씩 넣으면 맛도 좋아지고 영양가도 높다. 멸치가루는 김밥에 섞어 먹어도 고소하다.

• **멸치가루** : 멸치는 쓰임새가 다양해 나물을 무칠 때, 수제비 반죽할 때, 국물 맛을 낼 때 등 다양하게 활용된다. 좋은 맛을 내는 멸치는 신선하게 잘 말린 것이어야 한다. 배가 터져 나온 것은 잘 말린 게 아니므로 피하고, 배 쪽이 밝은 색을 띠고 크기는 중간 크기 이상인 것이 좋다.

내장을 같이 쓰면 쌉쓰레한 맛이 나므로 내장을 깨끗이 제거한다. 우선 기름을 두르지 않고 달군 프라이팬에 내장을 뺀 멸치를 바삭바삭하도록 살짝 볶는다. 볶은 멸치는 분마기에 넣고 잘게 빻은 후 체에 2~3번 받쳐 양념통에 넣고 쓴다.

- **새우가루** : 새우에는 단백질과 칼슘, 비타민 등이 많이 함유되어 있다. 특히 말린 새우의 단백질 함유량은 60%나 된다. 새우가루는 국이나 된장찌개, 계란찜을 만들 때 조금씩 넣으면 새우의 독특한 맛을 즐길 수 있다. 새우는 잘 마른 것을 골라 다시 햇볕에 펴놓고 바싹 말려 분마기에 넣고 빻은 후 체에 쳐서 사용한다.

- **홍합가루** : 잘 말린 것을 사다가 바람이 통하는 곳에서 햇볕에 바싹 말린다. 이것을 분마기에 넣고 빻는데, 홍합 말린 것이 워낙 딱딱해 가루를 내기 힘들 때는 방앗간에 가지고 가서 빻으면 된다.

- **표고버섯가루** : 강한 향과 독특한 맛을 지닌 표고버섯은 조금만 넣어도 음식의 풍미를 돋운다. 잘 말린 것을 골라 기둥을 잘라낸 후 윗부분만 물행주로 닦아 달군 팬에 바싹 굽는다. 구운 표고버섯은 분마기에 빻아 곱게 가루를 낸다. 표고버섯가루는 찌개에 광범위하게 쓰이며, 잘라낸 기둥은 물에 불려두었다가 찌개 등의 국물 맛을 낼 때 이용해도 좋다.

- **다시마가루** : 다시마는 요오드와 비타민 A가 풍부해 피를 맑게 하고 전분의 소화를 도와줘 성장기 어린이의 발육에 좋은 식품이다. 다시마 겉면에 묻어 있는 흰 가루는 물로 씻지 말고 깨끗한 행주로 살살 닦아낸다. 물로 씻으면 맛 성분이 녹아 나와 좋지 않기 때문이다. 깨끗하게 닦아낸 다시마를 석쇠에 올려놓고 은근한 불에 앞뒤 돌려가며 굽는다. 이때 타지 않도록 주의한다. 구운 다시마를 분마기에 넣고 곱게 빻아 사용한다. 다시마는 국물로 우려내서 국이나 찌개에 사용해도 좋다. 국물을 만들 때도 역시 깨끗이 닦아낸 다음에 은근한 불에서 우려낸다.

- **콩가루** : 단백질과 지방이 풍부한 콩은 불포화지방산이 많아서 동물성 지방의 과잉 섭취에서 오는 콜레스테롤의 축적을 억제하는 역할을 한다. 그러나 콩 속에 들어 있는 지방이 공기와 오래 접촉하면 산패될 우려가 있으므로 조금씩 자주 만들어 먹는 것이 좋다. 만들 때는 날콩을

바싹 말려 분마기에 넣고 곱게 빻는다. 날콩이 비위에 맞지 않을 때는 살짝 삶아 건져 말리거나 프라이팬에 노릇노릇하게 볶아 가루를 낸다. 콩가루는 부침을 만들 때 넣어 먹으면 고소한 맛을 낼 수 있고 우거지국에 넣어도 맛있다. 또한 김을 잴 때 소금과 함께 뿌려 재면 김이 더욱 고소한 맛을 낸다.

- **들깨가루** : 들깨에는 식물성 지방과 비타민 A, E 등이 다량 함유돼 있어 피부가 거칠거나 기미, 주근깨가 있는 사람에게 좋은 미용식품이다. 또한 해물찜이나 탕을 만들 때는 들깨가루를 만들어 사용하면 한결 음식 맛이 좋아진다. 들깨를 깨끗이 씻어 물기를 뺀 뒤 프라이팬에 볶아서 사용한다. 들깨가루도 산패될 우려가 있으므로 조금씩 만들어 놓고 쓴다.

국물 조미료 : 냄비에 재료를 넣고 푹 우려내어 국물만 냉장고에 넣고 사용한다. 국물에 쓰이는 재료는 가다랭이, 조개, 북어머리, 각종 야채 등이다. 다시마와 멸치는 가루를 내서 써도 좋고 국물을 우려내어 사용해도 좋다. 단, 국물에 쓰이는 멸치는 굵은 멸치를 사용한다.
국물을 만들 때는 은근한 불에서 재료가 푹 무르도록 오래 끓인 후 체에 국물만 받쳐 사용한다. 이렇게 해서 우려낸 국물은 각종 국이나 찌개, 전골에 넣으면 구수한 국물 맛을 낼 수 있다. 수제비를 끓일 때 사용해도 좋다. 또한 레몬즙을 짜서 작은 병에 넣고 쓰면 식초 대용으로 아주 좋다.

- **조개 국물** : 조개는 단백질과 무기질, 비타민을 풍부하게 함유하고 있는 식품이다. 조개의 맛은 호박산이라는 성분으로 특히 해장국에 조개 국물을 사용하면 속을 풀어주고 정신을 맑게 한다. 죽을 쑬 때 사용해도 좋다. 소금물에 조개를 넣고 해감을 토해내게 한 뒤 물을 붓고 은근한 불에서 서서히 끓인다. 끓일 때 생기는 거품은 숟가락으로 걷어낸다. 국물만 요리에 사용하고 조갯살은 된장찌개에 넣어 사용한다.

- **가다랭이 국물** : 건어물상에 가서 가다랭이를 말려 잘게 썬 것, 일명 가츠오부시를 구입한다. 가다랭이는 담백하면서도 시원한 국물 맛을 내는 데 그만이다. 특히 칼슘이 많이 들어 있어 체내에 부족되기 쉬운 칼슘을 공급해 준다. 가다랭이 국물을 만들기 위해서는 말린 가다랭이를

물에 넣고 은근한 불에서 장시간 끓여낸다. 이때 국물 맛이 씁쓸해지지 않도록 냄비 뚜껑을 열어놓고 끓이면서 거품이 생길 때마다 걷어낸다. 다시마를 함께 넣어 우려내도 좋다. 우동이나 메밀국수 등의 국물로 쓰면 시원한 맛을 즐길 수 있다.

- **북어머리 국물** : 북어국을 끓일 때 머리만 남겨놓아 이것을 물에 넣고 은근한 불에서 푹 우려낸다. 국물이 노르스름하게 우러나면 다 된 상태. 북어머리 국물은 숙취를 푸는 데 그만이다.

- **야채 국물** : 시중에서 판매하는 간장 맛 못지 않게 야채로 간장을 만들어 맛을 낼 수 있다. 무와 양파, 표고버섯, 멸치, 다시마 등을 잘게 썰어 물에 푹 삶아 소금으로 간을 맞춘다. 우려낸 국물에 검은콩을 넣어 더 우려내면 간장과 같은 색깔이 난다. 국물만 체에 받쳐 나물을 무칠 때나 볶을 때 사용한다.

- **레몬즙** : 식초 대신 레몬즙을 짜서 쓰면 식초보다 향긋한 맛을 낼 수 있다. 레몬은 비타민 C가 많은데, 미리 짜두면 비타민의 손실이 많으므로 그때그때 짜서 쓴다. 나물을 무칠 때나 탕을 끓일 때, 생선의 비린 맛을 없앨 때 아주 효과적이다. 사용할 때는 레몬을 반으로 잘라 손가락으로 눌러 즙을 내서 쓴다.

압력밥솥이 탔을 때는

조리에 편리하게 사용되는 압력솥을 하나쯤은 갖고 있을 것이다. 압력솥이 탔을 때는 우선 탄 부분이 충분히 잠기도록 물을 붓고 끓인다. 다음에 주걱으로 긁어낸다. 추운 겨울철에는 하룻밤만 내놓는다. 그것을 그대로 불에 올리면 얼음이 녹으면서 탄 부분이 신기하게도 없어진다.

야외에서 도구 없이 생선을 구우려면

먼저 생선을 깨끗이 씻은 다음, 신문지 두세 장을 겹쳐서 물에 적신 후 생선을 둘둘 만다. 그렇게 한 다음 불 속에 넣어두면 제법 그럴듯한 생선 증기 구이가 만들어진다.

야채, 과일을 맛있고 신선하게 보관하는 방법

양배추 : 우선 바깥쪽 잎을 2~3장 떼어놓고 필요한 만큼 뜯어내 사용한다. 남은 것은 떼어놓은 바깥쪽 잎으로 다시 싸서 보관하면 잎 끝이 마르거나 변색되지 않는다. 이렇게 해두면 상당히 오랫동안 신선한 양배추를 먹을 수 있다. 또한 양배추는 잎보다 줄기가 먼저 썩는 성질이 있으므로 칼로 줄기를 잘라낸 후 적신 키친 타월을 잘라낸 부분에 넣어두면 싱싱하게 보관할 수 있다.

셀러리, 파슬리 : 물에 젖은 채 그대로 두면 곧 시들어 버리므로 컵에 물을 붓고 꽃처럼 꽂아둔다. 빈 병에 잎사귀가 잠기지 않을 만큼 물을 넣고 다발째 집어넣는다. 이때 셀러리나 파슬리의 잎이 물에 젖지 않도록 주의한다. 그런 다음 뚜껑을 꼭 맞게 덮어 냉장고에 넣어두면 언제나 신선한 것을 즐길 수 있다.

생강 : 한 번 구입하면 오래 보관해 두고 쓰게 마련인 생강은 모래 속에 묻어두는 것이 요령. 그러나 모래를 구할 수 없을 경우에는 비닐봉지에 넣어서 냉동 보관하는 것도 한 방법이다. 간혹 냉장실에 보관하는 경우가 있는데, 오래 놔두면 곰팡이가 피게 되므로 생강은 껍질을 벗겨 냉동 보관하는 것이 최적의 방법이다.

감자 : 껍질을 벗긴 감자는 금세 누렇게 색이 변하므로 보존은 무리라고 생각하지만 의외로 좋은 방법이 있다. 물에 식초를 몇 방울 섞어 담가두는 것. 이렇게 보관해 두면 3~4일은 색도 변하지 않고 맛도 그대로이다. 이때 식초물은 반드시 감자가 푹 잠기도록 한다. 껍질을 벗기지 않은 감자라면 상온 보존이 기본. 투명한 봉지보다는 검은색 봉지에 담아 구멍을 뚫어 서늘한 곳에 놓아둔다.

시금치 : 우선 흙이 묻어 있는 채로 보관하려면 물을 뿌린 신문지에 싸서 두는 것이 포인트. 깨끗이 씻은 것은 비닐 팩에 넣어 밀폐시킨 후 야채실에 둔다. 야채실에 둘 때는 세워서 보관하는 것이 좋은데, 이는 잎채소의 경우 위를 향하는 성질이 있어 뉘어 놓으면 에너지를 소모하여

빨리 노화하기 때문이다.

■ **콩나물** : 대부분 비닐봉지에 담아 파는 콩나물은 진공 상태가 아니면 냉장고에 넣어두어도 누렇게 변색되기 쉽다. 공기 속에 내놓으면 변색되므로 사온 즉시 깨끗이 씻어 물에 담가두는 것이 좋다. 이것은 숙주나물도 마찬가지.

■ **파** : 파는 녹색 부분이 먼저 시들기 때문에 사용할 때 이 부분을 우선 먹는 것이 좋다. 보관할 때는 잘게 썬 것이라면 밀폐용기에 넣어 냉동시킨다. 요리할 때 필요한 만큼 소량씩 사용하면 되므로 편리하다. 많은 양의 파를 보관할 때는 물기를 빼서 신문지에 둘둘 말아 냉장실에 넣어둔다.

■ **호박** : 자르지 않은 호박이라면 그늘진 곳에서 보관이 가능하다. 수분 증발도 적어 비상시에 좋은 식품이지만 일단 칼을 대면 다른 조치가 필요하다. 자른 면으로부터 수분이 증발되어 건조가 빨라지므로 자른 면은 랩으로 싸둔다. 또 일주일 이상 보관할 때는 씨와 내용물을 긁어내고 랩으로 싸서 냉장고에 넣어둔다.

■ **당근** : 당근처럼 뿌리 야채는 씻지 않은 채 신문지에 싸서 보관하는 것이 좋다. 이때 물기가 있으면 썩게 되므로 물기를 없애는 것이 포인트. 물로 씻은 것이라면 키친 타월로 싸서 비닐 팩에 넣어둔다.

■ **마늘** : 상온에서도 보존성이 높은 마늘이지만 냉장고에서도 신선하게 보관할 수 있다. 껍질을 깐 것은 다른 식품에 냄새가 배지 않도록 밀폐용기에 담아둔다. 껍질을 벗기지 않은 채로 비닐 팩에 넣어 냉동시켜도 된다. 사용시 언 채로 빻거나 잘라 쓰면 손에 냄새가 덜 배어 훨씬 좋다.

■ **무** : 잎이 달린 채로 구입했을 때는 사온 즉시 잎 부분을 떼어낸다. 잎을 그대로 두면 수분이나 양분이 잎의 성장을 위해 빨려 올라가기 때문에 신선도가 떨어진다. 잎 부분은 잘라서 넓은 접시에 물을 붓고 엎어두면 실내 장식으로도 한몫할 수 있다. 나머지 부분은 신문지로 말아서 보

관한다.

가지 : 거의 모든 야채는 비닐봉지에 넣어 밀폐시키지만 가지는 예외. 신문지에 싸서 물기를 없애고 보관하도록 한다. 특히 가지는 저온을 싫어하기 때문에 이틀 정도라면 상온에서 보관한다. 저온 상태에서 가지를 오래 보관하면 맛이 떨어진다.

토마토 : 과일이나 야채 중에서 냉장고에 오랫동안 보관해 두면 물렁물렁해지고 반점이 생기는 등 저온 장애를 일으키는 것이 있다. 토마토도 이런 과일 중 하나. 따라서 저온에서 장기 보존하는 것은 좋지 않으므로 먹기 직전에 냉장고에 넣어 차가워졌을 때 먹는 편이 좋다. 만일 빨갛게 익은 완숙된 토마토라면 그대로 냉동시켜 보관하기도 한다. 냉동 토마토는 물로 녹이는 과정에서 껍질이 쉽게 벗겨지므로 요리에 이용할 때 오히려 편하다.

바나나 : 냉장고에 보관해서는 안 되는 과일인 바나나는 저온에 약하므로 냉장고에서 금세 검게 변한다. 실온에서 보관할 때는 신문지에 싸서 서늘한 곳에 둔다. 너무 익은 바나나는 그대로 보관하면 상하게 되므로 껍질을 벗겨 속만 비닐 팩에 넣어 냉동실에 넣어 얼리면 산뜻한 냉과를 먹을 수 있다.

사과 : 오랫동안 보관하려면 상자에 모래를 담고 그 속에 사과를 묻어두는 것이 가장 좋은 방법. 그렇지 않고 냉장고에 보관할 때는 다른 야채와 닿지 않도록 하나씩 티슈나 신문지로 싸서 비닐봉지에 넣어둔다. 사과에는 식물의 노화를 촉진시키는 에틸렌이 다량 발생하므로 야채와 함께 보관하면 야채의 신선도를 떨어뜨릴 수 있다.

야채를 볶을 때

야채는 강한 불에서 단시간에 볶아내야만 재료의 맛도 녹아 나오지 않고 영양분이나 색깔, 향이 그대로 살아나 산뜻하고 맛있게 조리된다. 그러기 위해선 미리 재료를 손질해 놓아야 한다. 프라이팬 등에 기름을 두르고 충분히 달구어지면 볶기 시작한다.

이왕 나온 물은 물녹말이나 달걀을 이용하면 색다른 맛의 새로운 요리를 만들어낼 수 있다. 야채물에 달걀이나 녹말물을 풀고 소금, 후춧가루로 간을 한 뒤 프라이팬에 식용유를 두르고 부치면 새로운 요리가 만들어진다.

야채를 삶을 때

쑥갓이나 미나리, 시금치 등은 물이 끓기 시작할 때 넣어 얼른 살짝 데쳐내야 비타민 손실이 적고 씹히는 맛도 좋다. 그러나 고구마, 감자, 무 등과 같은 뿌리 채소일 경우는 찬물에 넣고 처음부터 삶아야 한다. 물이 끓은 다음에 넣게 되면 속은 익지 않은 상태에서 겉이 타 버릴 수가 있다.

야채의 아삭거리는 맛을 내려면 섬유결에 따라 자른다

야채는 자르는 방법에 따라 맛이 차이가 난다. 아삭거리는 씹는 맛을 내기 위해서는 섬유결에 따라 자르면 되고 반대로 부드러운 맛을 내려면 섬유결을 가로질러 자른다. 예를 들어 양배추를 샐러드에 곁들여 놓기 위해 채를 썰 때는 섬유결에 따라 자르면 된다.

야채의 영양가 손실을 막으려면

야채는 날로 먹는 것이 좋다는 게 일반적인 상식이다. 익혀 먹으면 비타민 C가 파괴된다는 게 그 이유. 그러나 야채는 물 속에 오래 담가두거나 오래 삶기 때문에 영양가가 손실되는 것이지, 끓는 물에 살짝 데치거나 기름에 얼른 튀겨내는 그런 짧은 시간의 열처리로는 영양가에 아무런 영향을 미치지 않는다. 맛과 영양은 물론이려니와 소화 면에서도 도움이 된다.

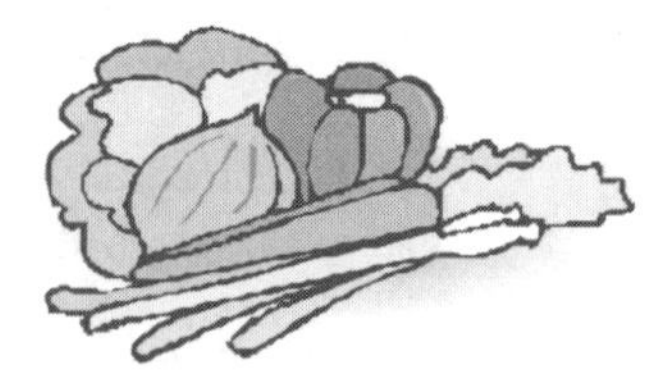

야채 종류별 조리법

■ **양배추** : 양배추는 보통 납작한 녹색종과 동그란 백색종으로 나눈다. 이 외에도 최근엔 보라색을 띠는 적색 양배추도 인기가 있다.

- 조리법
  ① **납작한 녹색종 양배추** – 결구성(양배추가 통이 지는 현상)이 강하고 단단하며 색소가 짙다. 따라서 익혀 먹는 음식, 야채 수프, 양배추 김치 등에 사용해야 제맛이 난다.
  ② **동그란 백색종 양배추** – 생식을 하는 야채 샐러드용으로 먹어야 제격. 만약 이것을 익혀 먹게 되면 음식 맛이 떨어지는데, 특히 양배추 김치를 담글 때 이 생식용 양배추를 쓰면 익기 시작할 때부터 뭉크러져 먹지 못하게 되는 수가 많다.
  ③ **적색 양배추** – 보통 샐러드용으로 많이 먹지만, 사실 다른 양배추에 비해 5배 이상 많은 비타민 A의 흡수율을 높이려면 기름에 볶아 먹는 것이 가장 효과적이다.

- 선택법 – 눌러 보아 단단한 것이 좋으며 심지 부분을 잘랐을 때 속이 빈 것은 수확 시기가 늦어 노화된 것이므로 피한다. 이것은 육질이 나쁘고 청량감이 떨어지며 맛도 없다.

■ **당근** : 보통 우리가 먹는 당근은 삼촌당근, 오촌당근으로 나눈다. 삼촌 당근은 길이가 짧고 머리 부분이 큰 반면 오촌당근은 길이가 길면서 날씬하다.

- 조리법
  ① **삼촌당근** – 찜이나 국을 끓일 때 또는 익혀서 먹는 김치에 넣어야 제맛이 나는 익힘용 당근이다. 이것을 그냥 생으로 먹으면 뻣뻣하고 맛이 없으며, 익혀 먹어야 부드럽고 당근 고유의 향기가 난다.
  ② **오촌당근** – 생으로 마요네즈나 고추장, 된장에 찍어 먹으면 맛이 좋은 생식용. 익혀 먹게 되면 쉽게 뭉크러지는데, 특히 김치 속이나 나박김치에 넣은 경우 김치가 익기 시작하면 뭉크러져 김치 맛을 떨어뜨린다.

- 선택법 – 당근 구입시엔 깨끗이 씻어서 포장한 것보다는 흙이 묻은 것을, 그리고 머리 부분이 칼로 잘린 것보다는 싹이 붙어 있는 것을 사야 싱싱하다. 빨간색이 선명할수록 비타민 A의 모체인 카로틴이 풍부하다는 사실에도 유념할 것.

시금치 : 시금치는 잎의 모양에 따라 익혀 먹는 시금치와 생식용 시금치로 나눌 수 있다.

• 조리법

① **잎의 모양이 동그란 것** – 시금치국이나 나물같이 익혀 먹는 용도이므로 잎의 끝 부분을 유의해서 본다.

② **잎이 뾰족뾰족하게 각이 진 것** – 야채 샐러드에 넣어 먹는 생식용. 우리 나라에선 거의 대부분 시금치를 익혀 먹지만 잎 부분이 각진 시금치는 상추나 쑥갓같이 생것으로 쌈을 싸 먹거나 마요네즈, 샐러드유를 뿌려서 그냥 먹는 데 적당하다. 만약 생식용을 데쳐서 나물을 무친다면 쉽게 뭉크러져 덩어리가 지고 맛도 훨씬 떨어진다.

• 선택법 – 잎의 색이 진한 녹색으로 줄기가 딱딱하지 않고 싱싱한 것을 선택하면 좋다.

양파 : 흔히 밭양파와 논양파로 구분한다. 밭양파는 매운 맛이 강해 익혀 먹는 데 이용되며, 논양파는 생식용이다. 외관상으로는 길쭉하고 동그란 것과 납작한 것으로 나눌 수 있다.

• 조리법

① **길쭉하고 동그란 것** – 맛이 순한 양파로 볼 수 있다. 이것은 생식용으로 그냥 고추장에 찍어 먹거나 야채 샐러드, 햄버거, 샌드위치 같은 데 넣어 먹는 것이 좋다. 중국집에서 사용하는 양파이다.

② **납작한 것** – 이것은 매운 양파로 찌개나 김치, 야채 수프, 양파 장아찌 등에 이용한다. 이것을 고추장에 찍어 먹으면 매운 맛이 심해 속이 쓰릴 수도 있다.

• 선택법 – 단단하게 잘 여문 것이 양질의 양파이므로 눌러 보고 선택한다. 한 포대씩 구입할 때는 혹시 썩은 것이 없는지 잘 살펴본다.

오이 : 재배 지역에 따라 북지형 오이와 남지형 오이로 나뉜다. 이 중 남지형 오이는 다시 다다기오이와 땅오이로 구분된다.

• 조리법

① **북지형 오이** – 주로 생채용. 색이 진하고 향기가 짙으며 크기가 크고 길다. 완전히 익은 것은 껍질을 벗겨 생채로 하면 여름철 미각을 돋운다.

② **남지형 오이** – 다다기오이는 반백오이, 마디오이라고도 하는데, 작고 겉이 매끄럽

고 껍질이 얇으며 육질이 부드러워 그냥 잘라서 마요네즈나 케첩에 버무려 먹거나 고추장에 찍어 먹기에 좋은 것이다. 흔히 오이지를 담글 때 이 다다기 오이를 사용하는 경우가 많은데, 생식용이므로 오이지가 익기 전까지는 맛이 좋지만 익으면 뭉크러진다. 오이지용으로는 땅오이가 제격이다.

- 선택법 – 북지형 오이는 표면의 돌기물이 딱딱하고 만지면 아플 정도의 것이 신선하며, 남지형 오이는 표면이 매끄럽고 껍질이 얇을수록 좋다.

무 : 무는 중국 북부에서 들어온 것을 북지무 또는 재래종 조선무라 하며, 일본을 통해 들어온 것을 남지무 또는 왜무라고 한다.

- 조리법
  ① **공같이 둥근 북지무** – 잎사귀(시래기)가 부드러워 말렸다가 나물을 해 먹으면 좋으며, 특히 무김치를 담글 때 이용하면 제격이다.
  ② **길쭉한 모양의 남지무** – 짠지나 단무지를 만드는 대표적 품종. 육질이 부드럽고 수분이 많아 생채용으로 적당하다. 생선회를 먹을 때 나오는 국수같이 채친 무로도 알맞고 강판에 갈아 냉면에 넣어도 시원하다. 그러나 김치를 담그면 안 익었을 때는 모르지만 익고 나면 김치가 쉽게 뭉크러진다.

- 선택법 – 무는 껍질이 얇고 가급적 무청이 달려 있는 것을 고르는 것이 좋다. 지나치게 싱싱한 것은 농약에 오염되었을 수 있으므로 피한다.

딸기 : 일반적으로 생식용으로 많이 먹지만 품종에 따라 생식용과 잼이나 주스 등을 만드는 가공용으로 나뉜다.

- 조리법
  ① **홍육종 딸기** – 반으로 잘랐을 때 살이 붉은 딸기로 잼이나 주스, 시럽 등으로 익혀서 먹는 품종에 해당한다.
  ② **백육종 딸기** – 반으로 잘랐을 때 살이 흰 딸기로 그냥 생식을 했을 때 맛이 있다.

- 선택법 – 일반적으로 딸기의 크기가 작을수록 향기가 많고, 건조한 곳에서 햇볕을 많이 쬐고 자란 것일수록 맛이 좋다. 모양이 기형인 것은 농약에 오염되었을 확률이 높다.

■ **가지** : 가지는 모양에 따라 둥근 가지, 계란형 가지, 긴 가지로 나뉘는데, 둥근 것일수록 색깔이 옅고 긴 것일수록 진한 자주색을 띤다.

• 조리법
  ① **둥근 가지** – 육질이 질기고 껍질이 연하며, 익으면 씨가 단단해져 어린 것을 수확해서 익혀 먹거나 오이지처럼 소금, 간장에 절여 먹거나, 말려서 나물을 무쳐 먹는 데 사용한다.
  ② **긴 가지** – 육질이 연하고 씨가 작으나 껍질이 두꺼워 생으로 썰어서 마요네즈, 케첩 등을 발라서 먹거나, 살짝 데쳐서 덜 익은 상태에서 먹어야 제맛이 난다.

• 선택법 – 만져 보아 물컹거리지 않으며 표면이 매끈하고 짙은 색이 싱싱하다.

■ **배추** : 배추는 잎끝이 서로 포개어져 끝을 싸고 있는 포피형과 잎끝 부분이 서로 벌어져 있는 포합형 배추로 나누어져 있다.

• 조리법
  ① **포피형 배추** – 잎 색이 연두색 내지 노란색이 많고 털도 없이 매끈하며 몸통이 짧고 동그랗고, 생것을 씹으면 고소한 맛이 난다. 생식용으로 적당. 이것을 김장에 쓰면 김치가 익으면 맛이 없고 뭉크러진다. 
  ② **포합형 배추** – 잎 색이 녹색이며 털이 많고 생것을 씹으면 씁쓸한 맛이 있다. 익혀 먹는 김치용. 김장을 한 뒤 바로 먹으면 씁쓸하고 맛이 없지만 일단 익기 시작하면 시어질 때까지 먹어도 뭉크러지지 않고 제맛을 즐길 수 있다.

• 선택법 : 배추는 벌레 먹은 자국이 전혀 없이 뻣뻣할 정도로 싱싱한 것은 피한다. 지나치게 싱싱한 것은 인위적으로 물을 뿌렸거나 농약에 오염되었을 수 있다.

■ **파** : 파는 굵고 크며 줄기의 흰 부분을 먹는 대파와 짧고 가늘며 분열을 잘 하는 쪽파로 나뉜다.

• 조리법
  ① **대파** – 주로 생식용으로 나물무침, 파무침을 만들어 먹을 때 적합하다. 특히 굵은 대파를 깍두기만하게 잘라 고추장을 찍어 먹으면 아주 맛이 좋다. 김장을 담글 때 대파를 쓰면 김치가 익었을 때 뭉크러지게 된다. 흔히 조미료나 설탕을 넣어 김치가 뭉크러지는 줄로 알고 있으나 실제 원인은 파 때문. 나박김치는 시기 전에 먹는

김치이므로 생식용인 대파를 넣는 것이 좋다.

② **쪽파** – 국이나 찌개, 김치처럼 열에 익히거나 발효시키는 음식에 적합한데, 쪽파를 끓는 물에 데쳐 파강회를 만들면 좋다.

- 선택법 – 대파를 구입할 때는 흰색 줄기 부분이 긴 것을 사야 하며, 쪽파는 잎 부분이 짙은 녹색인 것이 좋다.

고구마 : 고구마는 생긴 모양을 보아 동그란 것(밤고구마)과 길쭉한 것(물고구마)으로 나눌 수 있다.

- 조리법

① **동그란 고구마** – 익혀 먹는 용도인 고율미 품종. 수분이 적어 찌면 보슬보슬한 밤고구마가 된다. 그러나 밤고구마라도 물 속에 잠기게 하여 찌거나 너무 오랫동안 찌면 고구마가 수분을 흡수하여 물고구마같이 되므로 수증기 열만 닿도록 찌는 것이 맛있게 찌는 요령이다.

② **길쭉한 고구마** – 물고구마로 생식용. 물을 붓고 삶을 경우 흐물흐물해져 맛이 없으므로 야채 샐러드에 넣어 먹거나 아니면 그냥 껍질을 벗겨낸 후 생으로 먹도록 한다.

- 선택법 – 껍질이 얇고 껍질에 얼룩이 없고 고른 것이 양질이다. 껍질의 색이 붉을수록 양질이다.

야채와 고기를 볶을 때 기름이 튀면

야채와 고기를 프라이팬에 볶아 요리할 때 불이 너무 세면 기름이 여기저기 튀어 옷이며 주방이 엉망이 되어 버리고, 살갗에 닿으면 화상을 입을 수도 있다. 따라서 기름에 볶아 요리할 때에는 프라이팬에 소금을 한줌 넣고 나서 야채와 고기를 넣어야 한다. 그러면 절대로 기름이 튀는 일이 없으므로 안심하고 요리할 수 있다. 이런 방법으로 요리할 때는 양념에 소금을 약간 적다 싶게 넣어야 음식의 간이 맞는다.

야채 특유의 쓴맛·떫은 맛·아린 맛, 이렇게 없앤다

우리가 흔하게 먹는 야채 중엔 쓴맛이나 떫은 맛, 아린 맛을 강하게 풍겨 아무리 고소한 참기름을 치고, 감칠맛 나게 양념을 해도 자칫 입맛을 떨어뜨리기 십상이다.

야채에 쓴맛, 떫은 맛이 나는 원인은 야채 특유의 성분인 수산, 폴리페놀, 알칼로이드 등 때문이다. 예를 들면 우리가 흔하게 먹는 시금치엔 수산이라는 성분이 다량 함유되어 있어 쌉쌀하고 아린 맛을 내게 된다. 보통 야채 100g 중에 수산이 300mg 이상 들어 있으면 쓴맛이 강한 편인데, 시금치엔 100g 중 총 700mg의 수산이 함유되어 있어 다른 어떤 야채보다도 수산량이 많은 것으로 알려져 있다.

시금치 외에도 근대, 죽순 등에도 수산이 100g당 300mg 이상 들어 있으므로 수산의 제거에 신경을 써야 한다. 수산을 많이 먹게 되면 체질에 따라 체내의 칼슘과 결합하여 물에 녹지 않는 수산칼슘으로 변하는데, 이것이 신장과 요도에 결석을 가져오는 것으로 알려져 있다. 하지만 이것은 매일 수산이 함유된 야채를 500g 이상 먹는 경우에 해당되므로 별반 문제가 되지 않는다(우리가 통상 매일 먹는 양은 100g 정도).

다음으로 우엉, 연근, 두릅, 가지 등은 아린 맛을 내며, 썰어서 그냥 두면 대개 갈색으로 변하는 성질을 띠는데, 이것은 이들 야채에 함유된 폴리페놀계 화합물이 산화되기 때문이다. 흔히 우리가 탄닌이라는 이름으로 알고 있는 이 성분은 잘 제거하지 않으면 누렇게 색이 변할 뿐 아니라 요리 후에도 떫은 맛이 남아 입맛을 망치기 쉽다.

고사리나 고비 등 야생초에 함유된 알칼로이드 성분 역시 떫은 맛을 내는 성질을 지녀 충분히 제거하지 않으면 요리의 맛이 나빠질 수 있으므로 유의해야 한다.

수산이나 폴리페놀 등 야채의 쓴맛, 떫은 맛을 내는 성분은 대부분 수용성이므로 야채를 물에 헹구거나 데치는 방법으로 제거가 가능하다. 단, 이 방법을 이용할 경우 비타민 C 등 수용성 비타민이 함께 씻겨나갈 수 있기 때문에 너무 심하게 헹구거나 데치는 것은 금물. 특히 머위나 죽순의 경우엔 특유의 아린 맛을 너무 제거하면 고유의 독특한 맛을 즐기기 힘들어지므로 적당히 제거하는 것이 바람직하다. 이런 점에서 맛있는 야채 요리란 결국 야채의 쓴맛, 떫은 맛을 얼마나 적당히 없앨 수 있느냐에 달렸다고 해도 과언이 아닌 셈이다. 야채의 풍미를 나쁘게 하는 쓴맛, 떫은 맛은 물에 씻거나 데치는 방법뿐 아니라 쌀뜨물, 식용소다, 식초, 술을 이용하면 효과적으로 제거할 수 있다.

시금치 : 시금치 특유의 아린 맛을 내는 수산을 제거하려면 소금을 넣어 데치는 것이 효과적이다. 소금 외에 식용소다를 약간 넣는 것도 색상을 선명하게 만들고 아린 맛을 없애는 데 효과가 있지만 이럴 경우 시금치가 너무 물러져 씹히는 맛이 덜해지는 문제가 있다. 따라서 소다를 사용하거나 많은 양의 소금을 넣어 데치기보다는 끓는 물에 0.7~1% 정도의 소금을 넣어 살짝 데쳐낸다. 이때 냄비 뚜껑을 덮지 않아야 하는데, 그래야 엽록소와 푸른색이 남아 있게 되기 때문이다. 데쳐낸 시금치는 너무 오래 헹구지 말고 살짝 헹궈 열을 식히는 정도로만 한다.

무, 죽순, 콜리플라워, 토란 : 아린 맛이 강한 이들 야채는 쌀뜨물이나 밀가루를 넣어 데치면 아린 맛이 제거된다. 이것은 쌀뜨물이나 밀가루에 야채의 쓴맛, 아린 맛이 스며들어 응고되면서 야채가 산화되는 것을 방지하고 색상도 제 빛깔을 유지하기 때문. 특히 죽순의 경우 이같은 방법을 쓰면 좋지 않은 성분의 하나인 수산이 잘 녹아 나오고 쌀뜨물에 들어 있는 효소가 죽순을 부드럽게 해주어 맛도 좋다.

고사리, 고비 : 아린 맛이 있는 고사리와 고비는 식용소다나 나무재를 넣어 데쳐내면 특유의 아린 맛이 사라진다. 이때 소다나 나무재는 약 0.2%를 넣도록 하는데, 이렇게 하면 야채가 부드러워지고 여러 가지 좋지 않은 맛도 사라지게 된다.

머위 : 다른 야채에 비해 쓴맛이 강한 머위는 데쳐낸 다음 물을 바꿔 가면서 여러 번 헹궈내면 쓴맛이 제거된다. 데칠 때 소금을 2~3% 정도 넣으면 쓴맛이 제거되는 것은 물론 부드러워지며 색깔도 선명해진다. 머위를 데칠 때엔 잎을 따고 펄펄 끓는 물에 뿌리 쪽부터 먼저 넣고 뚜껑을 덮어 삶고, 청색으로 변했을 때 꺼내어 곧 찬물에 담그면 고운 청록색이 된다. 데칠 때 공기에 닿으면 갈색으로 변해 좋지 않다.
다른 방법으로는 간장을 푼 물에 담가서 간과 맛이 배게 하고 끓는 물에 재빨리 삶으면 녹색이 곱게 유지된다. 데쳐낸 머위가 식으면 껍질을 벗기고 다시 물에 헹궈낸다.

▪ **두릅, 연근, 우엉** : 아린 맛, 떫은 맛이 강하고 쉽게 색이 누렇게 변하는 이들 야채는 손질한 후 바로 물 또는 소량의 식초(물 1컵에 식초 2큰술)에 담가두면 색상이 변하지 않고 아린 맛, 떫은 맛도 제거된다. 이것은 식초가 이들 야채에 함유된 폴리페놀게 화합물이 산화되는 것을 억제하여 색상이 누렇게 변하는 것을 막고 아린 맛, 떫은 맛을 빼내기 때문이다.

약수통의 때는 소금으로 지운다

약수통처럼 입구가 좁은 통에 때가 끼었을 경우에는 굵은 소금 1큰술에 물비누 몇 방울을 떨어뜨려 마개를 막고 흔들어 씻으면 물때가 감쪽같이 없어진다.

양배추를 소금에 절이기 전에 식초를 치면 맛이 좋다

양배추를 잘게 채 썰어 식초를 약간 치고 나서 소금절이를 한다. 그리고 하루쯤 지나게 되면 보통 소금절이와는 다른 좋은 맛이 난다. 이것에 그대로 간장을 치면 겉절이가 되고, 드레싱에 버무리면 샐러드가 되며, 또 고기 요리에 사용해도 좋다.

양배추를 한꺼번에 쉽게 벗기려면

양배추로 쌈을 해먹기 위해서는 양배추 잎을 한 잎씩 벗겨내는 번거로운 과정을 겪어야 한다. 사람이 많을 때는 적잖은 시간과 노력을 투자해야 한다. 그러나 의외로 쉽게 이를 해결할 수 있는 방법이 있다. 비결은 바로 양배추의 가운데 심을 도려내는 것이다. 그런 다음 큰 그릇 속에 뒤집어 담아 놓고 그 구멍을 통해 뜨거운 물을 붓는다. 양배추가 흠뻑 젖도록 부은 후 뚜껑을 덮고 잠시 그대로 놓아두었다가 껍질을 벗기면 바나나 껍질처럼 쉽게 벗겨진다.

양배추의 냄새를 없애려면

양배추를 날로 먹을 때는 모르겠지만 쌈을 만든다든가 해서 데치게 되면 양배추 특유의 냄새가 나게 된다. 식성에 따라서는 이 냄새를 역겹게 여기기도 한다. 이것을 막기 위해서는 양배추를 삶을 때 식초를 조금 넣으면 된다. 양배추 냄새는 유황 화합물이 분해되기 때문에 나오는 것인데, 식초가 이것을 막는 역할을 한다.

양파껍질 벗기기

양파에는 아릴프로피온이라는 휘발성 최루 물질이 함유되어 있다. 양파껍질을 벗기거나 양파를 썰 때 눈이 매운 것은 바로 이 성분이 포함되어 있기 때문이다. 물 속에 양파를 넣어 껍질을 벗기면 최루 물질이 물에 흡수되어 눈이 맵지 않게 된다. 또 양파를 차게 한 뒤 썰어도 눈물이 안 나온다.

양파 장아찌 만들기

양파를 알맞게 잘라 된장 속에 꽂아놓으면 양파 장아찌가 된다. 이것을 불에 살짝 구워서 생선이나 고기를 먹을 때 곁들여 먹으면 맛이 있고, 반찬으로 먹어도 별미다.

얼음 통의 얼음을 오랫동안 녹지 않게 하는 법

양주 칵테일이 일반화되어 가정에서도 손님이 오면 양주와 함께 얼음을 내오는 경우가 있는데, 얼음 통의 얼음이 쉽게 녹아 버려 번거로울 때가 있다. 이런 경우에는 미리 얼음 통에 꿀을 3~4cm쯤 넣고 냉동실에 냉동시킨 후 그 위에 얼음덩이를 넣으면 제법 오랫동안 안심할 수가 있다.

여러 가지 재료를 섞어서 튀김을 만들 때

여러 가지 재료를 섞어서 튀김을 튀기고자 할 때는 익는 시간이 서로 같은 것끼리 섞는 것이

좋다. 이를테면 소시지, 감자, 양파 등은 같이 섞어 튀겨도 무난하다.

연근은 너무 얇게 썰지 말아야

연근을 너무 얇게 썰면 부서지기 쉽기 때문에 약 1㎝ 정도로 써는 게 좋다. 또 연근을 조리할 때 소금물에 담그는 경우 너무 오랫동안 담가두지 않도록 한다. 단맛이 나게 하려면 설탕보다는 물엿을 넣는 게 좋다.

영양소 파괴 없이 생선을 손질하는 요령

아무리 좋은 생선이라도 손질하지 않은 상태에서는 비린내가 진동한다. 구입한 즉시 창자와 아가미 등을 뺀 다음 미지근하게 흐르는 물에 빨리 피를 씻어내고 바닷물보다 약간 엷은 소금물로 창자 부분을 정성껏 씻는다. 이때 소금물의 농도는 물 3컵, 소금 1큰술 정도가 적당하다. 소금물은 살균 효과도 있고 틈새의 피까지 빼주는 효과가 있다.

냉장 보관을 할 경우에는 손질할 때 배 부분에 칼집을 넣지만 냉동할 때는 조리할 때 칼집을 넣는다. 냉동 보관할 때는 특히 물기를 잘 닦아야 한다. 종이 타월 등으로 꼼꼼히 닦은 후 랩에 싸서 보관한다.

금방 먹는 생선의 손질법도 마찬가지이다. 특히 비린내가 강한 고등어, 잉어 등은 된장에 졸이면 좋다. 된장이 지닌 단백질에 냄새를 흡수하는 성질이 있기 때문이다. 팬에 튀기기 전에 생선을 1시간가량 우유에 재어놓거나 레몬즙에 30분가량 재어두는 것도 비린내를 없애주는 방법이다.

생강으로 비린내를 없애는 방법도 있다. 생선을 간장에 5분가량 끓이고 다음에 생강을 넣는다. 생강을 처음부터 간장과 함께 넣으면 효과가 없으니 유의해야 한다.

오래된 커피를 볶으면 맛이 되살아난다

커피가 오래되어 향이 없어졌을 때, 프라이팬을 약한 불에 올려놓고 볶으면 맛있는 커피가 된다.

오래 먹을 김치에는 굴을 넣지 말아야

김치에 굴을 넣으면 일찍 변하기 때문에 오래 두고 먹을 것에는 굴을 안 넣는 것이 좋다.

오징어껍질 깨끗이 벗기기

오징어를 손질할 때는 먼저 깨끗하게 씻어서 다리를 떼고 내장을 뺀다. 내장을 뺄 때 힘을 너무 세게 주면 내장이 터지므로 주의해야 한다. 그 다음 오징어의 껍질을 벗겨야 하는데, 한 번에 깨끗하게 벗겨지지 않을 때가 많다. 껍질을 벗길 때는 몸통과 껍질 사이에 엄지손가락을 넣고 몸 쪽을 누르며 껍질을 가만히 당기면서 벗기면 한 번에 벗길 수가 있다. 또 마지막에 행주로 물기를 닦아내듯이 문지르면 얇은 껍질까지 말끔하게 벗겨낼 수 있다.

오징어 고르기

표면에 푸른 기운과 짙은 회색 기운이 감돌고 광택이 나는 것이 싱싱한 것이다. 색깔이 거무죽죽한 것은 오래된 것이다.

오징어나 문어의 색깔을 좋게 데치려면

삶은 오징어나 문어는 색깔에 따라서 구미가 달라질 수 있다. 오징어나 문어의 색깔을 좋게 데치려면, 우선 팔팔 끓는 물에다가 무를 얇게 적당히 썰어 넣고 한동안 끓인 다음 오징어나 문어를 넣어서 데친다. 그러면 싱싱하고 구미를 돋우는 색깔이 될 뿐만 아니라 맛도 훨씬 좋아진다.

오징어의 뒤틀림을 막으려면

오징어를 삶거나 데칠 때는 마구 뒤틀리고 오그라들어 요리가 볼품없게 되기 십상이다. 이럴 때는 삶기 전에 오징어 양쪽에 얇게 칼자국을 내주면 된다. 칼질을 할 때는 한쪽은 바둑판 모양으로, 다른 한쪽은 다이아몬드 꼴로 해두면 더욱 좋다. 그리고 칼은 똑바로 세우는 것보다 약간 비스듬히 눕혀서 써는 것이 깊게 칼날이 들어가도 표가 안 나고, 또 요리를 해놓았을 때의 볼품도 한결 낫다.

오징어를 삶을 때는 전분을 넣는다

오징어를 오래 삶으면 딱딱해지므로 가능하면 단시간 내에 가열을 끝내는 것이 중요하다. 그러나 단시간 삶아도 오징어 특유의 향기와 맛이 빠져서 음식 맛이 제대로 나지 않는다. 이럴 때 오징어 맛을 제대로 살리려면 끓인 물에 3~6%의 전분을 넣는다. 삶을 때 전분을 넣으면 맛과 향기가 좋아진다.

오징어 튀김은 껍질을 벗긴 다음에

오징어 튀김을 할 때 기름이 튀는 경우가 많다. 이는 오징어 살과 껍질 사이에 물기가 들어 있기 때문이다. 따라서 오징어를 튀길 때는 껍질을 완전히 벗겨 조리해야 기름도 튀지 않고 먹기도 좋다. 그리고 가능하다면 오징어를 우유에 담가두었다가 튀기면 맛이 더욱 좋아진다.

오프너의 녹 제거

오프너를 쓰고 난 뒤에 닦아놓지 않으면 녹이 슬어 버리기 쉽다. 녹이 슬면 헝겊에 치약을 묻혀 닦고 미지근한 물에 씻어 말린다.

완두콩밥을 맛있게 지으려면

완두콩을 섞어 밥을 지을 때 더욱 맛있게 짓는 요령은 완두콩을 미리 까두지 말고 밥을 짓기 직전에 까서 넣도록 하는 것이다. 그리고 쌀을 절반쯤 안친 다음 거기에 완두콩을 넣고 다시 그 위에 쌀을 덮어 밥을 짓도록 하며, 밥물은 평소보다 조금 더 많이 잡도록 한다. 또 뜸을 들일 때는 평소보다 조금 더 시간을 들이도록 한다. 이렇게 하면 맛도 좋아질 뿐만 아니라 완두콩의 빛깔도 변하지 않아 먹음직스럽다.

우거지를 연하게 삶으려면

우거지를 좀 연하게 삶고 싶으면, 삶을 때 소다를 조금 넣으면 된다. 또 콩을 볶을 때도 조금 볶다가 물에 소다를 조금 타서 넣고 볶으면 콩이 곱고 연해진다.

우유의 신선도를 알아보려면

우유를 사다가 냉장고에 넣어두었는데 어쩌다 보니 보관 날짜가 하루쯤 지났다. 이럴 때는 우유가 상했는지 어떤지를 알아볼 필요가 있다. 물론 맛을 보면 금방 알 수가 있겠지만 이는 건강상 바람직한 방법이 아니므로 권할 것이 못 된다. 이럴 때 간단히 실험으로 우유의 신선도를 측정할 수 있다. 우유를 냉수에 몇 방울 떨어뜨려 보아 우유가 물에 확 퍼져서 풀어지면 상한 것이고, 퍼지지 않고 그대로 가라앉으면 아직 상하지 않은 것이므로 안심하고 먹어도 좋다.

유리그릇은 식초로 닦는다

물에 두세 방울의 초산을 타서 유리그릇을 닦으면 반짝반짝 윤이 난다. 또 헝겊에 소금과 식초를 묻혀 사기그릇을 닦으면 평소에 잘 지지 않던 때도 잘 닦인다.

유리잔에 뜨거운 물을 부을 때

내열성이 강한 것은 상관없지만 그렇지 않은 유리잔일 경우, 차가울 때 갑자기 뜨거운 물을 부으면 금이 가서 못쓰게 된다. 이것을 막으려면 유리잔 속에 수저를 넣고 그 위에다가 뜨거운 물을 따른다. 그러면 뜨거운 물의 열이 일단 수저에 전해졌다가 나머지가 유리잔에 전해지므로 안전하다.

유리컵의 헌 무늬를 지우려면

무늬가 그려져 있는 유리컵을 오래 사용하다 보면 그 무늬가 반쯤 지워져 지저분해 보일 때가 있다. 이런 때는 젖은 헝겊에 소다를 묻혀 문질러 보자. 그러면 무늬가 완전히 지워져 새로 산 것처럼 깨끗해진다.

육류는 얼린 다음에 튀긴다

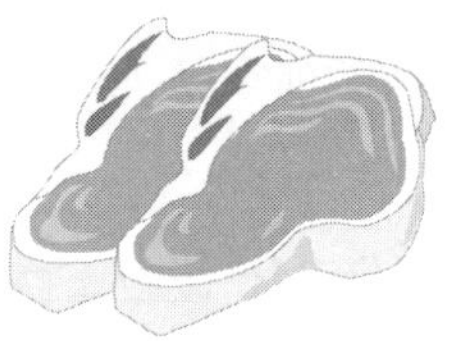

닭이나 쇠고기 같은 육류를 기름에다 튀길 때에는 우선 재료의 잔손질을 끝낸 다음, 기름 속에 넣기 직전까지 냉동실에 얼리는 것이 좋다. 그러면 맛있게 튀겨질 뿐만 아니라 뜯어먹기에도 아주 알맞게 된다.

쇠고기 튀김은 160℃의 기름에 빨리 튀겨내는 것이 좋다. 튀기는 시간이 오래 걸리게 되면 고기가 질겨지기 때문이다.

돼지고기 튀김은 160℃의 기름에서 천천히 튀겨내는 것이 좋다. 모양을 부풀리고 싶으면 튀김옷에 베이킹 파우더를 조금 넣어주면 된다.

닭고기 튀김은 비닐봉지에 튀김가루를 넣은 다음 그 속에 닭을 넣고 흔들어 주면 닭에 튀김가루가 골고루 잘 묻는다. 닭고기는 냉장고에 넣어두었다가 바로 꺼내 튀겨야 좋다.

육류의 변색은 식용유를 이용

쇠고기나 돼지고기 등의 육류는 공기와 만나면 색깔이 변하고 가장자리가 딱딱해져 맛이 없어진다. 이것을 방지하려면 고기 표면에 식용유를 바르고 포장지에 싸서 냉장고에 보관한다. 그러면 정육점에서 구입할 당시의 상태를 그대로 유지할 수 있다.

은수저 닦는 요령

은수저를 한꺼번에 많이 닦을 때는 물에 소다를 큰 찻숟가락으로 세 숟가락 정도 풀어서 거기에 은수저를 넣으면 때가 깨끗이 빠진다. 그런 다음 부드러운 헝겊에 치약을 묻혀서 닦은 다음 더운물로 씻으면 깨끗해진다. 또 놋그릇 같은 것은 양배추 잎사귀로 닦으면 잘 닦인다.

은도금한 수저와 포크 등이 더러워졌을 때 자칫 손질을 잘못하면 도금이 벗겨질 우려가 있다. 이럴 때 우유에 1시간 정도 담갔다가 꺼내 마른 헝겊으로 닦으면 도금도 유지되고 깨끗해진다. 빛깔이 흐려질 때마다 이렇게 손질을 하면 항상 반짝거리는 상태로 사용할 수 있다.

이층밥 짓기

이층밥은 하나의 솥 안에 진밥과 된밥을 한꺼번에 짓는 것으로 솥에 쌀을 안칠 때, 한쪽은 높게 하고 다른 한쪽은 낮게 안치면 낮은 쪽의 밥이 질게 된다. 식구들이 입맛이 천차만별일 때 아주 좋은 방법이다.

인스턴트 조미료는 끓기 시작할 때 넣는다

부엌에 한두 개쯤 있는 것이 인스턴트 국물 조미료이다. 이것을 조금만 신경 써서 사용하면 진짜 맛있는 국물 맛을 낼 수 있다. 중요한 것은 분말을 넣는 시점이다. 가령 된장국을 만들 때는 물이 끓기 시작했을 때 넣어 순간적으로 녹여 주는 것이 포인트다. 미지근한 물이나 찬물에 넣으면 인스턴트의 결점인 냄새가 난다. 또 한 가지는 분말을 넣는 것으로 끝나는 것이 아니라 불 끄기 조금 전에 정종을 약간 넣어주어야 한다. 이렇게 하면 멸치나 가다랭이로 오랜 시간을 들여 만든 국물과 같은 맛을 내준다.

입의 마늘 냄새, 술 냄새

생마늘을 먹고 나면 그 냄새가 아주 오래 가기 때문에 곤란하다. 그러나 마늘을 먹고 난 다음에 곧 창호지를 입에 넣고 몇 번 씹은 다음 버리고 물로 입 안을 가시면 마늘 냄새가 씻은 듯이 없어진다. 또한 술 냄새는 생김이나 생쌀을 씹으면 없어진다.

잡곡밥 짓기

잡곡밥을 지을 때 통보리쌀은 미리 한 번 삶아주고, 콩이나 팥 또는 강낭콩 등은 물에 하루 저녁 정도 불렸다가 밥을 지을 때 솥 밑에 깔고 짓는다. 그리고 밥을 다 지은 후 고루 섞어준다.

장마 땐 쌀통 안에 통마늘을

장마로 인해 집안 구석구석이 습기로 가득할 때 쌀통 안에 통마늘을 넣어두면 벌레도 생기지 않고 장마 동안 쾌적한 쌀통을 유지할 수 있다.

잼이 너무 달게 되었을 때

시중에서 판매되고 있는 잼이나 가정에서 만든 잼은 자칫하면 너무 달게 되기가 쉽다. 이런 경우에는 잼을 쓸 만큼만 덜어서 여기에 레몬즙을 입맛에 맞도록 적당히 섞어서 사용하면 좋다. 레몬의 향기와 신맛이 너무 강한 단맛을 중화시켜 주기 때문이다. 또한 잼에 레몬즙을 섞으면 잼의 빛깔이 더욱 선명해지는 효과도 거둘 수 있다.

전기밥솥으로 누룽지를

요즘은 대부분의 가정에서 전기밥솥을 사용하고 있어 누룽지를 구경하기조차 어렵다. 그렇지만 전기밥솥으로도 누룽지를 만들어 먹을 수 있다. 밥이 다 돼 전기밥솥 스위치가 올라간 다음 조금 두었다가 스위치를 다시 눌러두면 맛있는 누룽지가 만들어진다.

전자레인지 냄새 없애기

전자레인지를 오래 쓰다 보면 음식 국물이 흘러 얼룩이 지고 역한 냄새가 난다. 얼룩은 세제로 닦아내면 되지만, 냄새 처리가 고민된다. 이럴 땐 귤이나 오렌지껍질을 전자레인지에 넣어 가열하면 냄새가 없어지고, 귤 향기가 은은하게 밴다.

전자레인지 청소법

레인지에 뜨거운 물을 담은 그릇을 넣어 2~3분 가열해 내부에 수증기를 쐬어주면 눌어붙었던 오염물이 부드러워져 청소가 쉬워진다. 주방용 세제를 푼 물에 행주를 담갔다가 꼭 짜서 내부를 닦고, 잘 지워지지 않으면 칫솔을 사용해 닦는다. 청소가 끝나면 내부가 건조될 때까지 문을 열어둔다.

절인 생선의 소금기 빼기

소금은 소금으로 빼낸다는 속담이 있듯이, 좀 덜 짜게 먹고 싶다면 이미 소금에 절여진 생선이나 식품을 그냥 맹물에 담가두기보다는 소금을 조금 탄 물에 담가두는 것이 훨씬 잘 빠진다. 식품 속의 염분과 소금물의 염분간에 서로 같은 농도가 되려는 작용이 일어나기 때문이다.

점액질이 많은 오징어, 낙지는 피한다

오징어는 상온에 오래 있으면 배가 푹 꺼지고 윤기가 없어진다. 오징어 특유의 회색빛과 푸른 기운이 그대로 살아 있는 것이 좋다. 낙지는 윤기가 흐르고, 눈이 툭 튀어나와 있으면 싱싱한 것이다. 오징어는 등 부분이 검은 초콜릿색, 낙지는 청록색이면 신선한 것이다. 몸에 점액질이 많이 묻어 있는 오징어나 낙지는 상온에서 오래 있었던 것이다.

젓갈 고르기

조개젓의 색깔이 짙은 노란색이거나 명란젓의 색깔이 유난히 붉은 색을 띠고 있으면 색소를 사용한 것일 가능성이 높다. 또 꼴뚜기젓의 경우 내장을 빼지 않은 채로 썰어서 무친 것은 불량품이므로 피한다. 그리고 조개젓의 경우 국물이 많고 희뜩희뜩하며 비린내가 나는 것은 담은 지 얼마 안되는 것이므로 피하는 것이 좋다.

조개국 맛있게 끓이기

조개는 입을 열었을 무렵이 제일 부드럽고 맛이 있다. 따라서 조개국을 맛있게 만들려면 조개국을 끓이다가 조개가 입을 열면 조개만 건져서 다른 그릇에 옮겨놓는다. 그렇게 하고 남은 국물만 양념을 해서 다 끓인 다음에 조개를 다시 넣어 먹으면 한결 맛이 좋다.

조개류는 신문지에 싸서 보관

조개류는 살아 있는 생물이기 때문에 오래 보관할 수 가 없다. 시장에서 사온 바지락, 대합 등의 조개류는 당 장 요리에 쓰지 않을 때는 물에 담가두는 것보다 신문지에 단단히 싸서 차고 깜깜한 곳에 보관해 두는 것이 좋다. 조개류의 냄새나 찌 꺼기를 토하게 할 때에만 물에 담가두고, 보관은 하루 이상 하지 않는 것이 바람직하다.

조기 고르기

눈알에 생기가 있고, 하복부에 있는 비늘이 황색을 띠고 있으며, 아가미 가 가지런하고 푸르스름한 것이 좋다. 특히 봄철 산란기 직전의 것이 맛있 으므로, 가급적 배 부분이 불룩한 암컷을 고르는 것이 좋다.

조미료 용기

음식을 만들 때 사용하는 조미료 용기도 더러움이 잘 타는 것이다. 특히 조미료가 나오는 구멍에 기름때 등이 끼어 있기 십상이다. 이곳의 더러움 을 없애는 방법은 소독용 에탄올을 사용하는 것. 마른 천이나 탈지면 등에 소독용 에탄올을 적당량 묻혀 문지르면 때도 잘 가시고 기름때가 눌어붙는 것도 예방할 수 있다.

조미료의 적당한 양

예를 들어 요리책에서 3인분의 요리에 소금 세 숟갈을 넣으라고 해서, 그 요리를 5인분 준비할 때 소금을 다섯 숟갈 넣는 것은 잘못이다. 소금의 양은 요리 재료의 양과 반드시 비례하지 않는다. 3인분에 세 숟갈의 소금이 적당하다고 하면 5인분에는 네 숟갈 정도가 적당합니다. 재료의 양이 많아질수록 다르지만 대체로 소금의 양을 1/5 정도 적게 넣는 것이 적당하다. 다른 조미료도 마찬가지이다.

좋은 김 고르기

눈으로 봐서 좋은 김을 고르기란 그리 쉬운 일이 아니다. 이럴 때 좋은 김을 좀더 정확히 고르는 방법이 있다. 우선 김을 조금 잘라서 물에 넣어 보자. 그러면 좋은 김은 흐물흐물하게 녹는 반면에 좋지 않은 김은 녹지 않는다. 또 김을 넣었던 물이 탁하지 않은 것일수록 좋은 김이다.

좋은 미역 고르기

생미역을 고를 때는 줄기가 가늘고 잎이 넓으며 손으로 만져 보아 촉감이 부드러운 것이 좋다. 그리고 색깔은 녹색에 가까운 자주색이어야 하며, 지나치게 자라서 질긴 것은 맛도 없고 먹기에도 나쁘다.

마른 미역은 줄기보다도 잎의 비중이 크고, 검은색에 가까운 색깔을 띠고, 윤기가 도는 것을 골라야 한다. 그리고 마른 미역을 물에 담갔을 때 잎이 조각조각 풀어지지 않는 것이 좋다.

주꾸미의 제철은 봄

주꾸미는 낙지보다 작지만 연하고 쫄깃쫄깃해 씹는 맛이 일품이다. 포란기인 봄에 가장 맛이 좋고 우리 나라 서해안에서 잡힌 주꾸미가 가장 통통하고 감칠맛이 난다. 신선한 주꾸미는 만져 보면 빨판이 살아 있고 색깔이 선명하며 몸에 점액질이 묻어 있지 않은데, 이런 주꾸미를 사기란 쉽지 않다. 주꾸미를 살 때는 물 속에 담긴 것보다 좌판에 놓인 걸 고르고 집에서도 물에 담가놓지 않아야 한다.

🍴 주전자 기름때

주전자는 불 위에 올려놓기 때문에 기름때 같은 것이 생기기 쉽다. 특히 꼭지나 손잡이에 때가 더 잘 낀다. 부엌용 세제와 수산 또는 표백제를 함께 풀어 녹인 물에 더러워진 주전자를 담가두었다가 칫솔이나 스펀지로 잘 문지르면 때가 깨끗이 지워진다.

주전자 속의 물때가 잘 닦이지 않을 때는 감자껍질을 주전자 안에 넣고 물을 부어 끓인 다음 물로 잘 헹군다.

🍴 찌개를 맛있게 끓이려면

찌개를 맛있게 끓이려면 우선 센 불로 물만 팔팔 끓인다. 그런 다음 재료를 넣고 재차 끓여 거품이 일기 시작하면 불을 약하게 줄여 자글자글 끓인다. 그래야만 제맛이 우러나고, 생선찌개일 경우 비린내도 나지 않는다. 끓일 때는 반드시 뚜껑을 덮는다.

그리고 찌개를 맛있게 끓이려면 뭐니뭐니해도 국물 맛이 좋아야 한다. 국물의 농도는 재료의 맛을 살려줄 수 있는 정도가 좋으며, 조미료의 종류를 적게 사용하는 것이 담백하고 시원한 국물 맛을 낼 수 있다. 조미료는 설탕→소금→술→간장→된장 순으로 넣는 것이 좋다.

소금을 너무 일찍 넣으면 재료가 굳게 되므로 설탕이 먼저 들어가야 하며, 소금은 재료가 모두 유연하게 된 뒤에 넣어야 한다. 그리고 술이 먼저 들어가면 산뜻한 맛이 사라지며, 간장이나 된장을 일찍 넣으면 고유한 향이나 맛이 떨어지게 된다.

또한 된장이나 김치찌개를 끓일 때는 맹물보다는 쌀뜨물을 사용해야 찌개에 윗물이 생기지 않으며 매끄러운 감촉과 맛을 더해 준다. 생선찌개를 끓일 경우, 국물이 팔팔 끓을 때 생선을 넣어야만 살이 부서지지 않는다.

찌개를 오랫동안 따뜻하게 하려면

찌개나 국을 끓일 때 국물에 녹말가루를 조금만 넣어 보자. 그러면 국을 그릇에 퍼놓아도 그릇 안에서 대류작용이 일어나지 않아 잘 식지 않는다.

진짜 꿀 알아내는 법

꿀을 숟가락에 조금 따라서 떨어뜨려 보아 물엿처럼 주르르 흘러내리면 가짜이고, 응축력이 있어 또박또박 잘려서 떨어지면 진짜 꿀이다.

질그릇 냄새

뚝배기 같은 질그릇을 새로 산 후 곧바로 처음부터 음식을 넣고 끓이면 질그릇의 특유한 냄새가 음식에 배어 좋지 않다. 그러므로 새로 질그릇을 샀을 때는 먼저 맹물이나 야채 등을 넣고 한 번 끓여서 냄새를 우려내야 한다. 그리고 처음에는 되도록 맛이 진한 음식을 끓이는 것이 좋다.

찬밥을 좀더 맛있게 데우려면

먹고 남은 찬밥은 다시 데운다 해도 처음에 지었던 것처럼 그렇게 맛있지 않다. 이때 찬밥만을 별도로 찌는 것보다는 새 밥의 밥물이 잦아들었을 때 가장자리 위에 얹어서 뜸을 들이면 새 밥처럼 되어 맛이 있다.

찬밥을 찔 때는 찜통의 물에 소금을 조금 넣고 깨끗한 행주로 밥을 싸서 넣고 찌면 행주가 수분을 빨아들여 알맞게 부풀은 밥이 된다.

찬밥을 물에 끓여 먹기도 하는데, 이때 밥알이 풀어져 끈기가 없어지는 것을 방지하려면 찬밥을 물에 한번 헹구어내고 끓이면 된다.

참기름을 오랫동안 고소하게 먹으려면

참기름을 고소하게 먹으려면 소금 독에 보관한다. 나물 등을 무칠 때 한두 방울씩 사용하는 참기름은 값이 비싸서 조금씩 아껴 먹는 경우가 많다.

그러므로 오랫동안 두고 먹으면 기름이 찌들고 고소한 맛도 덜하게 된다. 참기름을 담은 병을 소금 속에 묻어두면 오래 되어도 변하지 않고 금방 짠 참기름처럼 신선하고 고소하다.

채소는 손으로 다듬어야 제맛을 낸다

채소를 다듬거나 자를 때 대부분 식칼을 사용한다. 그러나 채소를 식칼로 자를 경우 잘린 부분이 금속에 의해 산화되어 비타민 C가 파괴되고, 그 결과 맛이 떨어지게 된다. 따라서 가능한 한 손으로 뜯어서 사용하는 것이 좋다. 냉면 역시 가위로 자르면 맛이 떨어진다.

채소를 데칠 때는 전자레인지를 이용한다

채소에 많이 들어 있는 비타민 C는 물과 열에 매우 약하므로 데치거나 삶을 때 많이 파괴된다. 특히 물의 양이 많을수록 또 오래 가열할수록 파괴율이 더 높아진다. 그런데 전자레인지는 물 없이도 식품 재료를 익힐 수 있으므로 삶는 경우와 비교하면 비타민 C의 손실이 적다. 데칠 때 소금을 넣으면 비타민 C가 덜 파괴된다.

채소 삶는 냄새가 싫을 때

배추나 무와 같은 채소를 삶을 때는 비릿한 냄새가 집안에 퍼지게 되는데, 채소를 삶는 솥이나 냄비의 뚜껑 위에 식빵을 한 조각 올려놓으면 식빵이 냄새를 흡수해 주어 냄새가 나지 않게 된다. 또 그릇 속에 삼베로 된 끈이나 무명실을 5~6cm쯤 끓는 물 속에 잠기게 넣고 한쪽 끝을 뚜껑 위에 걸쳐두어도 냄새가 덜 나게 된다.

치즈가 굳었을 때는

뻣뻣하게 말라 굳어 버린 치즈는 우유에 잠시 담가두면 훨씬 더 부드럽고 맛도 좋아진다. 또 우유에 넣어 끓여도 효과적이다.

치즈와 콩은 같이 먹지 않는다

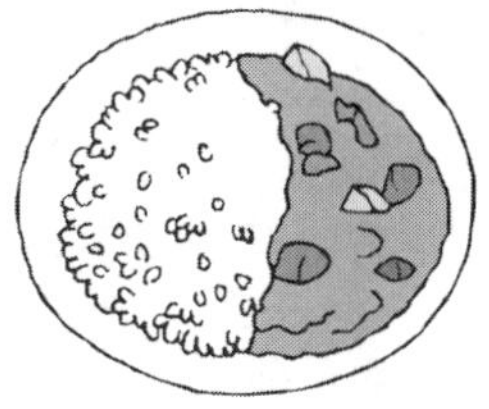

술안주로 많이 쓰이는 치즈와 콩은 같이 먹지 않는 것이 좋다. 치즈는 위벽을 보호하면서 알코올의 흡수를 느리게 하고 칼슘도 풍부하다. 그러나 콩 속의 피틴산은 칼슘의 흡수를 방해하므로 안주로 먹은 치즈의 영양분을 체외로 배설시킨다. 또한 날콩에는 단백질의 소화 효소인 트립신을 억제하는 물질이 있어 고기나 달걀과 함께 먹으면 소화가 안 되고 설사를 일으킨다.

카레에 우유를 타서 먹으면 별미

먹다 남은 카레를 다음날 다시 데워 먹을 때 보통 물을 더 부어서 끓이기 때문에 카레의 본래 맛이 떨어진다. 카레에 물 대신 우유나 요구르트를 타서 끓여 먹어 보자. 맛이 훨씬 좋을 것이다. 그리고 카레를 오래 끓일수록 더욱 맛이 좋아진다.

커피 메이커를 깨끗하게 하려면

요즘 많이 사용하는 커피 메이커는 내부가 얼마나 더러운지 알 수가 없을 뿐더러 세척하기가 무척 불편하다. 그럴 때는 식초가 간단히 해결해 준다. 커피를 내릴 때처럼 식초와 물을 섞어서 여과시켜 주면 커피메이커 안쪽이 깨끗하게 청소가 된다.

커피에 소금을 넣으면 맛이 훨씬 좋아진다

커피는 가장 보편적인 기호식품이다. 그러나 커피에 소금을 넣으면 커피

맛이 달라진다는 것을 아는 사람은 그리 많지 않다. 커피, 설탕, 크림을 넣고 난 뒤에 손가락으로 한 번 집을 만한 정도의 소금을 넣어주면 커피 맛이 훨씬 좋아진다.

커피 찌꺼기를 탈취제로 사용한다

원두 커피의 찌꺼기를 말려서 요구르트 용기나 작은 접시에 담아 냉장고에 넣어두면 탈취 효과가 있어 냄새를 제거해 준다.

케이크는 냉동시켜 두어야

생일이나 축하 행사용 케이크는 남기는 경우가 종종 있다. 케이크가 남았을 때에는 그날 중으로 비닐주머니에 넣어서 냉동시키도록 해야 한다. 이렇게 해두면 2~3일이 지나도 맛있게 먹을 수가 있다. 냉동시켜 놓은 케이크는 먹기 한 시간 전에 냉동실에서 꺼내 실내 온도에서 해동시켜 먹도록 한다.

콩나물의 비린내를 없애려면

콩나물을 끓일 때 중간에 뚜껑을 열어 김을 빼면 비린내가 심하게 난다. 콩나물의 비린내는 지엽, 뿌리, 배축 순으로 많이 나는데, 마늘과 소금을 약간 넣고 삶으면 뚜껑을 열어 김을 빼도 비린내가 나지 않을 뿐만 아니라 맛과 냄새도 좋아진다.

콩 요리는 해조류와 같이 먹는다

콩장이나 콩밥, 두부 등 콩류의 조리식품을 먹을 때는 해조류를 같이 섭취하는 것이 좋다. 콩 속에 들어 있는 사포닌이란 물질이 동맥경화증이나 노화방지에 좋다고는 하지만 요오드를 체외로 배설시키는 결점을 갖고 있다. 따라서 콩을 원료로 한 식품과 요오드가 풍부한 해조류를 같이 먹으면 요오드 부족을 방지할 수 있다. 된장국에 미역을 넣는 조리 방법도 생각해 봄직하다.

콩을 빨리 불리려면

갑자기 콩밥이 먹고 싶어서 냉장고에 보관해 두었던 콩을 꺼내 보니 돌처럼 딱딱하여 당장 밥을 지어먹을 수가 없다. 이런 때 전자레인지를 이용하면 간편하게 콩을 불릴 수 있다. 대접에 콩을 넣고 물을 부은 다음, 약 5~7분간 가열하면 밥하기에 알맞게 불려진다.

토막낸 생선은 소쿠리에 담아 씻는다

토막 생선의 맛을 떨어뜨리지 않고 씻는 방법이 있다. 우선 평평한 소쿠리에 토막 난 생선을 겹쳐지지 않게 놓고 소쿠리를 흔들면서 물을 끼얹는다. 그런 다음 생선 토막을 마른행주나 종이 타월로 가볍게 누르면서 물기를 없애준다. 지방이 많은 생선이라면 뜨거운 물을 끼얹어 불필요한 기름기를 살짝 없애주는 것도 좋다.

토란껍질을 쉽게 벗기려면

토란에 묻어 있는 진흙을 깨끗이 닦아내고 끓는 물에 살짝 데치면 표면이 부드러워져 껍질이 잘 벗겨진다. 껍질을 두껍게 벗겨내야 진을 없앨 수 있다. 토란껍질을 벗기고 나면 손에 토란 진이 묻어 가려운데, 이럴 때 손에 식초를 바르면 가려운 증상이 없어진다.

토란을 끓일 때

냄비에 토란을 끓일 때는 냄비 뚜껑을 사용하지 말고 창호지나 파라핀지를 덮어 뚜껑으로 사용해야 토란의 원형을 그대로 유지할 수 있다. 이때 뚜껑에 작게 구멍을 내주어야 끓어 넘치지 않는다. 여기에 다시마를 넣고 끓이면 끓이는 시간을 단축할 수 있다.

토스트를 부드럽게 만들려면

토스트는 바삭바삭하게 구워진 것이 맛이 좋지만 나이 드신 노인이 있는 가정이나, 부드러운 빵을 먹고 싶을 경우에는 빵을 구워 버터를 바른 다음 곧 은박지로 싸서 둔다. 10분쯤 지나면 뜨거운 기운으로 촉촉해지기 때문에 은박지를 벗겨서 먹으면 부드럽다. 또한 은박지의 보온작용으로 식지도 않는다.

통조림은 만든 지 조금 지난 것을

통조림이라고 다 맛이 똑같은 것은 아니다. 통조림을 만들 때는 내용물과 조미료를 함께 넣고 밀폐한 뒤에 가열 살균한다. 그러니까 살균과 조리를 동시에 하는 것이다. 새 통조림의 경우 재료와 조미료가 제대로 섞이지 않게 되어 맛이 덜하다. 맛이 골고루 배 먹기 좋게 되려면 약 6개월에서 1년이라는 기간이 필요하다. 특히 생선 통조림이나 과일 통조림의 경우 만든 지 조금 지난 것을 고르는 게 현명하다.

튀길 때는 재료를 적당히 넣어야

재료를 한꺼번에 너무 많이 넣으면 기름의 온도가 떨어지게 되므로 적정량씩 넣어야 한다. 한 번에 넣을 수 있는 적정량은 기름 표면의 절반 정도이다. 좁쌀만한 방울이 기름 표면에 일면 기름 온도가 떨어지기 시작하는 것으로 보면 된다.

튀김 기름에 남아 있는 냄새 없애기

생선 등을 튀겨내고 나서 그 기름에 다른 것을 튀기게 되면 냄새가 옮아 곤란한 경우가 있다. 이런 때는 무나 감자, 양파 가운데 어느 한 가지를 그 기름에 넣고 튀기면 그 속에 포함된 수분이 기름에 녹아 있는 냄새를 증발시킨다.

생선을 튀긴 뒤에 나는 냄새는 파슬리를 약 3개 정도만 그 기름에 튀기면 깨끗이 제거된다. 또 식은 튀김은 맛이 덜하므로 데워야 할 때가 있다. 이때 프라이팬에 기름을 둘러 데우면 느끼한 기름 냄새가 겉돌아 제맛을 내지 못하는데, 여기에 청주나 소주 등의 술 한두 방울만 떨어뜨리고 나서 데우면 기름 냄새가 빠져 산뜻한 맛을 즐길 수 있다.

튀김 기름에 불이 붙었을 때

튀김을 튀기다 보면 기름에 불이 붙는 경우가 있다. 이런 때는 얼른 넓적한 채소 잎사귀를 불이 붙은 곳에 넣어주면 꺼진다. 그것이 없을 경우에는 우선 가스 불을 끈 다음, 옆에 있는 행주 등을 그곳에 넣으면 된다. 기름에 물을 붓는 것은 절대 금물이다.

튀김 냄비의 기름때를 씻으려면

냄비에 물을 가득 부은 다음 밀가루를 우윳빛보다 약간 엷게 타서 약 3분 정도 팔팔 끓인다. 그래야만 밀가루가 냄비 안에 붙어 있는 기름기를 용해시켜 깨끗이 씻어낼 수 있다. 국수나 스파게티 삶은 물로 설거지를 해도 전분이 기름기를 제거해 주므로 효과적이다. 또 소금물에 술을 부어 하룻밤 정도 두었다가 다음날 아침에 세제를 묻혀 수세미로 닦아도 기름때가 깨끗이 없어진다.

튀김 기름 온도 측정하기

튀김을 튀길 때 가장 중요한 것은 기름의 온도이다. 이것을 간단한 실험으로 측정할 수 있다. 우선 튀김 위에 입힐 튀김옷을 기름에 떨어뜨려 보아서 밑바닥까지 가라앉았다가 떠오르면 140~150℃이고, 중간쯤 가라앉았다가 떠오르면 170~180℃이며, 기름 위에서 흩어지면 200℃이다. 또 육안으로 보아 기름 표면에서 연기가 일기 시작할 때가 튀김 요리의 적정 온도인 170~180℃이다. 튀김 요리를 할 때 적정 온도는 재료에 따라 다르다. 즉, 두꺼운 고구마류는 120~130℃이고, 프라이나 크로켓 등은 160~170℃, 그리고 일반 튀김은 대부분 170~180℃에서 튀기면 이상적이다.

튀김 기름 재활용하기

쓰고 난 기름은 버리지 말고 볶음 요리할 때 다시 사용하면 기름 속에 재료의 맛이 녹아 있기 때문에 맛있는 요리가 된다.

튀김옷을 만들 때는 얼음을 넣어 끈기를 없애준다

튀김옷을 만들 때 밀가루는 미리 체에 쳐놓는 것이 좋다. 이것은 밀가루의 끈기를 없애기 위한 것. 끈적거리면 옷이 재료에 균등하게 묻지 않는 데다가 옷의 수분이 밖으로 나오기 어려워 바삭하게 튀겨지지 않는다. 튀김옷을 만들 때 찬물이나 얼음을 넣는 것도 요령. 온도가 높아지면 튀김옷의 끈기가 강해지므로 차가움을 유지함으로써 끈기를 조금이나마 막아준다.

튀김용 참기름엔 샐러드유를 섞는다

참기름은 특유의 향기와 맛을 가지고 있어서 예로부터 본격적인 튀김 요리에 즐겨 사용되어 왔다. 그러나 참기름은 참깨의 풍미를 살리기 위해 정제를 많이 하지 않으므로 다른 튀김유에 비해서 혼탁도가 높다는 결점을 가지고 있다. 그러므로 기름 중에서 가장 맑은 샐러드유를 참기름에 혼합시키면 참기름의 풍미를 살리면서 기름 혼탁의 결점을 없애 훌륭한 튀김 요리를 맛볼 수 있다. 튀김유에 참기름을 섞으면 맛이 한결 좋아진다.

튀김을 보기 좋게 튀기려면

기름에 넣은 재료를 젓가락으로 잡고 가볍게 흔들어 주면 튀김옷의 모양이 잡혀 보기 좋게 된다.

파뿌리로 동치미 맛을

흔히 파를 다듬을 때 뿌리 부분은 버리는 경우가 많다. 하지만 파뿌리를 모아서 깨끗이 씻어두었다가 동치미를 담글 때 넣으면 동치미 특유의 찌릿

하고 시원한 맛을 한층 더 살릴 수 있다.

파인애플을 깎을 땐 과도 2개를 준비한다

파인애플을 날 것으로 깎아 먹을 때는 될 수 있는 대로 과도를 두 개 준비하도록 한다. 파인애플의 껍질에는 피부와 입술을 거칠게 하는 성분이 포함되어 있어서 껍질을 벗긴 것과 같은 칼로 속살을 잘라 먹으면 입술이 거칠어지기 때문이다. 만약 과도가 한 개밖에 없을 때는 껍질을 벗긴 다음 잘 씻어서 속살을 잘라 먹도록 해야 한다.

파인애플을 보관할 땐

파인애플은 아랫부분의 당도가 높기 때문에 파인애플을 보관할 때 거꾸로 세워놓으면 단맛이 균등해져서 전체적으로 맛이 고르게 된다.

팥밥을 맛있게 지으려면

팥밥은 뭐니뭐니해도 그 색깔이 진해야 더욱 맛이 있어 보인다. 그런데 팥을 미리 물에 담가두게 되면 팥의 붉은색이 물에 녹을 뿐만 아니라 겉껍질이 부서져서 팥이 가지고 있는 독특한 향기를 잃는 수가 있다. 팥은 물에 담가두지 말고 바로 삶되, 다 삶은 뒤에는 국자로 뒤적거려 공기와의 접촉을 많게 해주는 것이 팥국물을 더욱 붉게 하는 요령이다.

편리함을 더해 주는 조리 비법

- 고추와 마늘을 찧을 때는 소금을 함께 넣어 찧으면 물도 튀어 오르지 않고 잘 찧어진다.
- 냉동식품을 녹일 때는 소쿠리에 담아서 녹이면 녹은 물이 다시 식품에 스며들지 않는다.
- 만두피를 만들 때 밀가루 5인분에 참기름 한 숟갈과 달걀 두 개의 비율로 섞어 반죽을 하면 끈기가 있어 만두를 빚기도 좋고 끓일 때 풀어지지도 않아 좋다.

- 녹말가루를 넣으면 국이 잘 식지 않는다.
- 레몬즙을 많이 얻기 위해서는 레몬을 더운물에 4, 5초간 담갔다가 짠다.
- 마른 오징어는 토스터에 굽는다.
- 밀가루 반죽은 물을 적당히 섞어 비닐봉지에 20분 정도 싸두었다가 반죽을 하면 힘을 적게 들이더라도 반죽이 잘 되어 음식을 만들기가 한결 쉽다.
- 잘 된 과일잼은 찬물에 떨어뜨려 본다.
- 짠 김치나 소금에 너무 절인 조기 등의 소금기를 빼려면 묽은 소금물에 담가두는 것이 요령이다.
- 계란을 잘 삶으려면 냉장고에서 금방 꺼낸 달걀은 실온에 두었다가 삶으며, 끓는 물에 소금을 넣어야 깨지지 않는다.
- 즉석에서 먹지 않을 김밥은 날 김으로 싼다.
- 전을 부칠 두부는 소금물에 잠시 끓인다.
- 고추의 붉은 빛깔을 내기 위해서는 김치 담그기 하루 전, 따뜻한 물에 고춧가루를 개어 하루쯤 불려두었다가 김치를 담그면 빛깔이 더욱 붉게 되어 고춧가루를 절약할 수 있다.

파슬리를 잘게 썰려면 – 냉동시킨 후 손으로 가볍게 주무른다

수프에 살짝 뿌려주는 데 쓰이는 파슬리. 적은 양을 썰더라도 파슬리가 칼이나 도마에 들러붙어서 의외로 다루기 힘들다. 이것을 쉽게 하려면 파슬리를 깨끗이 씻어 그대로 비닐봉지에 담아 냉동실에 넣는다. 사용할 때는 봉지에 든 파슬리를 손으로 가볍게 주물러 주면 쉽게 잎이 잘게 부서져 귀찮은 과정을 겪지 않아도 된다.

포개어진 그릇이 잘 안 빠질 때

유리컵이나 밥그릇 등이 포개어져 잘 빠지지 않을 때가 있다. 이럴 때는 위의 그릇에 찬물을 붓고 아래쪽을 더운물에 담가놓으면 컵이 쉽게 빠진다. 또 냉장고에 넣어두었다가 빼도 쉽게 빠진다.

포도를 고를 때

보통 주부들이 시장에서 포도를 살 때 한 알 떼어내 맛을 본 다음에 사는 경우가 많은데, 이런 때는 포도송이 끝 부분 것으로 맛보지 막고 꼭지 쪽의 것을 맛보아야 전체의 맛을 가늠할 수가 있다. 포도는 본래 포도송이 끝부터 익어 들어 가기 때문이다.

포도주는 뉘어서 보관

포도주 병은 뉘어서 보관하면 좋다. 포도주 마개는 대부분 코르크로 되어 있는데, 코르크는 공기를 흡수하는 성질이 있다. 따라서 포도주 병을 세워 두면 마개가 수축해 틈이 벌어지고 공기가 30배 정도 더 흡수된다. 이때 흡수된 공기 중의 산소가 포도주를 산화시켜 술맛이 시어진다. 때로는 외부의 균에 의해 부패되기도 한다.

폭이 좁아서 닦기 힘든 유리잔을 닦으려면

폭이 좁아서 속까지 깨끗이 닦아내기 힘든 유리잔은 감자껍질을 이용하여 닦는다. 우선 감자껍질을 잘게 썰어 유리잔 안에 넣고 물을 부은 다음, 손으로 입구를 막고 아래위로 여러 번 흔들어 주면 반짝반짝하게 윤이 난다. 얼룩이 심해 잘 안 닦일 때는 그대로 며칠 놓아두면 깨끗해진다.

풋고추를 데칠 때 소금을 넣는다

풋고추의 가장 손쉬운 저장 방법으로는 풋고추를 살짝 데쳐서 말려두는 방법이 있는데, 이렇게 하면 제 맛을 잃지 않는다. 풋고추를 데칠 때 소금을 약간 넣으면 푸른색이 선명하게 유지되어서 고운 빛깔의 풋고추를 오래 맛볼 수 있다. 이때 풋고추는 어리고 연한 것을 골라야 하며, 잘 말린 찐 고추는 비닐 주머니에 넣어 고무줄로 주둥이 부분을 묶어둔다. 이렇듯 풋고추는 데쳐서 말리는 것이 가장 좋지만 그냥 생것을 꼭지를 따서 실에 꿴 다음, 통풍이 잘 되는 곳에서 그대로 말려도 좋다.

프라이팬에서 생선 기름이 튀는 것을 막으려면

프라이팬에 생선을 구울 때 기름이 튀고 냄새가 나는 경우가 많다. 이것을 막으려면 프라이팬 크기에 알맞게 신문을 덮고 생선을 굽는다. 그러면 신문이 기름과 냄새를 흡수하여 깨끗하게 맛있는 생선을 구울 수 있다.

프라이팬에 음식물이 눌러붙지 않게 하려면

요리를 하기 전 프라이팬을 불 위에 올려놓고 굵은 소금을 넣어 나무주걱으로 저어 볶는다. 소금이 검게 변하면 버린 다음 천으로 잘 닦아내고 기름을 얇게 두른다. 이렇게 하면 요리를 할 때 음식물이 잘 들러붙지 않아 편하게 요리를 할 수 있다.

프라이팬을 닦을 때

프라이팬에 생선과 같은 음식물이 눌어붙었을 경우엔 우선 프라이팬을 불에 달구고 거기에 소금을 약간 뿌린 다음 신문지로 닦아 보자. 냄새도 없어지고 아주 깨끗이 잘 닦인다. 또 냄비나 프라이팬에 기름때가 찌들어서 잘 안 닦일 때는 하루 정도 직사광선을 쪼여준 뒤에 닦아 보자. 기름때가 저절로 벗겨지면서 쉽게 닦인다.

소주를 이용하는 방법도 있다. 요리를 하고 열기가 식기 전에 프라이팬에 소주를 부은 다음, 휴지로 문지르듯이 닦으면 기름때가 깨끗이 제거된다.

피망을 왜간장에 절이면 별미

일반적으로 피망은 튀기거나 볶거나 쪄먹는 것이 상식처럼 되어 있지만, 씨를 빼고 가늘게 채썰어 이것이 잠길 정도로 약 10분 정도 왜간장을 부어두었다 먹으면 별미다. 간장에 식초를 타면 더욱 맛있다.

필름 통을 여행용 조미료 통으로

플라스틱 필름 통은 버리지 말고 모아 놓았다가 속을 깨끗이 씻은 다음 여행용 조미료 통으로 이용하면 편리하다. 뚜껑이 꼭 맞으므로 기름이나 소스 케첩 등을 염려 없이 넣을 수 있다.

한우와 수입 쇠고기 구별 요령

- **고기 색깔** : 한우는 선홍색이지만 수입육은 암적색 이다. 대부분의 정육점에서는 진열대 안에 빨간 전 구를 켜고 있어 색을 구분하기가 어려우므로 밖으로 꺼내어 확인하는 것이 좋다.

- **지방** : 한우는 흰색이고 그 양도 적은 편이다.

- **뼈** : 한우는 뼈가 가늘고 작은 편이다. 앞다리 사골도 가늘다. 수입육은 뼈가 굵고 크다.

- **지육 상태** : 한우는 냉장육이어서 보관하거나 조리 중에 물이 적게 나오지만, 수입육은 냉동육이라 물이 많이 나온다.

- **갈비 상태** : 한우는 갈비 사이의 폭이 좁고 안창살이 있는 반면 수입육은 폭이 넓으며 안창살이 없다.

환자에게는 소금 대신 레몬즙을

염분을 절대 금하는 신장병이나 심장병, 고혈압 환자의 식사는 맛을 내기 어렵다. 이런 환자의 요리에는 레몬즙을 이용해 보자. 신선한 채소나 고기에 레몬즙을 떨어뜨리면 레몬 향으로 인해 맛이 심심하지 않아 맛있는 식사를 즐길 수 있다.

햄 요리하기 전 뜨거운 물에 담가야

햄은 합성보존료와 발색제를 많이 쓰는 식품이다. 햄을 요리할 때는 먼저 섭씨 80℃의 물에 1분간 담가두면 첨가물의 80% 정도가 물에 녹아 나온다. 기름에 볶아 먹을 때는 고기의 기름과 함께 첨가물이 빠져나오므로 기름기를 제거한 뒤 먹어야 안전하다.

행주 살균에 요긴한 전자레인지

행주는 빨아서 직사광선에 건조시키는 게 가장 좋다. 하지만 햇볕이 없는 날씨나 비가 올 때 전자레인지로 살균하면 된다. 표백제에 담근 행주를 깨끗하게 빤 다음 꼭 짜서 내열용기에 담아 전자레인지에 가열한다. 이렇게 하면 간단히 살균되고 건조도 빨리 된다.

호박은 버터와 함께 조리해야 효력이 좋아진다

호박은 소화가 잘되고 영양도 풍부하며 당뇨병에도 좋은 야채이다. 피망이나 당근 등과 함께 유색 야채의 대표라고 할 수 있는 호박은 비타민 A가 풍부하고 특히 색깔이 진한 호박일수록 비타민 A의 모체인 카로틴이 많이 들어 있다. 그런데 비타민 A는 지방질에 잘 용해되는 지용성 비타민이므로 체내 흡수율을 높이기 위해서는 그냥 먹는 것보다 버터와 함께 조리해서 먹으면 그 효력이 좋아진다. 버터와 함께 조리하면 비타민 A가 잘 흡수된다.

흰떡 정갈하게 썰기

금방 뽑아낸 흰떡을 썰려면 칼에 달라붙어서 불편한 점이 많다. 이때는 토막낸 무에 칼을 문질러 가면서 썰면 잘 붙지 않고 정갈하게 된다.

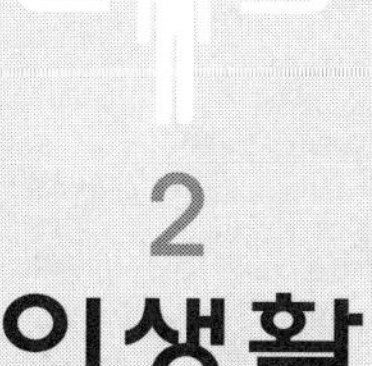

2

의생활

2. 의생활

가죽 의류는 그늘에서 통풍시켜 보관한다

가죽 의류를 장기간 보관할 때는, 옷의 먼지를 털어낸 후 통풍이 잘 되는 그늘에 3시간 정도 걸어두었다가 장롱에 넣어야 가죽이 변질되는 것을 막을 수 있다. 그런 다음 옷걸이에 걸어 타월을 덮는다. 여기에 통풍이 잘 되는 헝겊 커버를 씌운 후 방습, 방충제를 넣어 보관한다. 비닐 커버를 씌우는 것은 금물이다.

가죽장갑 손질법

가죽장갑의 찌든 때는 울 전용 중성세제나 샴푸를 묻힌 헝겊으로 살살 때를 뺀 후 물기를 꼭 짠 헝겊으로 세제를 잘 닦아 그늘에 말린다. 말린 장갑은 가죽용 클리너나 클렌징 크림, 또는 크림을 고루 바르면 된다. 크림을 발라가며 가죽이 부드러워질 때까지 헝겊으로 여러 번 문지른다.

가죽제품에 핀 곰팡이를 제거하려면

가죽제품은 조금만 방심해도 곰팡이가 잘 핀다. 만일 가죽제품에 곰팡이가 피었다면, 곰팡이가 보송보송해질 때까지 그늘에 충분히 말려 벨벳으로 된 꼬마 방석으로 비벼서 떨구어낸다. 그리고 나서 타월에 가죽용 클렌저를 묻혀 나머지 자국을 닦아내든지, 타월에 묽은 암모니아 용액을 적신 후 꼭 짜서 닦아낸다. 세무가죽 제품일 때는 같은 방법으로 그늘에 말려 가는 사포로 비빈다.

가죽제품의 때는 바나나껍질로

가죽제품은 대부분 탄닌으로 이루어진 것이 보통이다. 그래서 바나나껍질의 미끈한 부분을 가죽 위에 대고 자주 문질러 주면 껍질의 탄닌 성분이 침투해 새것처럼 깨끗해진다. 핸드백, 가죽점퍼, 코트, 구두 등 검정색과 갈색 가죽제품의 가벼운 때는 이 방법을 이용하면 깨끗하게 없앨 수 있다.

가죽제품이 오톨도톨한 곳에 긁혔을 경우에도 이 방법을 쓰면 효과가 있다.

거꾸로 말리면 다림질이 필요 없다

합성섬유로 된 와이셔츠나 블라우스의 경우, 빨아서 말릴 때 조금만 신경을 쓰면 다리지 않아도 입을 수 는 것들이 많다. 이러한 재질의 빨래를 말릴 때는 윗부분, 즉 칼라 부분이 아래로 향하도록 하고 옷단을 위로 가게 하여 빨랫줄에 펴서 집게로 물어두면 물이 아래로 쏠려 그 무게로 인해 주름이 펴지므로 별도의 다림질이 필요 없다. 그리고 다림질을 한다 해도 조금만 다리면 되므로 편하다.

검은색 옷 먼지는 스펀지로

검은 옷만큼 세심하게 입어야 하는 옷도 없다. 옷에 먼지가 묻으면 눈에도 잘 띄고 솔로 털면 오히려 솔의 먼지가 옷에 묻기 때문이다. 이럴 때 스펀지로 털어내면 먼지를 깨끗이 없앨 수 있다. 스펀지는 먼지가 들어갈 수 있는 공간을 많이 갖고 있어 솔로는 잘 털어지지 않는 먼지를 없애는 데 효과 만점이다.

검은 옷이 색이 바랬을 때

검은 옷을 여러 번 세탁하면 색이 바래 보기 흉해진다. 이때는 마지막 헹굼 물에 맥주를 넣고 한참 동안 담갔다가 탈수해서 그늘에 말리면 새 옷과 같이 선명해진다.

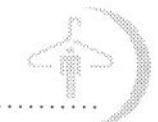

겨울옷 손질 및 보관 요령

1) 모직

얼룩이 졌을 때는 한두 번 입은 옷이라도 반드시 드라이클리닝을 한 다음 잘 말려서 보관한다. 드라이클리닝을 자주 하면 옷감이 상하기 쉬우므로 벤젠으로 간이 세탁을 하는 것도 좋다. 옷 밑에 깨끗한 천을 깔고 벤젠을 헝겊에 묻혀 더러운 곳을 문질러 닦고 햇볕에 널어 말린다. 벤젠은 약국에서도 판다.

무릎이나 팔꿈치가 번들거리는 양복은 물과 암모니아수를 같은 양으로 섞어 번들거리는 곳에 묻혀 헝겊으로 덮은 후 다림질하면 된다.

2) 가죽

눈, 비 등에 젖었을 때는 빨리 마른 수건으로 물기를 닦고 그늘에서 말린 뒤 콜드 크림으로 잘 문질러 준다. 가죽은 가능하면 세탁을 하지 않는 것이 수명을 오래 가게 하는 최상의 방법이다. 전문 세탁소라 하더라도 일단 드라이클리닝을 하고 나면 윤기가 떨어지고 약간씩 탈색이 되므로 꼭 필요할 때 외엔 드라이클리닝을 하지 않는 것이 좋다.

부분적으로 더러워진 곳은 고무 지우개로 살살 닦아내고 목 부분이나 소매같이 때가 심한 곳은 천에 알코올을 묻혀 닦아낸다. 가죽 클리너가 있다면 그것을 사용한다. 주름이 졌을 때는 안쪽을 뒤집어 마른 면 헝겊에 대고 다림질한다. 스팀 다리미의 사용은 절대 금물.

3) 오리털

물세탁을 할 때는 중성세제를 써서 스펀지로 문질러 빤다. 세탁기 빨래를 할 때는 먼저 심한 오염 부분은 손으로 부분 세탁한 후 빤다. 저속 세탁이 좋다.

세탁 후에는 그늘에서 말리고 손이나 막대기로 두들겨 뭉친 오리털을 풀어준다. 보관할 때는 공기가 통하고 습기가 없는 곳이 좋다. 비닐백에 넣는 것은 금물.

4) 모피

외출 후에는 옷에 변형이 가지 않게 어깨걸이가 넓고 두꺼운 옷걸이에 걸어 통풍이 잘 되는 천을 씌워 그늘에 둔다. 젖은 경우에는 물기를 가볍게 털어내고 마른 헝겊으로 닦은 뒤 그늘에 말린다.

장롱에 넣어둘 경우 다른 옷과 간격을 넓혀 털이 눌리지 않게 하고, 더러워졌을 때는 모피전문점에 맡겨 파우더 클리닝을 한다. 목둘레나 손이 많이 닿은 부분은 거즈에 30~40℃의 따뜻한 물을 묻혀 털고 결 방향으로 문질러 털을 뉜 뒤 그늘에서 30분간 말린다.

고기 냄새가 옷에 배었을 때는

고깃집에서 회식을 하고 나면 고기 냄새가 옷에 배게 마련이다. 이럴 땐 샤워를 한 후 증기가 있는 욕실에 옷을 걸어둔다. 수증기가 마르면서 옷에 밴 냄새를 없애준다. 완벽한 방법이라고는 할 수 없으나 별다른 방법이 없을 때 요긴하다.

고깃집에서 회식이 있을 경우에는 모직 등의 소재보다는 나일론 등과 같은 합성섬유가 냄새가 훨씬 덜 밴다.

고무줄이 들어 있는 옷을 세탁할 때

아무래도 속옷은 자주 세탁하게 된다. 그런데 속옷 가운데서도 팬티 등과 같이 고무줄이 들어 있는 것을 세탁할 때는 철저하게 헹궈서 세제 성분이 남아 있지 않도록 해야 한다. 세제 성분이 남게 되면 고무줄이 삭아 못 입게 될 수 있기 때문. 간혹 팬티 등의 고무줄 넣은 부분이 늘어나서 축 처진 것을 볼 수 있는데, 대부분의 원인이 여기에 있다. 말릴 때도 고무줄이 햇볕에 직접 노출되지 않도록 그늘에서 말리도록 한다.

구두가 비에 젖었을 때는

직사광선이나 불 가까이 말리면 가죽이 트고 굳어지며 모양까지 변하는 원인이 되므로 주의한다.

비에 젖은 구두는 먼저 마른 헝겊으로 물기를 잘 닦아낸다. 젖은 구두는 물기가 마르면서 기름기가 빠져, 가죽이 딱딱해지고 모양이 변하며 염분이 나타나게 된다. 그러므로 우선 마른 헝겊으로 물기를 닦아낸 뒤, 모양이 변하지 않게 구두 속에 보형기(구두를 살 때 끼워져 있는 보형기를 버리지 말고 신발장에 잘 보관하면 요긴하게 쓰인다)나 신문지를 뭉쳐 넣어 습기를 빨아내고 모양을 바로잡아 준다. 이때 신문지는 구두 속에 꽉 찰 만큼 넉넉하게 넣어줘야 하고, 구두코가 찌그러지지 않게 모양을 잡아가며 넣는 것이 중요하다.

신문지를 뭉쳐 넣은 다음에는 직사광선이나 불을 피해 습기 없고 통풍이 잘 되는 그늘에서 말린다. 3~4일 정도 충분히 말려야 가죽이 부드럽게 원상태로 돌아온다. 충분히 건조가 되고 나면 구두약을 발라 마무리한다.

구두는 저녁때 사는 것이 좋다

구두는 오후 늦게 사야 발에 제대로 맞고 또 편한 것을 고를 수 있다. 하루 종일 밖으로 돌아다니다 보면 오후엔 사람의 발이 조금씩 커지기 때문이다. 의자에 앉아서 일하는 사람도 마찬가지다. 하루 종일 의자에 앉아서 일하게 되면 피가 아래로 몰려 약간씩 붓게 되기 때문이다. 그리고 저녁때가 되면 적당히 피로를 느끼게 되기 때문에 구두를 신어 볼 때의 느낌도 더욱 예민해진다. 구두를 맞출 때도 마찬가지이다.

구두약은 저녁에 바르고 아침에 닦아야

구두약은 퇴근하고 집에 돌아와서 발라두었다가 다음날 아침에 닦아야 가죽에 구두약이 스며들어 제대로 닦일 뿐만 아니라 구두를 더욱 오래 신을 수 있다.

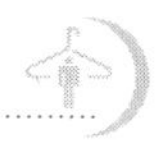
구두에서 냄새가 나면

구두에서 발냄새가 심하게 날 때, 소독용 에탄올을 가제수건에 묻혀 안쪽을 닦아주거나, 구두 안에 베이비 파우더를 뿌리고 타월로 닦아내면 냄새가 제거된다. 말린 원두커피 찌꺼기를 가제수건에 싸서 전날 밤 구두 속에 넣어두어도 효과적이다.

기저귀 헹굴 때 식초를

갓난아기의 기저귀를 세탁할 때 잘 헹궈도 세제 가루나 암모니아 성분이 남아 있을 수 있다. 이럴 땐 기저귀를 마지막으로 헹구는 단계에 식초를 조금 넣어 보자. 세제나 암모니아 성분을 중화시켜 피부 자극을 줄이고, 또 기저귀가 희고 폭신폭신하게 된다.

김칫국물이 옷에 묻었을 때는

옷에 김칫국물이 묻어 낭패를 보는 일이 종종 있다. 이때에는 양파를 이용하면 쉽게 국물 자국을 뺄 수 있다. 우선 김칫국물이 묻은 자리를 물에 담가 어느 정도 국물을 뺀 다음 양파즙을 자국이 난 자리 앞뒤로 골고루 펴서 바른다. 그리고 천을 말거나 뭉쳐서 하룻밤을 재운 후 비누로 빨면 된다.

남성 양복 코디 상식

① 재킷과 넥타이가 같은 색상이면 셔츠를 좀 다른 색상으로 코디하고, 재킷과 셔츠가 같은 색상이면 넥타이로 포인트를 준다. 마찬가지로 패턴이 있는 상의에는 민무늬 셔츠를, 상하의가 단순무늬일 때는 튀는 셔츠나 체크무늬 등으로 포인트를 준다.

② 넥타이에 무늬가 많으면 무늬나 바탕 중 어느 한 색을 양복과 일치시킨다. 반대로 무늬가 있는 셔츠라면 셔츠보다 한단계 어두운 톤의 단색 넥타이를 매주어 전체적으로 차분한 분위기를 연출하는 것이 좋다.

③ 뚱뚱한 사람은 짙은 색, 키 작은 사람에겐 세로 줄이 선명한 양복이 좋다. 또한 뚱뚱한 사람은 어깨선이 직각인 상의와 아래로 내려갈수록 통이 좁아지는 바지가 더 날씬해 보인다.

④ 벨트와 구두는 같은 색상으로 매치한다. 지갑까지 같은 톤으로 맞추면 금상첨화. 패션의 완성이라는 구두는 슈트보다 짙은 색이 좋다. 양복과 마찬가지로 검은색, 짙은 밤색, 갈색 등을 기본으로 준비해 둔

다. 조끼를 입을 때 아래쪽 버튼을 하나 열어두면 꽤 도회적인 분위
기가 난다.

⑤ 넥타이가 갑갑하면 린네르 소재의 차이나 칼라나 체크무늬 남방 셔
츠, 와이드 칼라로 변화를 주는 것도 한 방법이다.

 냄새가 밴 옷에는 김을 쐬어 준다

옷에 방충제 냄새나 고기 냄새가 밴 경우에는 스팀 다리미를 옷에 가까
이 대어 수증기를 쐬어 주면 수증기의 증발과 함께 냄새도 제거된다. 목욕
하고 나서 김이 서린 욕실에 옷을 걸어두어도 효과가 있다.

 넥타이 고르기

넥타이 제조에는 견직이 많이 사용된다. 그러나 견직에도 100% 견직이
있고 혼방이 있으므로, 견직으로 된 넥타이를 고르려면 부드럽고 구김이 안
가는 것을 골라야 한다. 구김이 가는 것은 인조가 섞인 것으로 보면 틀림없
다. 모직으로 된 넥타이는 대체로 품질이 좋고 실용적이긴 하지만 투박해
보이는 것이 흠이다. 넥타이는 반드시 양끝을 잡고 당겨 보아서 천이 꼬이
지 않는 것이라야 마름질이 잘 된 것이다.

 넥타이의 종류

레지맨틀, 스트라이프, 로열 크레스트, 크레스트, 플랫, 도트(물방울), 페
이즐리, 솔리드.

   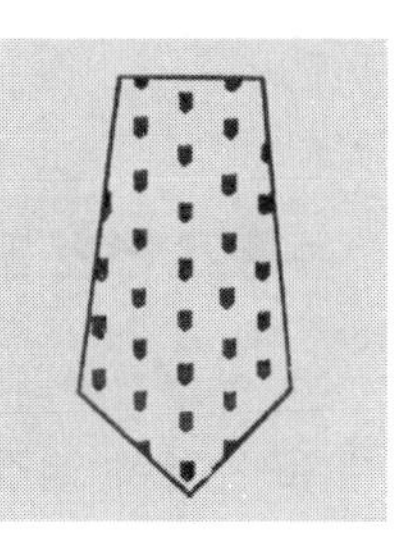

| 레지맨틀 | 스트라이프 | 로열 크레스트 | 크레스트 |

플랫

도트(물방울)

페이즐리

솔리드

- **레지맨틀** : 보통 2~3색을 이용한 넥타이로, 영국 연대기의 줄무늬를 디자인한 것.
- **스트라이프** : 군기의 모습을 딴 것으로 일반적으로 가장 많이 착용.
- **로열 크레스트** : 타이 가운데에 스트라이프가 들어가는 것.
- **크레스트** : 클럽타이라고도 하며 문양이 들어 있는 것.
- **플랫** : 작은 무늬의 넥타이.
- **도트(물방울)** : 방울 크기에 따라서 상당한 개성의 차이를 보인다. 쉽게 맬 수는 없지만 매우 세련된 무늬.
- **페이즐리** : 아메바 무늬라고 하는 다채롭고 복잡한 무늬.
- **무지(솔리드)** : 단색의 넥타이로 점잖은 자리에 어울린다.

 ## 넥타이를 다릴 때는 신문지를

넥타이를 다림질할 때 무턱대고 그냥 다리게 되면 주름은 펴지지만 모서리가 납작하게 달라붙어서 볼품없이 되어 버린다. 따라서 넥타이를 다릴 때는 먼저 신문지를 넥타이 양쪽 모서리 크기로 접어서 넥타이 속에 넣고 가볍게 다림질해 준다. 그러면 구겨진 주름도 펴지면서 모양도 자연스럽게 되살아난다.

 ## 누렇게 변한 흰옷은 레몬즙으로 표백한다

흰 손수건이나 양말, 블라우스 등은 아무리 신경을 써도 쉽게 누렇게 변색되는 것이 결점이다. 뜨거운 물에 레몬즙이나 레몬을 얇게 썰어 한 조각

넣고 변색된 옷을 하루 정도 담가놓는다면 표백제를 사용하는 것보다 옷감도 덜 상할 뿐만 아니라 간단하게 표백효과를 볼 수 있다.

다리미 바닥에 섬유질이 타 붙으면

화학섬유로 된 옷을 다리다 보면 다리미 바닥에 옷감이 타서 붙는 경우가 종종 있다. 이럴 경우에는 신문지에 소금을 깔고 그 위에다 다리미 바닥을 긁어대면 간단히 떼어진다. 그리고 그 밖의 물질이 다리미 바닥에 붙었을 때는 아세톤을 사용하면 좋다. 아세톤을 솜에 적셔 타 붙은 다리미 부분을 닦아내면 깨끗해진다.

다리미 바닥이 껄끄러울 땐

다리미 바닥이 껄끄러우면 잘 미끄러져 나가지 않아 다림질하기가 불편하다. 이럴 때는 양초를 연필 깎듯이 얇게 썰어 헝겊 위에 놓고 반으로 접어서 그 위를 따뜻한 상태의 다리미로 쓱쓱 문지른 다음 사용하면 매끄럽게 잘 다려진다.

다리미에 녹이 슬었을 때

다리미 바닥에 녹이 슬면 뻑뻑하여 옷이 잘 다려지지 않는다. 이럴 때는 치약을 마른 헝겊이나 칫솔에 묻힌 다음 녹슨 부분을 닦아내면 된다.

녹이 심해 그래도 제거되지 않으면 철수세미에 식용유를 좀 발라 조심스럽게 문지른 다음 치약이나 소다로 다시 한 번 더 닦아주면 깨끗이 제거된다. 다리미 바닥에 화학섬유가 녹아 붙었을 때는 신문지에 소금을 펴서 깔고 그 위를 다리미로 문질러 준다. 눌어붙은 정도가 심할 때는 다리미를 시너에 담가두었다가 치약으로 닦아주도록 한다.

화학섬유를 다림질할 때 다리미의 밑판에 치약을 조금 발라주면 눌어붙는 것을 방지할 수 있다.

다림질로 생긴 얼룩은

흰옷을 다릴 때 다리미 온도를 잘못 조절하거나 너무 오래 다리면 얼룩이 생기게 된다. 이럴 때는 약국에서 과산화수소를 구입, 미지근한 물에 희석해(물과 과산화수소의 비율은 약 3대 1 정도) 여러 번 닦아낸 후 헹구도록 한다. 과산화수소가 없을 때는 양파의 단면으로 얼룩 부분을 문지른 후 찬물로 헹궈낸다.

다림질로 옷이 번들번들해졌을 때는

다림질을 잘못하여 옷이 번들번들해지는 경우가 있다. 이럴 때는 식초물(물과 식초의 비율을 2대 1로 하여)에 타월을 적셔 옷 위에 올려놓고 다시 한 번 다림질하면 된다.

또 양복을 오래 입어서 엉덩이 부분이 번들거리는 경우가 있는데, 이런 때는 우선 옷솔로 먼지를 깨끗이 떨어낸 다음, 물 한 컵에 암모니아 한 스푼 정도를 타서 양복에 분무기로 뿜어주고 천을 대고 다림질한다. 이때 다림질하는 천의 종류는 옷과 같은 것을 사용하는 것이 좋다.

다림질의 기본 상식

① 의류의 표시 사항을 사전에 점검하며 금지 사항은 반드시 지킨다.

② 섬유의 특성에 따라 다림질 온도를 맞춘다. 면·마직은 180～220℃, 모직은 150～160℃, 견직은 130～140℃가 적당하다.

③ 진한 색상의 옷은 천연섬유라도 반드시 덧천을 씌운 후 다린다. 특히 매듭이나 지퍼 부분을 다릴 때는 반드시 덧천을 사용한다.

④ 다림질 후 수분은 완전히 제거한다. 그래야 빳빳한 기운이 오래 간다.

⑤ 안감이 있는 옷은 안감을 평평하게 편 후 겉감을 다린다.

⑥ 의류별 다림질 순서에 따라 다린다. 예를 들면 와이셔츠와 양복 윗옷은 칼라, 바지는 주름을 제일 나중에 다려야 옷의 맵시가 살아난다.

⑦ 다림질을 잘 하려면 다리미 외의 용구를 준비해 두는 것이 필요하다. 보통 다리미 받침, 분무기, 받침목, 덧천 등이 기본이며, 서서 다림질을 할 수 있는 다림질대도 갖춰두면 편리하다.

 ## 다림질한 옷에서 향기가 나게 하려면

스팀 다림질을 할 경우, 다리미 물 속에 좋아하는 향수를 약간 부어서 다리면 엷은 향기가 풍겨 옷을 꺼내 입을 때 기분이 상쾌해진다. 다 쓴 향수병 뚜껑을 열어 옷장에 넣어두어도 같은 효과를 얻을 수 있다.

 ## 단춧구멍을 올이 풀리지 않게 하려면

올 끝에 매니큐어를 발라두면 된다. 벨트 구멍을 낼 때 사용해도 효과가 있다.

 ## 담배로 인해 커튼이 누렇게 변했을 때는

집안에 담배 피우는 사람이 있으면 그 담뱃진 때문에 커튼이 누렇게 변하는 것을 많이 본다. 이럴 경우에는 세탁기에 커튼이 잠길 만큼 물을 붓고 소금 반 컵을 넣어 세 시간 정도 담갔다가 빨래를 하면 원래의 커튼 색을 찾을 수 있다.

 ## 도금된 단추가 달린 옷을 세탁하려면

도금된 금속 단추가 달린 옷을 세탁할 때는 단추를 떼어놓고 나서 세탁하는 것이 원칙이나, 이것이 번거로우면 단추마다 두세 겹 랩을 싼 다음, 고무줄로 묶고 나서 세탁하면 도금된 금속 단추가 알칼리나 산에 부식되어 상하는 것을 막을 수 있다.

 ## 두꺼운 천 박음질 쉽게 하려면

두꺼운 천이나 풀먹인 천을 재봉틀로 박음질하려면 바늘이 잘 들어가지 않을 뿐더러 자칫 잘못하면 바늘이 부러져 못 쓰게 될 수 있다. 이럴 때는 바늘이 지나갈 곳에 양초로 선을 그어 놓은 다음 박음질하면 바늘이 잘 들어갈 뿐만 아니라 박는 선도 똑바르게 된다.

드라이클리닝을 맡길 때는

드라이클리닝을 해야 할 세탁물은 물세탁했을 때나 세탁기 세탁시 손상을 받기 쉬운 의류를 대상으로 한다. 근래에는 드라이클리닝이 필요한 의류를 가정에서 세탁할 수 있도록 만든 제품도 판매되고 있으나 상당한 기술과 주의를 기울이지 않으면 세탁물이 손상되기 쉽다. 따라서 드라이클리닝이 필요한 의류는 전문 세탁업소에 맡기는 것이 좋다.

드라이클리닝을 맡길 때는 세탁물에 다른 물건이 들어 있는지 확인한 후에 맡긴다. 껌이나 사탕 같은 것이 들어 있으면 드라이클리닝 과정에서 세탁물을 오염시킬 수 있기 때문이다.

얼룩이 묻은 의류는 오래 둘수록 없애기가 어렵다. 이런 세탁물은 가능한 한 빨리 세탁을 맡기는 것이 좋다. 맡길 때는 얼룩의 종류를 알려주면 얼룩 제거에 많은 도움이 된다.

모피·피혁 제품, 거위털·오리털 제품과 같이 특별한 드라이클리닝이 필요한 제품은 세탁물 상태를 미리 점검해 세탁소에 알려주는 것이 세탁 사고 발생시 피해 보상을 받는 데 도움이 된다.

의류를 세탁하면 색상이 조금씩 달라지기도 하고, 천의 촉감이나 형태도 조금씩 차이가 나는 경우가 생긴다. 따라서 상·하의가 동일한 원단으로 된 의류는 가능한 한 한꺼번에 맡기는 것이 좋다.

세탁소에 맡겼던 옷을 찾을 때는 그 자리에서 오염이 제대로 제거되었는지 확인하는 것이 좋다. 단추, 벨트 등 부속품이 제대로 붙어 있는지 확인하는 것도 중요한 체크 포인트 중의 하나.

드라이클리닝이 끝난 의류는 세탁소에서 비닐에 넣어주는 경우가 많다. 비닐은 공기가 잘 통하지 않기 때문에 그 상태대로 장롱에 보관하면 곰팡이 등에 의해 옷감이 손상될 수도 있으므로 비닐을 벗겨 통풍이 잘 되게 하는 것이 좋다.

레이스 달린 커튼을 세탁할 때

레이스가 달린 커튼을 세탁기에 넣고 돌리면 상하기 쉽다. 따라서 우선 먼지를 잘 떨어낸 다음, 서너 군데 고무줄로 묶어 세탁기에 넣는다. 그러면 몇 장을 넣어도 서로 엉키지 않고, 꺼내기도 좋다. 말릴 때는 굳이 빨랫줄에 말리지 말고 직접 커튼 레일에 매달아 두면 잘 마른다.

매일 입는 양복의 클리닝

매일 입고 다니는 양복일지라도 드라이클리닝 값이 너무 비싸서 한 철에 한두 번밖에는 클리닝을 하기가 어렵다. 이런 때는 다림질을 자주 해주면 미관상에도 좋을 뿐만 아니라 옷을 해치는 벌레의 알을 없애주므로 옷의 수명을 길게 해줄 수 있다. 때를 그대로 둔 채로 다림질을 하면 후에 클리닝을 할 때 때가 잘 빠지지 않게 되므로 벤젠이나 휘발유로 때가 많이 타는 부분을 대강 닦아내고 다림질을 하면 클리닝을 한 것이나 별다름 없이 깨끗하게 옷을 입을 수 있다.

먼지 터는 솔도 세탁을

옷의 먼지를 터는 솔도 1년에 한두 번 정도는 씻어서 사용하는 것이 좋다. 씻지 않고 계속 사용하면 솔의 먼지가 옷에 묻을 염려가 있기 때문이다. 더운물에 세제를 풀어 그 안에 솔을 담그고 문질러 씻어 깨끗이 헹구어 그늘에서 말린다.

또한 솔을 현관에 걸어두면 먼지가 묻어 빨리 더러워지므로 서랍 같은 곳에 넣어두고 사용하는 것이 좋다.

면 셔츠는 물기가 있을 때 다림질한다

면 셔츠를 세탁하여 말리면 주름이 많이 생겨 다림질하기가 힘들다. 그러므로 면 셔츠는 세탁 후 탈수를 마치고 물기가 있는 상태에서 바로 다림질을 하면 주름이 잘 펴진다.

면장갑 때 덜 타게 세탁하는 법

한 번만 사용해도 쉽게 더러워지고 빨아도 때가 쉽게 지지 않는 흰 면장갑은 머리를 감을 때 끼고 감으면 신기할 정도로 때가 말끔히 빠진다. 그리고 면장갑을 헹굴 때 물에 풀을 약간 풀어주면, 사용할 때 때가 쉽게 타지 않을 뿐만 아니라 때가 섬유 속까지 배어들지 않으므로 다음 세탁 때 훨씬 쉽고 깨끗이 세탁할 수 있어 좋다.

모 스웨터 · 모 셔츠 세탁은

모(wool)섬유로 된 의류는 알칼리에 약하고 물세탁에 의해 수축되기 쉽다. 모섬유로 된 제품은 드라이클리닝을 하는 것이 세탁물을 손상시키지 않는 안전한 방법이다. 모 스웨터나 모 셔츠 같은 편물을 세탁할 때는 취급 주의 표시를 살펴보고 물세탁이 가능한 제품이면 반드시 중성세제를 사용해 손빨래한다. 모제품은 물이나 땀에 젖은 상태에서 강하게 비비면 보풀이 생기고 수축돼 엉키게 된다. 손빨래 시에는 약하게 눌러 빠는 방법으로 세탁하는 것이 좋다. 모제품은 보관시 좀이 슬기 쉬우므로 방충제를 넣어 보관해야 한다.

모자는 둥근 그릇을 이용해 말린다

모자를 물세탁했을 경우, 부엌에서 쓰는 둥근 바가지나 바구니를 엎어놓고 그곳에 모자를 씌워 말리면 빨리 마르고 형태 변형도 막을 수 있어 좋다.

모피 · 가죽제품 손질법

모피제품을 입은 후에는 가볍게 빗질해 보풀을 제거한다. 세무가죽의 오염은 연필 지우개로, 매끄러운 면이 있는 가죽의 오염은 가죽 전용 클리너로 없앤다. 비나 눈에 닿았을 때는 마른 천으로 가볍게 두드리면서 선풍기 등의 바람을 이용해 물기를 없앤다. 이때 전기스토브와 같이 복사열이 나오는 난방기구를 이용하면 변형이 일어나기 쉬우므로 피해야 한다. 모피 · 가죽제품이 오염되어 있으면 좀이 슬거나 곰팡이가 번식하기 쉽다. 계절이 바뀌어 오랫동안 보관해야 할 의류는 보관 전에 모피 · 피혁 전문 세탁업소에 맡겨 세탁한 후 보관하도록 한다.

물 빠질 염려가 있는 세탁물은

검정이나 빨간색 옷과 같이 물 빠질 염려가 있는 빨래는 소금물(물 한 대야에 소금 2스푼 정도)에 담갔다가 세탁하면 색상이 그대로 유지된다. 소금은 색깔이 빠지는 것을 막아주는 작용을 한다. 또 세탁할 때, 중성세제를 탄 물에 식초 2스푼 정도를 넣어주면 탈색을 방지할 수 있다.

물세탁 신사복은 단추를 채운다

세탁하기 전에 상의 단추나 하의 지퍼를 닫아야 옷의 손상을 줄일 수 있다. 세탁할 때 다른 의류와 구분해 세탁하고, 가능하면 상의와 하의를 한꺼번에 빨아야 상·하의의 색상이나 촉감 차이가 적다.

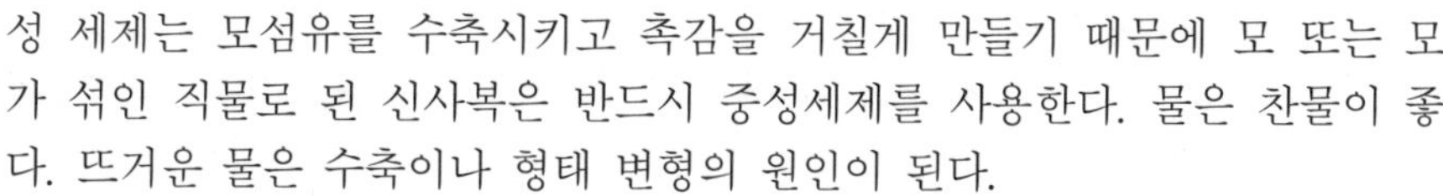

세제는 중성세제를 사용하는 것이 좋다. 약알칼리성 세제는 모섬유를 수축시키고 촉감을 거칠게 만들기 때문에 모 또는 모가 섞인 직물로 된 신사복은 반드시 중성세제를 사용한다. 물은 찬물이 좋다. 뜨거운 물은 수축이나 형태 변형의 원인이 된다.

손빨래를 할 때는 주물러 빠는 것이 좋으며, 세탁기를 사용할 때는 약한 물살로 세탁해야 손상이 적다. 탈수를 강하게 하면 옷에 주름이 생겨 펴기가 어렵다. 손으로 짤 때는 약하게 비틀어 짜거나 눌러서 짜도록 하며, 세탁기로 탈수시킬 때는 탈수조가 15회 정도 회전하면 정지시키도록 한다.

물실크 블라우스 · 원피스

흔히 물실크라 부르는 제품은 견섬유가 아니라 폴리에스테르 섬유를 알칼리 약제로 고온처리해 표면을 녹여 가늘게 뽑아 가공한 것이다.

폴리에스테르 섬유로 만든 제품은 주름이 잘 생기지 않고 마찰에 강하며, 수축·형태 변형 등이 쉽게 일어나지 않아 취급이 쉽다. 그러나 부분적인 당김이 가해지면 쉽게 형태가 변형되므로 주의해야 한다.

손세탁할 때는 비벼 빨아서는 안 되고, 가볍게 눌러서 빠는 것이 바람직하다. 실이 미끄러워 조직이 밀리기 쉬우므로 섬유유연제 사용은 삼가는 것이 좋다.

밀감껍질로 표백 빨래를

팬티와 런닝 등과 같은 흰 속옷을 빨 때 밀감껍질을 이용하면 표백 약품 없이도 깨끗하고 희게 빨 수 있다.

우선 바싹 말린 밀감껍질을 물과 함께 끓인 다음, 그 속에 깨끗이 빤 속 옷을 약 5분 정도 담갔다 꺼내어 깨끗한 물로 헹궈내면 표백 빨래한 것과 같이 새하얗게 된다. 표백제를 쓰면 옷감이 상할 염려도 있으나 이와 같은 방법을 이용하면 그럴 염려가 없다.

바겐세일을 통해 옷을 살 때는

① 가지고 있는 옷을 체크해 보고 비슷한 옷을 이중으로 사지 않도록 유의한다.
② 박음질이나 안감 등에 결함이 없는지 꼼꼼히 살펴본다.
③ 지퍼와 단추는 꼭 살펴본다.
④ 여벌 단추와 여벌 천이 있는 것은 대개의 경우 수준급의 옷이라고 볼 수 있다.
⑤ 세일 첫날 아침을 이용한다.
⑦ 입고 벗기에 편리한 바지나 원피스를 입고 가는 것이 좋다.
⑧ 이미 가지고 있는 옷과 어울리는 옷을 산다.

바지의 튀어나온 무릎 자국을 없애려면

바지 무릎이 튀어나온 것처럼 보기 싫은 것도 없다. 이런 바지를 다릴 때 는 우선 튀어나온 무릎 부분의 안쪽에 젖은 타월을 넣고 잘 펴서 깐 다음, 바깥쪽에서 힘을 가하여 다린다. 그러고 나서 바지를 뒤집어서 같은 방법 으로 다려 무릎 자국을 없앤 다음에 바지 선을 세우면 된다.

바지 주름이 펴지지 않게 하려면

바지 주름이 쉽게 펴지지 않게 하려면 우선 바지의 주름 안쪽에 양초를 1~2회 문지른 다음, 다시 뒤집어서 다림질하면 된다. 양초를 너무 많이 바르면 촛물이 밖으로 배여 나와 얼룩이 생길 염려가 있으므로 주의해야 한다. 이렇게 양초를 바르게 되면 다림질할 때 분무기로 물을 뿌리지 않아도 된다. 바지의 소재에 따라 다림질의 온도를 조절하고, 울이나 실크 등의 옷감에는 천을 대고 다린다.

긴 바지를 다릴 때 난감한 것은 바로 주름이 두 줄로 잡히는 것. 긴 바지를 다리다 보면 처음부터 끝까지 일정하게 한 줄로 주름을 잡기가 쉽지 않다. 이럴 땐 일정한 간격으로 클립을 고정시켜 놓고 다리면 한결 쉽게 할 수 있다.

바지 단 접힌 자국은 식초로

바지가 짧아져 접힌 바지 단을 펴서 늘려야 하는 경우가 있다. 이때 고민거리가 바지 단 자국을 없애는 일인데, 이것을 손쉽게 해결하는 방법이 있다. 식초를 한 방울씩 주름진 곳에 떨어뜨리면서 다림질하면 쉽게 해결된다.

반지 손질법

다이아몬드, 루비, 사파이어, 알렉산드라이트, 묘안석, 비취 등은 소량의 중성세제를 미지근한 물에 타서 가볍게 되풀이하여 흔든 다음 칫솔로 가볍게 두들기듯이 문질러 남아 있는 더러움을 씻어낸다. 그리고 물에 헹군 후에 부드러운 헝겊이나 종이로 물기를 닦아낸다.

에메랄드는 작은 충격에도 파손될 우려가 있으므로 더러운 곳을 부드러운 헝겊으로 문지르는 정도로만 한다.

진주는 중성세제로 씻어도 괜찮으나 산성인 표백제 등은 절대 사용하지 않는다. 또한 수돗물에 함유되어 있는 소독제 역시 산성이므로 헹군 후에는 재빨리 헝겊 따위로 문질러 물기를 제거하도록 한다.

빨래 삶을 때 세탁물을 보호하려면

우선 용기 바닥에 헌 타월을 깔아준다. 잘못해서 빨래를 태울 경우 맨 밑의 타월이 먼저 타게 되므로 다른 옷들을 보호할 수 있다.

용기에 빨랫감을 차곡차곡 넣되 가운데 부분에는 구멍을 만들듯이 넣어야 끓어넘치는 것을 막을 수 있다. 또 빨랫감 위에는 흰 천이나 뚜껑을 덮어야 산화로 인한 옷감의 손상을 막을 수 있다.

발냄새 나는 양말은 식초로

양말의 발냄새를 없애고 싶을 땐 물에 식초를 몇 방울 타서 빨면 말끔히 제거된다. 스타킹의 경우도 마찬가지이다.

빨래에도 양념을 친다?

세제를 많이 넣는다고 해서 빨래가 깨끗이 삶아지는 것은 아니다. 적당량의 세제와 함께 설탕 한 스푼만 넣어 보자. 그러면 빨래가 훨씬 깨끗하고 말끔하게 삶아진다.

또한 양말이나 흰옷은 아무리 빨아도 깨끗해지지 않는 경우가 있다. 이런 때는 물 1l에 소금 1큰술 정도를 넣고 삶아 보자. 기름때까지도 말끔히 제거된다.

방충제를 넣을 때는

방충제에서 발산되는 가스는 공기보다 무겁기 때문에 아래로 내려가 퍼지게 되므로 방충제는 옷장 바닥에 놓는 것보다 위쪽에 놓는 것이 효과적이다. 또 방충제가 의복에 직접 닿으면 변색되거나 천이 상할 우려가 있으므로 얇은 종이로 싼 다음 가장자리를 가위로 잘라내고 넣는 것이 바람직하다.

벨트 구멍은 에나멜을 발라둔다

벨트를 세게 매거나 오래 사용하게 되면 구멍이 늘어나거나 찢어져 가장자리 부분이 흉하게 상하는 경우가 있다. 이때에는 벨트 구멍의 양쪽에 매니큐어용 투명 에나멜을 칠한 다음에 사용을 하면 구멍이 찢어지는 것을 방지할 수 있다. 특히 사용중이라도 틈틈이 에나멜을 칠해 주면 윤활유 역할을 하여 오랫동안 사용할 수가 있다.

부츠와 맥주병

부츠는 잘못 간수하면 모양이 망가진다. 따라서 평소 부츠를 벗어놓을 때마다 부츠의 홈통에 맥주병 등을 넣어두면 좋다.

겨울이 지나서 오래 보관할 때는 습기를 제거한 뒤 신문지를 구겨서 앞 발끝까지 채워 넣는다. 그리고 다리 부분의 홈통에 신문지를 원통형으로 말아 넣은 다음 비닐봉투에 넣고 입구를 졸라매 보관한다.

브래지어 세탁

브래지어를 다른 빨래와 함께 세탁기에 넣고 돌리면 와이어 부분이 손상 될 우려가 있으므로 손빨래를 하는 것이 좋다. 우선 미지근한 물에 중성세 제를 엷게 풀어 브래지어를 담가둔다. 그리고 캡 부분을 양손으로 마주 잡 고 서로 살살 비벼주면 된다. 주물러서 빨면 와이어나 캡의 형태가 망가지 므로 주의한다.

비로드의 털을 살리려면

털이 누워서 보기 흉한 비로드를 손질하려면 우선 약 간의 물을 끓여 김이 무럭무럭 날 때 비로드의 안쪽을 김 에 쏘인다. 이때 전체를 골고루 쏘여야 털이 세운 것같이 되는데, 그래도 부분적으로 누운 털은 솔로 올리면 보기 좋게 된다.

비에 젖어 축축해진 신발

비가 많이 오는 날 축축하게 젖은 신발을 계속 신 고 있으면 살이 무르고 물집이나 무좀이 발생하기 쉽다. 따뜻한 바람이 나오는 곳에서 말리면 좋겠지 만 아쉬운 대로 휴지나 신문을 이용할 수 있다. 신발 안쪽과 바닥에 몇 장의 신문을 끼워두면 습기가 빠져나간 다. 수시로 갈아주면 빨리 말릴 수 있다.

샴푸로 세탁하면 좋은 향기가

손수건이나 베개 커버, 커튼 등을 샴푸로 빨면 좋은 향기가 난다. 줄어든 스웨터의 경우, 샴푸 푼 물에 담가두면 엉긴 것이 풀려 제 모양을 찾게 된다.

새 구두에도 약칠을

일반적으로 새 구두를 샀을 때 약칠을 하지 않고 바로 신는 경향이 있다. 하지만 새 구두에도 약칠을 엷게 하여 닦 아주어야 한다. 그래야만 가죽에 상처가 잘 나지 않고 방수성도 좋아지며, 가죽 본래의 부드러움을 오래 유지한다.

새 구두 신어 뒤꿈치가 아플 때는

새 구두를 신었을 때 뒤꿈치가 아픈 경우를 신발이 깨물었다고 표현한다. 이렇게 새 신발이 깨무는 것을 방지하려면 뒤꿈치가 닿는 부분에 비누를 문 질러 주면 된다. 발의 접촉 부위에도 비누를 동시에 발라주면 더욱 좋다.

새 옷, 특히 속옷은 꼭 빨아 입어야 하나?

의류는 곰팡이가 슬지 않게 하는 약품 등으로 위생 처리가 되어 있으며 화학염색제 등을 사용한 것이 많아 피부염을 일으킬 수도 있다. 특히 속옷 을 새로 옷을 샀을 때는 일단 빨아서 입는 것이 좋다.

서랍에 옷 넣을 때는

옷을 서랍에 넣을 때 너무 차곡차곡 개어 놓으면 옷이 눌리기도 하고, 밑 에 있는 옷을 찾을 때 뒤적거리게 되어 접은 모양이 헝클어져서 몹시 불편 하다. 이럴 때는 옷을 서랍 높이에 맞게 접어서 줄을 맞춰 세워놓는 것이 좋다.

옷을 챙겨둘 때에는 위아래에 신문지를 깔고 덮으면 신문지의 인쇄용 잉 크가 방충효과가 있으므로 벌레나 먼지가 끼지 않아 이중의 효과를 얻을 수 있다. 또한 서랍에 옷을 나누어 보관할 때는 자주 입는 옷은 아래 칸에 다 두고, 오래도록 손대지 않을 옷이라면 위칸에 두는 것이 좋은데, 아래 칸은 습기가 차기 쉬운 곳이어서 자주 서랍을 여닫는 것이 좋기 때문이다.

섬유별 다림질 온도

다림질 온도는 고온, 중온, 저온의 셋으로 구분된다. 고온은 면·마직을 다릴 때, 중온은 면직이나 견직, 저온은 아세테이트나 나일론 등을 다릴 때 적합한 온도로 기억해 두면 편리하다. 혼방직의 경우, 다림질 온도가 낮은 쪽의 섬유에 맞춰 다리는 것이 원칙이다. 예를 들면 모직＋나일론의 혼방 제품은 온도가 낮은 나일론 섬유에 다림질 온도를 맞춘다.

온도(℃)	섬 유
180 ~ 200	면, 마
160 이하	비닐론
150 ~ 160	모, 나일론 66
150 이하	프로믹스
140 ~ 150	레이온, 폴리노직스, 큐프라
130 ~ 140	견
130 이하	폴리우레탄
120 ~ 130	나일론, 폴리에스테르, 폴리크랄
120 이하	아세테이트, 트리아세테이트, 아크릴, 아크릴계 폴리프로필렌
60 이하	폴리염화비닐

세무가죽 제품의 먼지는 청소기로

세무가죽으로 된 코트나 구두는 먼지를 쉽게 타므로 이따금씩 전기 청소기로 먼지를 빨아들여 주는 것이 좋다. 이렇게 하면 전기 청소기의 강력한 흡인력으로 인해 먼지가 제거될 뿐만 아니라 털을 일으켜 세워 줄 수 있어 좋다.

세제 사용량

세제를 많이 넣으면 당연히 때가 잘 빠질 것이라고 생각하여 표준사용량 이상 세제를 넣는 소비자가 있는데, 이것은 잘못이다. 세제는 표준사용량 이상 사용해도 세척력은 거의 증가하지 않는다. 오히려 경제적 손실뿐만 아니라 수질오염을 가중시키는 결과를 가져온다.

세제 먼저 빨랫감 나중

보통 세제 통에는 '세제를 먼저 물에 용해시킨 후 세탁물을 넣어주십시오.'라는 안내문이 적혀 있다. 하지만 대부분 세제와 빨래를 같이 넣고 동작 버튼을 누르는 것으로 빨래를 시작한다. 이렇게 해도 빨래는 되지만 물과 세제, 전기가 더 소모된다.

먼저 세탁조에 세제를 넣은 다음 물을 받고 1~2번 돌린다. 세제가 충분히 풀어졌을 때 빨랫감을 넣고 빨래를 시작한다. 이것은 때를 빼는 원리가 물과 빨랫감이 맞닿으면서 생기는 마찰력에 있다는 것을 이용한 것이다. 즉 세제가 물에 충분히 용해된 상태에서 세제물과 빨래가 마찰하여 때를 빼도록 해주는 것이다. 이렇게 하면 세제도 20~30% 절약할 수 있고 물도 아낄 수 있다.

세탁기는 적당 시간만 돌린다

세탁이나 탈수 시에 운전 시간을 필요한 만큼만 사용한다. 오래 사용한다고 해서 세탁 효과가 높아지는 것은 아니며, 6~10분 정도면 세탁 효과가 가장 크고, 그 이상 지나도 효과는 더 커지지 않는다. 섬유의 종류에 따른 세탁 시간은 다음과 같다.

- 화학섬유와 인견 : 3분
- 목면과 마제품 : 7분
- 더러움이 심한 목면과 마제품 : 10분
- 작업복류 : 12분

• 세탁물의 온도는 20~40℃로 미지근하게 한다. 손을 넣어 보아서 차지 않을 정도라야 때가 잘 빠진다.

세탁기에 빨랫감을 넣을 때는

세탁기로 세탁을 할 때, 면바지나 진바지 등과 같이 무거운 것을 가장 먼저, 운동복이나 잠옷 등과 같이 비교적 가벼우면서 부피가 좀 큰 것을 그 위에 넣는다. 그리고 양말이나 블라우스, 셔츠 등과 같이 가볍고 작은 것은 마지막에 넣고 세탁한다. 그래야만 세탁기의 균형이 잘 잡혀 깨끗하게 세탁된다.

세탁기 청소는 식초로

세탁기를 사용하다 보면 세제와 옷감 찌꺼기가 달라붙어 떨어지지 않는다. 이럴 때는 세탁기에 물을 가득 넣고 컵 한 잔 정도의 식초를 넣은 다음 공회전을 시켜 보자. 식초에는 물때 등 더러움을 없애는 효과가 있기 때문에 이것만으로도 깨끗한 세탁기를 만들 수 있다.

세탁물 담금 시간

세제를 물에 완전히 푼 다음에 세탁물을 담가야 한다. 이때 물에 세탁물을 넣은 후 세제를 풀게 되면 부분적으로 세제의 농도가 달라져 형광물질에 의한 얼룩이 지거나 부분적으로 탈색 가능성이 있다.

때가 심한 옷은 표준량의 세제를 푼 물에 1~2시간 담가둔 후 세탁하면 세척 효과가 높아진다. 너무 오래 담가두면 염색물이 빠질 우려가 있고 또 섬유의 견고성이 떨어질 수도 있으므로 2시간 이상 담가두는 것은 금물.

세제를 푼 물에 세탁물을 오래 담가두면 찌들어 오히려 때가 빠지지 않는다는 말이 있으나 이는 사실과 다르다. 세제의 성분 중에는 재부착 방지제가 들어 있어 세탁물에서 떨어진 때가 다시 세탁물에 달라붙는 것을 막아준다. 그러나 세탁비누로 비벼서 오래 담가두는 경우에는 때가 세탁물에 다시 침투, 부착될 수 있으므로 주의해야 한다.

세탁물의 양

세탁기에 빨래를 돌릴 때 세제 양에 비해 세탁물이 많으면 때가 잘 빠지지 않고, 세탁물이 적으면 의류가 손상되기 쉽다. 그렇다고 세탁물의 무게를 일일이 잴 수도 없다. 이런 어려움을 덜기 위해서는 세탁물의 대략적인 무게를 알아두는 것이 좋다. 세탁기 가까운 적당한 곳에 세탁물의 무게를 적어 붙여 놓으면 편리하면서도 경제적인 빨래를 할 수 있다(청바지 500g, 진바지 550g, 파자마 400g, 스웨터 350g, 수건 30g, 슬립 100g, 와이셔츠 200g, 팬티 100g, 기저귀 3장 210g).

세탁물 건조 요령

탈수가 끝난 세탁물은 주름을 펴서 형태를 바로잡고 곧바로 말리는 것이 중요하다. 취급하기 까다로운 의류는 옷의 디자인 등을 고려해 널 때 사용하는 기구를 나름대로 고안해 이용해 보는 것도 좋은 방법이다.

말릴 때는 햇빛에 널어 말리는 것이 살균소독 효과가 있어 바람직하다. 이때 유색 의류는 햇빛에 의해 탈색되는 수도 있으므로 뒤집어 너는 것이 좋다. 소재가 모, 견, 나일론, 폴리우레탄 등으로 구성된 의류는 햇빛에 의해 누렇게 변할 수도 있고 강도가 약해지므로 반드시 그늘에 널어야 한다. 스웨터 등의 니트 종류는 바람이 잘 통하는 곳에서 말려야 형태를 망가뜨리지 않고 깨끗이 마무리된다.

세탁물 건조에서 가장 중요한 것은 의류에 표시되어 있는 건조 방법대로 건조시키는 것이다.

세탁소 비닐 커버는 벗겨내야

세탁소에서 드라이클리닝을 해서 비닐 커버를 씌워 가지고 온 의류를 그대로 옷장 속에 넣어두면 안 좋다. 아직 증기가 완전히 빠져나가지 않은 경우가 많기 때문이다. 따라서 세탁소에서 의류를 찾아오면 반드시 비닐을 벗긴 다음 통풍이 잘 되는 그늘에서 완전히 건조시켜 옷장에 넣어두도록 한다.

세탁수의 온도는

보통 세탁수의 온도가 높을수록 세척력은 커진다. 특히 효소나 산소계 표백제가 들어 있는 세제인 경우에는 30~40℃ 정도의 세탁수로 세탁하면 찬물에 비해 세척력이 훨씬 높아진다.

물의 온도가 높을수록 세척력이 커지는 것이 일반적이지만 피, 우유 등이 묻은 의류는 단백질 변성에 의해 오히려 오염이 심해진다. 또한 고온 세탁시에는 섬유의 종류, 가공 상태, 봉제 상태에 따라 수축·변형·탈색 등이 생길 수 있으므로, 세탁수의 온도는 40℃ 이하로 하는 것이 바람직하다

세탁 시간은

일반적으로 세탁기의 물살이 세어지거나 세탁 시간이 길어지면 세척력도 커지지만 어느 정도 수준에 이르면 증가폭이 현저히 줄어든다. 즉 때가 빠지는 정도보다 옷감 손상의 정도가 더 커진다. 그러므로 일반 의류는 6~7분 정도 세탁하는 것이 효율적이

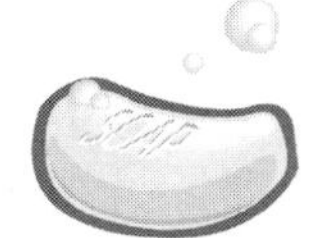

다. 부드러운 옷감일수록 물살은 약하게, 세탁 시간은 짧게 하는 것이 바람직하다. 때가 찌든 옷이라도 10분 이상 세탁하지 않는 것이 좋다.

세탁용품 제대로 활용하기

1) 약 알칼리성 세제
고형비누나 가루비누, 물비누 등이 약 알칼리성 세제에 속한다. 단백질 등의 때를 분해시키는 효소가 배합된 세제, 이른바 콤팩트 세제라는 것도 약 알칼리성 세제이다. 세정력이 강하고 면이나 합성섬유의 의류 세탁에 좋다.

2) 중성세제

효소 세제에 비해 세정력은 떨어지지만 세탁시 섬유 조직이 상하지 않는다. 특히 알칼리에 약한 실크나 울 등의 동물성 섬유는 반드시 중성세제로 세탁해야 한다. 또한 형광제를 무배합한 것이므로 염색 의류를 세탁하는데도 좋다.

3) 염소계 표백제

주성분은 차아염소산나트륨. 표백력이 강하고 살균, 냄새 제거 효과가 있다. 단, 울이나 실크, 나일론을 소재로 한 옷에 사용하면 섬유가 변할 수 있으므로 절대 금물.

4) 산소계 표백제

주성분은 과탄산나트륨. 흰색 옷뿐만 아니라 색상이 있는 섬유 등에도 사용할 수 있다. 특히 면이나 마, 화학섬유의 살균, 냄새 제거에 좋다. 그러나 울, 실크, 가죽제품 등 물빨래를 할 수 없는 섬유는 주의해야 한다.

5) 환원형 표백제

주성분은 티오황산나트륨과 차아황산나트륨. 약국에서 판매하는 하이드로설파제가 환원형 표백제에 속한다. 물 속의 철분으로 인해 황변한 섬유를 희게 한다. 흙의 얼룩에도 효과적. 흰색 의류이면 어떤 섬유에도 사용할 수 있다.

6) 보통 타입의 유연제

의류를 부드럽게 해 촉감을 좋게 하고 정전기를 방지한다. 특히 화학섬유나 울 소재의 의류에 사용하면 효과적. 헹굼 물이 깨끗해지면 표시돼 있는 적당량을 투입하여 사용한다.

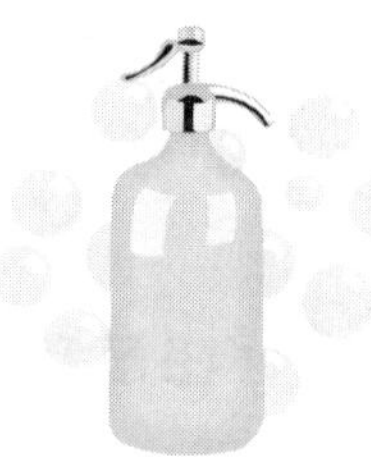

7) 흡수성이 좋은 유연제

타월이나 기저귀 등 특히 흡수성이 좋아야 하는 의류에 사용하면 좋다. 흡수 향상제를 배합해서 지금까지의 유연제보다 흡수성이 우수하다.

8) 스프레이식 풀제

천연 전분이 주성분. 풀기를 주고 싶은 칼라나 소매에 부분적으로 스프레이 한다. 원하는 강도로 조절할 수 있다.

소금으로 비누거품 제거는 물론 찌든 때도 말끔히

세탁기에 세제를 넣다 실수로 쏟아졌거나 표준량 이상을 넣었을 경우 거품이 부글부글 위로 솟아오르게 된다. 이 경우 거품도 줄이고 단시간에 세탁도 깨끗이 할 수 있는 방법은 세탁기에 소금을 한 숟가락 정도 넣어주는 것. 물 1ℓ에 소금을 큰 숟가락 하나 정도 넣고 양말이나 흰 빨래, 또는 기름때로 더러워진 옷을 빨거나 삶으면 말끔하게 때가 빠진다.

손세탁 표시 의류 제대로 세탁하려면

손세탁 표시가 있는 의류와 유행을 타는 값비싼 의류 등 취급에 주의를 요하는 제품은 손으로 빠는 것이 좋다. 취급에 주의를 요하는 의류란 세탁기 안에서 심하게 움직이면 조직이나 형태가 일그러지거나 수축되는 제품을 말한다.

견 화학섬유 등 얇은 의류와 스카프 등 부드러운 제품은 물 속에 넣어 흔들면서 세탁하는 것이 좋다.

스웨터 등 모로 된 의류, 두꺼운 의류, 주름이 생겨서는 안 될 의류는 손으로 꾹꾹 눌러 빠는 것이 효과적이다.

견이나 화학섬유로 된 블라우스 등 부드러운 천으로 만든 의류는 주물러 세탁하면 된다.

때가 많이 끼거나 질긴 옷, 염색물이 빠지지 않는 의류는 강하게 비비면서 세탁해야 때가 제대로 빠진다.

손으로 세탁할 때는 중성세제를 사용해야 하는데, 중성세제가 없을 때는 샴푸나 주방용 세제를 사용해도 된다. 세탁물을 짤 때는 두툼한 목욕 수건으로 싸서 누르든가 세탁기에 넣어 10초 정도의 짧은 시간 내에 탈수시키는 것이 좋다.

물이 빠질 우려가 있는 의류는 다른 의류와 섞지 말고 그 옷만 별도로 빠는 것이 좋다. 이때 더운물을 사용하면 탈색되기 쉬우므로 찬물에 세탁한다. 세탁과 헹굼도 짧은 시간 내에 해야 하고 탈수할 때는 충분히 물기를 빼는 것이 좋다. 물기를 완전하게 빼지 않으면 염색물이 우러나올 우려가 있기 때문이다.

두께가 얇은 합성섬유 제품은 흡수율이 낮고 건조가 빠르므로 탈수하지 않고 건져서 그대로 널어도 된다.

두꺼운 편직물과 같이 탈수하지 않고 널면 자체 무게에 의해 형태가 변형될 우려가 있는 제품은 탈수해 너는 것이 좋다.

손수건은 여러 장을 겹쳐서 다린다

손수건은 몇 장씩 겹쳐서 한 번에 다리면 편하다. 모두 겹쳐 다린 다음 한 장씩 정리하면서 주름진 곳은 다시 다린다. 손수건은 남은 열로 다리는 것이 전기료를 아끼는 방법이다.

수건을 오래 쓰려면

수건을 오래 쓰려면 빨아서 짜는 데 그 비결이 있다. 수건을 세탁해서 짤 때는 흔히 길이를 반으로 접어서 비틀어 짜게 되는데, 그렇게 하면 늘어나거나 울이 터져서 못 쓰게 되기 쉽다. 그러므로 길게 세로로 늘어뜨리지 말고, 가로로 넓게 편 것을 주름잡듯이 쥐고 짜면 비틀어도 울이 상하지 않아 오래 쓸 수 있다.

수 장식이 있는 세탁물은 양초를 칠한다

식탁보나 매트에 놓인 수 장식은 자주 빨게 되면 엉망이 되어 버린다. 수 놓인 부분에 양초를 칠하고 세탁하는 것이 요령이다.

스웨터가 늘어났을 때는

목덜미 부분이나 소매가 늘어난 스웨터는 손가락 끝으로 밀어 수축시키듯이 하면서 스팀 다림질을 하면 대개는 원래대로 되돌아온다.

 ## 스웨터가 오그라들었을 때는

세탁을 잘못해서 스웨터가 오그라들었을 때는 암모니아수를 이용하여 원상으로 회복시킬 수 있다. 미지근한 물 4ℓ에 암모니아를 반 홉 정도 넣어 휘저은 다음 스웨터를 담가 헹군다. 털실이 보드라워지면 가볍게 잡아당겨 늘려준 다음 타월에 싸서 물기를 빼고 편편한 곳에 넣어 그늘에 말린다. 어느 정도 마른 다음 가볍게 당기면서 다림질을 하면 정상 회복이 가능해진다.

 ## 스웨터를 고를 때

좋은 질의 스웨터를 고르려면 우선 스웨터를 들어서 밝은 곳을 향해 비쳐본다. 그렇게 하면 스웨터 홈이 있어 구멍이 뚫린 곳을 쉽게 찾아낼 수 있다. 다음엔 목이나 어깨, 허리 부분을 잡아당겨 보아서 바느질이 고르고 튼튼하게 되었는가를 살펴본다. 또 스웨터는 신축성이 좋아야 하는데, 눈으로만 보아서는 잘 알 수가 없으므로 반드시 팔목, 어깨, 그리고 목 부분을 잡아당겨 보아서 잘 늘어나고 원상 회복이 빠른 것일수록 좋다.

 ## 스웨터의 윤기를 살리려면

편물 옷을 자주 세탁하면 편물 특유의 윤기가 없어지게 된다. 따라서 스웨터를 세탁한 뒤 마지막 헹구는 물에 올리브유나 식초를 한 스푼 정도 섞어서 잘 저은 다음에 헹구어내면 윤택이 살고 촉감도 부드러워져서 좋다. 순모로 된 스웨터는 샴푸로 빨면 질감이 되살아나고 옷감도 상하지 않는다.

 ## 스커트나 바지가 달라붙을 때

스커트나 바지 등이 몸에 달라붙거나 정전기가 일 때는 정전기 방지제를

쓰는 것이 좋다. 하지만 외출 중에 이런 일이 생기면 낭패가 아닐 수 없다. 이때는 갖고 있는 로션이나 핸드 크림 등을 이용하면 된다. 듬뿍 묻혀 다리에 발라주면 정전기 방지 효과와 함께 다리 손질에도 도움이 되는 일석이조의 효과를 볼 수 있다.

스타킹을 오래 신는 방법

스타킹이 올이 나가지 않게 하려면 신을 때 먼저 발가락이 닿는 부분까지 스타킹을 손으로 말아 발을 집어넣은 후 발목부터 조직이 고르게 당겨지도록 충분히 당겨 가면서 신는다.

스타킹을 빨 때는 염소계 표백제를 쓰지 말고 세숫비누를 묻혀 손으로 살살 주물러 빨아 준다. 그리고 마지막 헹구는 물에 식초를 한 방울 떨어뜨려 주면 스타킹의 올이 탱탱해져 새 스타킹처럼 탄력 있게 오래 신을 수 있다.

좀 번거롭긴 해도 더 좋은 방법은, 커피병같이 큼직한 빈 병을 마련해 미지근한 물을 반쯤 넣고 가루비누를 풀어서 스타킹을 담근 후 마개를 덮고 흔들어 빨고 마지막으로 헹굴 때 식초를 몇 방울 탄 더운물에다 헹구어 말리면 올이 풀리지 않는다.

또한 여러 켤레의 스타킹을 빨 때는 손에다 여러 켤레의 스타킹을 끼어서 겹치게 한 다음 살살 비벼 빨면 편리하다. 스타킹을 널 때는 그 속에다 동전을 한 개씩 넣어두면 바람에 날리지 않아 좋다.

신발 고르기

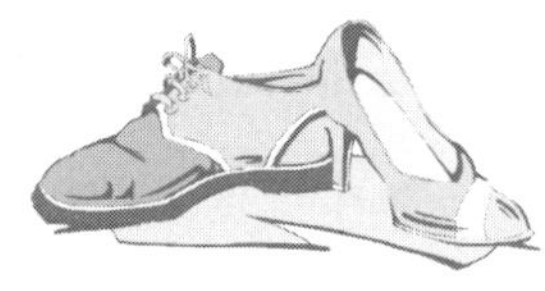

■ **크기** : 신발 속에서 발가락을 움직일 수 있어야 한다. 죄는 감이 없고 닿는 감촉만 있어야 한다. 엄지발가락을 기준으로 1~1.3cm 공간이 있어야 한다. 발을 앞으로 바짝 당겼을 때 뒤꿈치에 새끼손가락을 넣을 수 있을 정도가 좋다. 아침보다는 저녁에 신어 보고 산다. 저녁때 발이 아침보다 커진다. 붓기도 한다. 두 발의 크기가 다른 경우는 큰 발에 맞는 신발을 선택하고 작은 신발에 패드나 보호재를 사용한다.

뒤꿈치의 높이는 2~2.5cm가 적당하다. 걷기용은 1.3~1.9cm이다. 부득이 하이힐을 살 경우에는 굽이 너무 뒤로 쏠리지 않았는지, 굽바닥이 지면과 잘 맞닿았는지를 살펴야 한다. 복사뼈가 신발 윗부분의 테두리에 닿지 않아야 한다.

재료 : 위 덮개부는 공기가 잘 통하는 재료가 좋다. 비닐보다는 가죽이 공기가 더 잘 통한다. 바닥은 발바닥이 미끄러지지 않아야 한다. 발바닥이 움직이면 걷는 데 힘이 많이 들고, 따라서 쉽게 피곤해진다. 신발은 무게가 가벼울수록 좋다.

쿠션 : 걸음을 걸을 때 발뼈, 신경, 근육에 충격을 줄일 수 있는 쿠션이 필요하다. 발바닥 오목 부분, 엄지발가락 부분, 뒤꿈치에 쿠션이 좋아야 한다.

연성 : 구두는 손에 들고 신발 끝 부분을 위에서 누르면 거의 90℃ 정도 구부러지는 것이 좋다.

피해야 할 신발 : 뒤축의 높이가 3cm 이상인 신발은 피한다. 몸의 무게가 90% 이상 발끝에 걸리므로 균형을 유지하기 위해 힘이 많이 든다. 티눈 등 이상이 오고 발가락이 휜다.
끝이 뾰쪽한 구두는 발가락 끝을 짓눌러서 티눈, 압박종이 생기기도 하고 발톱을 안으로 자라도록 힘을 주므로 기형 발가락이 된다. 편평한 신발은 발바닥 오목부와 아킬레스건에 이상이 생기게 한다. 발이 편평해질 뿐만 아니라 통증을 준다. 두꺼운 창의 신발은 발목의 회전을 돕지 못하여 근육을 확장시키거나 발목을 삐거나 골절시키는 요인이 된다. 너무 헐거운 신발은 중심 잡기가 힘들고 미끄럼이 많다. 근육이 긴장되기도 하고 확장되어 발목도 삐기 쉽다.

 신발 세탁은 이렇게

- 끈 등을 풀고 브러시로 표면에 묻은 오물을 털어낸다. 세탁용 중성세제의 엷은 액에 담가 전체를 완전히 적신다.
- 브러시로 문질러서 겉의 기름때나 오염을 없앤다. 가죽 부분을 문지를 때는 부드러운 돼지털 브러시를 사용하는 것이 좋다.

- 안쪽의 세밀한 곳은 집에서 쓰던 낡은 칫솔로, 넓은 부분은 수세미로 주의 깊게 문지른다.
- 대야에 물을 가득 붓고 양쪽 신발을 함께 넣어 손으로 눌러주면서 헹군다. 세제액이 완전히 빠질 때까지 여러 번 물로 헹궈낸다.
- 낡은 타월 등 물기를 잘 빨아들이는 천으로 신발 안팎의 물기를 닦아낸다. 물기를 잘 빨아들여야 말리는 시간이 짧아진다.
- 신문지를 뭉쳐서 인쇄가 묻어나지 않도록 빳빳한 종이로 겉을 싼 것을 속에 채워 형태가 변하지 않게끔 그늘에서 말린다.

신발 속 냄새는 냉장고용 탈취제로

유난히 발냄새가 많이 나는 사람이 있다. 이런 사람은 체질적인 요인보다는 신발, 특히 구두가 문제인 경우가 많다. 즉 구두는 운동화처럼 빨아 신을 수가 없기 때문에 한 번 밴 냄새는 쉽사리 사라지지 않는다. 이때에는 냉장고용 탈취제를 신발 속에 조금 넣어 보자. 감쪽같이 냄새가 없어질 것이다. 한 번 쓴 탈취제는 버리지 말고 보관했다가 다시 써도 효과가 있다.

탈취제가 없을 때는 레몬 조각 하나를 넣어두어도 다음날 신발 속 냄새 없이 상큼하게 신을 수 있다. 숯을 넣어도 효과가 있다.

신발장 냄새 없애려면

신발장 안의 퀴퀴한 냄새는 신발에 잡균이 있기 때문. 이럴 때는 커피 찌꺼기를 헌 양말에 담아서 신발 속에 넣어두면 곰팡이와 냄새, 습기를 동시에 제거할 수 있다.

실리카겔 재활용 법

담홍색으로 변한 실리카겔을 프라이팬에 넣어 약한 불로 데우면 흡수한 습기가 날아가 원상태가 된다. 이 방법으로 몇 번이고 재활용이 가능하다. 가공 김 등에 들어 있는 실리카겔을 모아서 옷장에 넣으면 훌륭한 방습제가 된다.

실크 옷의 변색은 우유로 예방

하얀 실크 블라우스나 스카프의 경우, 세탁을 잘못하게 되면 누렇게 변색되기가 쉬운데, 이를 예방하는 방법이 있다. 세탁하기 전에 잠시 실크 옷을 우유에 담가두면 변색을 방지할 수 있다. 또 헹굼 물에 우유를 조금 넣어 헹궈도 똑같은 효과가 있다.

아주 심한 기름때는 백반액으로

부엌일을 할 때 두르는 앞치마는 음식을 요리할 때 기름 등이 묻어 쉽게 더러워질 수 있고, 이렇게 더러워진 얼룩은 아무리 빨아도 좀처럼 지워지지 않는다. 이럴 때는 팔팔 끓는 물 200cc에 백반 5큰술의 비율로 타서 그 속에 앞치마를 담갔다가 꺼내어 그늘에서 말리면 깨끗이 빠진다.

앙고라 털이 자꾸 빠질 때는

겨울이면 폭신폭신한 앙고라 옷이나 장갑이 좋긴 하지만 털이 자꾸 빠져 곤란할 때가 많다. 이럴 때는 비닐주머니에 넣어 3~4일 정도 냉장고에 넣어두면 털이 잘 빠지지 않는다.

액세서리 종류별 손질법

- **다이아몬드** : 더운물에 중성세제를 묻힌 제품을 5분 정도 넣어 때를 불린 다음 부드러운 칫솔을 이용해 때를 벗긴 후 흐르는 물에서 깨끗이 닦아내고 부드러운 천이나 세무 조각 등으로 닦으면 광채가 난다.

- **사파이어** : 루비나 사파이어는 다이아몬드 다음으로 경도가 높은 강한 보석으로 비교적 흠이 쉽게 생기지 않으나 역시 잘 관리해야 한다. 세척은 중성세제를 탄 35℃ 정도의 온수에 담갔다가 부드러운 칫솔로 가볍게 터는 것처럼 문질러서 때를 뺀 후 부드러운 천으로 물기를 닦아준다. 때가 많이 끼었으면 보석상에 가서 초음파 세척을 하면 깨끗해진다.

루비 : 주기적으로 세척과 세팅을 확인하며 세척시 소량의 중성세제를 녹인 물에 담그고 칫솔로 가볍게 터는 것처럼 문질러 때를 제거한 후 물에 잘 헹군 후 부드러운 천으로 물기를 잘 닦아준다.

에메랄드 : 에메랄드는 인성이 약하고 내포물을 함유하고 있어 떨어뜨리거나 다른 물체에 충격을 받는 경우 깨질 수 있으므로 각별한 주의를 요한다. 부드러운 칫솔이나 붓끝에 세제를 묻혀 닦은 다음 미지근한 물로 잘 헹구고 부드러운 천으로 물기를 잘 닦아주며, 초음파 세척은 절대 금한다.

금 : 미지근한 물에 세제나 비누를 풀어 거품을 많이 만든다. 금제품을 비눗물에 담근 다음 부드러운 칫솔을 사용해 여러 번 문지른다. 깨끗한 물로 헹구어내고 부드러운 천으로 물기를 닦아낸다. 또는 우유를 미지근하게 데우고 우유 안에 금제품을 10분간 담가둔다. 꺼내서 물로 헹군 다음 부드러운 천으로 닦으면 금 본래의 반짝이는 빛을 되찾을 수 있다.

보석이 박힌 금 액세서리는 알코올을 이용해 더러움을 닦아낸다. 몇 분간 알코올에 적신 후 부드러운 칫솔로 문지른다. 문지를 때 보석의 안쪽에서 바깥쪽으로 문질러 주어야 효과를 볼 수 있다.

은 : 은 액세서리는 시간이 지남이 따라 검게 변하기 쉽다. 은제품 본래의 색을 되찾고자 한다면 치약을 이용한다. 미지근한 물에 치약을 되직하게 풀고 은제품을 몇 분간 담근 다음 칫솔로 여러 번 문지른다. 치약을 그대로 사용해도 되지만 문양이 있는 제품이라면 문양 사이로 치약이 낄 수 있으므로 주의한다. 닦은 은제품의 색이 쉽게 변하는 것을 방지하려면 레몬즙을 이용한다. 레몬 조각으로 은제품을 여러 번 문지른 후 물로 헹구고 부드러운 천으로 잘 닦아낸다.

진주 : 진주는 섬세함을 요하는 보석이므로 주의 깊게 다루어야 한다.

진주를 착용하기 전에 화장이나 머리손질, 향수 뿌리기 등을 완료하는 것이 좋으며, 착용 후에는 순한 비눗물로 세척해 두는 것이 좋다. 이렇게 하면 땀, 향수, 헤어스프레이 등 진주에 묻은 이물질이 제거된다. 착용하지 않을 때는 부드러운 가죽 가방에 넣거나 티슈로 잘 싸서 보관하여야 한다.

상아 : 상아는 쉽게 때가 타는 편이므로 자주 닦아주어야 한다. 치약을 칫솔에 묻혀 문지르면 상아 본래의 색을 되찾을 수 있다. 상아가 누렇게 변색되는 것을 방지하기 위해서는 솜에 묻혀 10번 정도 문질러 준다.

얇은 옷에 액세서리를 달 때

액세서리를 이용하면 색다른 개성을 연출할 수 있지만 액세서리 구멍이 골칫거리. 아무리 질긴 천이라도 같은 장소에 여러 번 꽂으면 천도 상하고 섬유두 약해지게 마련이다. 따라서 때마다 위치를 비꿔이 달든가 브로치 안쪽에 두터운 종이를 대고 달아야 천이 상하지 않는다.

얇은 천에 단추를 달 때는

편물이나 기타 얇은 천으로 된 옷에 달아놓은 단추가 곧 잘 떨어지거나 단추를 단 부분이 상하기도 해서 애를 먹는 경우가 있다. 이런 류의 옷에 단추를 달 때는 달기 시작한 때 와 끝맺을 때 미리 실을 좀 여유 있게 남겨서 이것을 서로 묶어두면 단추 가 잘 떨어지지도 않고, 또 천이 상할 염려도 적다.

양말은 같은 색으로 산다

변화를 주기 위해 양말을 여러 가지로 구입하는 사람이 있다. 그러나 이 것은 절약이라는 측면에서는 바람직하지 않다. 왜냐하면 양말은 어느 한쪽 만 떨어져 다른 쪽마저 쓰지 못하는 경우가 많기 때문이다. 따라서 양말이 나 스타킹을 살 때는 같은 것으로 사는 것이 경제적이다.

양복을 걸 때는 깃을 세운다

양복을 옷걸이에 걸 때 그대로 걸어두는 경우가 많은데 이때는 옷깃을 세워서 걸어두는 것이 좋다. 왜냐하면 아무리 깨끗한 방안이나 장롱 속이라도 언제나 먼지가 떠다니기 때문에 그냥 걸어두면 자연히 먼지가 앉게 된다. 그런 일이 반복되면 때가 타고 색이 바래져서 깃이 상하게 된다.

양복의 적당한 길이는

양복의 상의 길이는 엄지의 제1관절, 소매 길이는 손등을 위로 구부렸을 때 손등에 닿을 정도가 적당하다. 바지 길이는 서 있을 때 단이 구두 등에 스치는 정도가 좋다.

양복이 번들거릴 때

양복은 헝겊을 대고 조심스럽게 다리미로 다려도 자칫하면 번들번들하게 광택이 나게 된다. 이럴 때는 식초를 두 배 물로 희석하여 타월에 묻혀 닦아 낸 다음 다시 한 번 다림질한다. 또 오래 입어서 엉덩이나 팔꿈치 부분이 번들번들해지면 우선 솔을 섬유 결 반대 방향으로 쓸어올려 올을 제대로 세워 주는 게 좋다. 올을 세운 다음에는 물 한 컵에 암모니아 한 숟가락 정도 탄 액체를 분무기로 뿜어 주고 헝겊을 대어 다림질을 한다. 이때에 모직에는 얇은 모직을 대고 다리는 등 그 옷과 같은 종류의 천을 대고 다리면 좋다.

양복 주름은 욕실에서

여행용 트렁크에서 꺼낸 양복이 주름투성이일 땐 욕조의 따뜻한 물을 그대로 둔 채 양복을 옷걸이에 걸어두면 된다. 욕실의 수증기가 주름을 말끔히 제거해 준다.

 ## 얼굴형에 어울리는 칼라 선택법

얼굴형에 따라 어울리는 칼라도 각기 다르게 마련이다. 자신의 얼굴형에 어울리는 칼라를 알아두면 블라우스나 재킷을 입을 때 도움이 된다.

■ **둥근 얼굴형** : 얼굴이 둥근 사람은 명랑해 보이기도 하고 귀여워 보이기도 하지만, 얼굴이 커서 보름달처럼 보일 수가 있다. 얼굴이 큰 사람은 V자형으로 네크라인을 파서 상의를 입거나 하이네크 스타일, 또는 사각으로 파진 스타일로 입는 것이 어울린다.

■ **긴 얼굴형** : 얼굴이 긴 사람은 한국 여성으로 가장 이상적인 얼굴형이라고 할 수 있다. 고전적인 느낌이 드는 스타일인데, 어떠한 스타일의 옷도 무난히 소화해낼 수 있지만 얼굴을 짧게 보이게 하기 위해 목의 디자인을 올린 롱칼라 스타일을 입으면 더욱 세련돼 보인다.

■ **삼각 얼굴형** : 역삼각형의 얼굴을 가지고 있는 여성은 이마 부분이 넓은 편이다. 샤프해 보이는 반면에 깍쟁이 같은 인상을 주므로 칼라 디자인을 둥글고 여성스럽게 디자인해서 입어야 한다. 그러나 얼굴형이 삼각형인 사람은 목 부분을 시원하게 파서 입는 것이 좋다.

■ **사각 얼굴형** : 사각형인 사람은 외국에서는 미인형으로 치지만 우리 나라에서는 완고해 보이고 딱딱한 느낌이 든다고 해서 그리 좋아하지 않은 편이다. 여성스럽고 부드러운 디자인의 옷을 입도록 하며, 목을 많이 파서 입는 것도 좋다. 단, 사각으로 목이 파진 디자인은 금물이다.

 ## 얼룩 생긴 흰색 천은

달걀 껍데기는 흰색 천을 깨끗하게 하는 표백효과가 있다. 누렇게 되거나 얼룩이 묻은 행주, 냅킨, 손수건 등을 달걀 껍데기와 함께 삶은 뒤에 물로 깨끗이 헹구어 주면 본래의 흰색을 되찾는다.

얼룩을 뺀 다음의 다림질

약품을 사용해 얼룩을 제거한 옷은 금방 다림질하면 약품이 얼룩으로 변해 버리게 된다. 그러므로 얼룩을 뺀 다음에는 잘 말리고 나서 다림질을 하든가, 아니면 물로 빨아 말린 다음에 다림질을 하는 것이 좋다.

얼룩 제거 기본 상식 5

옷에 얼룩을 묻혔을 때 약간의 상식만 있으면 웬만한 얼룩은 집에서도 금방 처리할 수 있다.

① 얼룩빼기의 첫째 요령은 그 즉시 신속하게 해결하는 것이다. 시간이 오래 지체될수록 얼룩은 굳어져 지우기가 쉽지 않다.

② 얼룩이 주위로 번지지 않도록 바닥에 타월 등을 깐 다음 바깥쪽에서 안쪽으로 두드리거나 문지르도록 한다.

③ 약물을 사용할 때는 먼저 눈에 띄지 않는 부분에 일차 시험해 볼 것. 약물의 종류에 따라 옷감이 변색될 염려를 방지할 수 없기 때문이다.

④ 약물을 이용해서 얼룩을 뺀 후에는 옷에 남아 있는 약 기운을 물수건 등으로 완전히 빼준다.

⑤ 어떻게 해서 생긴 얼룩인지 몰라서 분별이 잘 안 되는 경우에는 벤젠-알코올-물-세제액-암모니아수-식초-표백제의 순서로 시험해 본다.

얼룩 제거는 왜 흐린 날이 좋은가?

맑은 날보다 흐린 날은 약물이나 수분의 증발이 완만하게 이뤄진다. 때문에 얼룩을 뺄 때는 흐린 날이 좋다.

얼룩 제거에 주로 사용하는 약제들

① 벤젠은 주로 유성 얼룩을 제거하는 데 사용하며 대개 모든 섬유에 대해 안전한 편이므로 안심하고 사용이 가능하다.

② 에탄올은 소독용 알코올을 말하는데, 술 종류나 향수, 립스틱, 잉크 등 색소가 있는 얼룩 제거에 효과적이다. 곰팡이

　제거에도 효과가 있다.
③ 암모니아는 음식으로 인한 얼룩에 효과가 탁월하다. 과즙이나 차, 간장 등의 얼룩 제거용으로 많이 쓴다. 냄새 때문에 얼룩을 지운 후에는 완전히 그 성분을 제거해야 하는 게 다소 번거롭다.
④ 옥시풀은 표백효과가 있으므로 하얀 옷감 등에 적당하다. 그러나 사용 후 누렇게 될 때도 있으므로 충분히 헹구어야 한다는 사실에 주의해야 한다.

종류별 얼룩 제거법

1) 음식물

- **카레 국물** : 비눗물로 닦아낸 다음 벤젠으로 두드리듯 닦아낸다.
- **김칫국물** : 김칫국물을 제거하는 방법은 의외로 간단하다. 얼룩 안팎에 양파즙을 바르고 하루 정도 지난 뒤 물로 씻어내기만 하면 된다.
- **버터** : 비눗물로 닦아내고 기름기가 남아 있는 부분을 두드리듯 닦아낸다.
- **우유** : 반드시 찬물에 즉시 빨아야 한다. 비벼 빨아도 지워지지 않을 경우에는 효소 세제를 섭씨 40℃의 미지근한 물에 풀어 한 시간 정도 담근 후 물로 헹군다. 또는 무즙으로 문지르거나 소금물에 담갔다가 뺀다.
- **옷에 달라붙은 껌** : 위에 신문지를 깔고 다림질을 해보자. 그러면 껌이 신문지로 모두 묻어나 간단히 제거된다. 또 한 가지 방법은 껌이 묻은 자국의 안쪽에 얼음을 대고 냉각시켜 딱딱하게 굳혀서 떼어낸다. 그리고 나서 남은 자국은 시너에 담가 손가락 끝으로 비벼서 떼어내면 된다. 단, 아세테이트일 경우에는 벤젠을 사용한다.
- **초콜릿** : 젖은 타월로 닦아낸 다음 벤젠을 묻혀 두드리듯 닦아낸다. 문지르면 얼룩이 번지므로 절대 안 된다. 그런 다음 중성세제로 빤다.
- **계란** : 알코올을 흠뻑 적신 가제로 두드리며 닦아낸 후 비눗물로 씻는다.
- **녹아 붙은 엿** : 젖은 타월을 얹고 다림질을 한다. 뜨거운 물로 제거한다. 또는 자른 무의 단면으로 닦는다.
- **간장, 소스, 식초** : 소금물을 칫솔 등에 묻혀 두드리고 30분가량 두었다

가 설탕물로 동일하게 처치한 후 중성세제로 빤다. 얼룩진 곳에 무즙을 올려놓았다가 몇 분 후에 물수건으로 두드려 닦아내도 얼룩이 제거된다. 얼룩이 심할 때는 먼저 에탄올 2~3%를 물에 탄 뒤 분무기로 뿌리고 솔로 두드린다. 이어 분무기로 물을 뿜고 타월로 수분을 제거한다(2~3차례 반복). 중성세제로 빤 뒤 헹군다.

- **케첩** : 물수건으로 대강 털어내고 식초로 닦아낸 다음 물로 헹군다.
- **감물** : 연한 소금물에 몇 분간 담갔다가 물로 빤 다음 진하게 탄 식초액 속에 담근 후 물로 헹군다.
- **참기름, 들기름** : 벤젠으로 두드리듯 닦아내고 물수건으로 마무리한다. 만일 돗자리나 카펫에 기름 얼룩이 졌을 때는 잘 건조된 밀가루나 중탄산소다를 얼룩진 곳에 수북이 쌓아두었다가 하룻밤쯤 지난 뒤에 떨어내고 물걸레로 닦아내면 된다.
- **과즙** : 식초물에 담가 얼룩 부위를 두드리거나 중성세제를 푼 물에 두들겨 빤 다음 물로 헹군다. 2~3% 농도의 에탄올을 바르고 솔로 두드리기를 두 차례 반복한 다음 중성세제로 빠는 것도 한 방법이다.

2) 음료 및 빙과류

- **아이스크림** : 아이스크림의 주성분은 단백질, 지방, 당분, 전분질, 색소 등으로 이루어져 있다. 이 가운데 지방은 벤젠으로 지울 수 있지만 다른 성분은 남게 되므로, 그 후 다시 중성세제로 닦아내고 미지근한 물로 헹궈야 한다.
- **사이다, 콜라, 주스** : 연한 소금물에 적신 가제로 두드리면 된다. 오래된 얼룩은 중성세제를 이용해서 뺀다.
- **홍차, 커피** : 곧바로 더운물에 적신 휴지로 얼룩을 살짝 눌러준다. 또는 탄산수를 적신 가제로 두드린 후 얼룩이 빠지면 뜨거운 물수건으로 완전히 닦아낸다. 시간이 지나 얼룩이 진 옷은 중성세제를 푼 물에 담가 두드려서 얼룩을 뺀다. 또 2~3%의 에탄올을 뿌리고 솔로 두드린 뒤 중성세제로 빨아 헹궈도 된다.
- **술, 맥주** : 곧바로 담배연기를 뿜거나 물을 적신 수건으로 닦는다. 조금 오래된 얼룩은 알코올:식초:물(1:1:8)의 혼합액에 담가 빤 후 헹군다.
- **포도주** : 얼룩진 부분에 1% 정도의 에탄올을 뿌리고 솔로 가볍게 두드린 다음 얼룩진 부분이 적당히 물을 머금을 만큼 분무기로 물을 뿌

린다. 그런 다음 마른 타월로 두드리면서 얼룩을 빼고 중성세제로 빨면 된다. 또 중성세제나 소금물에 담갔다 빨아도 된다. 색소가 남아 있으면 과산화수소로 표백 처리를 해준다. 탈색 우려가 있는 실크, 모직은 표백 처리를 하면 안 된다.

- **녹아 버린 사탕** : 헝겊에 싼 무즙이나 무 자른 것으로 두드리면 쉽게 없어진다. 다소 시간이 걸린다.

3) 기름 얼룩

- **유화물감** : 간간한 소금물에 물감이 묻은 부분을 잠시 담갔다가 물로 빤 다음 식초물에 다시 담근다. 맑은 물로 헹군 후 더운물로 비누칠을 해서 빤다.
- **그림물감** : 물감이 묻은 곳을 소금물에 잠시 담가두었다가 물로 헹군 다음 식초물에 다시 한 번 담근다. 그래도 얼룩이 남았으면 더운물로 비누칠을 해서 뺀다. 다른 방법으로는 2~3%의 에탄올을 바르고 솔로 두드린 다음 중성세제에 담가 두드려 빼는 방법도 있다.
- **크레파스** : 흰 종이를 얼룩 부위의 아래위에 대고 다림질을 한다. 마무리는 비눗물로 깨끗이 손질한다.
- **잉크(청색, 검정색)** : 수산 50배 액을 묻혀두었다가 물수건으로 닦아낸다.
- **빨간 잉크** : 옥시풀 30배 액으로 닦은 후 비눗물로 씻어낸다.
- **볼펜** : 알코올이나 시너를 가제에 묻혀 두드리듯 닦아내고 세제를 20배 묽게 한 미지근한 물로 세탁하면 말끔히 제거할 수 있다. 단, 시너를 아세테이트 등의 합성섬유에 사용하면 섬유가 손상되므로 주의할 것. 물파스를 얼룩에 발라두어도 물파스가 휘발되면서 볼펜 자국이 함께 날아간다.
- **사인펜** : 가제에 시너나 사염화탄소를 묻혀 톡톡 두드리거나 합성세제를 미지근한 물에 넣고 비벼서 빨면 잘 빠진다.
- **먹물** : 밥풀에 가루비누를 섞어 이겨서 얼룩진 부분에 문질러 두었다가 마르기 시작하면 물로 비벼 빤다.
- **석유** : 휘발유로 기름기를 제거하고 비눗물로 씻는다.
- **식용유** : 벤젠으로 두드리듯 닦고 물수건으로 닦아낸다. 심한 경우 얼룩 부문에 벤젠을 뿌리고 화장지를 몇 장 겹쳐 옷의 겉과 안쪽에 놓은

뒤 다림질을 해 유지분을 빨아낸다. 이렇게 두 차례 정도 반복한 다음 미지근한 물에 중성세제를 풀어 두들겨 빤 뒤 마지막으로 미지근한 물에 헹군다.

- **기계 기름** : 휘발유를 묻혀 비비면 빠진다. 주변의 얼룩은 비눗물로 없앤다.
- **페인트** : 휘발유로도 지워지지 않으면 가루비누에 양파즙을 섞어서 얼룩에 대고 문지른다. 또는 가성소다 2백 배 액에 담갔다가 물로 씻는다. 닦아도 된다.
- **구두약** : 벤젠을 뿌린 뒤 솔로 두드린다. 잠시 후 다시 벤젠을 뿌린 다음 2~3차례 작은 솔이나 칫솔 등으로 두드린다. 중성제세에 빨아 헹군다.

4) 화장품

- **립스틱** : 얼룩 부위에 버터를 조금 바른 뒤 손으로 가볍게 문지른다. 남은 얼룩은 알코올을 묻혀 살살 두드린다. 또는 벤젠을 얼룩 부위에 분무기로 뿌린다. 비비면 천이 상하기 때문에 솔로 가볍게 두드린다. 중성세제로 빤 다음 헹군다.
- **파운데이션** : 벤젠, 휘발유, 올리브유 등을 가제에 적셔 가볍게 두드리듯 닦아내고 비눗물로 마무리한다.
- **매니큐어** : 매니큐어 얼룩은 아세톤으로 닦으면 되지만 나일론이나 아세테이트로 된 옷은 아세톤을 쓰면 천이 녹으므로 써서는 안 된다. 대신 시너로 두드린 다음 물수건으로 닦아낸다.

5) 기타 얼룩

- **곰팡이** : 솔로 잘 털어낸 후 남은 얼룩을 표백한다. 면직이나 마직은 차아염소산소다로, 견직이나 모직은 5%의 과망간산칼륨을 얼룩 위에 바르고 잠시 놓아두었다가 식초를 칠해서 타월로 닦아낸다.
- **녹물** : 레몬 조각으로 문지른 다음 깨끗한 물로 헹구어 준다.
- **촛농** : 초를 긁어낸 다음 안팎에 종이를 대고 다리미로 다린다. 남는 것은 휘발유로 마무리한다.
- **흙물** : 우선 솔로 진흙을 깨끗이 떨어낸 다음, 감자를 반으로 잘라 그 단면으로 더럽혀진 자리를 문질러 주고 나서 세탁하면 깨끗해진다. 물

세탁을 할 수 없는 옷에 흙탕물이 묻었을 때는 우선 헤어 드라이어로 그곳을 완전히 말린 다음, 청소기로 빨아들여 흙자국을 제거한다. 그리고 나서 젖은 타월이나 양복 솔을 이용하여 두드리듯이 닦아주면 깨끗해진다.

- **풀물** : 먼저 비눗물로 세탁한 다음 얼룩 부위에 알코올이나 암모니아수를 묻힌 다음 가제로 가볍게 두드린다.
- **땀** : 얼룩이 생겼을 때 바로 비눗물로 씻어내면 되지만, 오래된 경우는 수산 1/2스푼을 20cc 더운물에 풀어 씻어낸 후 2, 3분 후에 물에 헹군다. 양복의 깃에 생긴 얼룩은 벤젠을 타월에 뿌려 비비면 빠진다.
- **피** : 즉시 찬물로(피는 더운물로 빨면 혈액 속의 단백질이 응고돼 얼룩이 잘 빠지지 않는다) 빨면 얼룩이 지워진다. 중성세제 액이나 소금물에 담갔다가 빨아도 얼룩이 빠진다. 그래도 잘 빠지지 않을 때는 1% 농도의 에탄올을 뿌리고 솔로 두드린 뒤 물을 뿜고 마른 타월로 3~4차례 두드린다. 중성세제로 빨아 헹군 후에도 색소가 남아 있으면 과산화수소로 표백한다(실크나 모직은 절대 과산화수소로 표백하면 안 된다). 오래 방치된 얼룩이라면 무즙을 이용한다. 무즙을 가제에 싸서 부드럽게 두드리면 얼룩이 쉽게 제거된다. 무에는 혈액을 분해해 주는 지아스타제라는 효소가 들어 있기 때문이다.

여름 빨래는 밤에 널지 않는다

여름에 실외에 빨래를 널 때는 반드시 아침에 널어야 한다. 밤에 널어두면 하루살이 등 벌레가 달라붙게 되고, 매연 등으로 나빠진 대기 공기가 아침이슬과 함께 옷에 묻을 수 있기 때문이다. 따라서 빨래를 밤에 빨았다 하더라도 물을 짜서 개어 두었다가 다음날 아침에 너는 것이 좋다.

여름 소품 손질법

선글라스 : 선글라스에 묻은 땀이나 화장품을 그대로 둔 채 보관하면 탈

색의 원인이 되므로 세안용 비누로 거품을 내어 살살 닦는다. 비눗기가 전혀 남지 않도록 잘 헹궈낸 다음, 그대로 말려 케이스에 보관한다.

▪ **양산** : 여름내 사용한 양산은 먼지를 털어낸 다음 더러움이 많이 낀 곳은 중성세제를 묻힌 솔로 가볍게 문지른다. 그런 다음 깨끗한 물로 닦아내 얼룩이 생기지 않도록 주의한다. 우산 역시 같은 방법으로 씻어낸 다음 녹이 슨 우산 살 부분은 더운물에 묽게 탄 수산으로 닦아 녹을 제거하고 기름(재봉틀용)을 발라 보관한다.

▪ **밀짚모자** : 여름에 즐겨 쓰는 밀짚모자는 옅은 비눗물에 살살 흔들어 빤 다음 샤워기로 물을 뿜어 틈새에 낀 먼지, 비눗기를 말끔히 없앤다. 이렇게 손질한 모자는 보관시 빳빳한 도화지를 잘라 모자 속 둘레에 넣어주면 모양이 일그러지지 않는다.

▪ **구두** : 여름내 신었던 구두는 깨끗이 먼지를 털어낸 후 굽이 닳은 것은 굽갈이를 해서 보관한다. 보관시 구두 안에 소다를 약간 뿌려두면 땀내가 밴 구두의 냄새 제거에 아주 효과적이다.

▪ **수영복** : 바닷가를 다녀온 경우엔 특히 수영복 손질에 신경을 쓰도록 한다. 깨끗이 세탁해 소금기를 없애는 것은 물론 미처 씻겨나가지 못한 모래가 남아 있을 수 있으므로, 틈새에 낀 모래를 말끔히 제거하도록 한다. 특히 엉덩이 부분은 모래가 남아 있기 쉬우므로 손으로 잡아당겨 모래를 잘 털어낸다. 또한 선탠 오일과 자외선 차단제 등이 수영복에 묻어 있을 수 있으므로 이를 깨끗이 제거해야 한다. 그러기 위해서는 그냥 세탁기에 넣고 돌리기보다는 손빨래로 꼼꼼하게 빠는 것이 좋다.

여름옷 손질법

▪ **티셔츠류** : 여름에 가장 흔하게 입는 티셔츠는 대부분 면 소재로 깨끗이 빨아두는 것 외에 특별한 손질이 필요하진 않다. 단, 흰색 티셔츠와 속옷은 아무리 깨끗이 빨아두어도 다음 해에 보면 누렇게 변해 있기 일쑤. 따라서 여름 흰옷은 가능한 한 두 번 정도 반복해서 깨끗이 빨고 표백

이 가능한 것은 표백제를 사용해서 손질을 잘 해둔다.

 **니트류** : 여름 니트류는 중성세제를 사용해서 세탁하되 귀찮더라도 한 장씩 꼼꼼하게 주물러 빤다. 왜냐하면 니트류는 조금만 세게 비벼 빨아도 늘어나거나 손상되기 쉽기 때문이다. 여름내 입어 땀이 밴 목 부위와 겨드랑이 부위는 손바닥 위에 올려놓고 브러시로 살살 문질러 완전히 땀 성분을 빼낸다. 이렇게 손질한 다음 잘 헹궈 평평하게 통풍이 잘 되는 그늘에 말린다.

마 종류 : 마 소재의 옷은 풀기를 완전히 없애 두는 것이 생명. 여름내 풀을 먹여 입었던 마 소재의 옷에 풀기가 남아 있으면 곰팡이가 생길 수 있으므로 깨끗이 세탁해 둔다. 세탁 후 말린 다음 뜨거운 다림질을 해두면 살균효과가 있어 곰팡이 방지에 효과적이다.

땀 제거 요령 : 여름내 입은 와이셔츠나 티셔츠류의 겨드랑이, 목, 소매 끝 등엔 땀이 배어 있게 마련. 이런 부위는 잘 세탁해 두어도 누렇게 변하기 쉽다. 땀을 깨끗이 제거하려면 약간 미지근한 물에 알코올을 섞어 2~3%의 알코올 수용액을 만든 다음, 이것을 땀이 밴 부위에 가볍게 두드려 준다.

건조 요령 : 흔히 철지난 여름옷을 손질해서 말릴 때엔 강한 햇빛에 널어두는 것이 좋은 것으로 생각하는 경우가 많다. 물론 이렇게 하면 살균효과가 있어 좋은 점은 있다. 하지만 대체로 색상이 옅은 여름옷을 강한 햇빛에 말리면 옷감이 상하고 색상이 변할 수 있으므로 강한 햇빛은 피한다. 대신에 바람이 잘 통하는 곳에서 충분히 말리도록 한다.

여름옷 보관법

1) 칼라 있는 티셔츠

칼라 부분이 위를 향하게 차곡차곡 눕혀 보관하면 다음 해에 꺼내 입어도 전혀 구김이 없으며 원하는 옷을 찾아 입기가 한결 수월하다.

① 티셔츠를 뒤집어 놓는다.
② 전체를 삼등분한 다음, 중심을 향해 겹쳐 접은 후 아랫단을 한 번 접어 올린다.
③ 이 상태에서 가로로 한 번 더 접는다.
④ 이렇게 해두면 칼라와 앞단 부분에 구김이 전혀 안 생기며, 다음 해에 그냥 꺼내 입으면 된다.

2) 노 칼라 티셔츠

칼라가 없는 티셔츠는 잘 접어서 차곡차곡 세워 보관하면 구김 없이 여러 벌을 좁은 공간에 둘 수 있어 편리하다.
① 칼라 없는 티셔츠를 뒤집어 놓고 양쪽 소매를 뒷판 쪽으로 접는다.
② 이 상태에서 다시 세로로 반을 접은 다음 다시 가로로 반을 접는다. 이렇게 해두면 앞판 아랫부분에 두 개의 선만 생기고 다른 부분은 평평하게 보관이 된다.

3) 와이셔츠류

와이셔츠는 함부로 두면 구김이 심해 다음해에 꺼내 다림질을 해도 잘 펴지지 않을 수 있으므로 한 벌씩 평평하게 차곡차곡 보관하는 게 좋다.
① 와이셔츠를 뒤집어 소매만 접고 다시 중심선을 향해 한 번 더 접는다.
② 다른 쪽 소매도 같은 방법으로 접은 다음 아랫단을 한 번 접어 올린다. 이 상태에서 가로로 한 번 더 접는다.
③ 칼라 부분이 눌리지 않도록 여유를 두고 보관한다.

4) 원피스

옷걸이에 걸어두면 가장 좋지만 옷장에 여유가 없다면 굳이 옷걸이에 걸지 않아도 되는 면 원피스는 서랍에 개어서 보관한다.
① 뒷판이 위를 향하게 놓고 아랫부분을 일직선으로 정리한다.
② 이 상태에서 크게 삼등분으로 나누어 접은 다음 서랍에 보관한다. 원피스는 가급적 크게 접는 게 좋다.

5) 스타킹

① 스타킹은 원래 모양대로 펴서 두 짝을 겹쳐놓은 다음, 길이로 반을 접는다.
② 이불을 개듯 한 번씩 접은 후 다시 반으로 접는다.

6) 양말

① 뒤꿈치가 불룩 나오게 펴서 두 짝을 겹쳐놓은 다음 발 앞쪽을 한 번 접는다.
② 접은 부분을 다시 한 번 접어 올린다.
③ 발목 부분을 뒤집어 전체를 감싸서 작게 만든다.

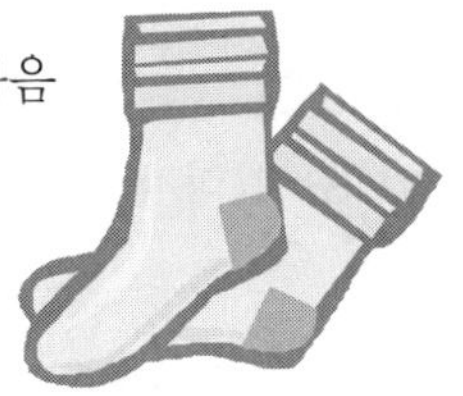

오리털 점퍼는 때려야 좋다

오리털이나 거위털로 된 파카나 이불은 드라이클리닝하면 유지방이 빠져나가 특유의 푹신함이 줄어들므로 가능하면 가정에서 손세탁하고, 세탁기를 이용할 때는 저속으로 돌려야 털이 엉키거나 상하지 않는다. 30℃ 정도의 미지근한 물에 중성세제를 푼 다음 30분쯤 담가두었다가 두들기듯 빤다. 비틀어 짜지 말고 눌러서 물기만 제거한 다음 털이 한쪽으로 몰리지 않도록 평평하게 눕혀 말린다. 완전히 마른 후에는 손으로 잘 두드려 오리털이 한쪽으로 몰린 것을 고르게 펴주고 함기성을 갖도록 해야 오래 사용할 수 있다.

오줌 싼 요 처리법

어린아이가 있는 집은 요가 성할 날이 없다. 오줌 싼 요는 뒷처리를 잘 해야 얼룩이 생기지 않는다. 우선 더운물에 오줌 싼 부분을 헹구어내고 타월 따위로 잠시 물기를 빨아들인다. 그런 다음 신문지 예닐곱 장을 포개어 깔고 그 위에다 무거운 것을 눌러두었다가 햇빛에 말린다. 이렇게 하면 요에 얼룩이 지지 않고 감촉도 좋다.

온수로 세탁할 때는 30~40℃가 적당하다

비누는 센물이나 찬물에서는 세척력이 낮은 편이지만, 합성세제는 찬물에서도 잘 녹게 만들어져 온도에 따른 세척력 변화가 크지 않은 편이다. 우리가 온수로 세탁을 하는 이유는 비누거품이 잘 일게 하여 때를 잘 빼기 위해서인데, 40℃ 이상의 온도에서는 세척력이 거의 증가하지 않는다. 옷에 묻은 때의 대부분을 차지하는 피지 성분은 37℃에서 용해되기 때문이다. 오히려 높은 온도에서 빨래를 하면 단백질 변성이 일어나 오염이 고착될 수 있다. 또 이는 세탁효과가 떨어지며 옷의 변형이 일어나 수명을 단축시킬 수 있다.

올바른 의류 보관법

옷장에 보관을 할 때는 면이나 울 소재의 옷은 아래쪽에 넣고 폴리에스테르 등 구김이 생기기 쉬운 의류는 반드시 위쪽에 둔다. 철지난 재킷이나 코트는 반드시 걸어서 보관한다. 어깨에 패드가 있는 경우는 그 부분에 스타킹이나 얇은 종이를 말아 넣는다. 니트류는 접은 자국이 구김의 원인이 되므로 필요한 부분만 접는다. 드라이클리닝을 맡겼던 옷을 찾아오면 반드시 비닐커버는 벗기고 통풍이 잘 되는 곳에 하루쯤 걸어두어 남아 있는 세제를 공기 중에 날려보낸다.

방충제는 반드시 한 종류만을 사용한다. 다른 종류의 방충제를 섞어 사용하면 합성 반응으로 옷에 얼룩이 생길 수 있기 때문이다. 방충제의 가스는 공기보다 무거우므로 위쪽에 걸어둔다.

올바른 팬티 선택법

브래지어 못지않게 중요한 속옷이 바로 팬티다. 제대로 챙겨 입지 않으면 체질이 냉해지고, 히프 선까지 망가지게 된다. 대개 젊은 여성들은 팬티는 손바닥만큼 작아야만 예쁘다는 고정관념에 사로잡혀 있다. 하지만 너무 작은 팬티는 하체 비만의 한 원인이 된다.

팬티를 고를 때는 뒷면이 넓은지부터 확인한다. 히프를 충분히 감싸지 못하면 살이 흩어져 모양이 망가진다. 따라서 좋은 팬티는 뒷면과 옆면이 넓어 히프 전체를 둥글고 편안하게 감싸주어야 한다. 하지만 신축성이 없으면 이것도 소용없다. 라벨에 표시된 소재를 확인한 다음, 팬티를 손에 들고 좌우로 당겨 본다. 히프의 둥근 모양이 살아야 좋은 팬티.

입체감을 확인하는 또 다른 방법은 세로로 반을 접어 본다. 옆선이 둥글면 합격. 가장자리도 체크해야 된다. 고무 밴드가 조이면 허벅지 혈행을 방해한다. 신축성 있는 레이스나 밴드로 된 것을 고른다. 그래야 겉옷 매무새도 깔끔하다.

팬티를 골랐으면 제대로 입어 보자. 거울 앞에 히프가 보이도록 옆으로 선다. 골반 위까지 팬티를 끌어당겨 입는다. 아랫배(팬티 선을 따라 볼록하게 배가 나오지 않으려면 꼭 덮어주자)와 히프가 감싸지면 이제 정돈 단계. 허벅지 쪽으로 비어져 나온 살을 모아 팬티 라인 속으로 밀어넣는다. 히프 모양을 거울로 비춰가면서 다듬는다. 좋은 팬티를 바르게 입는다면 처진 히프로 고민할 필요가 없다.

옷에 빨랫줄 자국이 나지 않게 하려면

세탁한 옷을 빨랫줄에 널어서 생긴 자국은 다리미로 다려도 잘 없어지지 않는데, 두루마리 화장지 안에 들어 있는 마분지 통이나 못 쓰는 볼펜 깍지 등을 빨랫줄에 여러 개 끼우고 널면 자국이 생기지 않는다. 빨래를 걸 때에도 마분지 통이나 볼펜 깍지가 바퀴 구실을 하므로 편하다.

옷은 흰 종이에 싸지 않는다

옷을 종이에 싸거나 종이 봉투에 넣어둘 때 흰색 종이는 되도록 피한다. 하얀 종이의 경우 대개 하얀색을 내기 위해 표백분이나 아황산 등을 사용하는데, 그 약물이 옷감을 상하게 할 수도 있기 때문이다. 옷을 포장할 때는 갈색이나 누런색처럼 표백하지 않은 종이를 사용하는 것이 좋다.

옷을 급하게 말려야 할 때는

급히 외출하려 할 때 세탁한 옷이 미처 마르지 않아서 당황한 적이 있을 것이다. 이럴 때 옷을 빨리 말리는 방법이 있다. 우선 세탁하여 탈수된 옷을 큰 비닐봉지 속에 넣고 입구에다 헤어 드라이어로 뜨거운 바람을 불어넣으면서 뒤적거려 주면 마치 머리칼이 마르듯이 잘 마른다.

옷의 접혔던 자국을 없애려면

옷의 주름이나 단으로 접혔던 자국을 없애려면 무를 이용하면 쉽게 펼 수 있다. 무를 자른 단면으로 접힌 자국을 문지른 다음 다리거나, 무즙을 내서 바르고 다리미질을 하면 자국이 깨끗하게 없어진다. 또 다른 방법은 식초를 이용하는 것이다. 주름진 곳에 식초 한두 방울을 떨어뜨리면서 중간 온도로 다리미질를 계속 해주면 감쪽같이 주름이 펴진다.

옷이 바래는 것을 방지하는 세탁 요령

퇴색될 우려가 있는 옷은 약 30분 정도 소금물(물 한 동이에 소금 한 줌 정도)에 담가두었다가 빨면 옷이 바래는 것을 방지할 수 있다. 특히 검정이나 빨간색에 매우 효과적이다.

와이셔츠가 누렇게 된 것을 희게 다리려면

오래된 흰 와이셔츠의 경우 깃이 누렇게 변해 보기 싫을 때가 있다. 이런 와이셔츠는 빨 때에도 신경을 써야 하겠지만 다림질 할때도 신경을 써야 한다. 와이셔츠 깃에 베이비 파우더를 뿌리고 나서 다리면 신기하게도 새 것처럼 희어진다.

와이셔츠가 샴푸를 만나면

와이셔츠나 블라우스는 목둘레와 소매 안쪽이 때를 많이 탄다. 찌든 때는 솔로 문지르거나 비벼 빨지 않으면 좀처럼 지지 않는다. 그래서 다른 곳은 멀쩡해도 이 부분이 해져 못 입는 경우가 많다.

이를 해결하려면 우선 목과 소매 안쪽에 샴푸를 발라두었다

가 세탁을 하면 찌든 때가 깨끗이 빠진다. 그리고 빨래가 마른 뒤 그 부분에 분말로 된 땀띠약을 뿌려 놓으면 때가 땀띠약 입자에 묻어 옷에 찌들지 않으므로 다음에 세탁할 때 힘들게 솔질을 한다거나 비벼 빨지 않아도 된다. 따라서 옷의 수명도 길어진다.

와이셔츠 고르기

와이셔츠는 품질이 같더라도 파는 장소에 따라 가격에 많은 차이가 있다. 와이셔츠를 싼 곳에서 사면서도 좋은 것을 고를 수 있는 요령은, 우선 박음 눈이 3cm 안에 22개가량 들어 있는 것을 골라야 한다. 박음눈이 이보다 적으면 터지기 쉬울 뿐만 아니라 세탁하고 나면 주름이 잡힐 수가 있기 때문이다.

와이셔츠 다리는 요령

와이셔츠를 맵시 있게 다리기 위해서는 무엇보다도 분무를 잘 해서 습기가 골고루 퍼지게 해야 한다. 그러므로 다 마르기 전에 다림질하는 것도 하나의 요령이다. 완전히 마르면 주름이 잘 펴지지 않는다.

다릴 때는 깃이나 소매 같은 부분은 안을 먼저 다리고 바깥쪽을 다리는 것이 좋다. 순서는 ① 팔 부분 ② 단추 달린 안쪽 부분 ③ 바깥쪽 앞부분 ④ 허리 부분 및 등 부분 ⑤ 마지막으로 깃(칼라)을 다려서 마무리한다.

그런데 와이셔츠를 다릴 때 다림질이 가장 까다로운 부분은 바로 깃이다. 말끔하게 다리려면 다음과 같은 요령을 알고 있어야 한다.

우선 와이셔츠 칼라는 안쪽 부분부터 다린다. 겉 부분부터 다리면 겉쪽에 주름이 생길 가능성이 높다. 또한 다림질을 하는 도중 왼손으로 봉제선을 힘껏 잡아당겨 주어야 봉제선에 주름이 생기는 것을 방지할 수 있다. 안쪽을 다린 다음에는 겉을 다리는데, 이때는 다리미의 끝 부분을 사용하여 테두리에서 중심을 향해 다린다. 그 반대가 되면 테두리에 주름이 생기고 다림질이 바르게 되지 않는다.

와이셔츠를 세탁기에 넣을 때

소매가 긴 와이셔츠를 세탁기에 넣어 돌리게 되면 소매가 다른 빨래와 엉키게 되어 불편할 때가 많다. 이것을 막으려면, 긴 소매를 앞가슴 쪽으로 접어서 소매의 단추나 단춧구멍을 이용, 앞가슴에 있는 단추나 단춧구멍에 채우면 된다. 이렇게 하고 세탁기에 넣어 돌리면 빨래끼리 서로 엉키거나 꼬일 염려가 없다.

와이셔츠의 적당한 길이는

선 자세에서 팔을 내렸을 때 양복 소매에서 셔츠가 1cm 정도 나오는 것이 좋다. 단정하게 보일 뿐만 아니라 상의의 깃을 더럽히지 않기 위해서다.

와이셔츠 칼라 선택 요령

둥근 얼굴은 라운드 칼라를 피하는 게 좋다. 얼굴 둥글기가 강조되기 때문이다. 긴 얼굴은 얼굴의 길이가 강조되는 롱 칼라를 피한다. 긴 목은 하이 칼라를, 짧은 목은 로 칼라를 고른다.

칼라의 종류

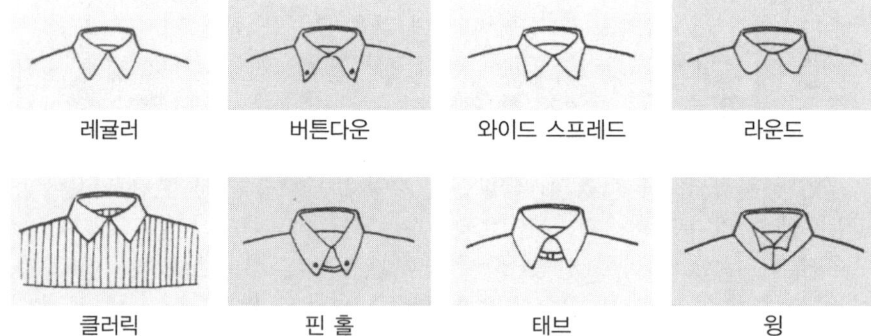

운동화를 고를 때는

우선 천과 고무가 이어진 부분이 튼튼하게 붙어 있는지 어떤지를 살펴본다. 특히 밑창과 뒤축, 안창 고무 부분의 접착 테이프가 잘 붙었는지 여부를 살핀다. 손끝으로 잡아떼는 정도의 힘으로 접착 부분이 떨어져서는 안 된다. 또 밑창이 너무 물렁물렁하거나 딱딱한 것은 좋지 않으며, 꺾어 보아서 탄력성이 있고 연한 느낌이 들면 합격품이다.

운동화 끈은 병 속에 넣고 빤다

끈을 끼운 채 운동화를 빨면 끈 뒷부분의 때가 빠지지 않고, 그렇다고 끈을 빼어 손으로 비벼 빨면 늘어나서 볼품없이 되어 버린다. 작은 병에 물과 표백제를 넣고 흔들어 보자. 손쉽게 깨끗이 세탁할 수 있다.

울 니트에 생긴 보풀을 없애려면

울 니트에 보풀이 생겨 보기 흉할 때는 전기 면도기로 니트의 결을 따라 면도해 주면 아주 매끈하게 해결된다.

의류별 얼룩빼기 요령

1) 재킷, 블라우스

화장을 하는 여성들의 공통된 고민거리는 재킷이나 블라우스 칼라에 화장품이 묻는 것. 이때는 주방용 세제를 이용하면 말끔하게 화장품을 제거할 수 있다. 주방용 세제를 스펀지에 묻혀 화장품이 묻어 있는 부분에 쓱쓱 비벼주기만 하면 된다. 또는 블라우스나 와이셔츠 세탁 시 샴푸나 주방용 세제를 5배로 희석한 액을 소매나 깃에 발라주면 효과적이다. 단, 모직이나 견직물에는 이 방법을 사용하지 말 것.

2) 와이셔츠

여름철에는 와이셔츠 칼라에 땀이 배어 얼룩이 져서 세탁을 해도 잘 지워지지 않는 경우가 많다. 이때는 땀이 배어 있는 부분에 세제를 묻힌 다음 브러시로 두드리거나 세제를 뿌리고 나서 몇 분 후에 세탁을 한다. 땀 얼룩은 짙은 색 와이셔츠를 입었을 경우 눈에 많이 띄게 되므로 한여름에는 크림색이나 흰색의 와이셔츠를 입는 것이 미관상 보기 좋다는 점도 알아두자.

3) 넥타이

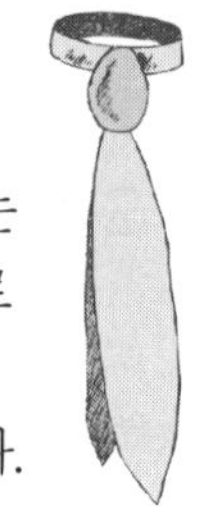

남성들의 멋내기 포인트인 넥타이는 음식이나 술 등을 흘리거나 국물이 튀어 얼룩이 생기기 쉽다. 이때 손수건 등으로 문지르는 경우가 많은데 오히려 얼룩이 눈에 더 잘 띄게 된다. 넥타이는 실크제품이 많으므로 문지르면 역효과. 물을 묻힌 손수건 등으로 톡톡 두드려서 얼룩을 빼도록 한다.

넥타이를 집에서 세탁할 때는 물에 넣어서 가볍게 두드려 빤다. 자연건조시킨 후에는 스팀 다림질로 마무리한다.

4) 니트류

니트류에 묽은 음식물이 묻었을 때는 밑에 깨끗한 수건을 깔고 중성세제를 푼 미지근한 물을 브러시로 묻혀 얼룩자국에 톡톡 두드려 준다. 얼룩을 제거한 후에는 두세 번 헹구고 마지막으로 유연제를 넣어서 두 번 정도 헹군 후 20초간 탈수한다. 특히 마, 목면, 폴리에스테르, 아크릴 그리고 이들의 혼방이 주를 이루는 여름 니트류는 때를 빼려고 무리하게 비비는 대신 살짝 주물러서 빨도록 한다.

이부자리 관리엔 일광 소독이 최고

쾌적하고 위생적으로 이부자리를 유지하는 데 가장 좋은 방법은 일광 소독이다. 햇볕이 강하고 습도가 낮은 쾌청한 날을 택해 이부자리를 바짝 말려주는 것이 좋다. 햇볕에 이부자리를 말리면 다음의 네 가지 효과를 얻을 수 있다.

첫째는 잠을 자는 동안 이부자리에 스며든 수분이 증발되기 때문에 이부자리가 한결 가벼워지고, 눅눅하고 차가운 느낌도 덜어진다. 둘째는 건조시키는 동안 솜의 섬유 사이사이에 공기가 들어가 이부자리에 탄력성이 생기고 포근한 감촉을 느낄 수 있다. 셋째는 온갖 잡균이 태양열에 의해 죽기 때문에 이부자리가 위생적인 상태로 유지된다. 마지막으로는 이부자리가 보송보송한 상태로 건조되기 때문에 습기를 좋아하는 진드기가 기생할 수 없게 만든다. 이처럼 위생적이고 쾌적한 이부자리 관리를 위해서 태양건조는 필수적인 요소인 셈이다.

이부자리 말리기 요령

이부자리를 효과적으로 일광 소독하려면 시간대를 잘 선택해야 하는데, 가장 좋은 시간은 오전 11시~오후3시. 이 시간대를 이용해 햇볕이 잘 드는 베란다나 옥상 등에 이부자리를 활짝 펴서 널어두도록 한다. 오후 3시가 지나면 습도가 높아져 좋지 않으므로 곧바로 걷워들인다.

비나 눈이 온 후 3~4일 간은 피하도록 하는데, 그 이유는 대기 중의 수분이 오히려 이부자리에 흡수될 수 있기 때문이다. 이런 점에서 물을 흠뻑 준 식물 화분의 근처 등도 피하도록 한다.

이부자리의 일광 소독은 매일 하는 것이 가장 좋지만, 현실적으로 이것이 쉽지 않으므로 최소한 일주일 내지 보름에 한 번은 반드시 건조하도록 신경을 쓴다.

이부자리는 소재에 따라 직접 햇볕을 쐬면 색깔이 바래는 경우(실크, 우모, 양모)도 있는데, 이때에는 검은 천을 씌워주든가 통풍이 잘 되는 그늘에서 말려주면 좋다. 이부자리를 충분히 일광 소독한 후 다시 걷워들일 때에는 나무막대기나 빗자루 등을 이용해 이부자리 전체를 10여 회 이상 두드려 먼지, 진드기 등을 말끔히 털어낸다. 특히 진드기는 그냥 햇볕에 이부자리를 말리는 것만으로는 쉽사리 제거되지 않으므로, 진드기 퇴치를 위해서 이부자리를 앞뒤로 뒤집어 말려주도록 한다.

이부자리의 3대 적 - 수분, 진드기, 먼지

잠이 보약이라는 말이 있다. 그만큼 수면이 건강에 끼치는 영향은 크다. 보송보송하고 폭신폭신한 이부자리는 쾌적한 수면을 이끄는 기본적인 조건. 하지만 이부자리에는 항상 수분, 진드기, 먼지라고 하는 3대 불청객이 따라다니기 때문에 보송보송한 이부자리를 유지하기란 쉽지가 않다. 게다가 침구류는 남의 눈에 띄지 않는다는 특성 때문에 관리에 소홀하기 십상이다.

눅진눅진한 이부자리는 편안한 잠자리를 방해하는 최대의 적임에도 자칫 관리가 소홀하면 침구류는 쉽사리 눅눅해진다. 일반적으로 한 사람이 하룻밤에 이불 속에서 흘리는 땀의 양은 200cc에 달한다고 한다. 따라서 잠옷을 입고 잔다고 하더라도 물 한 컵 정도의 수분이 이부자리에 스며드는 것은 뻔한 이치. 그래서 이불은 일 주일에 한 번 아니면 최소한 보름에 한 번쯤은 꼭 햇볕에 말려야 한다. 그리고 아침마다 이부자리를 개킬 때에는 일어나자마자 개키는 것보다는 되도록 30분쯤 한쪽에 젖혀놓고서 땀의 습기가 줄어들고 체온이 식은 다음에 정돈하면 이부자리의 습기를 없애는 데 큰 도움이 된다. 흔히 화학솜 이불은 습기를 흡수하지 않는 것으로 생각하는 사람이 많으나 이것은 착각. 화학솜 이불도 자주 말려야 위생적이다.

다음으로 문제가 되는 것이 진드기. 사람 피부의 비듬을 먹고 기생하는 진드기는 습한 곳에서 왕성하게 번식하므로 눅눅한 이부자리는 진드기의 온상이다. 진드기는 특히 아토피성 피부염을 가진 어린이들에게는 숙적. 계속 방치하면 면역성이 약한 어린이들에게 설사병, 비염 등을 유발하기 쉽다.

이외에 이부자리에 잘 달라붙는 먼지 역시 경계해야 하며, 각종 잡균도 조심해야 할 대상이다. 사람의 땀 속에는 수분, 염분 외에 약 10% 정도의 지방이 있는데, 이 지방을 박테리아가 좋아해 이부자리에는 1cm 당 20만 마리의 각종 잡균이 번식하고 있다.

이부자리의 올바른 보관

먼지나 진드기를 털어낸 이부자리는 진공청소기로 다시 한 번 깔끔하게 흡입해 주면 더할 나위 없이 깨끗해진다. 특히 담요는 먼지가 타기 쉬운 소재로, 담요에 부착된 작은 먼지나 머리카락 같은 것은 그저 두드리는 정도로는 잘 털어지지 않는다. 따라서 털이 부드러운 헤어 브러시를 깨끗이 씻어서 말린 다음 이것으로 담요의 먼지 등을 털어내면 효과적이며 담요의 털이 상하지도 않는다. 이때 헤어 브러시는 반드시 한 방향으로만 빗어내려야 효과가 있으므로 주의한다.

겨우내 사용한 이부자리를 말려 장에 넣어두거나 환절기에 이부자리 정리를 하고자 할 때에는 햇볕이 강한 날을 택해 이틀 연속해서 충분히 말리고 털어낸 다음 보관하는 것이 좋다. 만약 일광 소독할 공간이 마땅치 않거나 날씨가 좋지 않아 일광 소독을 하기가 곤란할 때에는 가정에서 사용하고 있는 헤어 드라이어를 이용해 건조를 시키는 것도 또

다른 방법이다. 잘 말리고 털어낸 이부자리를 장에 보관할 때에는 비닐로 밀봉한 다음 넣어두는 것이 좋다.

장에 넣을 때에는 무게가 가벼운 것을 위쪽에 놓아야 이부자리의 탄력성이 유지되므로 제일 아래쪽에 담요를, 그 다음으로 면 소재의 이부자리-양모류-오리털 이불의 순서대로 보관한다.

평상시에도 마찬가지이지만, 특히 장기간 이부자리를 장에 보관할 때에는 시판되는 제습제를 함께 넣어두면 한층 효과가 있다. 아울러 이불장은 보름에 한 번 정도 문을 활짝 열어 환기를 시켜주는 것이 좋다.

이불류 세탁 방법

합성섬유일 때는 물세탁을 한다. 특히 주의할 것은 안솜이 한쪽으로 몰리기가 쉽고 색상에 주의하여야 한다. 보통 이불피나 요피는 클리닝하고 안감은 물세탁으로 처리하는 것이 현명하다. 이불 전체를 할 경우는 짧은 시간에 처리하여 솜이 뭉치는 것을 조심해야 한다.

탈수 방식은 비스듬히 뉘어서 물을 뺀 다음 탈수기에 넣고 탈수하여야 탄력에 의한 사고를 방지할 수 있다.

자수가 놓여진 블라우스 다림질은

자수는 입체감이 생명이므로 젖은 타월을 깐 위에 자수의 표면 쪽을 놓고 안쪽에서 다려야 눌림을 방지할 수 있다.

재킷은 의자 등받이를 이용하여 다린다

재킷은 의자 등받이를 이용해 다리면 편하다. 등받이 모서리에 타월을 얹고 재킷을 걸치면 어깨가 두툼해져서 다리미질을 수월하게 할 수 있다. 안감은 스팀을 쐬어 가벼운 다리미질로 주름을 펴준다.

장마철 의류 손질법

장마철 의류의 최대의 적은 바로 곰팡이와 냄새. 의류의 곰팡이 피해를 막기 위해서는 습기를 제거하고 때와 풀기 등과 같은 이물질을 완전히 빼 두어야 한다. 옷이 깨끗이 세탁되어 완전히 말라 있는지를 살핀 뒤, 될 수 있으면 옷걸이에 걸어 장롱이나 통풍이 잘 되는 장소에 걸어두는 것이 좋 다. 이때 시중에 나와 있는 습기제거제를 함께 넣어두고, 가끔 선풍기 바람 을 쐬어주도록 한다.

속옷 등 면제품은 삶아 빨고, 옷감 종류에 따라 살균, 표백제를 사용한다.

양말은 헹굼물에 식초를 몇 방울 떨어뜨려 빨고, 비나 땀에 젖은 옷은 즉 시 세탁하도록 한다. 비가 오는 중이라도 비나 땀에 젖은 옷은 그때그때 빨 아 넌다.

정전기를 없애려면

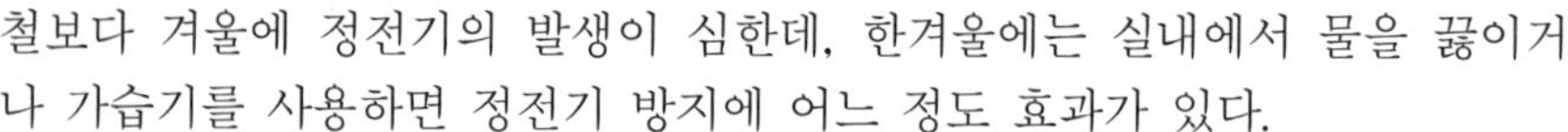

일상 생활에서 흔히 발생하는 정전기를 없애거나 줄 이는 방법은 없을까?

정전기의 발생을 줄이려면 무엇보다 우선 집안의 습 도를 높여주는 것이 좋다. 대기중의 습도가 높은 여름 철보다 겨울에 정전기의 발생이 심한데, 한겨울에는 실내에서 물을 끓이거 나 가습기를 사용하면 정전기 방지에 어느 정도 효과가 있다.

특히 섬유제품은 물세탁이 가능한 제품과 드라이클리닝 등의 특수 세탁 을 해야 하는 제품이 있는데, 물세탁이 가능한 제품은 헹굴 때 섬유유연제 를 사용하면 정전기 방지 효과를 볼 수 있다. 물세탁이 불가능한 섬유제품 은 세탁 후 스프레이 식 정전기 방지제를 사용하는 것이 좋다. 정전기 방지 제를 사용할 때 자칫하면 얼룩이 생길 수 있으므로 20cm 정도 떨어져 뿌 려주어야 한다.

정전기가 적게 발생하는 소재의 의류를 입는 것도 한 방법인데, 면·레 이온·견 등의 소재는 대체로 정전기가 많이 발생하지 않는 편이다.

정전기가 일어날 수 있는 천의 옷은 목욕탕이나 세면대 등에 걸어두었다 가 입으면 적당히 습기가 차 정전기 발생을 막을 수 있다. 또는 속옷을 면 으로 된 것으로 받쳐입어도 된다.

젖은 가죽 손질법

젖은 가죽을 직사광선이나 불에 쬐어 말리게 되면 쪼그라들어 볼품없이 되어 버린다. 따라서 마른 수건으로 물기를 닦아낸 다음, 양복걸이에 걸어서 통풍이 잘 되는 그늘에 말려야 한다. 세무가죽일 경우, 물기를 닦아내고 그늘에 말린 다음 세무용 나일론 브러시로 정성껏 쓸어서 털을 고르게 세운다.

지퍼가 달린 옷은 반드시 지퍼를 잠근 뒤에 세탁

지퍼가 달린 트레이닝복이나 점퍼 등을 세탁기에 넣고 빨 때는 반드시 지퍼를 잠그고 빨아야 한다. 세탁기에서 옷이 돌아가면서 다른 옷들을 상하게 하기가 쉽기 때문이다. 특히 플라스틱 지퍼는 변형이 잘 되고, 금속 지퍼는 다른 옷들을 심하게 손상시킬 우려가 있다.

찌든 때로 더러워진 옷 세탁법

아이들의 운동복에 묻은 찌든 때는 아무리 빨아도 잘 지지 않는다. 부분적으로 더러워진 것이라면 벤젠과 같은 약품을 사용하여 지울 수 있지만, 전체가 더러워진 것이라면 세제만으로는 깨끗해지지 않는다. 이런 때는 미지근한 소금물로 비벼 빤 다음, 맑은 물에 헹구면 깨끗이 빠진다.

찌든 때 제거하는 부분 드라이클리닝 요령

드라이클리닝 대용 세제를 사용하지 않고도 때가 낀 부분을 간단히 드라이클리닝할 수 있다. 즉, 옷깃·목덜미·소맷부리 등의 기름때를 벤젠을 이용해 빼는 방법.

먼저 벤젠을 충분히 묻힌 면봉으로 두들기면서 더러움을 녹여준 후 타월을 대고 흡수시킨다. 더러움이 어느 정도 제거되었으면 중성세제를 푼 미지근한 물로 씻어주고, 한 번 더 따뜻한 물을 적신 천으로 닦아낸다. 그리고 나서 다림질한 후 통풍이 잘 되는 곳에서 말리면 된다.

또한 땀으로 노랗게 변색되어 세탁 후에도 깨끗해지지 않는 목·겨드랑이 부분은 소다를 이용해 하얗게 만들 수 있다. 소다 3g에 식초를 1숟갈을 넣고 잘 갠 다음 칫솔에 묻혀 발라준 후 10여분이 지난 다음 세탁한다.

진한 색과 옅은 색이 혼합된 의류 세탁법

진한 색과 옅은 색이 함께 있는 의류는 레저·스포츠용 의류가 많다. 이러한 제품은 세탁할 때 오래 담가두거나 세탁 시간이 길면 짙은 쪽의 색상이 빠져 옅은 쪽에 옮겨 붙는 이염현상이 가끔 일어난다. 특히 처음 세탁하는 경우와 효소가 들어 있는 세제를 사용하는 경우에 잘 발생한다.

이염을 방지하기 위해서는 세제를 푼 물에 오래 담가두지 말고, 세탁 시간도 짧게 해야 한다. 효소가 들어 있지 않은 중성세제를 사용하는 것이 좋다. 세탁 후 탈수하지 않고 그대로 건조시키면 진한 쪽 색상의 염색물이 우러나와 옅은 쪽을 오염시킬 수 있으므로 반드시 탈수해야 한다.

청바지의 색을 살리는 법

청바지는 적당히 색이 빠져야 멋이 있다. 너무 허옇게 바래 낡은 느낌을 주는 청바지를 자연스레 적당한 색의 청바지로 만드는 방법이 있다. 그것은 새 청바지와 함께 세탁하는 것. 새 청바지는 처음에 세탁할 때 으레 색이 빠지므로 이를 이용하는 것이다. 이때 약간 따뜻한 물로 빨래를 하는 것이 요령이다. 멋진 청바지의 색을 얻을 수 있을 것이다.

청바지의 올바른 세탁 요령

- 세탁시 약간의 수축이 있을 수 있으므로 입기 전에 1차 세탁한 후 허리나 바지 단 길이를 수선하여 착용한다.
- 꼭 앞단추와 지퍼를 잠그고 빨아야 한다. 이렇게 하지 않으면 지퍼 부분이 좌우 비대칭적으로 늘어나 입었을 때 모양이 안 좋다.
- 부분 세탁은 하지 않는다.
- 미지근한 물로 뒤집어 세탁하고 여러 번 헹구어 준다.
- 세탁시 다른 제품과 함께 세탁하지 않는다.
- 드라이클리닝 세탁은 하지 않는다.
- 오랜 시간 물에 담가두는 것은 피한다.
- 두꺼운 제품은 손으로 자연스럽게 세탁하는 것이 좋다.
- 세탁 후 손으로 펼쳐서 제품 형태를 유지하여 말려준다.

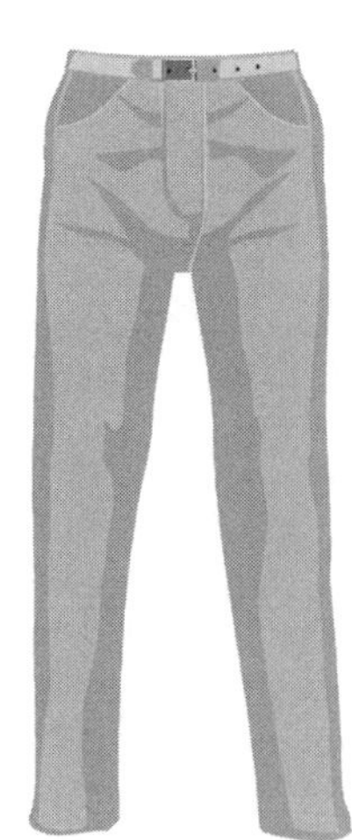

 체형에 따른 코디네이션

작고 뚱뚱한 형 : 이런 스타일은 동색(같은 색) 계열의 차분한 색상을 선택하면 시선을 위아래로 연결시켜 주기 때문에 날씬하게 보일 수 있다. 헐렁하게 입는 스타일은 피하고, 바지나 스커트는 자기 사이즈보다 1인치나 1/2인치 정도 크게 입고, 적당한 H라인이나 플레어가 약간 들어간 것이 어울린다.

작고 마른 형 : 작은 키의 여성이 주의해야 할 첫 번째 요소는 시선을 상하로 분산시키는 옷을 피하는 일이다.
여유 있는 재킷과 팬츠로 여유 있는 실루엣을 만들거나 밝은 색의 재킷에 무릎 길이의 샤넬 라인 스커트나 반바지를 풍성하게 입어 발랄함을 연출하면 효과적이고, 상하를 언밸런스하게 입는 것이 멋스러울 수 있다. 또 상반신을 짧게 입고 소매나 스커트를 풍부하고 여유 있게 입는다. 진한 색은 피하고 파스텔 계통의 연한 색을 입어야 효과적이다.

중간 보통형 : 체형이 무난하므로 모든 스타일을 소화할 수가 있는데, 자기의 체형을 잘 파악해서 색상이나 액세서리로 포인트를 주면서 개성을 표현한다면 얼마든지 자신을 멋지게 연출할 수 있다.

키 크고 뚱뚱한 형 : 키가 크고 뚱뚱한 형은 옷을 입는 데 가장 신경을 써야 할 타입이다. 이런 스타일은 허리선이 약간 들어간 롱 재킷으로 힙을 가려주는 것이 좋다.
큰 팬츠나 박스형 재킷도 날씬해 보이기는 하지만, 큰 키를 커버하려면 시선을 분산시킬 수 있도록 포인트를 주어야 하므로, 롱 재킷을 입을 때에는 발목으로 갈수록 좁아지는 팬츠가 가장 무난하고 또 체형을 커버하기에 알맞다. 색상은 축소된 느낌을 주는 낮은 톤의 브라운과 블랙 등을 활용하면 큰 체격을 커버할 수 있다.

키 크고 마른 형 : 이런 스타일은 날씬해 보여서 좋지만 자칫 빈약해 보일 우려가 있으므로, 위아래로 시선을 분산시킬 수 있는 디자인이나 마른 체형을 커버할 수 있도록 여유 있게 변형된 팬츠나 재킷이 어울린다. 전체적인 스타일은 A라인으로 연출하면 효과적이고, 색상은 낮은 그린

톤과 회색 톤을 응용하면 세련된 느낌을 연출할 수 있는데, 가장 이상적인 것은 체형에서 주는 자신의 결점, 장점을 파악하는 일이다.

키가 크고 말라도 등이 굽거나 다리가 유난히 가는 경우도 있으므로 체형에 맞게 패셔너블한 옷을 입는 것이 이상적이다. 포켓이 크고 소재는 두껍고 무늬는 옆으로 된 것이 도움이 된다.

출장 양복 구김을 막으려면

공식적인 출장을 겸한 장거리 여행이라면 간편한 옷 몇 벌 외에 정장을 준비하는 것은 필수. 그러나 양복을 그대로 가방에 넣었다가는 구김 때문에 자칫 이미지를 버릴 수 있다. 이럴 때 신문지를 이용하면 간단히 해결할 수 있다. 양복을 신문지에 둥글게 말아 두루마리처럼 감아 가방 구석에 넣으면 주름이 생기는 것을 막을 수 있고 공간도 많이 차지하지 않는다.

커튼을 깨끗하게 사용하려면

커튼을 빨려고 하면 보통 일이 아니다. 커튼이 깨끗할 때 방수 스프레이를 사다가 뿌려주면 때가 덜 탄다. 침대커버, 천소파에도 사용해 봄 직한 방법이다.

커튼을 빨면 후들후들해지는데…

나일론이나 테트론 또는 유리섬유로 된 커튼을 세탁한 다음 분유나 탈지우유를 반 컵 정도 물에 풀어 헹구어내면 커튼이 풀을 먹인 것처럼 빳빳해진다.

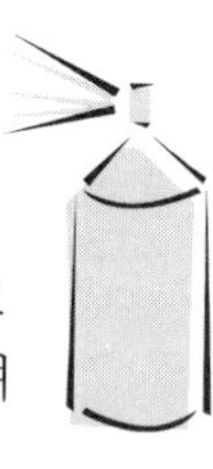
코트에는 방수 스프레이를

겨울 코트는 패션이나 유행으로 입기보다는 필요해서 입기 때문에 더욱 소중히 다루어야 한다. 시판되고 있는 방수 스프레이를 깃과 소매에 뿌리는 것만으로도 물뿐 아니라 기름때도 배지 않고 겉돌게 해 더 오래 보존할 수 있으므로 자주 방수 스프레이를 뿌려주면 좋다.

탈색되는 천 판별법

옷을 세탁하고 보면 색이 빠져서 다른 옷까지 버리게 되는 경우가 있다. 색이 빠지는 옷감인지 어떤지를 알아보려면, 먼저 옷 귀퉁이를 흰 천에 싸서 따뜻한 비눗물 속에 넣고 비벼 보면 된다. 탈색되는 옷의 경우 흰 헝겊에 물이 든다. 탈색되는 옷감을 세탁할 때는 물 한 되에 중성세제 두 스푼을 타고, 거기에다 식초 두 스푼을 넣어서 빨면 탈색 방지에 도움이 된다.

털실 고르기

요즘 같은 기계 만능 시대에도 날씨가 쌀쌀해지면 털실 가게를 찾는 사람이 꽤 있다.

순모 털실은 촉감이 부드럽고 윤택이 나며, 또 쥐면 푹신한 탄력성이 있고 가벼운 것이 좋다. 그리고 꼬인 정도가 너무 센 것은 딱딱한 느낌이 들고, 느슨한 것은 실이 약하고 재생할 때 잘 풀리지 않으므로, 적당히 꼬이고 실의 굵기가 일정한 것을 골라야 한다. 앙고라, 모헤어, 드레스산과 같은 특수 털실은 바탕 실로는 안 좋다.

표백제 냄새 제거는 식초로

세면장이나 부엌 등의 소독이나 세탁물의 표백에 락스와 같은 표백제를 자주 사용하게 되는데, 이때 표백제의 지독한 냄새가 코를 찌른다. 이럴 때, 표백제를 뿌렸던 곳에 식초 몇 방울씩만 떨어뜨려 주면 냄새가 사라진다. 또 그릇이나 옷에서 나는 냄새도 마지막 헹굼시에 식초 몇 방울을 물에 풀어서 잠시 담갔다가 꺼내면 냄새가 제거된다.

표백제를 사용할 때는

도마·행주·식기 등의 살균에 쓰기도 하고, 흰색 의류를 표백할 때 쓰는 락스류는 주성분이 차아염소산나트륨($NaClO$)이다.

락스는 물에 희석해서 쓰게 되는데, 용도에 따라 희석 비율이 다르기는 하지만 보통 수백에서 수만 배 묽게 사용한다. 수돗물을 소독할 때에도 락스의 주성분인 차아염소산나트륨을 사용한다. 그러므로 락스를 사용할 때 나는 냄새는 수돗물에서 나는 냄새와 비슷하다.

락스는 살균에 의한 냄새 제거 효과도 있으므로, 하수구·쓰레기통·변기 등 냄새가 많이 나는 곳을 청소하는 데에도 효과적이다. 그러나 특히 화장실 등 밀폐된 공간에서 락스만을 진하게 사용하거나 약국에서 판매하는 염산 등 산성세정제와 함께 사용하면 인체에 극히 해롭다. 왜냐하면 락스에서 발생하는 발생기 산소나 산성세정제와 락스를 섞어 사용할 때 발생하는 염소 가스를 흡입하게 되면, 두통·현기증 등을 유발하고 점막 자극 등으로 목이나 눈이 따갑고 심하면 사망에 이르는 경우도 있다. 따라서 락스를 사용할 때는 락스 용기에 표기된 희석 배율을 지켜 사용하는 것은 물론 사용 중 또는 사용 후에 주위를 충분히 환기시켜야 한다.

 합성가죽 코트는 옷솔로 빤다

집에서 합성가죽으로 된 코트를 세탁할 때는 세탁기로 빨지 말고 표면에 붙어 있는 먼지를 옷솔로 잘 쓸어낸 다음 중성세제로 빤다. 그리고 세탁물을 짤 때는 비틀어 짜지 말고 약간 누르는 듯한 기분으로 짜서 옷걸이에 걸어 모양을 바로잡는다. 직사광선이 없는 통풍이 잘 되는 곳에서 말린다.

 헌 구두를 새 구두처럼

구두를 오래 신어서 가죽이 텄거나 벗겨졌을 때에는 구두 표면에 양초를 골고루 바르고 촛불을 쐬어 주면 양초가 녹으면서 가죽에 스며들게 된다. 그리고 나서 구두약을 칠해 닦으면 새것처럼 반짝반짝 빛나는 구두가 된다.

헹굼 · 탈수 요령

세탁물을 헹구기 전에 약 1분간 탈수시키면 헹굼 시간과 물이 절약된다.

섬유유연제를 사용할 경우에는 마지막 헹굼 과정에서 사용하는 것이 효과적이다. 마지막 헹굼 물에 섬유유연제를 넣고 3분 정도 지난 후 탈수하는 것이 좋다. 세탁물의 탈수 시간은 섬유의 종류에 따라 달라진다. 탈수 시간이 길면 의류에 주름이 많이 생겨 다림질할 때 불편하다. 소재가 면일 경우에는 1분, 모일 경우에는 30초 이내, 화학섬유일 경우에는 15~30초가 적당하다.

홍차 찌꺼기로 베이지 색 염색을

누렇게 변한 티셔츠나 스웨터를 산뜻한 베이지 색으로 되살려 입는 방법이 있다. 한 번 걸러낸 홍차 찌꺼기를 물에 담가 우려낸 뒤 이 물에 티셔츠나 스웨터를 넣어 10분 정도 삶으면 멋진 베이지 색으로 염색이 된다. 염색한 뒤에는 물로 잘 헹군다. 또한 염색할 때는 염색이 고르게 되도록 물을 충분히 잡고 도중에 잘 휘저어야 한다.

효과적인 가루비누 사용법

가루비누를 미지근한 물에 녹여서 사용하면 세제를 20~30%나 절약할 수 있다. 세제의 생명력은 거품에 있는 것이지 양에 있는 것이 아니기 때문이다. 따라서 무조건 세제를 많이 넣는다고 해서 그만큼 때가 더 잘 빠진다고 생각하는 것은 잘못이다. 찬물일 경우에는 우선 세제만을 넣고 세탁기를 한 번 돌려 거품을 일으킨 다음에 빨래를 넣는 것이 좋다.

흰 구두를 오래 신으려면

하얀 구두나 베이지 계통의 엷은 빛깔의 구두는 짙은 색 구두보다는 훨씬 때가 잘 탄다. 이런 구두를 샀을 때는 곧 투명한 구두약이나 왁스를 문질러 바르고 신도록 한다. 외출에서 돌아왔을 때도 구두에 묻힌 때를 닦아내고 다시 왁스 같은 것을 발라둔다. 이렇게 하면 구두 자체에는 때가 스며들지 않기 때문에 원래의 빛깔을 그대로 유지하면서 오래 신을 수 있다.

흰색 속옷 빨래

근래 들어 색깔 있는 속옷이 유행하고 있긴 하지만 여전히 흰색의 속옷을 선호하는 사람이 많다. 흰색 속옷을 빨래할 때 하얀색을 살리기 위해 자주 삶게 되는데, 이럴 경우 천이 상해 금방 해지기 쉽다. 또 표백제를 푼 물에 담가두는 경우에도 천이 상하기 쉽다. 흰색 속옷을 빨 때 귤껍질을 이용해 보자. 귤껍질을 물에 끓여 그 속에 빨랫감을 담가두었다가 헹궈내면 된다. 또 쌀뜨물에 몇 번 헹궈내도 한결 윤이 나고 하얗게 된다. 쌀뜨물은 처음 것은 버리고 두 번째 나오는 것을 사용해야 한다.

흰색 스웨터는 뒤집어 말린다

니트는 직사광선이 들지 않는 곳에서 말려야만 처음 색상을 오래 유지할 수 있다. 특히 흰색 스웨터의 경우 햇볕을 받게 되면 누렇게 변색되므로 반드시 뒤집어서 말려야 한다. 실내에서 말리는 것도 좋은 방법이다.

흰 양말의 찌든 때는 소다로 뺀다

때가 심하게 탄 양말의 발꿈치 부분에 소다를 조금 묻혀 비벼 빨면 때가 잘 빠진다. 그래도 남은 때가 있으면 물에 레몬껍질을 넣고 삶아 보자. 거짓말처럼 하얗게 된다.

흰옷과 색상 옷을 함께 삶는 방법

붉은색이나 검정색과 같은 색상 옷을 흰옷과 함께 삶으면 흰옷에 얼룩얼룩 색깔이 배는 경우가 있다. 이를 막으려면 먼저 하얀 비닐봉투 속에 세제 푼 물을 부어 색상 옷을 넣고 단단히 묶어 준다. 그리고 세제 푼 물이 담겨진 냄비에 흰옷을 먼저 넣고, 비닐로 포장된 색깔 옷을 그 위에 올려놓으면 흰 빨래가 산화되는 것도 막을 수 있고, 색상 옷과 흰옷을 함께 삶을 수도 있어 일석이조이다. 센 불로 푹푹 끓이다가 약한 불로 줄여서 천천히 삶아 준다.

흰 운동화의 때는 치약으로

여러 번 빨아서 누렇게 변색된 흰 운동화는 칫솔에 치약을 묻혀 골고루 문질러 준 다음, 조금 있다가 물로 씻어낸 후 빨면 새하얗게 된다.

3

주생활 · 집안일

3. 주생활 · 집안일

 ## 가구를 쉽게 옮기려면

집안 분위기에 변화를 주기 위해 가구의 배치를 바꾸고 싶어도 가구의 무게 때문에 쉽게 엄두가 나지 않을 때가 많다. 그때는 신문지를 두껍게 접어 가구 밑에 깔아서 레일 대용으로 쓰면 바닥이 긁히지 않고 쉽게 옮길 수 있어 편리하다.

가구 배치 요령

- 거실에 소파, 테이블, 장식장 등이 여기저기 흩어져 있으면 선이 들쭉날쭉하기 때문에 잡다하고 수선스러운 느낌이 든다. 소파와 테이블을 함께 놓고 장식장은 장식장끼리 한쪽으로 가지런히 모으는 것이 깔끔하고 넓어 보인다. 실내가 넓어 보이려면 바닥이 많이 보여야 하는데, 실내 한 가운데 덩치 큰 소파가 놓이게 되면 바닥을 많이 가리게 되므로 소파는 벽에 붙여 놓는 L자형이나 I자형으로 배치하는 것이 좋다.
- 장식장, 서랍장 등 가구마다 높이와 앞뒤 폭이 다를 경우 가구 뒤쪽에 틈이 생기더라도 앞 선을 일직선으로 맞추는 것이 더 정돈된 느낌을 준다. 높이의 경우도 키가 비슷한 것끼리 배치하도록 한다.
- 문 앞에는 되도록 가구를 놓지 않는 것이 좋지만, 부득이하게 가구를 놓아야 할 경우에는 큰 가구는 안쪽에 놓고 문 쪽에는 제일 키가 낮은 가구가 오도록 하는데, 계단식으로 배치하면 규칙적인 인상을 주기 때문에 안정감도 있고 압박감도 덜 준다.
- 이러한 가구 배치를 위해서는 무거운 가구를 이리저리 옮겨 보기 전에 모눈종이를 준비해서 미리 가구를 배치해 보는 것이 좋다. 모눈종이 위에 그린 방 안에 가구 모형을 놓고 여러 가지 방법으

로 위치를 잡아 보면 어느 정도 균형감을 느낄 수 있다.

가구의 서랍이 잘 안 열릴 때

서랍이 뻑뻑하여 잘 안 열릴 때는 서랍을 빼내어 서랍 밑바닥이나 옆부분에 고체 비누 또는 양초를 바르면 잘 미끄러진다. 가구 기름이나 왁스를 발라도 좋다. 또 어느 한 곳이 걸려서 잘 여닫히지 않을 때는 그곳을 샌드페이퍼(사포)로 문지른 다음 왁스나 양초를 칠해 주면 된다.

가구 손잡이 때는 주방용 세제로

가구의 부속물로 달려 있는 금속으로 된 손잡이는 손때가 묻으면 쉽게 눈에 띄어 보기가 흉하다. 그러므로 평소에 마른걸레로 꼼꼼하게 닦아둘 필요가 있다.

손잡이의 가벼운 때는 쉽게 없어지지만 찌든 때는 잘 지워지지 않는다. 주방용 액체세제를 헝겊에 묻혀 닦은 다음 물걸레질을 하면 찌든 때도 깨끗하게 지워진다.

가구에 좀 구멍이 나면

가구 여기저기에 좀 구멍이 나는 경우가 있는데, 이는 좀벌레가 구멍을 파고 들어가기 때문이다. 이런 때는 주사기에 살충제를 넣어 그곳에 주입한다. 이렇게 좀벌레를 죽이고 나서 양초를 녹여 부어 그 구멍을 막은 다음 가구용 왁스를 칠해 두면 자국이 남지 않는다.

가구에 흠이 생기면

새로 산 가구에 흠집이 생겨서 속이 허옇게 드러나게 되면 여간 속상한 일이 아니다. 이런 때는 흠이 난 자리에 같은 색깔의 크레용이나 색연필 등을 사용하여 표시 나지 않게 잘 칠한 다음, 그 위에 매니큐어를 발라두면 감쪽같다. 또 이렇게 해두면 더 이상 흠집이 커지지도 않는다. 만일 자개장이나 검은색 가구에 흠집이 생겼다면, 커피에 물 한두 방울을 떨어뜨려 반죽한 다음 잘 이겨 붙여 말린다. 그리고 그곳을 물수건으로 다듬어 고르게 한 다음에 왁스칠을 하면 보기 싫은 흠이 말끔히 없어진다.

가구 위의 먼지는 신문지로 제거한다

냉장고나 장롱 등의 윗부분이나 밑바닥에는 먼지가 수북히 쌓이곤 하는데, 이것을 청소하기란 그리 쉬운 일이 아니다. 손이 닿지 않아 불편할 뿐더러 자칫하면 먼지가 날리기 십상이다. 이런 때 신문지를 이용해 보자. 신문지를 가름한 막대기에 돌돌 말아 거기에 물을 촉촉이 적신 다음 장롱 위아래의 곳곳을 굴리듯이 문지르면 젖은 신문지에 먼지가 모조리 묻어난다.

가구의 크레용 낙서는 치약으로 지운다

집안에 아이들이 있으면 가구 곳곳에 크레용 낙서가 있게 마련이다. 이 가구의 낙서를 지우려면 부드러운 천에 치약을 묻혀서 닦으면 깨끗하게 지워진다. 피아노 건반, 욕실의 세면대, 욕조의 더러운 부분을 제거하는 데도 이 방법이 효과적이다.

가스 보일러 사용시 주의 사항

① 제품에 표시된 가스와 사용 가스 종류가 같은지 확인한다.
② 연소 중에는 많은 양의 공기가 필요하므로 자주 환기를 시키는 것이 좋다.
③ 제품의 압력계를 수시로 확인하여 제품에 적정 압력이 유지될 수 있도록 보충수 밸브로 물을 보충해 준다.
④ 점검 주기를 정하여 비눗물 등을 사용하여 가스 배관 및 접속부 등에서 가스가 새는지 점검하고 연통에 부식 등으로 인한 구멍이나 막힌 곳이 있는지 확인한다.

⑤ 난방 또는 온수 용도 이외에는 의류, 취사용 등 다른 용도로 사용시 화재의 위험이 있으므로 사용하지 않는다.

⑥ 오랫동안 사용하지 않을 경우 동파 방지를 위해 보일러 내부에 있는 물을 배출 밸브를 이용하여 모두 배출시키고 전기 플러그를 꽂아둔다.

⑦ 제품의 수명을 길게 하고 사고를 예방하며 안전하게 사용하기 위해서는 사용 설명서를 충분히 숙지하여 정확하게 사용한다.

가습기 냄새는 레몬 주스로 없애

가습기를 오래 사용하다 보면 이상한 냄새가 난다. 이럴 때 레몬 주스를 2~3스푼 정도 물에 타서 사용하면 방안 가득 향기가 퍼지며 나쁜 냄새도 없어진다.

강판에 밴 냄새는 무 조각으로 없앤다

마늘, 생강, 양파 등을 간 강판에는 여전히 냄새가 남아 다른 것을 갈기가 곤란할 때가 있다. 이럴 때는 무 조각을 갈면 냄새가 없어진다. 또 강판에 붙은 찌꺼기는 물에 강판을 불린 다음 칫솔을 이용해서 좌우 방향으로 닦으면 쉽게 제거된다. 날이 청동으로 된 강판은 표면의 구리 도금이 벗겨져 녹이 생기기 쉬우므로 식초와 소금을 쳐서 솔로 닦아내 준다.

가죽소파 얼룩은 생우유로

요즘에는 가죽소파를 사용하는 가정이 많다. 그러나 얼룩이 생기고 때가 묻으면 손질이 여간 까다롭지 않은데, 그때그때 알맞은 방법으로 처치해야 한다. 기름이나 버터 등의 얼룩은 마른걸레로 그 부위를 완전히 닦아내고 샴푸로 말끔하게 닦아준다.

기름때, 손때 등의 얼룩의 경우 중성세제를 탄 미지근한 물로 닦아낸 후 부드러운 지우개로 다시 지워준다. 특히 얼룩 부분을 생우유로 닦아주면 때도 벗겨지고 윤기가 나며 수명이 길어지는 효과를 얻는다.

개미를 없애려면

부엌이나 방에 작은 개미가 줄줄이 기어다니는 수가 있다. 보기에도 징그러울 뿐더러 위생에도 좋지 않다. 이럴 때는 개미가 기어다니는 통로에 소금을 뿌려 놓으면 며칠 후에는 없어진다. 개미는 고무냄새를 싫어하므로 통로에 고무밴드 따위를 놓아도 효과가 있다. 또 개미가 나오는 구멍을 찾아 끓는 물을 붓거나 석유 몇 방울을 떨어뜨리는 것도 도움이 된다.

개수대 물때를 없애려면

개수대의 물때를 제거하기 위한 제품들이 많이 나와 있지만 손쉽게 동전을 이용하는 방법도 있다. 스타킹에 10원짜리 동전 한두 개를 넣어서 걸어 두면 물때 제거는 물론 냄새 제거에도 그만이다.

거실 가구는 낮은 것이 어울린다

거실에 안정감을 주려면 가구들이 높지 않아야 한다. 특히 소파 맞은 편에 키 큰 장식장이나 무겁게 보이는 가구가 놓이게 되면 불안감을 갖게 되고, 시야가 막혀 공간도 좁아 보인다. 장식대는 소파에 앉았을 때 눈높이 정도나 그보다 낮은 것이 좋다. 자랑이라도 하듯이 키 큰 양주 수납장 같은 것을 올려놓는 경우도 있는데, 높은 가구가 꼭 필요하다면 벽면의 끝부분이나 구석에 배치하도록 한다. 장식대 위는 너무 많은 물건들로 꾸미지 않아야 정돈되어 보이고 편안함을 느끼게 된다. 좁은 공간일수록 꼭 필요한 것만 놓고 공간을 비워 두는 것이 시각적인 안정감을 준다.

겨울철의 건강한 실내 생활 요령

• 온도가 높을수록 상대습도가 낮아져 건조해지기 쉬우므로 적정온도에서 습도를 일정하게 유지하는 것이 좋다. 즉, 온도를 생활하기에 가장 적합한 온도인 18~20℃로 설정해 두고 습도를 50% 정도로 일정하게

조절한다.

- 난방하지 않는 방은 항상 문을 닫아둔다. 그러나 사용하지 않는 실내 공간일지라도 약하게 난방을 하는 것이 에너지를 절약하면서 집안의 결로 현상을 방지할 수 있다.
- 침실과 같은 좁은 공간에서는 가급적 가습기의 사용을 자제한다. 가습기가 내뿜는 수증기는 침대 매트리스, 가구, 벽지 등에 영향을 미쳐 집먼지 진드기, 곰팡이 등이 번식할 수 있는 조건을 만들어 줄 수 있다.
- 침실과 거실에 카펫을 깔아둔 경우 진공청소기를 사용하여 청소할 때 미지근한 물을 스프레이에 넣어 살짝 뿌린 후 청소를 하면 날리는 먼지를 줄일 수 있다. 시중에는 집먼지 진드기 알레르기를 일으키는 원인 물질을 제거하는 특수 스프레이가 나와 있는데, 이러한 것을 사용하면 알레르기를 예방할 수 있다.
- 침실, 특히 침대 밑바닥을 청소할 때에는 진공청소기를 사용하기보다는 밀대가 달린 걸레를 사용하여 깨끗이 닦아내는 편이 건강에도 좋다.
- 침대 청소를 가끔 전문업체에 의뢰하여 매트리스 속에 들어 있는 집먼지 진드기와 사체 부스러기, 진드기 배설물, 곰팡이 등 알레르기 원인 물질을 제거하면 알레르기 증상(천식, 비염, 아토피성 피부염)이 완화된다.
- 옷장, 냉장고 위와 같이 청소하기 곤란한 곳은 헌 신문지를 테이프로 붙여 넓게 펴두었다가 먼지가 쌓이면 살짝 걷어내고 다시 헌 신문지를 붙여 올려둔다.
- 아침, 저녁으로 최소한 2번, 매번 3~5분 정도 맞바람이 치도록 통풍을 시켜 집안의 습기와 유해물질을 밖으로 배출시킨다.

곰팡이 예방과 제거 방법

곰팡이는 욕실과 부엌 주변, 의류, 벽지, 장판, 음식물, 침대, 소파, 신발장 등 습기가 있는 곳이면 어디서든 볼 수 있다. 욕조나 변기, 싱크대의 틈새를 막는 실리콘에도 검게 곰팡이가 핀다. 볕이 제대로 들지 않는 지하실이나 북향의 방, 누수가 되거나 습한 곳에서도 곰팡이가 많이 발견된다. 차량 시트도 곰팡이가 생기는 곳이다. 곰팡이는 호흡기 질환 등 여러 가지 질병의 원인이 될 수 있기 때문에 예방이 최선이며 발생하면 바로 제거해야 한다.

곰팡이를 예방하려면 먼저 습기를 제거해야 한다. 습기가 많은 곳이나 자동차, 가전제품의 뒤에 습기제거제를 두는 것도 좋은 방법이다. 곰팡이는 햇볕에 약하기 때문에 볕이 나는 날은 문을 열어 통풍을 시키고 말릴 수 있는 것은 자주 말리는 것이 좋다. 한 번 입은 옷은 반드시 빨아서 보관해야 한다. 옷이나 이불, 신발도 습도가 높은 여름철에는 자주 말리는 것이 좋다.

카펫이나 소파, 침대에 피는 곰팡이는 먼지와 함께 날아다닐 수 있기 때문에 자주 청소하고 통풍을 시켜줘야 한다.

항균 처리된 벽지와 곰팡이 방지 페인트를 사용하면 곰팡이를 예방할 수 있다. 이슬맺힘을 방지하는 결로 방지 페인트도 곰팡이를 예방하는 기능을 한다. 곰팡이가 생기면 곰팡이 제거제를 사용해 제거한다.

꽃병의 꽃을 오래 가게 하려면

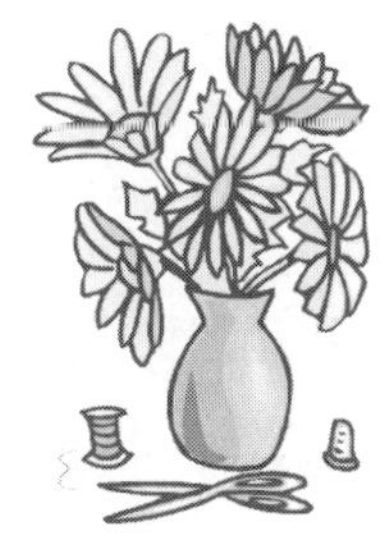

줄기를 물 속에서 자르고 그 끝을 불에 태워, 물 속에 중성세제를 섞어주면 꽃이 시들지 않고 오래 간다. 줄기를 자를 때는 비스듬히 잘라야 물 흡수량이 많아져서 좋다. 그러나 이런 방법들도 꽃병 속의 수온이 높아지면 큰 효과를 낼 수 없다. 물은 찬물로 갈아주되 더운 여름철에는 더욱 자주 갈아주어야 하며, 우물물이나 냉장고 속의 차가운 냉수를 부어주면 꽃이 오래 간다.

꽃병이 미끈거리면 락스나 표백제로

꽃병에 꽃을 오래 꽂아놓으면 미생물의 번식으로 인해 꽃병이 미끈거리게 된다. 이를 그냥 방치해 두면 꽂아놓은 꽃이 물과 함께 미생물을 빨아올려 일찍 시들게 된다. 따라서 꽃병이 미끈거리면 곧바로 락스나 표백제 등으로 살균해 주어야 꽃의 수명이 오래 간다.

꽃을 말려 보관하려면

생일 등에 받은 화환을 그대로 둘 경우 꽃이 말라 버려 볼품이 없어진다. 이것을 막으려면 꽃을 거꾸로 매달아 놓고 말려도 되지만 그것보다는 분무기로 꽃에 물을 살짝 뿌려서 전자레인지에 넣고 약 3분 정도 가열하면 모양이 좋게 말려져 반영구적으로 보관할 수 있다.

꽃의 줄기가 꺾어졌을 때

꽃의 줄기가 꺾였을 때는 이를 바로 세워 맞추고 스카치 테이프로 고정시켜 두면 다시 생기를 얻게 된다. 나무의 작은 가지가 부러졌을 때에도 이 방법을 이용하면 다시 살릴 수 있다.

구석진 곳은 스타킹 이용 청소

가구와 벽 사이 구석진 공간을 청소하려면, 막대기에 못 쓰는 스타킹을 칭칭 감아 이리저리 휘저으면 스타킹의 정전기가 먼지를 깨끗이 훑어낸다.

귤껍질로 가구의 광택을

귤껍질을 끓인 물로 가구와 마루를 닦으면 광택이 나며 향기도 좋다. 또 귤껍질의 즙으로 돗자리를 닦아주면 돗자리가 산뜻해지며, 누렇게 변색되는 것을 막을 수 있다.

그릇에 묻은 기름기는 헌 신문지로 없앤다

기름기가 묻은 그릇은 세제를 풀어서 씻는 것이 일반적이다. 이렇게 하면 세제 구입 비용도 비용이지만 세제와 기름은 환경 오염의 원인이 된다. 비용을 들이지 않고 그릇에 묻은 기름기를 없애려면 헌 신문지를 이용하면 간단하게 해결된다. 즉 신문지로 기름기가 묻은 그릇을 말끔하게 닦아낸 다음 더운물에 헹구면 된다. 신문지를 사용해도 세제나 클리너를 쓴 것 이상으로 깨끗하게 닦인다.

그릇에 붙은 상표는 아세톤으로 지운다

커피 세트나 기타 사기그릇에 붙어 있는 상표나 가격표는 떼고 나도 자국이 남아 있는 경우가 많다. 솔로 문지르거나 더운물로 씻어도 잘 지워지지 않는다. 이럴 때 매니큐어를 지우는 아세톤으로 지우면 깨끗이 지워진다.

금속 식기류는 치약으로 닦는다

냉장고 따위의 금속 부분이 더러워졌을 때는 치약을 부드러운 헝겊에 묻혀 닦으면 효과적이다. 또한 금속 식기류를 닦는 데는 식초와 소금을 섞어 헝겊에 묻혀 닦으면 된다. 이때 에 주의해야 할 점은 다 닦은 다음 깨끗한 물로 여러 번 헹궈내야 한다는 점이다.

기둥에 남은 못 자국을 없애려면

기둥에 남아 있는 못 자국이 보기 싫을 때는 이쑤시개를 못 자국에 집어 넣고 평면에 맞추어 칼로 자른 후 헝겊으로 주위를 닦아내면 눈에 잘 띄지 않게 된다.

나무 기둥의 손때는 가성소다로

때가 낀 나무 기둥은 물 1l 에 가성소다를 2찻술 정도 넣어 녹인 용액을 수세미에 묻혀 닦으면 얼룩을 없앨 수 있다. 작업 전에 바닥에 비닐을 깔아 얼룩에서 빠진 물이 묻지 않도록 하고 얼룩을 뺀 기둥은 물걸레로 닦아낸 뒤 마른 헝겊으로 물기를 닦는다. 마루의 더러움은 탄산소다로 닦으면 때 가 곱게 벗겨진다.

나사못을 단단하게 박으려면

나사못은 헐거워지기가 쉽다. 이럴 때는 부엌에서 쓰는 쇠줄 수세미를 한 줄 부러뜨려 구멍에 넣는다. 이렇게 하면 나사를 돌릴 때 나사가 헛돌지 않고 꽉 박히게 된다. 또 접착제를 넣고 마르기 시작할 때 나사를 끼우면 접착제가 굳으면서 단단하게 박힌다.

난방기구는 찬 공기 들어오는 쪽에 놓아야

난방기구를 창문에서 떨어진 안쪽에 놓으면 창 쪽의 공기가 흘러 들어와 위아래 온도 차이를 크게 한다. 따라서 난방기구는 찬 공기가 들어오는 쪽에 놓아야 방 전체를 골고루 데워 효과적인 난방을 하게 된다.

난 화분에 물줄 때는

난 화분에 물을 줄 때는 속이 깊은 양동이에 물을 받아 화분째 담가둔다. 난을 품고 있는 작은 돌들이 물을 충분히 흡수해 그냥 물을 붓는 것보다 오래 간다.

냄비 자국은 마요네즈가 약

니스 칠을 한 마룻바닥이나 책상 등에 뜨거운 냄비를 올려놓으면 자국이 생겨 보기가 좋지 않다. 이때에는 마요네즈를 바르고 약 30분 후에 걸레로 닦아내면 자국이 없어진다.

냉동실의 성에는 식용유로

성에가 끼는 냉장고는 성에를 가끔 없애주지 않으면 냉동이 잘 되지 않는다. 한번 성에가 끼기 시작하면 없애는 작업이 그리 쉬운 일은 아니다.

성에를 일단 깨끗이 벗겨낸 냉장고는 마른걸레로 물기를 깨끗이 닦아낸 다음 성에가 끼는 냉동실 안에 식용유를 발라둔다. 이렇게 해두면 다음엔 성에를 없앨 때 물과 기름이 분리되어 잘 떨어진다.

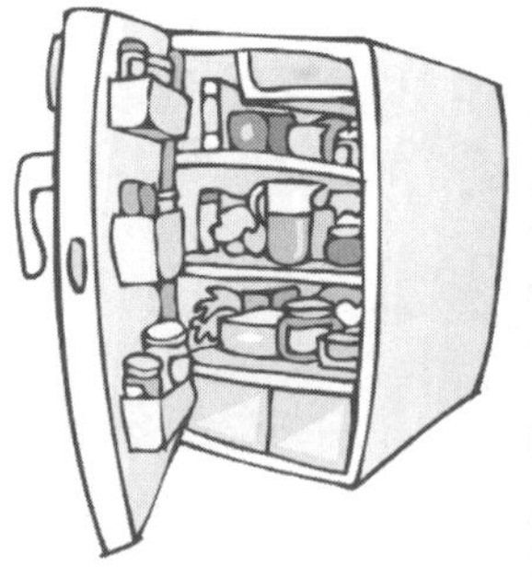

냉장고와 세탁기의 도장이 벗겨졌다면

냉장고나 세탁기는 일단 흠집이 생기면 금방 녹이 슬고 점점 주위로 번져 나간다. 이런 경우 흠이 생긴 자리에 매니큐어를 칠해 두면 안전하다. 흠집이 클 경우는 에나멜을 칠한다.

담배 연기 제거법

방안에 담배를 피우는 사람이 많으면 담배 연기로 집안의 공기가 온통 탁해진다. 여름이라면 창문을 활짝 열어놓을 수도 있지만 날씨가 찬 겨울일 때에는 장시간 창문을 열어둘 수도 없다. 이럴 때는 방안에 촛불을 켜 놓아 보자. 촛불은 주위의 연기를 흡수하는 성질이 있기 때문에 방안의 담배 연기를 제거하는 데 큰 효과를 보인다. 유리컵에 모래를 담아 촛불을 꽂아 사용하면 위험하지도 않으며 보기에도 좋다.

대나무 제품을 구입할 때는

구입 대나무 제품은 겉대로 만든 것이 더 오래 사용할 수 있다. 겉대는 때가 잘 안 타고 매우 질기며, 오래 쓸수록 손때가 묻어 윤기가 나는 것이 특징이다. 대쪽을 엮은 섬유가 질긴지, 끈을 옭아맨 곳이 단단한지도 살펴야 한다.

자동차용 시트는 소형과 중형, 대형차에 따라 규격이 다르므로 구입할 때 반드시 확인하고 구입해야 한다. 껍질 색깔이 전체적으로 같은 것, 대나무의 나이가 비슷해서 마디의 길이가 일정한 것, 대와 대 사이의 짜임새가 고른 것을 확인해야 한다. 댓속으로 구멍을 뚫어 실을 겉으로 보이지 않게 엮은 것이 좋다.

더러워진 레인지는 국수 삶은 물로 닦는다

가스레인지나 전자레인지는 금방 더러워지기 쉽다. 특히 요리할 때 생긴 기름때나 음식물 등은 주방세제로 닦아도 잘 닦이지 않는다. 더러워진 레인지를 깨끗이 닦는 데에는 국수 삶은 물을 이용하면 좋다. 국수를 삶았던 물을 다 버리지 말고 조금 남겨 레인지 주변에 묻은 기름때나 얼룩을 닦아 주면 말끔해진다.

덧창이 잘 열리지 않는다면

우선 칫솔이나 청소기 브러시를 이용해 레일의 먼지를 제거한다. 달걀 껍질을 스타킹이나 거즈에 넣고 주물러 잘게 부순 다음 어느 정도 물기가 생기도록 분무기를 이용해 적셔준다. 이것으로 레일 사이 사이를 꼼꼼하게 문지르면 전보다 훨씬 부드럽게 열리는 효과를 볼 수 있다. 양초가 있으면 양초를 칠해 줘도 잘 열린다.

도자기가 넘어지지 않게 하려면

아랫부분으로 갈수록 잘록해지는 도자기의 경우 살짝 건드려도 넘어져 깨지기 쉽다. 이런 경우에는 도자기 속에 모래를 반이 넘지 않게 넣어둔다. 모래의 무게로 도자기가 안정감을 갖게 되므로 넘어질 염려가 없다.

동양란의 관리요령

■ **재배 장소** : 일반적으로 난을 애지중지하면서 실내에 들여놓고 기르는 데, 사실 동양란의 자생지는 반음·반양지이기 때문에 연중 햇빛을 보지 못하고 실내에서 기르면 몇 년이 지나도 꽃을 볼 수가 없다. 적절한 온도와 햇볕이 들도록 정원의 나무 그늘 밑이나 아파트 베란다에 차양막을 쳐서 빛의 양을 조절해 주어야 꽃을 감상하면서 기를 수 있다. 아파트의 경우 충분한 통풍을 해주어야 한다.

■ **물주기** : 난분을 놓을 장소의 습도·온도·통풍 조건에 따라 다르나 온도 기준으로 예를 들면, 5~10℃ 사이에 는 일주일에 한 번, 10~15℃ 사이에서는 4~5일에 한 번, 15℃ 이상의 온도에서는 3일에 한 번 관수하되, 여름 철에는 해가 지고 난 다음 선선한 때를 이용하여 관수하

고, 겨울철에는 반대로 한낮에 주는 것이 좋다. 물을 줄 때는 잎의 먼지가 싹 씻어내려가 화분 밑에까지 물이 흘러나오도록 흠뻑 주도록 한다.

■ **병충해 예방법** : 통풍·햇빛·온도를 잘 맞추어 주면 발병 확률이 적다. 생육기(4~9월)까지는 월 1~2회, 휴면기(10~3월)에는 월 2~3회 정기적으로 약제를 살포해 주는 것이 좋다.

레자소파 선택 및 관리 요령

레자는 때가 잘 안 타고 천연가죽보다는 색이 다양한 편이다. 레자 하면 싸구려라는 인식이 있지만 요즘에는 레자도 값이 비싸고 질 좋은 고급 제품이 많다.

레자의 품질을 쉽게 가늠할 수 있는 방법은 뒷면을 확인해 보는 것이다. 질이 좋은 레자는 뒷면에 융처럼 부드러운 천을 대어 놓았으며, 손으로 만져보면 상당히 부드럽다. 뒷면에 올이 가는 망사 같은 천을 붙여 놓은 레자는 싼 제품이다.

레자소파를 관리하는 요령은 가죽소파와 비슷하다. 다만 레자는 표면에 고무코팅이 되어 있으므로 열기를 받으면 껍질이 일어날 수 있고, 화학제품이기 때문에 벤젠이나 가죽전용 클리너를 사용하면 표면에 손상이 갈 수 있으므로 주의해야 한다. 물걸레로 지워지지 않는 볼펜 자국은 유리 닦는 세정제를 헝겊에 조금 묻혀 닦아주면 효과를 볼 수 있다.

리모컨을 깨끗하게 쓰려면

리모컨은 먼지나 손때가 묻어서 더러워지기 쉽다. 걸레로 닦아 보지만 튀어나온 작은 버튼들이 많아 제대로 닦이지를 않는다. 이럴 때는 더러움을 제거하는 방법보다 그 자체를 더럽히지 않는 방법을 쓰는 편이 낫다. 리모컨을 랩으로 싸 보자. 랩은 얇고 투명하기 때문에 리모콘의 기능에는 전혀 영향을 미치지 않는다. 가끔 랩을 새것으로 씌워주면 먼지도 안 탈 뿐더러 버튼의 글씨도 지워지지 않아 늘 새

것 같은 느낌을 준다.

마루에 기름을 엎질렀을 때는

마룻바닥 등에 기름이 엎어지면 미끌미끌하고 잘 닦이지 않는다. 이럴 때 가장 좋은 방법은 그곳에 밀가루를 뿌려주는 것이다. 밀가루가 기름을 흡수하므로 완벽하게 기름기를 제거할 수 있다.

마룻바닥을 윤나게 하려면

마룻바닥을 윤나게 하려면 니스나 왁스칠을 하면 되겠지만, 그런 것들을 사용하지 않고도 그와 비슷한 효과를 낼 수 있는 방법이 있다. 깨끗한 걸레를 쌀뜨물에 담갔다가 꼭 짜서 닦으면 횟수를 거듭할수록 번들번들 윤이 난다.

마른 오징어를 구울 때

마른 오징어는 불에 구우면 딱딱해지기 십상이다. 그러므로 마른 오징어를 구울 때는 그냥 굽지 말고 물에 살짝 씻어낸 후 소금을 살짝 발라 구우면 노폐물도 제거되고 부드러우면서 맛도 좋아진다.

먼지 묻은 조화는 소금으로 세척한다

천이나 플라스틱으로 만든 조화를 오랫동안 장식해 놓다 보면 먼지가 묻어 지저분해 보인다. 이때 세척을 잘못하면 변색되거나 곰팡이가 생기기 쉽다. 이것을 방지하기 위해서는 비닐봉지에 소금을 한 줌 넣고 조화를 넣어 잘 흔들면 소금에 먼지가 묻어 새것처럼 깨끗해지고 변색도 되지 않는다.

모기향을 피울 때

모기향을 피우다 보면 끝까지 피울 필요가 없을 때가 있다. 이때에는 집에 있는 쿠킹호일을 조금 잘라서 원하는 부분에 감아 놓으면 그 부분까지만 타고 꺼진다.

목욕탕 거울에 김이 서리면

목욕탕 안에 있는 거울에 김이 서려 불편할 때는 거울에 비누를 칠한 다음 마른걸레로 닦으면 거울 표면에 엷은 비누막이 생겨 김이 서리지 않게 된다. 겨울철에 밖에서 실내에 들어가면 김이 서리는 안경이나 자동차의 유리도 마찬가지 방법으로 해본다.

못을 박을 때는 비누칠을 한다

못을 박기 전, 비누에 몇 번 문질렀다가 못을 치면 미끄럽기 때문에 잘 들어간다. 콘크리트 못 역시 비누칠을 한 다음 여러 번 겹친 종이나 스티로폼에 못을 일단 박은 뒤, 이것을 벽에 대고 못질을 하면 한결 쉽다. 예정된 깊이만큼 못이 박히면 스티로폼이나 종이를 뜯어내고 한두 번 더 두드려 끝마무리를 한다.

물고기 먹이는 적게 주는 게 좋다

먹이를 많이 주는 것은 물고기에게 가장 좋지 않은 환경을 제공하는 것이다. 먹지 않고 남은 먹이가 가라앉으면 물이 부패되고, 이는 자연히 물고기의 병을 유발하는 원인이 된다. 물고기들이 5분 안에 다 먹을 수 있는 양을 주는 것이 가장 적당하다고 할 수 있다.

아침, 저녁으로 조금씩 주는 것이 가장 좋으며, 특히 어린이가 있는 가정에서는 물고기 먹이를 어린이의 눈에 띄지 않는 곳에 두는 것이 안전하다. 어린이들이 먹이 주는 것에 흥미를 느껴 지나치게 많은 양을 주는 경우가 있기 때문이다.

물고기 어항 관리 요령

물 갈아주기

전체적으로 어항 속의 내용물을 전부 닦아주는 것은 1년에 1~2번 정도가 적당하다. 그 이상으로 물을 갈아주어야 한다면 어항 관리에 문제가 있는 것이다. 다음과 같은 방법으로 어항을 관리하면, 어항 상태가 좀더 오랫동안 깨끗하게 유지될 수 있다.

① 평소보다 어항 물이 맑아 보이지 않거나 이끼, 물때가 낀 것으로 보일 때는 어항의 지저분한 곳을 깨끗한 수세미 등으로 닦아주고,

② 물을 1/3가량 빼준 후

③ 온도를 맞추어 새 물을 보충해 주면 된다(섭씨 25℃ 내외).

이때에는 기존의 어항 물의 양이 더 많으므로 수돗물 중화제를 적당량 첨가하면 된다. 또 조화나 돌, 산호 등이 지저분해진 경우에는 락스를 희석시킨 물에 30분 내지 1시간가량 담가둔 후 뜨거운 물로 깨끗이 헹궈 어항에 다시 넣어주면 된다.

약 넣어주기

기본적으로 어항에 새 물을 넣을 때 필요한 것은 수돗물 중화제와 치료제이다. 대부분의 약은 가로가 4자(120cm)인 어항에 적당한 양이다. 따라서 어항이 2자 정도이면 약을 반만 넣어주면 되고, 1자 내외이면 1/4가량을 넣으면 된다(병에 물고기를 키우는 경우에는 몇 방울만 넣으면 된다).

수돗물 중화제는 수돗물에서 나는 소독약 냄새를 없애는 것이므로, 어항에 새 물을 넣을 때 필수적인 약품이다. 이것이 준비되어 있지 않을 경우에는 수돗물을 받아놓았다가 만 이틀이 지난 후 사용하면 안전하다.

치료제는 주로 사각봉지에 담겨 있는 하얀 가루이며, 물고기의 저항력을 길러주기 위해 새 물에 함께 넣어주고, 치료의 역할도 하므로 병이 온 후 치료제로 사용할 수 있다.

새 어항에 물고기를 넣을 때

① 어항에 물을 가득 담은 후, 그 물을 한 번 빼낸다.

② 열대어의 경우 찬물과 더운물을 섞은 후 물의 온도를 섭씨 25°C로 맞

춘다(온도계 초록색 윗부분).

온도조절 히터를 설치하는 경우에는 어항 속의 물 온도를 맞춘 후 히터 위쪽에 있는 꼭지를 돌려 히터 속의 램프에 불이 깜빡거리는 곳에 두면 된다(히터는 항상 물 속에서만 작동시켜야 하므로, 물에 넣은 후 전기에 꽂아주고, 꺼낼 때도 전선을 먼저 뺀 후 물 속에서 식힌 다음 밖으로 빼주어야 한다).

③ 어항 높이보다 5cm 낮게 띄우고 물을 채운다.

④ 어항 크기에 맞게 수돗물 중화제와 치료제를 넣는다.

⑤ 물고기를 봉지째 어항에 띄워 어항의 온도와 봉지의 온도가 비슷해지도록 한다.

⑥ 약 20분 후 봉지를 뜯어 봉지의 물을 함께 어항에 붓는다.

물 절약 실천 요령

- 수도꼭지나 관의 누수 여부를 철저히 점검한다. 누수는 24시간 쉬지 않고 진행된다. 화장실은 물감을 풀어놓으면 누수 여부를 알 수 있다.
- 마당이나 아파트 베란다 청소시에는 호스를 이용한 물청소를 하지 말고, 화초에 물을 줄 때는 분무기를 사용한다.
- 목욕할 땐 욕조에 물을 받아 놓지 않고 샤워기를 사용한다. 샤워 시간을 조금만 줄여도 한 번에 18~25l의 물을 아낄 수 있다.
- 변기 물통에 모래나 자갈을 채운 플라스틱 물병을 넣어두면 가구당 하루 평균 35l의 물을 절약할 수 있다.
- 설거지나 채소, 과일을 씻을 때는 물을 받아서 한다.
- 세차시에는 양동이에 물을 받아서 한다.
- 세탁기는 빨래를 모아 한꺼번에 돌린다.
- 양치질을 할 때는 물을 틀어 놓지 말고 컵을 사용한다. 면도시에도 세면기에 물을 받아 놓고 쓴다.
- 절약형 샤워꼭지나 유량 조절기가 부착된 것을 사용한다.

바퀴벌레 퇴치법

① 은행잎을 모아서 직사광선에 바짝 말린 뒤 그물망에 넣어 바퀴벌레가

다니는 길목에 놓아두면 된다.

② 집안 구석구석에 겨자가루를 뿌려두면 효과적이다.

③ 마늘도 싫어하므로 마늘가루를 뿌려두면 접근하지 않는다. 서랍이나 선반 주위에 가루를 뿌리고 종이를 덮어두면 그릇 등에 묻지 않아 좋다.

④ 바퀴벌레가 다니는 통로에 석유를 조금씩 뿌려두어도 효과가 크다. 단, 석유로 인한 화재의 위험에 신경을 써야 한다.

⑤ 감자 3개를 껍질을 벗겨 삶은 다음 곱게 으깬다. 약국에서 붕산 1봉지를 사서 섞은 다음 조금씩 뜯어서 구석구석에 넣어둔다. 2주일 정도 그냥 두었다가 쓸어내면 감쪽같이 없어진다.

밤에 열쇠 구멍 쉽게 찾으려면

한밤중에 스위치를 찾을 때나 열쇠로 문을 열 경우에는 꽤 오랜 시간 더듬거리게 된다. 이런 불편을 없애기 위해서는 전기 스위치나 열쇠 구멍 부분에 야광 도료를 조금 칠하거나 야광 테이프를 붙이면 더듬지 않고 쉽게 찾을 수 있다.

방문의 검은 때를 지우려면

의외로 검은 때를 잘 제거해 주는 것이 무즙이다. 무를 갈아서 즙을 내고 깨끗한 천에 묻혀 더러워진 부분, 특히 손잡이 주위를 닦으면 검은 때도 제거되고 반짝반짝 윤기가 난다.

방바닥 끈적거림이 싫을 때는

방, 마루는 물걸레로 자주 닦으면 습기 때문에 끈적거리기 쉽다. 방, 마루를 청소한 뒤 지물포나 보수 센터에서 파는 물 왁스를 헝겊에 묻혀 골고루 발라주면 여름 내내 끈적거림 없이 지낼 수 있다. 먼지가 잘 타지 않아 물걸레질도 자주 할 필요가 없다.

방바닥에 잉크가 묻었을 때

장판의 얼룩 중 잉크류는 물걸레로는 좀처럼 지워지지 않는다. 이럴 땐 얼룩진 부분 위에 소금을 한 줌 놓고 젖은 걸레로 문질러 닦으면 방바닥도 상하지 않고 잉크 자국도 깨끗이 없앨 수 있다.

방충망의 먼지는 스펀지로 없앤다

방충망에 낀 먼지를 없애려면 큼직한 스펀지를 2개 준비해서 양쪽에서 비벼가면서 닦는다. 이때 주위에 온통 먼지가 일게 되므로 바닥에 미리 신문이나 비닐을 깔아둔다. 방충망이 심하게 더러워져 있을 경우에는 창틀에서 떼어내 솔과 세제로 씻고 물로 헹군다. 마른걸레로 물기를 훔친 다음 그늘에서 말린다.

배수관이 막혔을 때

싱크대나 세면기의 배수관이 막히면 불편한 점이 한두 가지가 아니다. 배수관이 막혔을 때에는 소다 한 컵 정도를 배수구에 집어넣은 다음 그곳에 식초 한 컵을 흘려 넣어준다. 그러면 거품이 많이 생기는데, 이때 더운 물을 부어주면 웬만한 것은 거의 뚫린다. 하수구가 막혀 수리공을 부르기 전에 한번쯤 시도해 볼 일이다. 평소에도 이와 같은 방법을 열흘에 한번 정도 되풀이해 주면 좀처럼 배수구가 막히는 일이 없다.

배수구에서 냄새가 날 때는

배수구는 오래 사용하다 보면 음식물 찌꺼기와 기름 때문에 흐름이 막히거나 썩는 냄새가 날 수 있다. 특히 고기의 지방이 녹아 있는 물을 버리거나 베이컨의 유지처럼 프라이팬에서 액상으로 된 것을 흘려 버리면 배수관 끝에서 굳어 세균이 번식하게 되고 수질오염을 가중시킨다. 따라서 기름은 되도록 배수구로 흘려 보내지 않도록 하고 음식물 찌꺼기는 그때그때 버리도록 한다.

배수구에서 심한 악취가 날 때는 우선 주방용 세제를 이용해 솔이나 칫솔로 걸름망을 깨끗이 닦아낸 다음 식초와 물을 희석해 흘려 부으면 된다. 가끔 뜨거운 물을 붓거나 표백제를 배수구로 흘려 보내면 세균 번식을 막을 수 있다. 배수구 안쪽에도 이물질이 많이 끼어 있으므로 수도꼭지에 호스를 연결해 물을 세게 흘려 보내면 수압으로 인해 이물질이 비교적 쉽게 떠내려간다.

그런데 위와 같이 했는데도 공기의 역류로 인해 악취가 올라오는 경우가 있다. 비닐봉지에 물을 담아서 하수구 위에 올려놓으면 냄새가 차단되지만 물 버릴 때마다 치워야 하는 번거로움이 있다. 이럴 때는 다음의 방법을 써 보자. 신기하게도 악취가 놀라오지 못한다.

① 우선 하수구 오물받이의 하단에 끼울 만한 크기의 얇은 원통형 비닐(비닐은 얇을수록 좋다. 주방에서 쓰는 랩으로 원통형을 만들면 적격이다)을 구해서 40cm 정도의 길이로 자른다.

② 이렇게 자른 비닐 호스의 한쪽 끝을 오물받이의 하단에 끼우고 고무줄로 단단히 묶은 다음, 하수구에 그 비닐 호스를 내려뜨려 다시 꽂는다.

③ 물 한 바가지를 부어 비닐이 서로 달라붙게 한다. 이렇게 하면 물은 내려가고 비닐은 서로 달라붙게 되어 하수구에서 올라오는 냄새가 완전 차단된다.

버티컬의 세탁은 면장갑으로

먼지가 엉겨붙은 블라인드나 버티컬을 걸레로 청소하려다 보면 이리저리 밀려서 제대로 닦기가 어렵다. 따라서 블라인드를 닦을 때는 양손에 고무장갑을 끼고 그 위에 목장갑을 낀 다음 주방용 세제를 희석시킨 물에 장갑 낀 손을 담갔다가 하나하나 닦아나간다. 장갑이 더러워지면 마치 손을 씻듯이 양손을 비벼 씻으면 된다.

벽에 난 작은 구멍을 메우려면

못 자국 등과 같은 작은 구멍이 벽의 여기저기에 나 있으면 보기에 좋지 않다. 이런 때는 종이 점토를 만들어 메우면 구멍을 감쪽같이 없앨 수 있다. 종이 점토를 만들 때는 우선 휴지나 신문지 등과 같은 종이를 필요한 만큼 그릇에 담고 물을 가득 부어 하루쯤 불렸다가 윗물은 버리고 밑바닥에 깔린 흐물흐물 풀린 종이를 잘 반죽하면 된다. 이렇게 만든 종이 점토를 못 구멍에 송곳을 이용하여 밖으로 약간 튀어나올 때까지 잘 밀어넣고 말린 다음, 입자가 가는 샌드페이퍼로 그 부분을 문질러 주면 된다. 못 구멍보다 크게 난 구멍도 이런 방법으로 메우면 된다.

벽지 색은 바닥재 색을 정한 다음 고른다

집안의 전체적인 조화를 이루면서 세련된 공간을 꾸미려면 바탕색을 정한 다음 벽지를 선택하는 게 좋다. 바닥재는 벽지에 비해 선택 폭에 제한을 더 받기 때문이다.

벽지 선택에 있어 가장 무난한 것은 흰색이나 아이보리, 베이지 색 바탕에 무늬가 없거나 거의 눈에 띄지 않는 벽지이다. 또 비닥재보다 벽, 벽보다 천장을 옅은 색으로 하는 게 안정감을 준다.

단순하며 자잘한 무늬의 벽지는 작은 방에 어울리고, 크고 뚜렷한 무늬는 넓고 트인 공간에 어울린다. 세로줄 무늬는 천장이 낮은 공간에 좋다.

벽지의 때를 없애는 법

아이가 있는 집은 아무래도 벽지에 손때가 많이 묻어 있는 곳이 있게 마련이다. 벽지의 때는 물걸레로 닦을 수도 없고 또 다른 용액으로 지울 수도 없다. 이런 곳은 말랑말랑한 식빵으로 닦으면 된다. 그리고 벽의 전기 스위치 같은 데도 손때가 잘 묻는 곳인데, 이런 곳은 지우개로 닦으면 잘 지워진다.

벽지의 수명을 길게 하려면

가정에서 도배만큼 번거로운 일도 없을 것이다. 귀찮은 도배를 자주 안하려면 벽지의 수명을 늘리는 길밖에 없다. 도배를 한 다음 묽게 끓인 풀과 아교 끓인 것을 3대 2의 비율로 섞어서 분무기에 넣고 벽과 천장에 뿌려보자. 풀과 아교가 벽지에 고루 스며들어 윤기가 나고 색깔이 퇴색하지 않을 뿐만 아니라 수명도 훨씬 길어진다.

변기 커버로 양말을

양변기의 커버에 신다가 싫증이 난 긴 양말을 끼워서 사용하면 간편하고 세탁도 수월할 뿐만 아니라 색다른 멋을 풍긴다. 이왕이면 밝은 색 무늬의 양말을 이용하면 보기도 예쁘고 이미지도 좋을 것이다.

보온병은 내용물이 꽉 차야

보온병은 내용물이 밖으로 넘쳐 나올 정도로 꽉 차게 담지 않으면 보온의 효과가 떨어진다. 따라서 보온병을 살 때는 불필요하게 큰 것은 피하는 것이 경제적이다.

부동산 계약금과 해약금

쌍방 합의를 하고 계약서를 작성했으나 이를 이행하지 못하게 되는 경우가 있다. 특별히 계약금의 성격을 규정하지 않으면 계약금은 해약금이 되어 매수인은 계약금을 포기하고, 매도인은 계약금의 배액을 돌려주고 해약할 수 있다. 그러나 해약금은 민사소송의 손해배상 청구와는 별개로서 해약이 되면 해약금과 별도로 민사상 손해배상 청구를 할 수 있다. 중도금은 계약 이행의 착수금으로 중도금 지급 후에는 일방적인 해약은 불가능하다.

통상 계약금은 전체 금액의 10%로 하는 게 보통이지만 이 비율은 법률에 의해 규정된 것이 아니고 관습적으로 행해지는 것이므로 서로간의 합의에 의해 결정한다. 중도금은 대개 40~50% 선이다.

부동산 관련 용어

- **가등기** : 본등기를 하는 데 필요한 형식적 요건이나 실질적 요건이 갖추어지지 않았을 경우 장차의 본등기의 순위 보전을 위하여 미리 해두는 등기를 말한다. 장차 본등기를 하면 그 대항력은 가등기를 한 시기까지 소급되므로 가등기 후 이루어진 제3자의 본등기보다 우선하게 된다.
- **가압류** : 채무자의 재산에 대한 강제 집행을 보전하기 위하여 그 재산을 임시로 압류하는 법원의 처분을 뜻한다. 따라서 가압류가 된 재산에

대하여 채무자는 그 처분권을 상실
한다.

- **가처분** : 권리의 실현이 소송의 지연이나 강제집행을 면하기 위한 채무자의 재산 은닉 등으로 위험에 처해 있을 경우에 그 보전을 위하여 그 권리에 관한 분쟁의 소송적 해결 또는 강제집행이 가능하게 되기까지 잠정적, 가정적으로 행하여지는 처분을 말한다. 가처분에는 민사소송법상 계쟁물에 관한 가처분과 임시의 지위를 정하는 가처분이 있다.

- **강제경매** : 민사소송법상의 강제집행으로 법원에서 채무자의 부동산을 압류, 매각하여 그 대금으로 채권자에게 빚을 갚아주는 절차를 말한다.

- **건축선** : 도로와 접한 부분에 있어서 건축물을 건축할 수 있는 한계선을 말한다.

- **개별공시지가** : 공시지가 표준지 중에서 선택한 비교 표준지와 개별 토지의 특성을 비교하여 토지 특성 차이에 따른 가격배율을 산출하고 이를 표준지 공시지가에 곱하여 산정한 가격을 말한다.

- **건폐율** : 건축면적의 대지면적에 대한 비율을 말한다.

- **경매** : 매도인이 여러 사람에게 매수 신청을 하게 하고 최고 가격의 신청인에게 매도하는 방법을 말한다. 개별적 매매에 비하여 공평하게 행하여지므로 국가기관에서 행하는 경우에 자주 이용된다.

- **계단홀식** : 공동주택의 각 세대별 출입방식으로써, 각 층의 세대별로 편복도 등의 이용 없이 각 층의 계단 또는 엘리베이터에서 각 세대로 직접 출입이 가능토록 한 평면구도 방식을 말한다.

- **고도지구** : 도시지구에서 건축물의 높이를 정하여 도시경관을 보전하고 토지이용도를 높이려는 지구를 말한다. 높이의 최고 한도를 정한 것을 최고 고도지구, 높이의 최저 한도를 정한 것을 최저 고도지구라고 한다.

- **공동구** : 도시의 미관, 도로구조의 보전과 원활한 교통의 소통을 위하여 지하 매설물(전기, 가스, 수도 등의 공급시설 및 통신시설, 하수도 시설 등)을 공동 수용하기 위해 도시계획법에 의거 지하에 설치하는 시설물.

- **공동화 현상** : 도심지역 내의 지가등급, 각종 공해로 인하여 주민들의 도시 외곽으로 진출하게 되면 도심의 주택은 줄고 공공기관, 상업기관

만 남게 됨에 따라 도심은 도넛 모양으로 텅 비어 공동화되고 외곽은 밀집되는 현상을 말한다. 이런 현상이 심해지면 교통난 가중 등의 사유로 다시 도심으로 돌아오는데 이를 회귀현상이라고 한다.

- **공매** : 공공기관이 법적으로 처리해야 할 물건을 일반인에게 공개해 매매하는 것을 말하며 공개경쟁입찰, 경매, 수의계약 3가지 방법이 있다.

- **공시지가** : 공시지가 및 토지 등의 평가에 관할 법률에 의한 절차에 따라 건설교통부장관이 조사, 평가하여 공시한 표준지의 단위 면적당 가격을 말한다.

- **공실률** : 아파트나 임대빌딩의 전체 방수 중 비어 있는 방의 비율.

- **공유수면** : 해, 하, 호, 소 기타 공공용으로 공용되는 국유의 수류 또는 수면과 빈지(만조수위선으로부터 지적공부에 등록된 지역까지의 사이)로서 하천에 관한 법령의 적용 또는 준용을 받지 아니하는 것.

- **국민주택** : 국민주택이란 가구당 2,000만 원씩 국민주택기금의 지원을 받아 건설되는 공동주택을 말한다. 통상 25.7평 이하 중소형 아파트가 국민주택에 해당된다. 이와 달리 민영주택은 민간업체가 순수하게 자기 돈을 들여 짓는 공동주택을 말한다.

- **근저당** : 계속적인 거래관계로부터 생기는 다수의 채권을 담보하기 위하여 담보물이 부담하여야 될 최고액을 정하여 장래 결산기에 확정하는 채권을 그 범위 안에서 담보하는 저당권을 말한다.

- **기준시가** : 시 단위 이상 지역의 아파트나 50평 이상의 연립주택(고급빌라) 등에 대한 양도소득세나 상속증여세를 매길 때 기준으로 삼기 위해 국세청이 고시하는 평가 금액이다. 기준시가는 보통 실제 거래가격의 70~80% 수준에서 정해지는데, 50평을 넘는 아파트와 고급 빌라는 실제 거래가격의 80%, 25평 이상 50평 미만은 75%, 국민주택 규모인 25평 미만은 70% 수준이다.

- **나대지** : 지상에 건축물 등이 없는 대지를 말한다.

- **나지** : 건물 등 지상물이 없는 택지를 말한다. 일반적으로 나대지라는 개념으로 잘못 쓰인다.

- **노지** : 가리거나 지붕이 덮여 있지 않은 땅.

- **대지** : 집터로써 쓰이는 땅을 의미한다. 건축법상으로는 지적법에 의하여 각 필지로 구획된 토지를 말한다.

- **맹지** : 주위가 모두 다른 사람 소유의 토지로 둘러싸여 도로에 접하는 부분이 전혀 없는 토지를 말한다.

- **환매** : 넓은 의미로 매도인이 한 번 매도한 물건을 대가를 지급하고 다시 매수하는 계약을 말한다. 이 환매에는 법률적으로 두 가지의 수단이 있는데, 하나는 최초의 매매계약을 할 때에 매도인이 환매할 권리를 유보하고 그 목적물을 환매할 수 있다고 약속하는 것이고, 다른 하나는 한 번 보통의 매매계약을 체결하고 나서 다시 매도인이 장래의 일정 기간 내에 매수인으로부터 매수할 수 있다고 하는 예약을 하는 것이다.
- **선형도시** : 대부분의 도시가 도심을 중심으로 확산, 발전하여 원형 또는 방사원형으로 형성되는 데 반하여 선형도시는 간선 교통로를 중심으로 노선 양면을 따라 도시 기능이 대상으로 뻗어나가는 도시 패턴의 일종이다.
- **소유권** : 물건을 소유, 수익, 처분할 수 있는 권리를 말한다. 즉, 소유권이란 물건을 전면적으로 지배할 수 있는 권리이다. 그러므로 주택의 소유권자는 일반적으로 등기부상의 소유자로 등기되는 사람을 말한다.
- **유휴지** : 흔히 놀리고 있는 땅을 가리킨다. 토지소유자 등이 장기간 이용을 방치하거나 적극 사용하지 않는 경우 국토이용관리법 제21조의 11 규정에 의해 시장, 군수가 토지이용심사위원회의 심의를 거쳐 유휴지라고 결정한 토지를 말한다. 유휴지 통지를 받은 소유자는 통지받은 날로부터 2개월 내에 개발, 이용계획 또는 처분계획서를 제출해야 한다.
- **일반 주거지역** : 일상의 주거기능을 보호하기 위하여 도시계획법의 규정에 의하여 지정한 지역으로 건축법 등에 의한 제한을 받는다.
- **일반 상업지역** : 일반적인 상업 및 업무기능을 담당하기 위하여 도시계획법의 규정에 의하여 지정한 건축법 등의 제한을 받는다.
- **입주자 대표회의** : 공동주택이 전체 입주 예정자의 과반수가 입주를 완료한 경우 입주자들 스스로 동세대별 수에 비례한 대표자를 선출하고 선출된 인원으로 입주자 대표회의를 구성하게 되는데, 이는 의결 기관으로서 모든 관리업무에 대한 의사결정권을 가지고 있다. 동별 대표자로 될 수 있는 자는 당해 공동주택에 6월 이상 거주하고 있는 입주자여야 한다. 입주자 대표회의는 회장 1인을 포함한 3인 이상의

이사 및 1인 이상의 감사를 그 구성원 중에서 관리규약에 정하는 바에 따른 그 구성원 과반수의 찬성으로 선출한다.

- **임차권** : 세입자가 부동산을 사용, 수익하는 대가로 임대인에게 차임(월세, 보증금)을 줄 것을 약정하는 임대차 계약을 맺고, 그 이행을 보장하기 위해 보증금을 맡김으로써 성립하는 채권의 한 종류. 이때 차임은 금전뿐 아니라 물건이라도 무방하다. 임차권은 채권의 성격으로 계약기간이 끝났을 때 보증금을 받을 수는 있지만 경매를 신청할 권리는 없다. 임차권은 채권에 불과하지만 임대인의 동의를 얻어 등기를 하면 제3자에게 그 권리를 주장할 수 있는 대항력을 갖출 수 있다.

- **전세권** : 상가든 주택이든 전세금액을 등기함으로써 성립하는 물권이며, 민법에 의해 확실히 보증금을 되돌려 받을 수 있고 제3자에 대하여 언제나 대항력을 갖출 수 있으며, 목적 부동산이 양도되면 새로운 소유자는 전세권에 의해서 구속되며 경매권과 우선변제권을 신청할 수 있다.

- **점유** : 물건에 대한 사실상의 지배를 말한다. 즉, 주택에서 살고 있는 사람은 주택을 점유하는 사람이다. 우리 나라에서는 이러한 점유를 하나의 권리로 인정하고 법으로 보호하고 있다. 그에 따라 물건을 점유하는 사람에게 점유권이라는 권리가 주어진다.

- **주택 분양가 원가 연동제** : 주택 분양가 원가 연동제라 함은 주택건설촉진법에 의하여 분양하는 주택의 분양가격을 원가에 연동시키는 방법으로써 민영주택, 재개발 또는 재건축 주택으로써 일반에게 분양하는 주택 및 민간 사업자가 건축하는 국민주택의 분양가격을 택지비와 건축비의 합계액으로 하되, 택지비는 감정평가 가격 또는 법인 장부상 가격으로 하고 건축비는 사업시행자의 적정 이윤을 포함하여 건설교통부 장관이 고시한 금액으로 하도록 하는 주택 분양가격의 산정 방법을 말한다.

- **주거대책비** : 공공사업 시행에 따른 손실보상의 내용으로써 공공사업을 위한 고시 등이 있는 날 현재 당해 지역 안에서 3월 이상 거주한 자로서 공공사업의 시행으로 인하여 이주하게 되는 주거용 건물의 세입자에 대하여는 가족 수에 따라 3월분의 주거대책비(지정 경제원장이 조사, 발표하는 도시 근로자 평균 가계지출부를 기준으로 산정한다)를 지급하도록 하고 있다. 다만 다른 법령에 의하여 주택 입주권을 받았거나 무허가 건물 등에 입주한 세입자에 대하여는 제외하고 있다.

- **주거용 건물** : 등기부나 건축물대장 등 공부에 의한 것이 아니고 실제

로 주거용 시설로 살고 있는지 실지 여부에 따라 판단한다.

- **주거환경 개선지구** : 도시계획 구역 안으로 노후, 불량건축물이 밀집된 지역 또는 공공시설의 정비 상태가 불량하여 주거환경이 열악한 지역으로써 주거환경 개선의 촉진을 위하여 지정된 지역.
- **지목** : 토지의 주된 사용 목적에 따라 토지의 종류를 구분 표시하는 명칭을 말한다.
- **지번** : 토지에 붙이는 번호를 말한다.
- **채권입찰제** : 관할 시장 또는 군수가 투기과열 지구 안에서 건설되는 주택의 입주자 선정시 제 2종 국민주택 채권 매입 예정자를 그 대상으로 하고 매입 예정액이 많은 자(매입 상한액 범위 내)를 우선하여 입주자로 선정하는 제도.
- **토지거래 허가구역** : 토지거래에 앞서 이용 계획을 허가 받도록 하는 제도. 이 제도는 국토이용관리법, 도시계획, 농지법 등 관련 이용계획에 부합될 때만 거래 허가를 내주도록 함으로써 투기적 목적으로 토지를 취득하는 것을 방지하는 수단으로 활용되고 있다.
- **풍치지구** : 도시계획 구역 내에서 토지의 형질변경, 건물의 신축, 증축, 개축 등 풍치 유지에 영향을 줄 우려가 있는 행위를 금지 또는 제한하기 위하여 도시계획으로 지정된 지구를 말한다.
- **용적률** : 대지면적에 대한 건축물의 연면적 비율을 말한다. 대지에 2개 이상의 건축물이 있는 경우에는 이들 연면적의 합계로 적용한다. 건축물을 높게 지어 일정한 땅에서 많은 터를 확보하고 동시에 도시 전체에도 공터를 만들기 위한 건축 규정이다. 연면적은 건물 각 층의 바닥 면적을 합친 면적이다.
- **건폐율** : 대지면적에 대한 건물 바닥면적인 건축면적 비율을 말한다. 이 비율은 지역에 따라 다르다. 자연환경을 보전하기 위한 녹지지역에서는 20% 이하, 주거전용지역에서는 50% 이하, 주거·공업지역 등의 지역과 상관없는 지역에서는 60% 이하이다. 건폐율은 각 건물부지에 최소한 공터를 많이 확보해 충분한 햇볕이 비치고 통풍이 되도록 하고, 화재가 발생할 경우 옆 건물로 번지는 것을 방지하고, 재해시 피난하기

쉽도록 하기 위한 규정이다. 건축면적은 보통 1층이 차지하는 면적을 말한다. 구체적으로는 건물의 외벽(외벽이 없는 경우에는 외곽 부분의 기둥)으로 둘러싸인 부분의 수평투영면적이다. 지하층은 제외된다.

- **다가구주택** : 전체 층이 3층 이하이고 건물바닥 면적은 660㎡(200평) 이하의 주택이다. 19가구 이하로 지을 수 있고 분양이 불가능한 단독주택으로 구분된다. 다가구주택은 다세대주택보다 일조기준이 약해 많은 사람이 다가구주택을 짓고 있다. 하지만 다가구주택의 난립을 막기 위해 분양을 금지하고 있다.

- **다세대주택** : 전체 층이 4층 이하이고 면적은 660㎡ 이하의 주택이다. 19가구 이하의 주택으로 분양이 가능해 공동주택으로 분류된다.

- **연립주택** : 전체 층이 4층 이하이면서 면적이 660㎡를 초과하거나 가구 수가 20가구 이상인 주택이다. 분양이 가능해 공동주택으로 분류된다.

- **아파트** : 5층 이상의 모든 주거용 건물로 공동주택으로 분류된다.

- **부동산담보신탁제도** : 부동산의 관리와 처분을 부동산 신탁회사에 신탁한 후 수익증권을 발급받아 이를 담보로 금융기관에서 자금을 빌리는 제도로서 현행 저당제도에 비해 저당권설정, 감정평가원에 따른 비용과 시간을 절감할 수 있는 유리한 점이 있다.

- **베이(Bay)** : 아파트의 전면부(거실 쪽) 공간을 말한다. 전면부에는 대개 거실과 안방이 각 한 개씩 위치하는데, 이를 '2(Two)베이 구조'라 한다. 그러나 최근에는 거실 1개에 방을 2개 위치시켜 전면부에 3개의 공간을 유치하는 3베이 구조가 선호된다. 전면부 공간수가 많으면 집 전체가 밝아지는 장점이 있다. 특히 3베이는 거실 전면 길이가 늘어나기 때문에 발코니 길이도 늘어나 서비스 면적이 증가한다. 공간 활용 면에서 유리하다.

- **안목치수** : 방 크기를 결정할 때 예전에는 벽두께 중심선을 기준으로 거리를 쟀다. 이 경우 벽두께 때문에 면적 수치보다 실제 사용공간이 좁아지는 문제가 발생한다. 하지만 98년 10월부터 '안목치수'를 도입, 한 벽의 바깥 부분에서 다른 쪽 벽의 바깥 부분간 거리를 측정하여 방이나 거실면적을 계산토록 했다. 이 경우 실내 가용면적이 벽두께와 관계없이 일정하게 계산된다. 자재-부품-가구 등의 규격화를 확보할 수 있다. 실내면적도 늘어난다. 30평형대 아파트의 경우 2평 정도, 즉 화장실 하나 정도가 더 확보된다.

부분 세탁용 세제통을

와이셔츠의 칼라나 양말의 뒤꿈치는 세탁기에 넣기 전에 부분 세탁을 하면 좋다. 그러나 이때 세제를 너무 많이 풀어서 비경제적인 경우가 많으므로 부분 세탁용 세제통을 만들어서 쓰면 편하고 경제적이다. 조미료 통에 세제를 담아서 세탁할 때 소매나 칼라에 적당량을 뿌려서 세탁하면 조미료 통을 재활용할 수 있어서 좋고, 세제를 적당량 쓸 수 있어서 경제적이다.

부엌 수납법의 기본

매일 반드시 사용하는 것, 예를 들어 몇 개의 냄비, 프라이팬, 기본 조미료 등은 가장 넣고 빼기가 편한 위치의 전면에, 그리고 매일은 아니지만 자주 사용하는 물건들은 그 뒤쪽이나 한 단 위로 수납한다.

넣고 빼기가 편한 위치라는 것은 서 있는 자세에서 손을 앞으로 수평으로 뻗은 선에서 상하 45°의 범위다. 이보다 높은 위치에는 가볍고 사용 빈도가 낮은 물건을, 허리를 구부려서 넣고 빼야 하는 아래쪽에는 무거운 물건을 수납하는 게 효율적이다.

비누를 오래 쓰려면

비누갑 바닥에 얇은 스펀지를 깔아두면 스펀지가 습기를 빨아들여 비누가 흐물흐물해지거나 녹지 않아 오래 사용할 수 있다. 또 물기가 묻어 있는 빗이나 면도기도 스펀지 위에 올려두면 물기를 흡수해 깨끗해진다.

비오는 날 현관이 젖었을 때

비오는 날 젖은 우산과 신발은 현관을 축축하게 해 불쾌한 느낌을 준다. 이런 날을 대비해 현관에 벽돌 3~4개를 준비해 놓는다. 벽돌은 놀랄 만큼 물을 잘 흡수해 젖은 우산을 벽돌 위에 세워놓거나 신발을 놓아두면 이것만으로도 현관이 젖지 않아 골칫거리가 어느 정도 해소된다. 수분을 흡수한 젖은 벽돌은 햇볕에 잘 말려서 신발장 아래 칸에 놔두면 신발장의 습기도 흡수한다.

사진을 오래 보관하려면

사진 겉면에 핑크나 베이지의 매니큐어를 엷게 발라 보자. 오랫동안 색상의 변화를 막을 뿐 아니라 색다른 느낌을 준다. 또한 구두에 쓰는 투명 왁스를 사진 표면에 엷게 발라줘도 좋다.

상한 우유를 왁스 대용으로 사용하면 좋다

상한 우유를 배수구에 버리면 아깝기도 하지만 수질 환경에 악영향을 준다. 상한 우유는 왁스 대용으로 사용할 수 있다. 우유는 신선한 동안에는 산성과 알칼리성의 두 가지 성질을 가지고 있지만, 오래되어 상한 것은 암모니아 등이 발생하여 알칼리성만이 남게 된다. 세제는 약알칼리성 또는 중성이다. 상한 우유에 함유된 이 알칼리성과 암모니아의 휘발성이 합쳐져서 더러운 때를 깨끗이 없애주는 것이다. 게다가 지방분까지 포함되어 있어서 부드러운 천에 묻혀 마루나 가구를 닦으면 반짝반짝 윤기가 난다.

생선 접시는 찬물로 씻는다

대부분의 그릇은 미지근한 물로 씻어야 깨끗하지만 생선을 담았던 그릇은 그렇지 않다. 더운물로 씻으면 생선의 비린내가 확 풍겨서 불쾌한 냄새가 가시지 않으므로 겨울에도 찬물로 씻도록 한다.

샤워기 구멍이 녹으로 막혔을 때

샤워기의 구멍이 녹 때문에 막히면 물이 잘 나오지 않을 뿐더러 보기에도 안 좋다. 수돗물 속에 포함된 칼슘 등 불순물이 눌어붙어 있기 때문이다. 이럴 때는 칼슘을 분해하는 성질이 있는 식초를 이용한다. 뜨거운 물 1*l* 에 한 컵 분량의 식초를 넣은 다음 샤워기를 1시간 정도 담가 구멍에 붙어 있던 하얀 가루가 없어지면 칫솔로 문질러 떼어낸다.

손님한테 마땅히 내놓을 차가 없을 때

손님이 갑자기 찾아와서 마땅히 내놓을 차가 없을 때가 있다. 어린이에게는 우유를 주면 되지만 어려운 손님이면 당황하게 된다. 이럴 때 집에 레몬이 있다면 생수에 레몬 조각을 몇 개 띄워서 내놓아 보자. 차 대용품으로 손색이 없을 것이다.

수도꼭지에서 물이 새면

수도꼭지에서 물이 샌다는 것은 내부에 있는 코마 패킹이 닳았기 때문이므로 이것을 새것으로 바꾸어 주면 된다. 우선 수도의 본선 꼭지를 잠근 다음, 상단 부분을 스패너로 떼어내고 코마 패킹을 바꿔 끼워주면 된다. 코마 패킹은 동네 철물점, 보수 센터에서 쉽게 구입할 수 있다.

수도꼭지에 호스를 쉽게 끼려면

수도꼭지에 고무 호스나 비닐 호스를 끼려면 잘 맞지 않아 힘이 들 때가 있다. 이럴 때는 호스 끝을 비스듬히 잘라서 끼워 보자. 한결 쉽게 끼울 수가 있다. 호스를 자를 때 고무 호스는 칼로 자르고 비닐 호스는 가위로 자르면 편하다. 호스를 라이터 등으로 살짝 데워서 끼워도 잘 들어간다.

수족관 청소는 고동에게

수족관에는 이끼가 자주 끼고 배설물도 쌓이게 되는데, 이를 청소하기가 쉽지 않다. 이럴 땐 개울가에 흔히 있는 고동을 이용하면 효과적이다. 수족관의 크기에 따라 고동을 10~20마리쯤 수족관에 넣어두면 유리 벽면의 이끼를 말끔히 먹어 치운다. 고동들은 관상어의 배설물도 먹어치우기 때문에 청소 부담을 덜어준다.

숟가락의 묵은 때는 소다·치약으로 없앤다

오랫동안 사용한 숟가락, 포크류 등의 금속기에 묻은 때는 중성세제로 씻어도 잘 벗겨지지 않는다. 이럴 때는 가제 같은 부드러운 헝겊에 물을 적셔 꼭 짠 뒤에 소다나 치약을 묻혀 닦으면 때가 깨끗하게 없어진다. 또한 귤껍질로 문지르듯이 닦은 다음, 마른 수건으로 문질러 물기를 없애도 때가 벗겨진다.

스팀 다리미의 남은 물은 반드시 버린다

스팀 다리미를 사용하고 나서 남은 물을 그대로 오래 두게 되면, 물탱크에 곰팡이가 슬거나 부식되어 다리미의 성능이 떨어지게 되므로, 사용하고 남은 물은 반드시 버리도록 한다. 그리고 스팀 다리미에 물을 넣을 때엔 본체에 물이 흘러 들어가지 않도록 주의한다. 귀찮다고 해서 다리미를 수도꼭지에 직접 대고 물을 넣는 일은 없어야겠다.

쓰레기통 냄새를 없애려면

쓰레기통은 따로 비닐봉지를 사용해도 젖은 쓰레기를 버리면 어느 틈엔가 물이 생기게 마련이고 악취와 각종 세균의 온상이 되기도 한다. 따라서 젖은 쓰레기를 버릴 때는 물기를 빼서 버리도록 하고 세균 번식을 막기 위해 쓰레기통 밑바닥에 분말 표백제를 뿌려둔다.

쓰레기통에서 악취가 심하게 날 때는 끓이고 남은 차 잎이나 거르고 난 원두커피 가루를 넣어둔다. 또한 식초를 약간만 떨어뜨려도 효과가 좋으며 물과 알코올을 3:1로 섞어 분사하면 냄새 억제에 탁월하다.

쓰레기통의 뚜껑에 옷장에 넣는 방충제를 스카치 테이프로 붙여놓아도 효과가 좋다.

쓰레받이 정전기는 양초 토막으로

집에서 흔히 사용하는 쓰레받이는 플라스틱이기 때문에 정전기가 잘 생긴다. 특히 머리카락이나 먼지가 달라붙으면 잘 떨어지지 않고 깨끗하지도 않다. 이럴 때는 양초 토막을 이용해 보자. 양초 토막을 쓰레받이 앞 뒷면에 잘 문질러 준다. 이렇게 하면 플라스틱 위에 양초의 얇은 막이 생겨서 정전기가 일어나지 않아 쓰기에 편리하다.

시계 유리에 흠집이 생겼을 때는

시계 유리는 어딘가에 부딪쳐 흠집이 생기기 쉽다. 이럴 때는 거즈에 치약을 얇게 바르고 치약이 약간 마르면 천천히 오랫동안 문질러서 윤을 낸다. 그리고 깨끗한 거즈로 닦아내면 시계가 말끔해진다.

식물의 거름은 해뜨기 전에 준다

식물에게 거름을 줄 때는 흐린 날 또는 해뜨기 전에 주는 것이 좋다. 맑은 날의 한낮에는 되도록 피해야 한다. 건조한 날씨가 계속되면 먼저 물을 흠뻑 준 뒤에 거름을 준다. 흙에 뿌린 거름은 식물의 뿌리가 직접 빨아들이는 것이 아니라 일단 흙 속에 흡수된 거름의 영양분을 뿌리가 빨아들인다. 그러므로 거름은 미리미리 주는 것이 좋다. 또한 무조건 많은 양을 주기보다는 알맞은 양을 계산하여 필요한 만큼만 주도록 한다.

싱크대의 냄새는 락스로 없앤다

싱크대와 식기장은 그릇, 식료품, 조미료 병 등을 넣어두기 때문에 음식 냄새가 배어 부엌 안의 공기를 혼탁하게 하는 경우가 많다. 그러므로 부엌의 냄새를 없애기 위해서는 매일 싱크대와 식기장을 깨끗하게 닦아줘야 한다. 닦을 때는 락스 등의 소독제를 푼 물에 스펀지를 적셔 구석구석을 깨끗이 닦고 마른 걸레로 물기를 완전히 없애면 된다. 또한 일주일에 한 번 정도는 싱크대와 식기장의 문을 활짝 열어 선풍기 바람을 쐬어 주면 습기도 없앨 수 있고 통풍도 잘 돼 냄새가 깨끗하게 없어진다.

아파트 구입시 체크포인트

- **편리성** : 아파트 가격에 가장 크게 영향을 미치는 것으로 교통, 생활편의시설, 학교 등과의 근접성 등이 좋아야 하나 지나치면 쾌적성을 해하는 면이 있다.
- **쾌적정** : 소음, 매연, 오염물질, 혐오시설 등에서 멀리 떨어져야 하고 공기, 전망, 일조량 등이 좋아야 된다.
- **안정성** : 범죄, 건강유해업소, 유흥업소 등으로부터 주거의 안전이 확보되어야 한다.
- **투자성** : 훗날 아파트를 팔 경우 손해보지 않고 쉽게 팔 수 있어야 한다(위의 편리성·쾌적성·안정성 외에 단지규모, 건축연도, 관리비, 시공사 인지도 등을 고려한다. 로열층의 개념은 중간층 → 중상층 → 낮은층으로 변화하였다).

알루미늄의 변색은 사과·레몬껍질로 없앤다

알루미늄 냄비에 물을 끓이거나 계란을 삶으면 검게 변색이 되는 경우가 많다. 이 변색은 인체에 영향을 주는 것은 아니지만 보기에 좋지 않다. 냄비가 변색됐을 때는 사과껍질을 얇게 썰어 물과 함께 10분 정도 삶으면 원래의 색깔로 돌아온다. 알루미늄은 식초나 염분에 약하고 부식의 원인이 되기 때문에 냄비째 요리를 보존하는 것은 피한다.

애완동물 때문에 나는 냄새 제거 요령

실내에서 애완동물을 기르면 정서적으로는 좋겠지만 아무래도 집안에서 퀴퀴한 냄새가 나게 마련이다. 이럴 때 한지에 소다를 싸서 애완동물의 집 밑바닥에 넣어두면 효과적이다. 실내에 오줌을 쌌을 때도 우선 오줌을 휴지나 걸레로 닦아내고 그 위에 소다를 조금 뿌려둔다. 그런 다음 잠시 후에 청소기로 소다를 빨아들이면 오줌 냄새가 말끔히 사라진다.

카펫에 오줌을 쌌을 경우엔 휴지나 걸레로 닦아내고 나서 그곳에 식초를 뿌려주면 냄새가 나지 않는다. 그리고 뜨거운 물로 잘 닦은 다음에 말리면 카펫에 얼룩이 생기지 않는다.

양산, 비치파라솔 세탁

양산이나 비치파라솔은 세탁하기가 쉽지 않으므로 큰그릇에 세제를 푼 뒤 휘젓는 식으로 빠는 게 좋다. 그래도 얼룩이 남으면 솔로 문지른다. 깨끗한 물에 헹구어 햇볕에 바싹 말린 뒤 낡은 스타킹이나 비닐팩에 넣어 보관한다. 양산살이 녹슬었을 때는 더운물에 적셔 솔로 문지른 뒤 재봉틀 기름을 발라둔다.

여름날 대낮에는 화초에 물을 주어선 안 된다

여름날 한창 더울 때 화초에 물을 주면 화초가 도리어 시들어 버린다. 이것은 물이 뜨거운 지열과 햇빛을 받아 뜨거워져서 마치 뜨거운 물을 부은 것과 같은 결과가 되기 때문이다.

열쇠가 잘 안 들어갈 때는

연필심을 갈아서 열쇠 구멍에 넣으면 구멍이 부드러워져서 열쇠도 쉽게 들어가고 잘 열린다. 부엌의 식기용 세제를 열쇠의 양면에 한두 방울 뿌려주어도 부드럽게 움직이게 된다.

에너지 절약 실천 요령

- 적정 용량의 냉장고를 사용하고 냉장고 문을 불필요하게 여닫지 않는다.
- 냉장고에 음식물을 가득 채우지 말고 반드시 식혀서 넣어둔다.
- 다림질은 전력 소비가 많은 시간을 피해서 한 번에 모아서 한다.
- 목욕물을 아껴 쓴다.
- 보일러는 자주 청소하여 열효율 저하를 방지한다.
- 불필요한 TV 시청을 하지 않는다.
- 사용하지 않는 가전제품의 플러그를 빼 전력 손실을 방지한다.
- 세탁물은 모아서 세탁한다.
- 압력밥솥을 사용하여 조리 시간을 단축한다.

- 열의 흡수가 잘 되는 밑바닥이 넓은 조리기구를 사용한다.
- 적정 실내온도 유지는 에너지 절약은 물론 건강 유지에 도움이 된다.
- 조명기기 및 반사판을 자주 닦아준다.
- 조리기의 불꽃은 적절히 조절해서 사용한다.
- 컴퓨터를 사용하지 않을 때는 꺼둔다.

여름 침구류 관리 요령

삼베, 모시 등 식물성 천연소재는 삶거나 뜨거운 물로 세탁하면 안 되며, 처음 세탁 때는 드라이클리닝을 하는 것이 오래 사용할 수 있다. 물세탁을 할 경우는 가급적 손세탁을 하고, 세탁기를 사용할 때는 울코스로 세탁망에 넣어 세탁하는 것이 좋다.

구김이 잘 가는 삼베, 마, 인조는 완전히 마르기 전에 다림질해 주는 것이 좋으며, 여름철이 지나 장기간 보관해야 할 경우에는 벌레에 의해 섬유가 손상되기 때문에 풀기를 완전히 제거해 보관했다가 사용시 다시 풀을 먹이는 것이 한결 좋다.

오디오의 먼지는 붓으로 청소한다

오디오나 비디오 등은 정밀한 기기이기 때문에 다룰 때 조심해야 한다. 청소할 때도 조심해서 하지 않으면 성능이 떨어지는 원인이 되기도 한다. 먼지가 많이 끼었을 때는 서비스센터에 맡겨야 하겠지만 일상 손질을 할 때는 그림 그릴 때 사용하는 붓을 깨끗이 씻어 사용하면 쉽게 해결할 수 있다. 컴퓨터의 키보드나 전화기를 청소해야 할 때도 붓을 사용하면 효과적이다.

온도계 알코올이 끊어졌을 때는

온도계 안에 있는 빨간 알코올이 토막토막 끊어져 못쓰게 된 때는 온도계의 하단에 촛불을 쬐어주면 간단히 이어진다. 체온계의 경우는 더운물에 담가두면 하나로 합쳐진다.

욕실화 깨끗하게 하는 법

검게 때가 낀 욕실화는 빨아도 새것만큼 깨끗해지지 않는다. 그래서 멀쩡한 욕실화를 버리고 새로 사는 경우가 많다. 때가 찌든 욕실화를 깨끗하게 만들려면 시간이 좀 필요한데, 락스물에 하룻밤 담가놓으면 처음 샀을 때처럼 아주 깨끗해진다. 하룻밤만 기다리면 되는데, 지저분하다고 꼭 새로 살 필요는 없다.

욕조의 찌든 때를 깔끔하게 빼려면

욕조의 때는 사람의 몸이나 비누의 지방분과 물 속의 칼슘 등이 섞여 생기는 것이므로 시간이 지나면 잘 닦이지 않는다. 그러므로 사용 후 남은 물에 적당량의 소다를 넣어 바로 바로 닦아주는 것이 가장 좋은 청소법이다.

욕조의 찌든 때는 종이타월 등에 욕조용 세제를 묻혀서 욕조의 더러운 부분에다 습포를 해두었다가 찌든 때가 불게 되면 스펀지로 문질러 닦고 물로 씻어내리면 된다.

욕조에 곰팡이가 피었을 때

욕조 주위의 실리콘에는 곰팡이가 피기 쉽다. 이런 실리콘의 곰팡이는 신문지에 락스를 적셔서 몇 시간 동안 덮어둔 후 닦아내면 잘 닦인다.

실리콘을 새로 바를 때는 곰팡이 방지용 실리콘을 사용하면 좋다.

원목 마루 흠집은 구두약으로

원목 마룻바닥은 흠집이 나기 쉽다. 큰 흠집이 아닐 경우에는 목재용 퍼티로 메우고 그 원목의 색깔과 비슷한 구두약으로 엷게 칠하면 자연스럽게 된다.

유리그릇은 더운물로 헹구고 그대로 말린다

찬물에 씻은 밥그릇은 더운물을 준비해 두었다가 헹궈내어 엎어놓는 것이 좋다. 엎어두면 물기가 빨리 말라 안쪽은 행주를 쓸 필요도 없고, 바깥 부분은 가볍게 닦으면 되므로 편하다.

유리그릇은 행주로 힘들게 닦아도 행주 자국이나 행주의 올이 붙어 투명해지지 않는다. 이런 종류의 그릇은 더운물에 헹궈낸 다음 그대로 말리는 것이 더욱 효과적이다.

유리 닦을 때 맥주나 청주로

그릇이나 유리를 닦을 때 먹다 남은 맥주나 청주를 이용하면 놀랍도록 깨끗이 닦인다. 이는 알코올 성분이 지방을 용해시키는 작용을 하기 때문이다. 맥주나 청주 외에도 당분이 들어 있지 않은 술은 모두 이용할 수 있다.

유리에 붙은 껌은 아세톤으로 지운다

유리창이나 유리용기류에 껌이나 스카치 테이프 등과 같이 끈적거리는 물질이 한 번 붙게 되면 좀처럼 깨끗이 떨어지지 않는다. 이런 경우엔 매니큐어용 아세톤을 마른 헝겊에 듬뿍 묻혀 껌 등이 묻은 부위에 여러 차례 닦아내면 말끔히 지워진다.

유리에 종이를 붙이는 요령

날씨가 추워지면 방안이 포근한 느낌이 들도록 유리창에다 종이를 붙이는 경우가 있다. 그런데 종이를 테이프나 풀로 붙이면 나중에 뗄 때 애를 먹게 되고 뗀 자리도 지저분해지게 마련이다. 이럴 때에는 풀 대신에 비누를 써서 붙여 보자.

먼저 유리에 맞도록 종이를 오리고 붙일 면을 마른 비누로 칠을 한 다음, 비누가 묻은 데를 물로 적셔서 유리에 붙이면 그대로 붙게 된다. 이렇게 하

면 종이 바르는 일이 무척 깨끗하게 처리될 뿐만 아니라 뗄 때도 아주 간
단하다.

유리조각을 깨끗이 치우려면

방바닥 같은 곳에 유리조각이 깨어져 있으면 눈에 잘 보이지도 않고 잘
못하면 발을 다칠 수도 있다. 이럴 때는 넓은 테이프를 가지고 바닥을 두드
리듯이 쓸어 보면 테이프에 미세한 유리조각들이 붙어 나오게 된다.

유리창에 성에가 끼지 않게 하려면

겨울에는 유리창에 성에가 잘 낀다. 이것을
무리하게 벗겨내려고 히면 유리창이 깨질 수도
있다. 조그마한 소금 주머니를 만들어 그 안에
소금을 넣고 닦아 보자. 그러면 유리창이 좀처럼
얼어붙지 않는다. 그리고 유리창이나 거울에 김이
서리지 않게 하려면 담배꽁초로 유리 면을 닦아두
면 된다.

유리창은 신문지로 닦는다

흔히 유리창을 물걸레로 닦은 다음 마른걸레로 물 자국을 닦아내는 것이
보통이나, 유리창은 걸레보다도 신문지로 닦아주는 것이 더 좋다. 신문지를
약간 눅눅하게 해서 닦은 다음, 다시 한 번 마른 신문지로 닦아주면 아주
깨끗해진다.

유리창의 크레파스 낙서는 식용유로

아이들이 크레파스로 유리창에 그려 놓은 낙서는 그냥 걸레로 닦으면 잘
지워지지 않는다. 유리창의 크레파스 낙서는 유리에 콜드 크림을 바른 뒤
걸레로 닦아내거나 걸레에 식용유를 묻혀 훔치면 쉽게 지워진다. 그러나
오돌토돌한 불투명 유리에 그려진 크레파스는 시너를 묻힌 걸레로 닦아야

잘 지워진다.

유성매직 쉽게 지우는 법

어린아이들이 유성매직을 가지고 놀다가 방바닥이나 유리 같은 곳에 낙서를 하는 경우가 많다. 유성매직은 물걸레로 잘 지워지지 않는 것은 당연하다. 이럴 땐 물파스를 바르고 헝겊이나 휴지로 닦아내면 말끔히 지워진다.

이삿짐 관련 피해 보상 규정

이사 방법은 크게 운송만 이삿짐 업체에 맡기는 일반이사, 포장 · 운송 · 정리까지 대행해 주는 포장이사, 그리고 포장 · 운송만 서비스하는 반포장이사로 나뉜다. 하지만 어떤 형태든 이삿짐의 파손 · 분실에서 과다비용 청구, 웃돈 요구에 이르기까지 소비자 불만사항도 끊이지 않고 있다.

이사철에 흔히 발생하는 피해사례에 따른 구제방법을 알아보자.

계약 불이행 : 이삿짐센터가 이삿날 하루 전에 계약을 취소한 경우 계약금은 물론 계약 운임의 20%를, 당일 취소한 경우엔 계약금과 계약 운임의 40%를 배상해야 한다. 계약에 앞서 관허 업체인지 챙겨 보는 것도 중요하다. 관할 시 · 군 · 구청의 교통지도과(계)에 피해보상 이행보증금을 납부한 업체인지를 문의하면 된다.

물품 파손 및 분실 : 이삿짐이 파손된 경우 사진 촬영을 해두고 현장에서 피해 내용에 대한 확인서를 받은 뒤 즉시 이사업체에 연락해 보상을 요구한다. 파손될 염려가 있는 물품은 이사 즉시 인부들이 보는 앞에서 개봉해서 서로 확인하는 것도 좋다.

물건이 없어질 경우에 대비해 사전에 물품목록을 작성하고 담당자의 서명을 받아둔다. 목록이 없을 때는 보상 여부가 애매해진다.

웃돈 요구 : 사업주에게 전화를 해서 시정을 요구한다. 일단 인부에게 지불하고 영수증을 받아두었다가 사업주에게 부당요금 반환 및 시정을 요구하는 것도 한 방법이다. 이 같은 시비를 없애고 피해보상을 쉽게 하

기 위해서는 계약서에 차량 크기와 대수, 인부 수는 물론 정리정돈 등의 계약 내용을 구체적으로 명시하는 것이 필요하다.

분쟁 신고 기관 : 한국소비자보호원(02-3460-3000)에 구체적 피해사례를 신고해 구제를 받을 수 있다. 한국소비자연맹, YMCA, YWCA 등 각 지역 소비자단체에서도 피해사례를 접수한다. 또 각 시·군·구청 교통지도과(계)나 교통행정과(계), 지역경제과 등에 신고해 피해구제 절차 및 보상을 상담받을 수 있다.

이층집은 1·2층에 바구니를

집이 이층일 때는 계단 위쪽과 아래쪽에 바구니를 하나씩 놓아두면 편리할 때가 많다. 즉 일층에서 이층으로 가져갈 것이 있을 때는 계단 아래 놓인 광주리에 놓아두고, 또 이층에서 아래층으로 가져갈 것이 있을 때는 이층의 광주리에 넣어둔다. 가족 아무라도 계단을 오르내릴 때 가지고 오르내리도록 하면, 일부러 오르락내리락하는 수고가 덜어져 한결 편리하다.

장롱·서랍장 관리의 기본

변색할 염려가 있으므로 직사광선을 피하고 벽면과의 거리를 최소한 5cm쯤 띄워 두는 것이 원칙이다. 평소 가구용 왁스를 골고루 칠한 뒤 마른걸레로 닦아 항상 깨끗하고 광택이 나게 관리해 준다. 경첩이나 나사 부분은 수시로 점검해 연결 부분 나사가 풀어지거나 헐거워지지 않도록 한다. 특히 경첩은 습기가 많으면 뻑뻑해지므로 3개월에 한 번쯤 식용유를 칠해 주는 것이 좋다.

수납 가구는 특히 수평을 잘 맞춰야 한다. 문이 잘 안 닫히거나 안 열릴 때는 수평을 정확히 맞춰 줘야 가구가 망가지지 않는다. 3개월에 한 번쯤은 서랍이나 수납장 속의 먼지를 털어낸 뒤 알코올을 묻혀 서랍 바닥을 가볍게 닦아주면 깨끗하게 쓸 수 있다.

장마철의 건강한 주거 생활 요령

지붕 : 기와집의 경우 먼저 깨진 기와가 없는지 확인하고 깨진 기와가 있다면 반드시 갈아야 하나, 비가 내릴 때 지붕 위로 올라가는 것은 삼가야 한다. 슬라브 지붕은 금이 가게 되면 천장이나 벽까지 새기 때문에 금간 곳은 방수제를 이용하여 틈을 막아주어야 한다. 틈이 난 부분을 정이나 망치로 2~3cm 정도 넓게 쪼아내고 시멘트나 충전재로 채운 뒤, 방수액을 2~3회 발라준다.

벽면, 담장, 축대 : 벽면의 갈라진 틈은 충전재나 시멘트로 채워준 뒤 방수용 페인트 및 콜타르로 덧칠을 한다. 담장이 기울었거나 갈라졌을 경우 헐어내고 다시 공사를 해야 하지만, 시간적 여유가 없을 때에는 2~3cm 간격으로 보조 받침대를 세워주도록 한다. 높은 축대의 경우 특히 세심한 주의가 필요하다. 축대 붕괴는 땅속에 스며든 빗물이 축대에 막혀 빠져나가지 못하기 때문에 발생하는 것이므로, 축대 배수구를 막대기 등으로 쑤셔서 물이 잘 빠지게 해준다.

물받이 홈통 : 기와집의 경우 물받이 홈통이 막혀 있으면 물이 밖으로 넘치거나 처마 밑으로 들어가 벽면과 천장이 새는 원인이 된다. 통에 쌓인 찌꺼기를 깨끗이 제거하고, 이음새와 물받이통 받침대가 튼튼한지 점검한다. 슬라브 지붕이나 옥상의 경우도 마찬가지이다.

배수 시설 : 먼저 맨홀 뚜껑을 열어 그 동안 쌓인 오물을 제거해 준다. 배수구가 좁거나 기울기가 완만하면 물빠짐이 원활하지 않으므로 장마철이 되기 전에 미리 공사를 하는 것이 좋다. 상습침수지역은 하수구로 물이 역류하기 쉬우므로 미리 하수구를 막을 만한 비닐뭉치나 천, 나무토막 들을 준비해야 한다.

기타 : 창틀과 벽면 사이의 틈은 방수재나 양초 등으로 덧칠하고, 특히 집이 지하일 경우 벽면 틈을 철저히 손질하는 한편 습기를 방지할 수 있도록 환기시설을 사전에 점검해 두는 것이 좋다. 집이 바깥 도로보다 낮을 때는 미리 대문 밖에 모래주머니를 준비해야 한다. 이밖에 상습침수지역의 경우 사전에 동사무소나 구청과의 비상연락 체계도 마련해 놓

아야 한다.

재떨이의 담뱃진은 소금으로 제거한다

재떨이에 눌러붙은 담뱃진은 세제로 씻었는데도 그대로 남아 있는 경우가 많다. 그러나 소금으로 쓱 문지른 다음 물로 헹구기만 하면 담뱃진이 말끔히 제거된다.

전기 스토브 청소법

전기 스토브는 항상 반사판을 깨끗하게 해두는 것이 손질의 포인트이다. 여기에 먼지가 쌓이면 보기에 불결할 뿐 아니라 전열관의 열로 먼지가 눌어붙어 나쁜 냄새가 나는 경우도 있다. 또 난방 효율도 떨어지므로 반드시 청소를 해준다.

전등의 밝기를 2배로 키우는 법

전등의 밝기는 전등갓의 모양과 깊이, 그리고 내부 반사면적에 따라 1.5배에서 2.5배까지 밝기를 증대시킬 수 있다. 전등갓 안쪽에 은박지나 쿠킹호일을 발라도 밝기는 2배 정도 늘어난다. 형광등도 마찬가지로 갓에 은색 도료로 칠하면 훨씬 밝아진다.

전세금을 빼주지 않을 경우엔

집주인이 집이 나가지 않았다는 이유로 전세금을 돌려주지 않으면 그로 인해 발생하는 피해를 집주인에게 손해배상 청구할 수 있다. 따라서 그런 조짐이 보이면 내용증명을 통해 향후 발생할 손해를 알리고 이를 증거로 가지고 있어야 한다.

전세 재계약 때도 계약서를 써야 하나

주택임대차보호법에 따르면 집주인은 전세 계약 만료 1~6개월 전에 세입자에게 갱신 여부를 통지해야 하고, 1개월 전까지 세입자에게 통보하지 않으면 계약이 자동 연장된 것으로 간주된다.

동일한 조건으로 재계약한다면 굳이 새 계약서를 쓸 필요가 없다. 그러나 보증금을 올려줄 때는 사정이 다르다. 특히 전세를 사는 동안에 근저당이 설정된 경우 증액된 부분은 처음 계약서 상의 확정일자로 보호되지 않기 때문에 재계약서 작성 후 확정일자 날인을 받아두고 처음 계약서도 폐기하지 말고 보관해야 한다.

전화기는 식초로 닦는다

전화기는 여러 사람이 자주 사용하기 때문에 위생에 각별히 신경을 써야 한다. 집에서 손쉽게 구할 수 있는 식초를 헝겊에 묻혀 닦거나 소독용 알코올을 면봉에 묻혀 버튼 주위를 닦는다.

전자레인지에 사용 가능한 그릇과 불가능한 그릇

전자레인지에 사용할 수 있는 그릇과 사용해서는 안 되는 그릇이 있다.
사용이 가능한 그릇으로는 도기나 자기 그릇, 파이렉스 등의 내열성 그릇, 내열 온도 표시가 120℃ 이상인 플라스틱 그릇 등이 있고, 사용해서는 안 되는 그릇으로는 금속제, 스테인리스, 알루미늄(호일 포함), 칠기, 커트 유리, 도금한 그릇, 법랑, 크리스털, 강화유리, 화채 그릇, 내열 온도 120℃ 이하의 플라스틱 그릇 등이 있다.

접착 후크를 떼어내고 싶다면

작은 물건을 걸기 위해 후크를 사용하는 경우가 많지만 막상 필요 없게 되어 떼어내려면 쉽지가 않다. 이런 경우 솜에 식초를 적셔 후크 주변에 감아 한동안 놓아두었다가 칼로 살짝 들어 접착 부분을 떼어낸다. 그래도 잘 떨어지지 않으면 접착 부분에 헤어 드라이어로 열풍을 쐐서 녹인 다음 손으로 살짝 떼면 간단하고 깨끗하게 떨어진다.

조명기구를 닦으려면

조명기구에 먼지가 끼면 뜨거운 열로 인해 먼지가 눌어붙게 되어 좀처럼 닦아지지 않는다. 이런 때는 갓 위에 휴지를 덮어 준 뒤, 그 위에 주거용 세제 액을 스프레이로 뿌려주고, 10~20분 정도 기다리면 먼지가 불어서 위로 떠오르게 된다. 이때 휴지를 떼어내고 헝겊에 물을 묻혀 닦아내면 먼지가 잘 닦인다.

주방을 깨끗하게 하는 재료 3가지

1) 소금
도마에 냄새가 배는 것을 막는 데 효과가 좋다. 소금을 도마에 뿌려 스펀지로 살살 문지른 후 흐르는 물로 씻으면 냄새가 배지도 않고 다른 재료에 옮는 것도 방지할 수 있다. 또한 행주를 삶을 때 소금을 넣으면 깨끗해진다. 이때 반드시 공기에 접촉되지 않도록 뚜껑을 덮고 삶는다.

2) 레몬
도마에 밴 생선 냄새는 레몬껍질로 문지르면 깨끗하게 제거된다. 행주를 삶을 때도 레몬껍질을 넣고 삶거나 하루 정도 담가두면 깨끗해진다. 주전자 밑바닥의 검게 변한 부분도 레몬껍질에 소금을 묻혀 문질러 닦고 물로 헹구면 말끔하게 벗겨진다. 또한 가스대 위에 튄 기름때도 레몬껍질을 뒤집어서 문지르면 때가 깨끗이 없어지고 부엌에 레몬 향기가 나서 좋다.

3) 식초
심한 악취 제거에 효과가 좋으며 주전자의 물때를 없앨 때 물과 식초를 넣어 약 15분간 끓이면 주전자 안의 물때가 분해된다. 마늘과 생선 등 냄새 나는 식품을 요리하거나 칼에 밴 냄새를 없앨 때 식초물로 닦으면 말끔히 제거되고 세균까지 없애준다. 또한 스테인리스 식기를 식초물로 닦으면 눈에 보이지 않는 때와 먼지 등이 제거된다. 오래 사용해 무지개 색으로 변색되었을 때 행주에 식초를 묻혀 닦으면 깨끗이 없어진다.

주택 구입시 유의 사항

경매는 세입자 문제 신경 써야

주택 경매의 경우 세입자 문제를 어떻게 처리할지 결정한 후 입찰해야 한다. 초보자는 선순위 세입자가 있어 전문가도 피하는 물건에 용감하게 입찰하는 경우가 있다. 경매는 일정 비용을 지불하고 전문가에게 맡기는 게 나을 수도 있다.

싼 것 중에는 비지떡이 많다

부동산 급매물에는 복잡한 권리 관계 등이 얽혀 있을 가능성이 높다. 가압류 · 가처분 · 가등기 등 권리 제한이 있으면 이를 풀어야 한다. 주택이라면 주변에 쓰레기 소각장 · 하수 처리장 · 고압선 등이 없는가를, 토지라면 군사시설 보호구역 · 상수원 보호구역 등에 묶여 있지 않은가를 살펴봐야 한다.

청약률이 높아도 투자가치 낮을 수 있다

청약률이 높더라도 계약 전 전매를 노리는 투기꾼이 많으면 계약과 동시에 프리미엄이 빠질 수 있다. 소위 떴다방들은 입지 여건이 좋다고 알려진 단지에 몰려다니면서 치고 빠지는 경향이 있다.

한강변이라고 다 한강이 보이지는 않는다

아파트의 동과 호수에 따라 조망이 다르므로 분양 받을 때 한강 조망이 가능한 곳이 몇 퍼센트인지 따져야 한다. 때에 따라서는 한강이 보이는 물건의 분양권을 매입하는 게 좋을 수 있다. 또 한강이 보이면 차량 소음으로 시끄러울 가능성도 높다.

주택임대차보호법

현행 주택임대차보호법은 약자인 임차인을 보호하기 위한 특별법으로서 대부분 임차인에게 유리하게 되어 있어, 과다한 설정이 없는 물건을 점유하고 주민등록을 이전하고 확정일자를 갖추면 전세보증금을 100% 보장받을 수 있다.

주요 내용

첫째, 예전에는 임대차 계약기간이 만료되었음에도 임대인이 전세보증금을 돌려주지 않으면 전세보증금을 돌려받을 때까지 이사를 할 수 없었다. 그러나 현행 임대차보호법은 임차권등기명령을 통해 현재 주택의 점유와 주민등록이 없더라도 임차인의 대항력과 우선변제권이 유지되도록 하고 있다. 임차권등기명령은 집주인의 동의 없이 임차인 일방이 확정일자를 갖춘 임대차계약서, 임차인 주민등록등본, 이웃 주민의 실거주 확인서 등의 서류를 갖춰 법원에 신청서를 내면 7~10일 안에 신속히 명령이 내려진다.

둘째, 임차인이 경매를 신청할 경우 경매 개시와 함께 집을 비워주지 않아도 됨으로서 임차인의 경매 신청을 실질적으로 보장했다. 이전에는 경매 개시와 함께 임차인이 집을 비워줄 경우 우선변제권이 상실돼 사실상 임차인이 경매 신청을 할 수 없었다.

셋째, 임대차보증금 반환청구소송에 소액사건심판법의 일부 조항을 준용함으로써 소송절차가 신속히 실행될 수 있도록 했다. 임대차보증금 반환청구소송은 다른 일반 소송과 구별돼 가급적 한 차례 재판만으로 변론을 종결하거나 다툼이 없는 경우 즉시 선고하도록 해 1~2개월 내에 신속히 마무리될 수 있도록 했다.

넷째, 임차인만 임대차 계약기간을 2년 이하로 약정할 수 있다. 이 경우 임대인은 2년 이하의 약정 기간을 주장할 수 없으나 임차인은 이를 주장할 수 있으며, 반대로 2년 이하의 기간을 약정했더라도 임차인이 2년을 주장하면 임차기간을 2년으로 해 사회적 약자인 임차인의 권익을 보장했다. 다만 명백한 단기 임대차인 경우는 예외이다.

다섯째, 임대인은 계약 후 또는 임대보증금의 증감이 있은 후 1년이 지나야 임대보증금을 5% 범위 내에서 증액 가능하다. 그러나 임대 가격 하락 시 임차인이 보증금 감액을 요구하는 경우는 제한이 없다.

여섯째, 소유자는 계약기간 만료일 6개월~1개월 전까지 임차인에 대하여 계약 거절의 통지 또는 계약 해지의 통지를 하여야 한다(임차인은 만료 1개월 내에 통지). 만일 그 기간에 통지가 없으면 기간만 정하지 않고 종전 임대차 계약과 동일한 조건의 임대차 계약(묵시의 갱신)을 한 것으로 간주된다. 이때 임차인은 항상 계약 해지를 통지할 수 있고, 임차인이 계약 해지를 통지하면 3개월 후 효력이 발생한다.

임차인이 반드시 하여야 할 일

첫째, 등기부등본을 확인하여 선순위 설정이 없거나, 있더라도 설정액이 집값과 임대보증금을 감안하여 과다하지 않아야 된다.

둘째, 잔금을 치른 직후 주민등록 전입신고를 하고 전세계약서에 확정일자를 받는다.

셋째, 확정일자의 효력은 주택의 점유와 주민등록이 계속 유지되는 것을 기본 요건으로 한다.

천으로 된 패브릭 소파 관리 요령

신혼 부부들이 선호하는 천소파는 색상이 화려하고 부드러운 분위기를 주지만 쉽게 더러워지는 게 흠이다. 평소 옷솔로 자주 털어 먼지를 없애주고, 또 가끔씩 중성세제를 탄 물에 담갔다가 짠 헝겊으로 전체를 닦아준다.

청소기 청소 요령

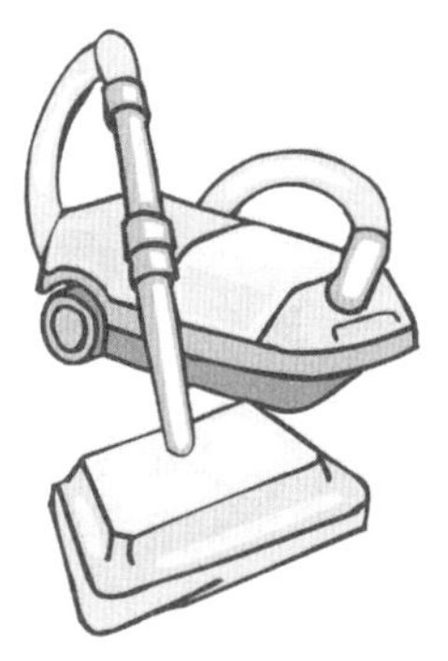

청소기의 호스나 브러시는 전기가 통하지 않아 물로 닦는 것이 가능한 부분이다. 물과 주거용 세제를 양동이 등에 풀고, 호스(스위치가 붙어 있지 않는 부분)와 브러시 부분을 넣어 닦는다. 회전 브러시 부분의 먼지는 이쑤시개나 칫솔로 잘 긁어낸다.

촛농을 없애려면

요즘은 집에서는 초를 잘 사용하지 않지만 레스토랑이나 종교 행사장 등에서는 초를 쓰는 곳도 있다. 그런데 촛농이 흘러내려 초 둘레는 물론 촛대까지 지저분해지는 경우가 많다. 초를 켜고도 촛농이 흘러내리지 않게 하려면 초가 타고 있는 심지 밑에 소금을 약간 뿌려둔다. 이렇게 하면 촛농이 흐르지 않을 뿐더러 불빛도 한결 더 밝아진다. 소금은 되도록 고운 소금을 쓰는 것이 좋다.

침대는 누워 보고 고른다

침대를 고를 때는 침대에 앉지만 말고 반드시 누워 보고 골라야 한다. 앉았을 때와 누웠을 때의 체중 분포는 전혀 다르기 때문이다. 누웠을 때 몸이 곧바로 펴지고 안락함을 느낄 수 있어야 하며, 알맞은 쿠션이 되어야 한다. 또한 누웠을 때 척추의 굴곡된 부분에 손바닥 하나가 들어갈 정도로 적당히 딱딱한 침대가 좋다.

침대가 너무 딱딱하면 안락감이 없고 신경이 눌리며 혈류가 방해를 받아 숙면을 취할 수 없고, 너무 무르면 누운 자세가 불안정하여 허리와 어깨에 통증이 오는 등 건강한 수면을 이룰 수 없다. 자기 몸무게에 적당한 매트리스의 침대를 골라야 한다. 사람이 누웠을 때 몸무게는 수평으로 각각 분산된다. 머리에 8%, 상체에 33%, 엉덩이 부분 44%, 다리 15%로 분산되는데, 이때 매트리스에 가해지는 압력이 골고루 분산되어 옆으로 누웠을 때 허리뼈가 수평을 이루는 자세가 가장 이상적이다.

침대 매트리스 관리 요령

① 침대의 매트리스와 파운데이션은 공장에서 출하할 당시 비닐로 포장되어 있는데, 사용할 때는 반드시 비닐포장을 벗겨내야 한다. 간혹 매트리스가 더러워지는 것을 막기 위해 비닐포장된 상태에서 사용하는 경우가 있는데, 비닐을 씌운 상태에서 사용하면 통풍이 되지 않아 안에 있는 습기에 의해 매트리스가 부패하고 내부의 스프링이 녹슬게 된다.

② 매트리스 내부는 스프링으로 돼 있기 때문에 한 곳에만 계속 무게가 주어지면 그곳이 다른 곳보다 먼저 움푹 꺼지게 된다. 특히 2인용 침대는 체중이 많이 나가는 사람이 자는 쪽이 먼저 꺼지게 됨은 당연지사. 전면에 고르게 하중이 가도록 3개월에 한번씩 매트리스를 180° 돌

려주고 뒤집어 주면 오래 쓸 수 있다.

③ 매트리스는 세탁이 되지 않기 때문에 매트리스 위에서 그냥 자서는 안 된다. 2, 3개의 패드와 시트를 준비해 매트리스에 교대로 깔아주는 것이 좋다. 일반적으로 고급 호텔에서는 이런 방식으로 침대를 사용한다. 패드와 시트를 사용하면 침대를 항상 쾌적한 상태로 유지할 수 있어서 좋다.

④ 침대를 받쳐주는 머리판과 뒷판은 오래 쓰다보면 볼트 부분이 헐거워진다. 1개월에 한 번쯤 드라이버로 볼트 부분을 단단히 조여준다. 만일 헐거운 상태로 계속 쓰면 삐걱거리고 그러다 결국 망가지기 십상이다.

⑤ 사람이 잠을 잘 때는 땀을 흘리게 되는데, 이 땀에 의해서 세균이나 진드기가 살기 좋은 환경이 만들어진다. 1~2주에 한 번씩 커버와 시트를 벗기고 통풍을 시켜줘야 하는데, 가능하다면 베란다 등에 내놓는 것이 좋다. 이때는 벽에 기대어 세워 두어야 한다. 패드와 시트도 자주 세탁해야 한다. 또는 항박테리아 처리가 된 매트리스를 구입하거나 시중에서 판매되고 있는 매트리스용 항균제를 사용하는 것도 좋은 방법이다. 다만 인체가 접하는 부위에 직접 살균제를 사용하는 것은 바람직하지 않다.

침대 선택 ABC

① 적당한 크기와 높이의 침대를 선택해야 한다. 뒤척이며 숙면을 취하기에 편안한 상태를 유지하기 위해서는 자유롭게 움직일 수 있는 크기의 침대를 선택해야 한다. 침대의 크기는 가로가 어깨 폭의 3배 정도가 되면 좋고(사람이 몸을 뒤척이는 데 필요한 최소 한도는 대략 70cm), 길이는 신장보다 15~20cm 정도 긴 침대가 좋다. 그리고 침대에 앉았을 때 무릎과 발목의 각도가 90° 정도 되면 알맞은 높이의 침대라고 할 수 있다. 너무 높거나 낮으면 무릎, 발목 허리에 부담을 준다. 또 침대가 높으면 방이 좁고 낮아 보인다.

② 스프링이 느껴지지 않아야 한다. 스프링이 느껴진다는 것은 침대의

내용물이 부실하다는 증거다. 그리고 소음이 나는지도 확인해야 한다. 조그만 소리라도 숙면에는 큰 방해가 되기 때문이다.

③ 침대는 꼭 수면만 취하는 잠자리의 공간만이 아니다. 사랑의 공간이고, 휴식의 공간, 사색의 공간이며 건강의 공간일 수도 있다. 침대에서 잠만 잔다는 고정관념에서 벗어나 TV를 보든가 신문을 읽으며 휴식을 취하기에 편리한 공간으로 생각하여 선택해야 한다.

④ 가능하다면 침대의 내부를 확인하는 것도 좋다. 왜냐하면 침대의 품질은 내부에 있기 때문이다. 침대 내용물이 부실하면 먼지가 발생하는 등 건강한 수면을 취하기가 어렵다. 또한 지나치게 화려한 프레임은 처음에 사용할 때는 만족하지만 시간이 갈수록 싫증이 나게 되므로 주위 가구와의 조화를 생각한 은근한 색상과 디자인이 무난하다.

칠기류 옻냄새는 쌀뜨물로 없앤다

찬합이나 쟁반 등 칠기류는 뜨거운 물이 닿으면 상하기 쉽다. 그래서 칠기류를 손질할 때는 미지근한 물에 적신 행주로 조심해서 이물질을 제거한 다음 부드러운 헝겊으로 닦아낸다. 또 새 칠기류에 배인 옻냄새를 없애려면 쌀뜨물을 미지근하게 데워 붓든가 비지로 씻으면 냄새를 제거할 수 있다.

카펫 세탁 후 가구 자국 안 내려면

카펫을 세탁한 후 젖은 카펫에 가구를 놓으면 털이 누우면서 자국이 남는다. 그렇다고 카펫이 마를 때까지 가구를 한쪽에 몰아 놓을 수도 없는 상황. 이럴 땐 알루미늄 쿠킹호일을 카펫 위에 놓고 그 위에 가구를 놓으면 카펫 습기가 호일 밑으로 빠져나가 자국이 생기는 것을 막아준다.

카펫에 담뱃불 등의 자국이 생기면

카펫에 담뱃불 등으로 그을린 자국이 있으면 보기에 흉하다. 이런 때는 그을린 곳의 털을 조심스럽게 칼로 잘라내고 그 자리에 본드 등의 접착제를 바른 다음, 눈에 잘 띄지 않는 곳의 털을 잘라다가 붙여두면 감쪽같다.

카펫에 붙은 껌 떼어내기

카펫에 붙은 껌을 제거할 때는 얼음이 든 비닐주머니를 껌에 대고 딱딱하게 굳힌 다음 세탁용 브러시로 긁으면 간단하게 떼어진다. 시너 등을 사용하면 카펫의 색이 변하거나 섬유가 상하기 쉬우므로 이 방법을 이용하는 것이 좋다.

카펫의 손질 및 보관

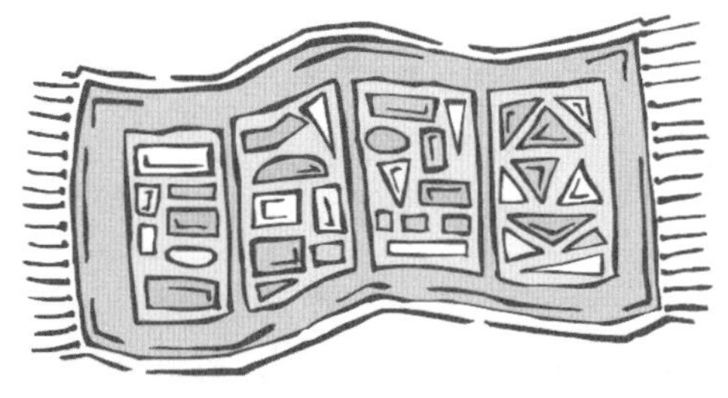

카펫은 가정에서 세탁하기 어려우므로 자주 진공청소기로 먼지를 깨끗이 제거해 준다. 딱딱한 비로 쓸면 결이 한데 뭉치거나 상하므로 삼간다. 부분적으로 오염이 묻은 경우 즉시 중성세제 액에 적신 걸레를 꼭 짠 후 카펫 표면을 닦아주고 깨끗한 젖은 걸레로 다시 닦아준다. 서너 달에 한번씩 카펫 클리너를 뿌려 진공청소기로 세탁하고 년 1회 정도 전문 세탁소에 세탁을 맡긴다. 무거운 가구로 눌린 자국은 증기 다리미나 물수건을 이용하여 파일을 일으킨 후 손질해 준다. 장기간 보관시에는 방충제를 넣어 파일이 안쪽으로 가도록 감아 통기성 있는 종이나 천으로 포장하여 건조한 장소에 뉘어둔다.

컴퓨터 키보드에 음료수 흘려 끈끈해졌을 때는

컴퓨터 키보드에 커피나 음료수를 흘리는 경우가 있다. 때도 잘 타려니와 심하면 자판이 잘 작동하지 않게 된다. 이럴 땐 먼저 키보드를 시스템에서 분리한 후 드라이버를 이용하여 자판의 키를 뽑아낸다. 뽑아낸 키들을 중성세제나 베이킹 소다(우윳빛보다 흐리게)를 풀어놓은 물에 집어넣고 먼지와 기름때를 닦아낸다. 그리고 깨끗한 물로 헹군 후 키들을 수건에 감싸서 그늘진 곳에 물기가 빠지게 둔다.

키보드의 물기가 빠지는 사이 시간을 이용해서 키보드 내부 청소를 한다. 에어 클리너나 진공청소기를 이용해 구석구석 먼지를 제거하고 깨진 곳이나 이상이 있는 곳이 없는지 살펴본다. 내부가 깨끗이 청소된 후 물기가 완전히 제거된 키보드를 조립한다.

콜드 크림 닦은 화장지 재활용법

화장을 할 때 콜드 크림을 닦아낸 화장지도 버리지 말고 한 장씩 펴서 모아두면 유용하게 쓸 수 있다. 가구를 닦을 때 콜드 크림이 묻은 화장지를 사용하면 먼지가 잘 흡수되므로 걸레로 닦는 것보다 훨씬 효과적이다. 콜드 크림은 가구에 윤택이 나게 하는 작용도 한다.

텔레비전은 한쪽 구석에 놓는 것이 좋다

거실 한쪽 벽면에는 대개 낮고 긴 장식대가 있고 그 위에 전화기, 크고 작은 장식품 등을 늘어놓게 된다. 그리고 그 한가운데에 큰 텔레비전을 놓는 것이 일반 적이다. 이처럼 큰 물체가 가운데에 놓여지면 배경 의 벽면이 둘로 나뉘어져 보여서 그만큼 좁아 보인 다. 그러므로 텔레비전을 구석으로 옮기되, 벽면의 무게 중심이 한쪽으로 쏠리게 되므로 그림액자나 벽 장식품은 텔레비전과 키 높이를 맞춰 전체적인 균형을 맞춘다.

텔레비전 화면에 먼지가 덜 끼게 하려면

텔레비전의 화면에는 날마다 닦아도 어느새 또 쌓일 정도로 먼지가 잘 붙는다. 이것은 텔레비전 화면에 쉽게 발생하는 정전기 때문이다. 텔레비전 화면을 깨끗이 청소하고 걸레에 정전기 방지액을 조금 묻혀서 닦아 보자. 먼지도 덜 낄 뿐더러 청소하기도 쉽다. 오디오를 청소할 때도 마찬가지이 며 좁은 곳은 면봉을 이용하면 먼지가 쉽게 닦인다.

페인트 냄새를 없애려면

머리를 지끈지끈 아프게 하는 페인트 냄새를 아주 간단한 방법으로 없앨 수 있다. 바로 양파를 이용하는 것이다. 양파를 몇 개 쪼개어 구석진 자리 에 놓아두면 두 가지 냄새가 서로 중화되어 아무 냄새도 나지 않는다.

표백제 냄새는 식초로 없앤다

부엌이나 세면장 같은 곳의 소독이나 세탁물의 표백을 위해서 자주 표백제를 사용하게 되는데, 이때 표백제 냄새가 남아 있다. 이럴 때는 표백제를 뿌렸던 곳에 식초를 몇 방울 떨어뜨리면 표백제 냄새가 없어지게 되며, 또 그릇이나 옷에서 나는 냄새도 식초를 물에다 풀어서 잠시 담갔다가 꺼내면 냄새가 없어진다.

피아노 건반을 깨끗이 닦는 방법

피아노 건반은 매일 닦아주면 좋다. 그래도 누런기가 신경에 거슬리면 먼저 알코올과 물을 1:1의 비율로 섞어서 세숫대야에 준비한다. 다음에 부드러운 천을 여기에 담갔다가 꼭 짠다. 그 천으로 닦으면 피아노 건반의 누런기가 깨끗하게 지워진다. 치약을 이용해도 하얗게 닦인다.

헌 스타킹으로 배수관의 막힘을 방지한다

배수관 입구에 오물받이가 있어도 오물 부스러기 등이 들어가게 되면 배수관이 막히게 된다. 이것을 방지하려면 헌 스타킹 조각을 오물받이 밑에 바쳐두었다가 가끔씩 갈아주면 된다. 특히 배수관이 좁은 아파트 등은 이런 방법을 사용하면 오물로 인해 배수관이 막히는 것을 막을 수 있다.

화분이 잘 자라게 하려면 마늘을 거름으로 준다

화분의 식물이 잘 자라지 않거나 생기가 없을 때는 마늘을 이용해 보자. 마늘 반 통 정도를 으깨어 두 컵 정도의 물에 희석하여 이것을 조금씩 뿌려준다. 이렇게 하면 식물이 놀랄 만큼 잘 자란다. 마늘은 사람의 몸에만 좋은 것이 아니라 식물의 성장에도 좋은 거름이 된다. 그러나 지나치게 많은 양을 주는 것은 금물.

화장실 냄새를 없애려면

① 변기를 사용한 후 냄새가 남아 있어 환
  풍기를 돌려도 효과가 없을 때에는 성
  냥 한 개비를 켜 본다.
② 좋은 향기를 드라이 플라워에 뿌려 화
  장실에 걸어두는 것도 나쁜 냄새를 숨길
  수 있는 하나의 방법이다.
③ 원두커피 찌꺼기를 조그마한 용기에 담
  아두면 냄새를 흡수한다.

④ 향이 너무 강해서 잘 사용하지 않는 남성
  용 스킨을 화장실의 타일 바닥에 뿌려두면 그 향에 묻혀 화장실 냄새
  가 나지 않는다.
⑤ 휴지심지 쪽에 못 쓰는 향수를 뿌려두면, 휴지를 사용할 때마다 향수
  냄새가 솔솔 풍겨서 좋다.
⑥ 담배 연기가 자욱하거나 주방의 생선 냄새, 화장실의 냄새가 심할 때
  엔 촛불을 켜놓으면 냄새가 어느 정도 줄어든다.

휴가 때의 화분 관리는 물수건으로 한다

아파트 같은 데 있는 화분은 며칠 물을 주지 않으면 말라죽는 것이 많다.
그래서 휴가를 간다든가 하여 여러 날 집을 비울 때는 그 처리가 난감해진
다. 이럴 땐 화분 옆에 양동이 하나 가득 물을 떠놓고 물에 적신 수건을 화
분의 흙과 양동이의 물에 걸쳐두도록 한다. 모세관 현상에 의해 물이 조금
씩 공급되기 때문에 결코 말라죽거나 하는 일은 없을 것이다.

흙먼지가 많은 곳을 쓸어야 할 때는

흙먼지가 많이 쌓여 있는 아파트 현관 바닥은 물을 마음대로 쓸 수 없어
불편한 곳. 그러나 젖은 신문지를 잘게 찢어 바닥에 미리 깔고 빗자루로 쓸
면 흙먼지가 일지 않아 좋다.

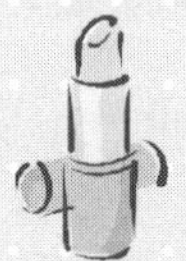

4
건강 · 미용

4. 건강·미용

가벼운 타박상에는

병원에 가지 않아도 될 정도의 가벼운 타박상을 입었거나 삐었을 경우에는 더운물에 소금(한 컵)과 식초(한 숟갈)를 타서 가제에 적셔 환부에 여러 차례 습포해 주면 통증과 부기를 뺄 수 있다.

가시가 박혔을 때는

피부에 가시가 깊이 박혀 족집게나 바늘로는 좀처럼 빠지지 않을 경우 고약을 발라 보자. 고약이 가시를 빨아낼 뿐만 아니라 열과 통증을 없애주므로 좋다. 또 부추를 짓이겨 3~4회 갈아 붙여주면 신기하게도 가시가 뾰족이 솟아오른다. 가시를 뽑아낸 다음, 그 자리에 소독약을 발라주어야 곪지 않는다.

가정 상비약

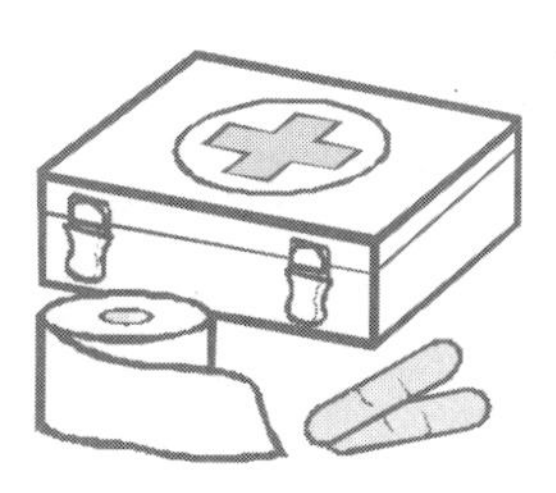

- **의료용 기구** : 핀셋, 의료용 가위, 체온계, 메스
- **위생 재료** : 가제, 탈지면, 반창고, 붕대, 해열을 위한 얼음주머니
- **간단한 외용약** : 소독용 알코올, 과산화수소수, 크레졸, 세안용 붕산수, 벌레 물린 데 사용하는 암모니아수, 두드러기 등에 쓰이는 항히스타민제 연고, 곪는 것을 방지하는 항생물질 연고
- **내복용** : 소화제, 해열제, 진통제, 변비약

이들 상비약은 어린이의 손이 닿지 않는 서늘한 곳에 보관해야 하고, 약마다 사용 설명서를 붙여두어야 한다. 그리고 한 달에 한 번 정도는 기구와

약들을 점검 정리하여 약의 변질 여부와 필요한 약의 부족 여부를 점검하여야 한다.

간질 발작을 일으킬 때는

대개 눈이 뒤집히고 괴성과 함께 혀를 깨물며 의식불명 상태에서 입에서 거품이 난다. 이때는 저지하지 말고, 방해가 되는 물건을 치움으로써 부상을 방지하도록 한다. 환자가 입을 벌릴 때 혀를 깨물지 못하도록 부드러운 수건을 가볍게 대준다. 쓰러져서 잠을 잘 경우 깨우지 않는다. 음료를 먹여서는 안 되며, 입에서 거품이 나오면 옆으로 뉘어준다.

간질환과 음식

우리 나라 전 인구의 약 10%인 4백만 명이 B형 간염 바이러스에 감염되어 있으며, 이들 중 약 50%는 만성간염 내지 간경변 환자이다. 간암은 건강한 사람에게 발병되기보다는 만성간염 및 간경변으로 고생한 환자에게서 많이 발병되고 있다.

두부·파·마늘·버섯을 즐겨 먹으면 간암 예방에 도움이 된다. 서울대 연구팀의 분석 결과 두부를 2~3일에 1회 이상 자주 먹은 사람들은 2~3주에 1회 이하로 적게 먹은 사람들에 비해 간암 발생의 상대적 위험도가 절반도 채 안 되는 것으로 나타났으며, 버섯을 주 2~3회 이상 즐겨 먹는 사람들은 거의 먹지 않는 사람들보다 간암에 걸리는 위험도가 66% 수준에 머물렀다. 또한 마늘이나 파를 좋아하는 사람의 위험도는 싫어하는 사람들의 약 3분의 1로 나타났다.

감기와 비타민 C

감기에 걸렸을 때 평소보다 많은 비타민 C를 먹으면 감기를 앓는 기간도 짧아지고 기침, 재채기 등의 횟수도 줄어든다는 임상실험 결과가 나왔다. 비타민 C가 감기를 절대적으로 예방해 주지는 않지만 일단 감기에 걸리면 비타민 C를 충분히 먹는 것이 좋다.

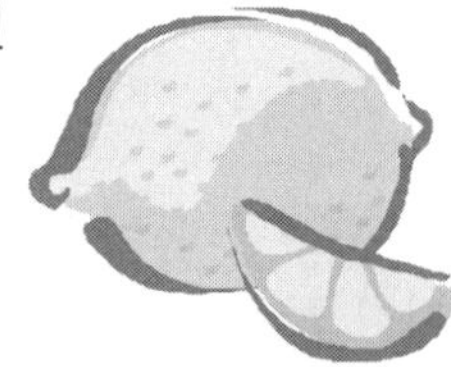

 감전 사고가 일어났을 때는

전기는 우리에게 없어서는 안 될 에너지로서 커다란 혜택을 주고 있지만 자칫 주의를 소홀히 하면 큰 사고를 안겨주기도 한다. 감전 사고는 부주의로 인해 흐르는 전류가 심장을 관통하는 것이다. 감전 쇼크에 의해 호흡이 정지됐을 경우 혈액 중 산소 함유량이 1분 이내에 감소하기 시작하므로 즉시 심장 마사지와 인공호흡을 실시하여야 한다.

 건망증을 줄이려면

건망증이란 일종의 노이로제 증상으로 자신이 한 일을 잊어버리고 생각을 하려 해도 기억을 전혀 할 수 없는 경우를 말한다. 이럴 때는 오가피 40g을 물 4ℓ로 달여두고 매일 차 마시듯 여러 날 복용하거나, 꿀 3순가락을 1컵의 뜨거운 물에 타서 아침, 저녁으로 10~20일 정도 마시면 좋다.

 걸으면서 담배 피우는 것은 금물

걷고 있을 때에는 앉아 있을 때보다 폐의 활동은 물론 몸 전체의 신진대사가 활발하다. 이러한 상태일 때 담배 연기를 들이마시면 몸의 말단까지 니코틴이나 타르가 스며들게 되므로 그만큼 더 많은 산소가 필요하게 되어 폐의 부담은 점점 가중된다. 담배는 한가한 모습으로 피우는 것이 몸에 덜 해롭다.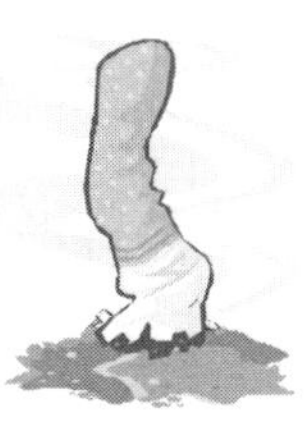

 겨울철 질환에 효과적인 민간요법

감기에 좋은 민간요법
- 한약방에서 한 포씩 포장해서 파는 쌍화차를 미리 장만해 두고 온몸이 노곤하고 몸살 기운이 있을 때 한 잔씩 끓여 마신다.
- 귤보다 비타민 C가 3배나 많은 유자차를 끓여 마신다.
- 백작약, 숙지황, 당귀, 천궁 각 4g을 차로 만들어 아침, 저녁 식후에 복용한다.
- 껍질을 벗긴 호두 50g에 참기름 50g을 넣고 1시간 동안 끓여 한 순가

락씩 하루 3회 공복에 마신다.
- 열이 날 때는 파 흰머리 부분을 진하게 끓여 마시고 땀을 낸다.
- 콧물이 날 때는 생강을 갈아 따뜻한 물에 넣고 꿀을 타서 마신 후 땀을 낸다.
- 코가 막혀 숨쉬기가 어렵고 머리까지 아플 때는 양파의 흰 부분을 얇게 썰어 가제 수건에 싼 다음 코에 갖다대거나 양파의 끈끈한 부분을 코 밑에 붙여두면 코가 금세 뚫린다. 대파를 한쪽 썰어 속이 펼쳐지게 한 후 코에 붙여둬도 효과적이다.
- 목이 아플 때는 강판에 무를 갈아서 약 1/4컵을 뜨거운 물에 붓고 꿀을 타서 마신다. 감잎차를 끓여 마셔도 좋다.

기침에 좋은 민간요법

- 오미자 30g을 씻어 물기를 제거한 후 물 4컵을 붓고 달인다. 여기에 달걀 3개를 넣고 골고루 저어서 먹거나 꿀을 타서 마신다.
- 깨끗하게 씻어서 말린 귤껍질을 물을 넣고 끓인 후 꿀이나 흑설탕을 타서 마신다.
- 껍질을 벗기지 않은 연근을 깨끗이 씻은 후 껍질째 강판에 간다. 그리고 가제에 담아 짜서 마신다.
- 오미자차를 끓여 마신다.

가래에 좋은 민간요법

- 수분을 많이 섭취하는 대신, 가래와 콧물을 진하게 만드는 우유는 삼간다.
- 은행을 기름에 튀기거나 삶아서 익히거나 불에 구워, 아침, 저녁 한 알씩 먹는다.
- 구기자 20g에 물 3컵을 붓고 물이 반으로 줄 때까지 달여 마신다.

기관지염에 좋은 민간요법

- 날씨가 쌀쌀해지면 아이들이 가장 많이 걸리는 병 중 하나인 기관지염은 감기가 오래되어 생기거나 바이러스, 박테리아에 의해 감염된다.
- 열을 재어 38.5℃ 이상이면 아이의 옷을 벗긴 후 방을 서늘하게 한다. 그래도 열이 내리지 않으면 해열제를 먹이고 효과가 없으면 30℃ 정도의 미지근한 물로 몸을 닦아준다.

- 수분이 부족하면 가래가 짙어지므로 충분한 수분을 취하도록 한다.

알레르기성 비염에 좋은 민간요법

- 겨울철에 더욱 극성을 부리는 알레르기성 비염은 특히 공기가 탁하거나 습도가 높으면 증세가 더욱 심해진다. 대체로 감기와 비슷한 증세를 보이지만 고열·기침·가래는 없고, 주로 코막힘·콧물·재채기 증상을 보인다.
- 실내를 자주 환기시키고 가습기 사용은 피한다. 또한 찬 공기나 찬 음료도 삼간다.
- 침대 시트나 베갯잇 등은 2주에 한 번 세탁해서 햇볕에 말리고 카펫은 사용하지 않도록 한다.
- 심한 알레르기성 비염에는 갈근탕이 좋다. 갈근 3g, 마황과 생강, 대조 각 2g, 계지와 작약, 감초 1g을 함께 달여 하루에 2첩씩 재탕까지 해서 복용한다.
- 감자 5개와 양파 1개를 잘게 썰어 물 2대접을 붓고 약한 불에서 삶는다. 물이 반으로 줄면 국물만 걸러내어 하루 3번 마신다. 생강차를 끓여 꾸준히 마신다.

경련을 일으킬 때

어떠한 원인으로든지 갑자기 경련을 하게 되면 주위 사람은 당황해 어떤 조치를 취해야 할지 몰라 허둥대기 쉽다. 이 경우 당황하지 말고 환자가 혀를 깨물지 않도록 두꺼운 가제나 종이 등을 입에 물려 기도를 확보하고 다른 곳에 부딪치지 않도록 보호한다.

고기 먹고 체했을 때

고기 먹고 체했을 때 파인애플을 먹으면 체한 것이 금방 내려간다. 파인애플이 고기를 연하게 해주기 때문에 갈비나 불고기를 잴 때에도 파인애플을 이용하면 좋다.

고혈압에는 솔잎 즙을

예로부터 혈압에는 솔잎이 찰떡 궁합이라고 알려져 왔을 만큼 솔잎으로 즙을 내어 먹으면 효과가 있다고 한다. 솔잎을 깨끗이 씻어서 짧게 자른 다음, 이것을 절구에 찧어 즙을 낸다. 이 즙을 매일 식전에 한두 숟갈 정도 먹으면 부작용이 염려되는 어떤 약보다도 안심할 수 있어 더욱 좋다.

고혈압과 음식

고혈압은 현대인에게 가장 흔한 성인병이며, 주요 사망 원인 질환의 하나이다. 고혈압에 대한 식이요법의 기본은 첫째, 체중 조절을 위한 감식, 둘째, 나트륨 섭취를 제한하는 감염식, 셋째, 알코올 제한을 위한 금주 또는 절주며, 그밖에 콜레스테롤 및 포화지방산 섭취의 제한, 양질의 단백질 섭취, 야채·과일·해조류의 충분한 섭취 등이다.

염분을 적게 먹기 위해서는 김치 섭취량을 절반 이하로 줄이며, 전이나 튀김 등은 간장·소스 없이 먹도록 한다. 절인 생선이나 어묵·햄·소시지 등 염분 첨가 가공식품은 피하고, 젓갈·오이지·장아찌·조림 등의 음식은 먹지 않는다.

계란 노른자·오징어·생굴·문어·명란 등 콜레스테롤이 많이 함유된 식품은 제한하고 콜레스테롤을 낮추는 식품인 버섯·은행·감잎차 등은 자주 먹는다. 또한 살코기·흰살생선·콩·두부·저지방 우유·야채·과일·해조류 등 단백질·무기질·비타민 등이 풍부한 식품을 충분히 섭취하고 조리시에는 식물성 기름을 사용하며, 향신료나 자극성 식품은 되도록 피한다.

골초들은 물을 많이 마셔라

물을 많이 마시면 누구에게나 좋지만 특히 골초의 경우 체내에 흡수된 니코틴, 타르 같은 유해물질들이 배뇨를 통해 몸 밖으로 배출된다. 우리 몸의 정화작용인 이 신진대사를 활발하게 하려면 물을 많이 마시는 게 가장 간단하면서도 효과적인 방법이다. 또한 물은 골초들의 위장도 보호해 주는데, 공복시의 흡연은 니코틴이 침에 섞여 위장으로도 들어가게 된다. 이 니코틴은 위의 가스토린 세포를 자극하여 고산도(高酸度)의 위액을 분비시켜 위궤양을 유발한다. 이럴 때 물은 고산도의 위산을 중화하며, 위나 십이지장의 연동운동을 촉진하여 위산을 계속 흘려 보내게 된다.

또 물보다는 스포츠 음료 등의 이온수가 더 좋은데, 소변을 보게 되면 칼륨도 함께 빠져나가기 때문에 그것을 보충할 필요가 있기 때문이다. 바나나·사과·표고버섯·시금치·미역 등의 해조류는 칼륨을 많이 포함하고 있으므로, 이러한 음식물을 섭취하여 칼륨을 보급하는 것도 좋다.

 ## 굳어진 마스카라에는 베이비 오일을 섞는다

마스카라는 오래되면 굳어져서 쓰기가 곤란해진다. 이럴 경우에는 올리브 기름이나 베이비 오일을 섞으면 다시 쓸 수 있다. 그리고 마스카라를 쓰고 난 나음에는 반드시 뚜껑을 닫아두어야 한다. 물론 매니큐어도 마찬가지다.

 ## 굳은살에는 콜드 마사지를 한다

구두를 많이 신는 직장 여성은 발뒤꿈치에 굳은살이 생기기 쉽다. 굳은살이 덜 생기게 하기 위해서는 굽이 낮고 발이 편한 것을 신도록 해야겠지만 일단 굳은살이 생겼을 때는 돌로 문지르는 것은 금물이다. 이럴 경우에는 굳은살이 생긴 부분에 콜드 크림을 바르고 마사지를 계속하면 피부가 부드러워진다.

 ## 귓속에 이물이 들어갔을 때

바늘이나 철사로 이물을 빼지 않는다. 벌레인 경우에는 불을 비춘다. 어떠한 경우에도 귓속에 들어간 이물은 의사에게 빼도록 한다.

 ## 급체의 간단한 응급처치법

① 속이 많이 거북할 때는 소금물을 먹은 후 손가락을 넣어 토한다. 몸

을 꼭 죄는 넥타이나 벨트·단추 등은 풀어주고, 토한 뒤에는 스포츠 음료나 보리차를 조금씩 마시는 것이 좋다.

② 특히 혈압이 상승하거나 떨어지며 현기증과 선하품이 나타날 때는 손가락 끝을 바늘로 따는 방법이 효과적이다. 이때 이용되는 것이 구급혈이다. 십선혈이라고도 하는 구급혈은 좌우 열 손가락 끝 부위 중앙에 있다. 이곳을 불에 소독한 바늘로 가볍게 출혈시켜 주면 체기를 쉽게 풀어줄 수 있다.

③ 합곡과 태충을 자극시켜 주는 것도 좋다. 합곡과 태충은 양손과 발의 엄지와 검지 사이를 눌러 아프게 느껴지는 부위로, 통증이 가실 때까지 눌러준다.

④ 그래도 개운치 않으면 한방차를 이용하면 좋다. 즉 도라지·귤껍질·대추를 각각 15g 정도 물 2컵 분량에 넣고 끓여서 마시면 도움이 된다.

 기미 · 주근깨에는 오이팩을

기미가 발생하는 원인은 임신과 출산·영양실조·간질환·정신적 긴장과 스트레스 등이 있으나 여름철에는 햇빛에 과다하게 노출되는 것이 주요 요인이다. 여름은 일조 시간이 길고 햇빛이 강해 피부 색소 침착으로 쉽게 그을리게 되고, 피부 노화가 촉진되기 때문이다. 따라서 뜨거운 여름에는 외출시 자외선 차단 크림을 꼭 바른다.

기미 생성을 억제하는 호르몬은 밤 사이에 많이 분비되므로 충분한 수면을 취하도록 한다. 경구피임약도 기미의 원인이 되므로, 될 수 있는 대로 복용을 삼간다. 술·담배도 기미에 좋지 않으므로 피하도록 하고, 비타민 C가 많이 든 과일·채소를 섭취한다.

일단 기미나 주근깨가 생겼을 때는 오이팩을 해보자. 오이즙에 밀가루를 섞고 식초를 조금 타서 천에 발라 얼굴에 덮는다. 잠시 후에 미지근한 물로 씻어내면 피부가 맑아진다.

또 평소에 율무차를 마시는 것도 도움이 된다. 율무는 소변을 잘 나오게 하고, 염증을 방지하며, 피로회복을 도와주기 때문에 기미·주근깨의 예방과 치료에 효과적이다.

 ## 기침과 오미자

감기에는 기침이 동반되기가 쉽다. 그리고 감기 기운은 사라져도 기침이 멎지 않아 고생을 하는 경우가 많다. 이럴 때에는 오미자를 끓여서 엽차 마시듯 자주 마시면 어느 새 기침이 멎게 된다. 이 방법은 특히 아이들에게 좋은 효과가 있으며, 여기에 생강을 조금 넣고 끓이면 더욱 좋다. 맛이 새큼하고 빛깔도 앵두빛이라서 아이들이 즐겨 마실 수 있어 좋다.

 ## 남편의 음주와 임신

주부들 중에는 남편이 만취한 상태에서의 부부관계로 임신이 되었을 경우 혹시 태아에게 이상이 있지나 않을까 하고 걱정하는 사람이 있다. 그러나 태아에게 기형의 염려는 없다. 보통 1회의 사정에 의해서 배출되는 정자의 수는 약 3억 개인데, 그 정자는 모두 3개월 전에 만들어져서 사정 2~3일 전에 만반의 준비 태세를 갖추고 있다. 따라서 만취했을 때 배출된 정자라 해도 정자 자체는 그 당시 알코올의 영향을 받지 않는다. 

 ## 노약자를 위한 목욕법

욕조에 전신을 담그면 온도 차이에 적응하기 위해 체력 소모를 많이 하게 된다. 또 수압으로 인해 배와 가슴둘레가 1~4㎝ 정도 줄어들 만큼 내부 장기에 압박을 준다. 건강한 사람이라면 큰 무리를 주는 정도는 아니지만 노약자는 피하는 것이 좋다.

노약자나 심폐기능이 약한 사람은 열탕이나 냉탕에서 전신욕을 하기보다 따뜻한 물을 이용해 명치 아래만 담그는 반좌욕이나, 발과 다리만 담그는 족탕·각탕이 좋다.

대부분 질병이 있는 사람을 체열진단기를 통해 촬영해 보면 머리와 가슴 부위의 온도가 하체보다 높게 나타난다. 반좌욕과 족탕·각탕은 하체의 혈류순환을 원활히 함으로써 전체 균형을 맞춰준다. 또 가정에서 손쉽게 실천할 수 있는 방법이어서 더욱 권할 만하다.

 눈 모양에 따른 화장 기법

아이라인

- **크고 둥근 눈** : 둥근 눈은 더 둥글게 보이지 않게 하기 위해 눈동자 중간 부분은 생략하고 눈 앞머리와 눈꼬리 부분에만 선명하게 그려준다.
- **가늘고 긴 눈** : 눈동자 중앙 부분을 도톰하게 그려주고 눈머리와 눈꼬리 부분을 자연스럽게 그려준다.
- **눈꼬리가 내려가는 눈** : 눈꼬리 부분은 올려 그려주며, 아래 눈꺼풀의 꼬리 부분도 위의 라인과 교차되듯이 올려 그린다.
- **눈꼬리가 올라가는 눈** : 아래 눈꼬리 부분의 1/3을 약간 굵게 수평으로 그리고, 윗눈꺼풀의 눈머리에도 약간의 액센트를 준다.
- **두툼하고 부어 보이는 눈** : 눈 앞머리부터 꼬리까지 전체적으로 라인을 그리되 눈꼬리 부분은 굵게 그린다.
- **크고 쌍꺼풀진 눈** : 큰 눈은 아이라인를 강조할 필요가 없는 눈이다. 윗눈꺼풀에 그린 아이라인과 아랫눈꺼풀에 그린 언더라인이 눈꼬리에서 만나는 것이 자연스럽다. 리퀴드 아이라이너로 그릴 때나 펜슬로 그릴 때나 모두 눈 모양에 따라 가늘고 섬세하게 그려준다. 펜슬 타입이 큰 눈을 부드럽게 표현해 준다.
- **작은 눈** : 위, 아래 아이라인이 눈꼬리 끝부분에서 만나면 눈의 길이가 더욱 짧아 보이게 된다. 눈꼬리 부분을 약간 띄워서 그려넣는 것이 포인트이며, 윗눈꺼풀 아이라인을 그릴 때 눈꼬리 부분에서 약간 수직으로 빼주듯 그리고, 언더라인도 직선으로 빼주듯 그리면 눈의 길이가 훨씬 길어 보인다. 위, 아래 라인을 모두 그리되 언더라인은 아래 눈 길이의 1/3 정도만 그린다.
- **들어간 눈** : 눈꼬리 부분을 굵게 그리면서 끝을 약간 올려주어 눈매를 긴장시킨다.

아이섀도

- **큰 눈** : 진한 색보다 연한 색을 선택하여 부드럽고 자연스럽게 그라데이션하고, 눈 주위에 포인트 색을 강하게 처리하지 않는 것이 좋다.
- **작은 눈** : 눈 전체에 밝은 색상의 섀도나 펄감이 풍부한 색을 선택하여 눈 길이를 길어 보이도록 눈꼬리 쪽으로 짙은 색의 섀도를 연장하여

발라준다. 언더라인 또한 눈꼬리 쪽으로 길게 발라준다.
- **동그란 눈** : 눈앞과 꼬리 쪽을 짙게 처리하여 눈매를 길게 표현한다. 포인트 컬러를 어두운 브라운이나 그레이 계열로 눈꼬리 쪽으로 넓게 펴 바르고 언더라인 역시 눈꼬리 쪽으로 길게 연장시킨다. 눈 중앙 부분에는 짙은 색상을 바르면 눈이 더욱 둥글게 보이므로 유의한다.
- **가느다란 눈** : 짙은 색의 섀도를 눈머리와 눈꼬리에 바르고 아이홀은 밝은 하이라이트를 주되 가급적 넓고 둥글게 처리한다. 액센트 컬러는 눈 중앙에 두껍게 발라주고 눈꼬리 쪽으로 갈수록 가늘게 그라데이션하고, 언더라인 또한 눈 중앙을 두껍게 발라 전체적으로 둥글게 처리한다.
- **눈두덩이 나온 눈** : 펄감이 없는 매트한 브라운이나 그레이 색으로 엷게 펴 바른 후 눈썹 뼈 부위에 강한 하이라이트 색상을 바르고 액센트 컬러를 눈 형태에 따라 선을 긋듯 발라 눈매를 강조한다.
- **눈두덩이 들어간 눈** : 펄감이 있는 색상이나 밝은 색을 아이홀 부분에 강한 하이라이트 효과를 준 뒤 눈이 나와 보이게 하고, 포인트 색은 밝은 계열로 라인의 형태로 눈꼬리를 약간 올려 눈매를 강조한다.
- **처진 눈** : 눈 앞머리에서 눈꼬리까지 라인을 살려 사선 방향으로 올려 포인트 컬러를 폭넓게 바르고 눈꼬리 밑에 하이라이트를 주면 효과적이다.
- **올라간 눈** : 눈 앞머리와 눈꼬리 밑 부분에 섀도의 포인트를 주고, 특히 언더 컬러를 눈꼬리 부분에 넓게 펴 발라 올라간 눈을 부드럽게 안정시킨다.
- **눈과 눈 사이가 먼 눈** : 섀도의 포인트를 눈 앞머리 위에서 코가 있는 방향으로 처리하여 눈과 눈 사이의 간격을 좁아 보이도록 한다. 눈꼬리 쪽으로 포인트 컬러가 치우치지 않도록 주의한다.
- **눈과 눈 사이가 가까운 눈** : 눈 앞머리에서 중간까지 밝은 색상을 발라 눈과 눈 사이의 간격을 여유 있어 보이도록 한다. 짙은 색의 포인트 컬러를 눈꼬리 쪽으로 연장하고 눈 밑 언더라인에도 눈꼬리 바깥쪽으로 섀도 처리한다.
- **짝눈** : 양쪽 눈 중 어느 눈에 화장을 했을 때 아름다운 눈인가를 판단하고 예쁘지 않은 눈을 수정하여 균형을 맞춘다. 그러나 이때 정상적인 눈도 그렇지 못한 눈과 균형을 맞추기 위하여 약하게 또는 강한 색으로 수정할 필요가 있다. 어느 정도 마이너스적인 효과가 나타나더라도

짝눈의 느낌이 수정되어야 한다.
- **쌍꺼풀 눈** : 눈의 선명도를 위하여 감추어진 라인을 섬세하게 포인트 컬러로 처리하고, 자연스러운 색상으로 아이홀 전체에 부드럽게 그라데이션한다.
- **외겹 눈** : 눈을 크고 뚜렷하도록 보완하기 위하여 라인을 강조하거나 눈꼬리에 포인트를 주어 사선 방향으로 끌어올려 그라데이션해 주고 아이홀 부분까지 포인트 컬러를 펴 바른 후 눈썹 뼈 부분에는 하이라이트를 강하게 주어 평면적인 눈을 입체적으로 표현한다.

눈썹을 다듬을 때는 콜드 크림을 발라둔다

눈썹 모양을 다듬기 위해 눈썹을 뽑을 때 따끔따끔하다. 이 따끔거림을 줄이려면 콜드 크림을 조금 바른 후 마사지부터 한다. 그 다음 눈썹을 뽑으면 그다지 아프지 않다. 그리고 한 올씩 털의 뿌리 부분을 집어서 털이 자라난 방향으로 살짝 뽑는다. 젊은 여성이라면 자기 눈썹의 원형을 바꾸지 않는 편이 훨씬 보기 좋다.

눈이 부었을 때는

아침에 일어나 보면 눈이 퉁퉁 부어오르는 사람이 있다. 이런 사람은 평소에 녹차를 우려낸 티백을 냉장고에 보관해 둔다. 이렇게 차게 식은 티백을 눈두덩에 올려놓고 3~5분가량 있으면 부기가 가라앉는다. 녹차 티백이 없을 때는 얼음을 가제에 싸서 얼음찜질을 해줘도 효과가 있다.

눈에 좋은 음식과 나쁜 음식

- **좋은 음식** : 혹사시킨 눈을 보호하기 위해서는 녹황색 야채를 충분히 섭취해야 한다. 비타민이 풍부한 녹황색 야채는 완두콩·시금치·오이·당근·상추·풋고추 등이고, 이들은 볶거나 샐러드로 만들어 먹으면 편하다.
- **나쁜 음식** : 미네랄과 비타민이 들어 있지 않은 음식은 눈에 해롭다.

술·커피·담배·홍차·설탕·정제된 밀가루는 눈의 힘과 생기를 빼앗는다. 사탕·케이크·아이스크림·콜라 등도 눈에는 상당히 나쁜 음식들이다.

눈이 피로할 때는

오랫동안 독서를 한다든가 텔레비전을 시청하다 보면 눈이 피로해지게 마련이다. 여성에게 있어서 눈이 피로해지는 것은 미용의 적이기도 하므로, 눈이 피로해졌을 때는 수시로 눈을 운동시켜 줄 필요가 있다. 먼저 눈을 감고 손가락 두 개로 눈 위를 꾹 눌러준다. 그런 다음 손가락을 세워서 눈동자의 위와 아래를 차례로 꾹 눌러준다. 이렇게 3초씩 서너 차례 되풀이한 다음 눈동자를 위아래, 좌우로 회전시켜 준다. 또 찬물로 눈을 씻거나 맑은 날 멀리 있는 경치를 그윽하게 바라보는 것도 좋은 방법이다.

요즘은 눈의 미용을 위해서 미용 안약을 쓰는 사람도 많다. 안약은 눈의 충혈을 없애주고 또 안구에 광택이 나게 하는 등 눈을 보다 아름답게 해 주는 것이 사실이다. 그런데 이러한 안약을 자주 사용하다 보면 오히려 역효과가 나타나기도 한다. 눈의 미용에는 눈을 맑은 물로 씻는 것 이상 더 좋은 방법이 없다. 세면기 안에서 눈을 몇 번 떴다 감았다 한다거나 또는 컵에 물을 떠서 눈을 씻어내는 것이 좋은 방법이다.

다리의 피로 풀어주는 법

다리의 피로를 풀어주는 가장 쉬운 방법은 뜨거운 물에 발을 담그는 것이다. 세숫대야에 물을 붓고 다리를 담근 채 마사지를 해주면 피로가 쉽게 풀린다.

다이어트, 세 끼 식사가 기본

비만하면 다이어트, 다이어트 하면 굶는 것으로 생각하기 쉽다. 즉, 굶거나 식사를 거르거나 한 가지 음식만 먹는 것으로 여기는 경향이 있다. 그러나 다이어트(diet)의 어원은 식사 그 자체를 말하는 것으로, 안 먹는 것이 아니라 건강 상태에 맞게 잘 가려서 먹으라는 뜻이다.

　인체는 하루 세 끼 밥을 먹도록 되어 있기 때문에 이 세 끼를 거르지 않는 것이 다이어트의 기본이다. 비만한 사람이 체중을 줄이기 위해서 하루 한두 끼만 먹는 데도 오히려 살이 더 찌는 경우가 많다. 인체는 굶다가 먹고 혹은 먹다가 굶는 것을 반복하면 계속 먹는 것보다 체중이 오히려 증가되는 생리구조를 가지고 있다. 허기진 배를 채우다 보면 과식을 하게 되는데, 이때 필요한 것 이상의 에너지는 체내에 저장된다. 이것은 대부분 지방질로 바뀌어 아랫배, 옆구리, 위 팔 뒷부분 등에 저장된다.

　다이어트는 굶는 게 아니다. 다이어트를 하거나 밥맛이 없다는 이유로 아침식사를 거르는 것은 살을 빼는 데 도움이 되지 않는다. 살을 빼고 싶다면 차라리 저녁식사의 일부를 아침에 먹는 것이 낫다. 매끼 밥의 양은 약간 줄이되 잡곡밥 위주로 먹고, 국·나물·김치·해조류와 같은 반찬을 많이 먹어 배를 불려 놓는 것도 좋은 방법이다.

다이어트를 위한 조리 비결

- **가급적 자연식품을 이용한다**
  통조림 등 가공식품에는 많은 첨가물이 들어 있어 열량이 생각보다 높다. 원재료보다 열량이 최고 2배가 되기도 한다.
- **육류는 눈에 보이는 지방을 제거한다**
  육류의 기름은 입맛을 돋우지만 체중 증가의 원인이 된다. 조리 전 기름을 제거하거나 먼저 살짝 익혀 기름기 많은 국물은 버리고 조리한다.
- **기름을 적게 사용하는 조리법을 택한다**
  생선이나 육류는 찜이나 조림, 구이를, 나물은 볶음보다는 무침으로 대신한다.
- **유제품을 살 때는 가능한 한 저지방, 무지방 제품을 구입한다**
- **조리기구를 바꾸면 기름을 많이 쓰지 않아도 된다**
  코팅 처리된 프라이팬이나 냄비를 사용하면 기름을 적게 넣어도 눌어붙지 않는다.
- **야채 샐러드는 간장 소스 등으로 가볍게 만든다**
  마요네즈나 프렌치 드레싱은 칼로리가 높다. 샐러드는 간장 소스로 가볍게 만들어 먹는다.

• **음식을 만들 때나 커피 등 차를 마실 때 설탕을 적게 넣는다**

커피는 블랙으로 마시면 칼로리가 0이지만 설탕이나 크림 양에 따라 칼로리 차이가 난다. 설탕 대신 올리고당이나 인공감미료를 사용한다.

달걀 마시지는 달걀을 데워서 한다

멍이 들거나 상처로 인한 흉터를 없애기 위해 달걀이 애용된다. 텔레비전 드라마에서도 이런 장면을 볼 수 있다. 달걀 마사지는 달걀을 따뜻하게 데워서 하는 게 효과를 크게 하는 요령이다. 식으면 다시 데워서 문지른다. 이렇게 여러 번 문지르면 가벼운 흉터는 말끔히 없어진다.

담배 많이 피우는 사람은 파래를

파래는 담배의 니코틴을 중화시키는 데 탁월한 효과가 있어 애연가들에게 파래는 보약 이상이라고 할 수 있다. 파래는 날마다 먹지 않고 가끔씩 먹어도 효과가 있다.

닭살에는 비타민 공급을

비위에 거슬리는 사람을 흔히 닭살이라고 하듯이 닭살은 보기에 안 좋다. 닭살은 선천적으로 타고난 사람이 있는가 하면 비타민 부족으로 인한 일시적인 현상으로 닭살이 되는 사람도 있다. 그러나 어느 경우든 적극적으로 비타민을 보충해 주는 것이 필요하다. 귤껍질이나 레몬껍질을 물에 띄워 놓고 목욕을 하면서 이것으로 피부를 문질러 준다. 목욕 후에도 비타민 A · D · E 등이 함유된 영양크림으로 마사지를 하도록 하고, 또한 체내에서 피부에 영양을 주는 당근이나 토마토 같은 녹황색 채소를 많이 먹도록 한다.

땀이 많이 나는 사람은

땀을 많이 흘리면 자연히 몸에서 땀냄새가 많이 난다. 이런 사람은 외출에서 돌아와서 몸을 씻을 때 마지막 헹구는 물에다 식초를 몇 방울 타서 몸을 씻으면 피부에도 좋고 또 땀냄새도 깨끗이 없어진다. 그리고 땀띠가 날 때는 오이를 잘라서 그 즙으로 문지르면 땀띠도 없어지고 피부미용에도 도움이 된다.

딸꾹질을 멎게 하는 법

① **물을 천천히 마신다**

물을 꿀꺽꿀꺽 삼키는 목의 움직임을 통해 딸꾹질을 진정시킨다. 천천히 물을 마시는 동안 호흡을 가다듬을 수 있다.

② **잘게 간 얼음을 씹어먹는다**

갑자기 아주 찬 음식을 접하면 딸꾹질이 가라앉는다. 딸꾹질을 일으켰던 신경이 차가운 기운으로 다시 한 번 자극되기 때문이다.

③ **목젖 부위를 면봉이나 숟가락으로 자극한다**

상처를 내거나 구토를 일으키지 않도록 주의하면서 목젖을 살짝 건드려 본다. 재채기나 헛구역질을 유발하면 딸꾹질이 멎는다.

④ **무릎을 가슴 쪽으로 끌어당겨 안는다**

음식을 먹다가 공기를 많이 삼켜서 위장이 팽창되었을 때 나타나는 딸꾹질에 효과적인 방법. 무릎을 가슴에 안고 위장을 압박해 주면 자연스럽게 공기가 빠져나온다.

⑤ **손가락을 양쪽 귀에 넣는다**

횡격막과 관련된 신경이 귀에도 분포되어 있다. 손가락으로 이 신경을 자극하면 딸꾹질을 멈추게 할 수 있다. 손가락을 너무 깊이 넣어 상처를 내지 않도록 주의한다.

⑥ **설탕을 티스푼으로 한 스푼 먹는다**

혀에 설탕을 올리고 녹여 먹는다. 신경이 혀끝의 강한 단맛으로 자극되면 새로운 자극에 반응하느라 딸꾹질을 멈추게 된다.

⑦ **종이 주머니를 입에 대고 숨을 쉰다**

혈액 속에 일산화탄소량을 증가시켜 몸이 딸꾹질보다 일산화탄소를 제거하는 일에 더 집중하게 한다. 비닐봉지는 코에 달라붙으므로 종이봉지를 사용한다.

 **땀과 건강**

성인이 자신도 모르게 하루 동안 흘리는 땀의 양은 0.4~0.7l 정도이다. 오랜 시간 더운 곳에 있으면 2~3l에 이른다. 과로 · 스트레스 · 수면부족 · 과음 등으로 피로가 쌓이면 교감, 부교감신경의 조화가 깨져 땀이 많아진다. 살이 찌거나 생리중인 여성도 땀을 많이 흘릴 수 있다.

특별한 이유 없이 땀이 나거나 예전보다 땀의 양이 많아지면 몸에 이상이 생겼다는 신호이다. 등에 식은땀이 나면 결핵, 땀을 흘리고 난 뒤 속옷이 누렇게 변하면 간질환을 의심할 수 있다. 간염 장티푸스 암 등 발열성 질환에 걸려도 속내의를 적실 정도의 땀이 난다.

땀을 거의 흘리지 않는 무한증(無汗症)은 유전이나 정신적 요인으로 생기지만, 당뇨 · 혈압강하증 · 아토피성 피부병의 증세로도 나타난다. 5분만 운동해도 땀을 흘리면 건강하다는 증거인데, 운동을 많이 할수록 땀샘의 기능이 발달해 땀을 잘 흘린다.

땀은 바로 닦아주는 게 좋다. 그렇지 않으면 땀구멍이 막히면서 피부에 염증을 일으킬 수 있다. 땀을 흘리고 난 뒤 수분 보충은 필수. 땀을 과도하게 흘리면 혈액순환 장애로 기운이 없어지고 식욕이 떨어진다. 심하면 탈수증이나 근육 경직현상이 나타난다. 이때는 묽게 탄 소금물을 마시고 채소나 과일을 섭취하는 게 좋다.

 **땀띠가 생겼을 때는**

땀띠는 땀구멍이 막혀서 땀이 잘 배출되지 못하고 축적돼 생기는 질환이다. 주로 피부가 겹치는 부위에 발생하며, 가렵거나 따끔거리는 증세가 동반된다. 어린아이는 어른보다 기초 체온이 높고 체온 조절 능력이 떨어져 땀띠가 많이 생긴다.

땀띠는 고온다습한 환경에서 주로 발생하므로, 더운 곳을 피하고 시원하게 생활하는 것이 예방책. 일단 땀띠가 생기면 에어컨이 잘 가동되는 시원한 곳에서 8시간 이상 있는 것이 좋다. 그렇지 않을 경우 선풍기로 땀을 식히거나 냉우유로 냉찜질을 하면 치료에 도움이 된다.

더위를 이기고 갈증 해소에 좋은 한방차

단연 오미자를 꼽을 수 있다. 오미자는 예로부터 여름철에 각종 화채물을 만들 때 사용되던 주재료다. 오미자는 이름 그대로 5가지의 맛을 내는데, 이 중 신맛이 가장 강하다. 신맛은 수축작용으로 땀샘이 확장되는 것을 막아 땀을 조절하며 더위를 식혀주는 효과를 발휘한다. 또한 오미자는 비타민 A·C 등이 풍부하여 신경계에 활력을 줘 눈의 피로회복에도 효과적이다.

오미자차는 다른 차와 달리 끓이지 않고도 오미자를 물에 담가두기만 해도 차로 이용할 수 있다. 색이 진하고 단맛이 풍기는 오미자를 잘 씻어 물기를 뺀 뒤 생수에 10시간 정도 담가놓으면 된다. 신맛이 싫은 사람은 이를 끓이면 신맛을 줄일 수 있다. 냉장고에 두고 오랫동안 시원하게 마실 수 있다. 오미자에 인삼과 맥문동을 넣고 끓이면 지친 원기를 회복시키는 데 그만이다.

두뇌 건강을 지켜주는 생활습관

▪ 지방을 적당량 섭취한다

뇌는 인간 신체에서 많은 지방질로 구성되어 있다. 생물학적으로 대뇌는 항상 새롭게 바뀌어야 될 기름막이다. 땅콩·콩기름에서 많이 발견되는 불포화지방산의 일종인 리놀레인산과 알파리놀레인산의 정기적인 섭취가 반드시 필요하다.

▪ 빵·쌀 등 전분 음식을 먹는다

빵·쌀·감자에 들어 있는 전분은 당분 소화를 천천히 시키게 된다. 이러한 전분들은 뇌에서 필요한 에너지를 제공한다. 전분에 의해 당분 소화가 천천히 될수록, 뇌조직에 장시간 그리고 정기적으로 에너지를 제공할 수 있다. 11시간 이상 음식을 먹지 않는 것은 좋지 않다. 이러한 행위는 뇌기능을 떨어뜨리는 저혈당 증상을 야기시킬 수 있다. 특히 아침은 소량이라도 반드시 먹어야 한다.

▪ 과일과 채소를 섭취한다

과일과 채소는 뇌 활동에 필요한 당분을 제공해 준다. 그렇지만 설탕 혹은 사탕을 많이 먹는 것은 좋지 않다. 너무 과도한 당분을 섭취하게 되면 뇌조직이 인슐린 분비를 통해 반작용을 해야 하기 때문에, 저혈당 증상이 발생될 위험이 있다.

■ 철분 결핍에 주의한다

철분이 대뇌활동에 직접적인 역할은 하지 않지만, 혈액을 통해 산소 운반 기능을 한다. 철분이 부족하게 되면 뇌에는 심각한 산소 결핍이 생긴다.

동물 실험에 따르면, 철분이 부족한 동물은 주의력이 부족하고 운동 능력이 심각하게 떨어진다. 때문에 육식이 필요하다. 왜냐하면 채소에서 발견되는 철분은 뇌조직에 흡수율이 낮기 때문이다. 그러나 이러한 철분 섭취를 아무 때나 해서는 안 된다. 혈액검사로 철분 섭취량을 알아본 후 의사 처방에 의해 정해야 한다.

■ 물을 마신다

물은 뇌 활동에 필수적이다. 만약 하루에 1.5l의 물을 마시지 않는다면, 혈액 및 세포가 탈수될 것이다. 바람직한 수분섭취는 인지능력을 높여준다. 노인들은 가끔씩 어지러움을 호소하기도 하는데, 이 증상은 수분섭취 부족으로 인한 탈수증상 때문일 수도 있다.

■ 규칙적으로 운동을 한다

운동은 뇌에 산소를 공급하고 뇌에 가중되는 스트레스를 해소시키는 데 필수적이다.

■ 숙면을 취한다

잠은 매우 중요하다. 잠잘 때 뇌는 다음 활동에 필요한 에너지를 축적한다. 활발한 대뇌활동은 잠의 깊이에 의존한다. 아이들의 학업 성취도도 잠자는 시간과 밀접한 관계가 있다.

DHA가 많이 함유된 생선

DHA(도코사핵사엔산)는 생선에 들어 있는 불포화지방산을 말한다. 두뇌 발달을 돕고 치매를 예방하며, 혈액이 엉기는 것을 막아주는 등 신체 내에서 여러 가지 이로운 작용을 하는 물질이다. DHA가 다량 함유된 생선은 붉은 참치·연어·멸치·오징어·까나리·대구·무지개 송어·고등어·꽁치·장어·정어리 등이다.

매니큐어를 안 굳게 하려면

매니큐어가 굳지 않도록 하려면 매니큐어 마개 안쪽과 바깥쪽에 콜드 크림을 발라둔다. 이렇게 하면 굳지도 않고 뚜껑도 힘들이지 않고 열 수가 있다.

머리 빗이나 헤어 브러시의 찌든 때 세척법

머리 빗이나 헤어 브러시를 자주 세척해 주지 않으면 머릿기름이나 먼지 등으로 인해 찌든 때가 생기게 된다. 이런 때는 물에 샴푸를 풀어 거품을 일으킨 다음 그곳에 담가두었다가 물로 헹구면 신기할 정도로 때가 깨끗이 잘 빠진다.

머리카락에 윤기를 내려면

마요네즈를 손바닥에 적당량 덜어 마요네즈가 머리의 피부 속까지 스며들게 매만져 준다. 그 다음 머리를 빗고 30분쯤 타월을 머리에 두르고 있다가 샴푸로 머리를 감는다. 이렇게 두세 번만 하면 머릿결이 부드러워지고 윤기가 돌게 된다.

또 평상시에 머리를 감은 다음 말릴 때는 타월로 비벼서 말리지 말고, 그냥 털어서 말린다. 비비면 머리카락의 큐티클층이 벗겨져 모발이 손상된다. 헤어 드라이어를 이용할 때는 20cm 정도 거리를 둔다.

 ## 머리카락이 빠질 때는 구기자를

머리카락이 빠지는 것을 방지하는 데에는 구기자가 효과적이다. 구기자 나무의 어린 잎과 싹을 달여서 이 물로 머리를 감으면 효과가 있다. 구기자 는 냉증이나 변비에도 좋다. 구기자 잎은 한약방에서 쉽게 구할 수 있다.

 ## 머릿결에 따른 헤어스타일

머릿결과 잘 맞는 헤어스타일이 있는가 하면 그 반대인 경우도 있다. 자신의 머릿결에 어울리는 헤 어스타일로 세련된 멋내기를 연출해 보자.

◾ 가늘고 힘없는 머리
- **짧은 머리** : 가장 어울리는 것은 부드러운 머릿셜 을 돋보이게 하는 세실 커트이다. 숱이 많다면 앞, 옆, 뒷머리를 길게 커트해 머리카락의 질감을 살리는 것도 좋다.
- **단발머리** : 뿌리는 살리고 머리끝은 부드러운 컬을 넣은 퍼머넌트 스타 일이 좋다.
- **긴 머리** : 부드럽게 층을 넣은 느슨한 퍼머넌트가 좋다.

◾ 굵고 뻣뻣한 머리
- **짧은 머리** : 스트레이트 쇼트, 숱을 많이 친 쇼트 커트에 굵은 퍼머넌 트를 준 스타일이 머리의 특성을 잘 살릴 수 있다.
- **단발머리** : 뒷머리는 짧게 하고 앞머리는 귀밑에 맞춰 굵고 뻣뻣한 머 리의 특성을 살릴 수 있으며, 깔끔하고 지적인 이미지를 만들 수 있다.
- **긴 머리** : 스트레이트 머리 또는 머리에 층을 내어 퍼머넌트를 머리끝 에만 한 스타일이 잘 어울린다.

◾ 돌돌 말리는 곱슬머리
굵은 웨이브가 있는 곱슬머리를 제외한 대부분의 곱슬머리는 부스스해서 지저분해 보이거나 머리끝이 잘 뻗친다. 스타일이 잘 살지 않는 머릿결이 지만 다른 머릿결에는 없는 독특한 웨이브를 살릴 수도 있다.
- **가는 컬이 있는 곱슬머리** : 헤어 라인의 곱슬기가 귀여운 사람은 쇼트 커

트를 해서 컬을 살린다.
- **가늘고 힘이 없는 곱슬머리** : 힘이 없고 나풀거려 감당하기 어려우면 강한 퍼머넌트를 한다. 무거워 보이지 않도록 머리끝에만 층을 주고 앞머리도 뒤로 넘긴다.
- **굵은 웨이브의 곱슬머리** : 웨이브가 물결 모양 그대로 산다면 그대로 길러도 좋으며 웨이브에 맞추어 층을 내거나 길이를 조절해 커트한다.

모발 염색제 올바로 사용하기

요즘에는 다양한 색깔의 모발 염색제가 나와 자신의 취향껏 개성을 살릴 수 있다. 그러나 잘못 사용하면 피부질환 등의 부작용으로 고생할 수도 있으므로 세심한 주의가 필요하다.

염색을 하기 전 반드시 사용 설명서를 읽고 사용법을 잘 지킨다. 먼저 피부에 발라 보는 피부시험을 한 후 가렵거나 열이 나는 등 부작용이 있으면 사용하지 않도록 한다. 퍼머 후 적어도 1주 이상, 머리 염색 후엔 다음 염색까지 최소한 3~4주 정도 경과한 후 염색을 한다. 염색제가 눈에 들어가지 않도록 주의하고, 사용 후 즉시 목욕(특히 입욕)을 하면 염색제가 온몸에 번질 수 있으므로 피한다. 몸의 컨디션이 나쁘거나 얼굴·두피에 상처가 있을 때, 여성의 경우 임신 또는 생리중일 때는 사용하지 않는다.

또한 염색시 환기를 하여 암모니아 냄새가 없도록 한다. 반드시 장갑을 끼고, 사용 후엔 두피를 깨끗이 씻어낸다. 원하는 색상을 연출하기 위해 두 가지 이상의 염색제를 혼합할 경우 부작용이 발생할 가능성이 커지므로 피한다.

모유 수유에 대한 잘못된 상식 10가지

황달에 걸린 아이에게는 모유가 좋지 않다

황달은 생리적인 것으로, 신생아는 생후 2~4일에 황달이 시작되어 1~2주 이내에 거의 없어진다. 아주 드문 경우 모유가 황달을 촉진할 수 있으나 황달이 나타난다고 무조건 모유 수유를 금하고 우유를 먹이는 것은 좋지 않다.

결핵 · 간염 등을 앓고 있는 엄마가 모유를 먹이면 아이에게 전염된다

결핵이나 간염 같은 만성질환의 경우 적절한 치료를 받으면 아기에게 전염되지는 않는다. 또한 질병에 따라서 젖을 먹이는 동안 병세가 호전되는 경우도 있다. 그러므로 엄마의 건강 상태를 의사와 상의한 후 모유를 먹일 수 있는 경우면 모유를 택하는 것이 좋다.

회음 절개 부위가 아파 젖을 먹일 수 없다

아기 출산을 위해 절개한 부위는 처음에는 통증이 심하지만 차츰 나아지므로 지나치게 걱정할 필요가 없다. 앉는 자세에 따라 통증이 더할 수도 덜할 수도 있으므로, 엄마가 제일 편한 자세를 취하고 아이에게 젖을 물리도록 한다. 일시적인 통증 때문에 각종 면역체와 영양분이 농축되어 있는 초유를 먹이지 않는 것은 아기의 건강에도 좋지 않다는 것을 명심해야 한다.

직장에 다시 나가야 하므로 아예 일찍부터 우유를 먹이는 것이 좋다

모유는 아기가 성장함에 따라 아기에게 적합하게 그 성분이 변화되어 아기 발육을 도와준다. 따라서 출산 휴가 동안에는 계속 모유를 먹이고, 그후에도 낮에는 우유를 밤에는 모유를 먹이는 혼합 영양을 하는 편이 좋다. 모유를 짜서 소독한 젖병에 저장했다가 필요할 때마다 먹여도 되는데, 48시간 이내에 먹일 경우에는 냉장실에 보관하고 그 이상 저장할 때는 냉동실에 보관한다. 규칙적으로 유방을 비워 주기만 하면 모유 분비는 계속되므로 원하는 기간 동안 계속해서 젖을 먹일 수 있다.

미숙아일 경우 모유를 먹이면 안 된다

빠는 힘이 전혀 없는 미숙아는 병원에서 돌보므로 자칫 모유를 먹이지 못하는 경우가 많다. 하지만 미숙아일수록 모유가 더 필요하므로 소독된 용기에 모유를 짜서 담아 먹이도록 한다. 나중에 차츰 빠는 힘이 생기면 엄마 젖꼭지를 직접 물린다.

제왕절개수술로 출혈이 많아 항생제를 먹고 있으므로 모유 수유가 좋지 않다

수술 후에는 산모가 지쳐 있고 항생제를 사용하게 되므로 젖 분비가 늦어질 수도 있다. 그러나 일주일 정도면 투약이 끝나며, 투약되는 약의 종류나 용량이 대부분 아기에게까지 영향을 주지 않으므로 모유를 먹이는 것이 좋다.

아이에게 젖을 먹이면 몸매가 나빠진다

한쪽 젖만 많이 빨리는 것을 삼가고 번갈아 가며 고루 먹여서 양쪽 젖의 크기를 같게 하고, 유방 크기에 맞는 브래지어를 착용해 잘 지지해 주면 유방 모양이나 몸매가 나빠지지는 않는다. 오히려 유방이 늘어나는 것은 임신시 유방의 지방축적으로 인한 경우가 많은데, 젖을 먹이지 않을 경우 유방암 발생 빈도가 높다는 것을 알아두는 것이 좋다.

모유를 먹이면 변이 묽어지므로 아기에게 좋지 않다

모유를 먹는 아기는 우유를 먹는 아기보다 변이 묽고 횟수도 3~6회, 혹은 그 이상이다. 또한 변 색깔은 황색이 보통이지만 녹색인 경우도 있다. 하지만 걱정할 필요는 없다. 어른을 기준으로 배변 횟수가 많다고 설사라고 생각하는 것은 잘못된 생각이며, 아기 체중이 일정하게 증가하면 계속 모유를 먹여도 좋다.

유두 열상으로 아파서 모유를 먹일 수 없다

젖꼭지가 갈라지는 등의 상처는 처음 젖을 먹일 때 너무 오래 빨리거나 젖먹이는 자세가 옳지 않으면 쉽게 생길 수 있으며, 2~3시간마다 먹이므로 고통스럽다. 그러므로 처음에 젖을 먹일 때는 5분 이내 빨리고, 젖꼭지 끝만 물릴 게 아니라 젖꼭지판까지 깊게 물리도록 한다. 또 아기를 잘 받쳐서 수유하는 데 무리가 가지 않게끔 한다. 그러나 상태가 심하면 치료부터 받아야 하는데, 치료를 받는 동안에도 심하지 않은 쪽의 젖꼭지로 모유를 계속 주는 것이 좋다. 젖꼭지에 바르는 특수 연고는 아기가 먹어도 괜찮으므로 걱정할 필요가 없다.

젖꼭지가 함몰되어 있어 아이에게 젖을 먹일 수 없다

유방 마사지나 흡인기를 사용하면 아기가 젖꼭지를 물 수 있다. 또 구입 방법이 쉽지는 않지만 덧씌우는 젖꼭지도 있으므로 젖꼭지가 평평하거나 들어갔다고 처음부터 포기하면 안 된다. 일단 마사지나 흡인기로 젖꼭지 돌출을 도와주고 아기가 빨면 교정될 수 있다.

모유 오래 먹이면 유방암 위험 크게 줄어

아기에게 모유를 2년 이상 먹인 여성은 폐경 전이나 후에 유방암이 발생할 위험이 50% 정도 줄어든다. 모유 수유가 여성 호르몬 에스트로겐 노출을 감소시키고 젖이 방출되는 유방에는 지방 용해성 발암물질과 오염물질이 많이 축적되지 않기 때문이다. 미국소아과학회는 생후 1년, 유엔아동기금(UNICEF)과 세계보건기구(WHO)는 최소한 생후 2년까지 모유를 먹이도록 권장하고 있다.

목에 생선가시가 걸린 경우

목구멍에 생선가시가 걸렸을 때 맨밥을 덩어리째 삼킨다거나 찰떡을 삼키다가 하면 대개는 이것들과 함께 내려간다. 하지만 이런 방법은 잘못하면 식도에 상처를 낼 수 있으므로 삼가는 것이 좋으며, 그보다는 날계란을 먹으면 대부분 내려간다.

목욕과 피로 회복

피로를 풀고 잠을 푹 자려면 목욕이 가장 좋은 방법이다. 그런데 뜨거운 물은 오히려 신경을 자극하고 흥분시키므로 역효과가 난다. 이때는 미지근한 물에 오래 들어가 있어야 신경을 안정시키고 혈압을 낮추어 잠을 잘 자게 해준다.

몸냄새는 건강 신호등

동양인은 서양 사람에게 노린내가 난다고 말하지만 서양인은 아시아인이나 에스키모인에게서 비린내가 난다고 말한다. 이는 건강한 사람의 공통적 특징이다.

병에 걸리면 이와는 다른 독특한 냄새가 난다. 장티푸스에 걸리면 갓 구어낸 갈색빵 냄새, 결핵성 림프선염에 걸리면 김빠진 맥주 냄새가 난다. 디프테리아 환자는 달콤한 냄새, 당뇨병 환자는 아세톤 냄새를 풍기며, 녹농균 감염증에 걸리면 포도 냄새, 파상풍은 사과 썩는 냄새가 난다. 따라서 몸에서 냄새가 나면 얼른 병원에서 정확한 진단을 받아야 한다.

무좀에는 식초를

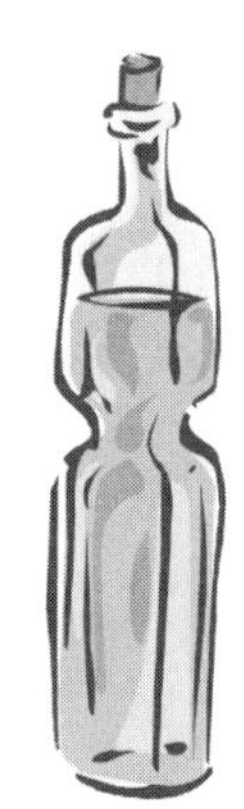

무좀은 인체에 해로운 병원성을 가진 백선균이란 곰팡이가 피부에 자라면서 염증을 일으키는 질환이다. 다른 곰팡이와 마찬가지로 온도가 높고 습기가 많은 환경에서 잘 자라기 때문에 여름철에 잘 발생한다. 바람이 잘 통하지 않아 습기가 많고 피부 온도가 비교적 높은 발가락 사이나 발바닥에 주로 생긴다.

무좀은 목욕탕·수영장 등 사람이 많은 곳에서 쉽게 전파될 수 있으며, 환자의 수건을 같이 사용한 뒤에도 전염될 수 있다.

무좀 예방을 위해서는 평소에 손과 발을 자주 씻고 잘 말리는 것이 중요하다. 또한 땀을 잘 흡수하는 양말을 착용하고, 통풍이 잘 되는 신발을 신어 발이 습하지 않도록 해야 한다. 꼭 끼는 청바지나 신발 등은 피하고 가정에서 애완동물로 개나 고양이를 기르는 경우 동물의 피부에 감염된 무좀균이 사람에게 전파될 수 있으므로 애완동물의 위생에도 주의를 기울인다.

약국에는 많은 종류의 무좀 약이 나와 있지만 살균력이 뛰어난 식초는 무좀 치료에도 효과적이다. 환부를 직접 식초에 담그는 것이 가장 효과적이지만 자극이 너무 강하므로 따뜻한 물에 2~3배 희석시키는 것이 좋다. 무좀 부위를 30분 정도 식초물에 담갔다가 물에 헹구지 말고 그대로 마른 수건으로 닦는다. 하루에 1~2차례 매일 되풀이한다. 식초에 소금을 섞으면 무좀과 심한 발냄새를 한꺼번에 치료할 수 있다.

물과 몸에 관한 상식들

■ **다이어트와 물** : 체중을 줄이기 위해 식사를 줄일 때에도 물을 충분히 마셔야 한다. 흔히 물만 먹어도 살이 찐다고 하지만 이것은 잘못된 생각이다. 식사 전에 한두 컵의 물을 마시면 포만감 때문에 식사량을 줄이는 데도 좋지만 더 근본적인 효과가 있다. 물은 체내에서 지방을 분해시키는 대사 과정에서 절대적으로 필요한 것이다.

 **음주와 물** : 술을 마시기 전후에 물을 마시면 위나 간이 보호되고 숙취를 가볍게 해준다. 물은 위벽이나 장벽에 일종의 보호막을 만들어 알코올로부터 위벽과 장벽이 상하는 것을 막아주고 알코올 흡수도 지연시킨다.

과음한 뒤에 물을 마시면 알코올 농도를 희석시켜 많은 양의 알코올에 의한 간장의 쇼크 상태를 방지하고 소변량을 늘려 알코올의 배설을 촉진한다. 따라서 혈중 알코올 농도가 낮아지고 술을 빨리 깨게 하는 효과가 있다.

피부와 물 : 사람은 나이가 먹을수록 수분이 적어진다. 20대가 지나면 피부 습도를 자동 조절해 주는 땀샘과 기름샘의 기능이 저하되고 피부의 표층도 얇아져 피부의 보습 기능이 약해진다. 그러므로 매일 충분한 물을 마셔 소변과 땀으로 배출되는 수분을 보충해 줘야 한다. 노인의 피부에 생기는 주름은 수분 부족 현상 중 하나이다. 특히 순수한 물은 피부를 부드럽고 단단하며 윤기 있게 해준다.

흡연과 물 : 담배를 피우고 싶을 때 물을 마시면 심리적 진정효과와 체내에 있는 니코틴을 배설시켜 줌으로써 혈중의 니코틴 농도를 낮추는 효과가 있다. 물을 많이 마시면 흡연 욕구가 억제되고 횟수도 줄일 수 있게 된다. 흡연자들은 평소 냉수를 자주 마시고 목욕을 자주 하는 것이 좋다.

물 온도별 클렌징 효과

피부를 청결히 하기 위해 가장 손쉬운 방법은 역시 물을 이용하는 것이다. 물의 온도에 따라 달라지는 피부 자극 및 클렌징 효과를 알아두면 유용하게 활용할 수 있다.

- **얼음** : 혈관과 모공을 수축시키고 피부에 긴장감을 주며 염증을 치유한다.
- **찬물(섭씨 10~15℃)** : 혈관을 수축시키고 피부에 신선감을 준다.
- **미지근한 물(섭씨 15~21℃)** : 안정감을 주고 가벼운 클렌징과 각질 제거의 효과가 있다.
- **따뜻한 물(섭씨 21~35℃)** : 가볍게 혈관을 넓히고 혈액순환을 돕는다. 또 클렌징과 각질제거에 매우 효과적이며 안정감을 준다.

- **뜨거운 물(섭씨 35℃ 이상)** : 혈관을 확장시키며 클렌징과 각질제거의 효과가 크다. 분비물의 분비를 촉진시키며 혈액순환을 활발히 만들어 여러 모로 도움이 되나 피부의 긴장감을 떨어뜨린다.
- **수증기** : 피부 깊숙이 클렌징의 영향을 미치며 모공을 넓게 확장시킨다. 습기를 빨아들여 피부가 부풀고 피부의 긴장감이 떨어져 각질제거가 잘 이루어지며 혈관과 림프의 순환이 잘 되어 클렌징 효과가 좋다.

민감성 피부 관리법

스스로 민감성 피부를 가졌다고 하는 사람들은 유전·음식·스트레스 등의 내적인 것에서부터 날씨·공해·화학 물질·세제·화장품 등 외적인 요인에 이르기까지 여러 가지 원인에 대하여 피부가 민감하다고 말한다. 실제로 정상 피부라도 자극성 물질·알레르기성 물질, 그 외 외부 환경 요인에 대한 반응이 개인마다 다양하게 나타나 인종·피부색·문화·국경에 무관하게 여성의 50%, 남성의 20~30%가 자신이 민감성 피부를 가졌다고 주장한다.

일반적으로 민감성 피부란, 피부조직이 정상 이상으로 섬세하고 얇아서 외부 환경적인 요인에 민감하게 반응하여, 가벼운 피부자극이나 물질에 의해서도 자주 피부 병변을 일으키는 피부 타입을 말한다. 이러한 민감성 피부는 특별히 신경을 써야 하는데, 그 관리 요령은 다음과 같다.

- 지나치게 높은 온도나 낮은 온도는 피한다.
- 가능한 손질하지 않은 채 피부를 추위·바람·햇빛에 노출시키지 않는다.
- 될 수 있으면 천연섬유의 옷을 입는다(면, 실크).
- 화장품은 자주 교체하지 말고, 될 수 있으면 자신의 피부에 맞는 제품을 오래 사용한다.
- 민감의 최소화를 위해 적은 성분, 적은 향, 무알코올의 제품을 사용한다.
- 알레르기 테스트를 거친 제품을 사용하고 진정성분이 함유된 제품을 사용한다(진정성분 : 알란토인, 아보카유, 카모마일-아줄렌, 비사보롤, 판테롤).

반지가 안 빠질 때는 비누를

손가락에 낀 반지를 빼고 싶은데 빠져나오지 않을 때는 비누를 이용한다.

손을 물에 적신 뒤 반지와 손가락 사이에 비누거품이 들어가게 한 다음 살살 돌려 빼면 쉽게 빠져나온다. 얼음물도 반지를 빼는 좋은 도구가 된다. 찬물에 손을 넣으면 손가락 피부가 수축하며 헐거워지기 때문이다.

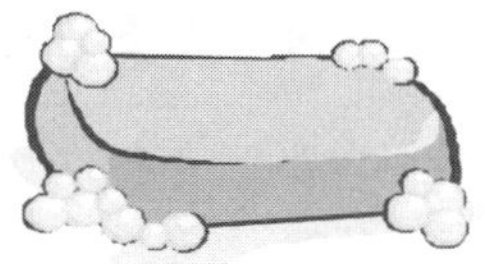

 반창고 붙였던 자리가 가려우면

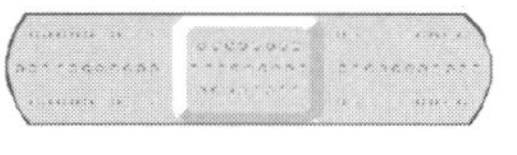 반창고나 파스 따위를 붙이고 난 다음에는 고무가 피부에 묻어 좀처럼 떨어지지 않고 보기에도 흉하게 묻어 있을 때가 많다. 반창고가 붙어 있던 자리는 살갗이 헐어 가렵게 되기도 하는데, 이런 때는 탈지면에 벤젠을 조금 묻혀 닦아내면 반창고를 바른 흔적도 깨끗해지고 가려운 기가 씻은 듯 없어져 버린다.

 발바닥 눌러주면 피로 풀려

발의 피로가 심할 때는 발바닥 안쪽을 손가락으로 꾹꾹 눌러주면서 발가락을 폈다가 오므렸다가 하는 것을 반복하면 금방 피로가 풀린다.

발톱이 살 속으로 들어갔을 때는

발톱이 살 속으로 파고들어 고통스러울 때가 있다. 이런 발톱은 깎아내려 해도 딱딱해서 깎기가 힘들다. 이럴 땐 탈지면에 식초를 흠뻑 적셔서 발톱 위에 10분 정도 올려놓으면 발톱이 물러지면서 통증이 멎는다. 또 손톱깎이로 깎아내도 아프지 않고 잘 깎인다.

 방귀 잦을 때는 요구르트를

방귀가 자주 나오면 여간 곤혹스럽지 않다. 이럴 때는 비피더스균이 들어 있는 요구르트를 저녁 식사 후 먹으면 효과가 있다. 검정콩을 매일 몇 알씩 먹어도 효과가 있다.

 배낭 잘못 메면 키 작아진다

멜빵 줄을 길게 늘어뜨려 배낭(가방)을 메면 허리 부위의 척추가 앞으로 휘어지는 요추전만증(前灣症)이 생겨 키가 줄고 목·허리 등에 통증이 올 수 있다. 요추전만증이 생기면 키가 2~7cm 줄어들며 목이나 허리에 통증이 오거나 경추와 척추의 뼈마디를 이어주는 추간판이 탈출하는 디스크 병이 생긴다. 따라서 배낭을 멜 때는 끈을 바싹 당겨서 메는 게 거추장스럽지도 않고 건강에도 좋다.

 벌에게 쏘였을 때

침이 살 속에 그대로 남아 있으면 즉시 침을 빼고 암모니아수를 바른 다음 고약이나 크림을 발라준다. 통증이 가라앉도록 냉수찜질을 해준다.

 변비를 줄이려면

▮ 변비에 잘 걸리는 사람

- 아침식사를 거르는 사람
- 편식을 하거나 평소 물을 적게 마시는 사람
- 식사를 지나치게 소량씩 하거나 불규칙하게 하는 사람
- 소화 흡수가 잘 되는 부드러운 음식만 먹는 사람
- 평소 운동량이 적은 사람
- 과도한 스트레스를 받는 사람
- 공중 화장실 등 화장실을 가리는 사람
- 용변을 잘 참는 사람

▮ 아침식사 및 배변습관

규칙적으로 아침식사를 한다. 그래야 위장이나 장의 운동이 활발해져 변을 보기 쉽게 된다. 식사 후에는 15~30분간 화장실에 가서 편안한 마음으로 변을 보는 습관을 갖는 것이 중요하다. 아침에 바쁜 주부나 직장인들의 경우 변의가 느껴져도 참는 경우가 많다. 배변은 극히 습관적이다. 변의를 자꾸 참다 보면 변의가 불규칙화 되고 약하게 되어 결국 변비를 유발한다.

변기에 앉을 때는 허리를 곧게 편다. 비스듬히 앉거나 허리를 굽힌 채로 변기 끝에 걸터앉는 것은 쾌변에 방해가 된다.

식이요법

수분과 섬유질이 많이 함유되어 있는 식품을 섭취한다. 섬유질이 많은 음식은 잡곡밥, 각종 과일과 채소 등이다. 콩을 제외한 고단백 식품, 가공 육류, 육류 등 섬유질이 적은 음식은 가급적 적게 먹는 것이 좋다. 또 섬유질이 많은 식품을 섭취할 때 마늘을 함께 먹으면 더 효과가 있다. 마늘에 들어 있는 알리신이나 스콜지닌이라는 성분이 대장의 점막을 자극하여 연동운동을 촉진하고 변의를 가져오게 하는 작용을 하기 때문이다. 물은 하루 8잔 정도 마신다.

섬유질이 많은 식품

* **곡류** : 보리, 현미, 율무
* **해조류** : 미역, 다시마, 김, 한천, 톳
* **두류** : 콩, 팥, 완두콩, 청국장, 비지, 콩가루
* **채소류** : 배추, 무청, 시금치, 무말랭이, 상추, 우엉, 옥수수, 당근, 고추, 고사리, 감자, 고구마, 토란, 연근
* **과일류** : 밀감, 수박, 배, 말린 무화과, 건포도
* **종실류** : 참깨, 땅콩, 호두

변비에 효과적인 당근 우유

당근을 갈아서 칼슘 식품인 우유와 섞어서 마시면 변비 치료에 효과적이다. 당근에는 장의 운동을 돕는 비피더스균을 활성화하는 성분이 있고, 우유에는 비피더스균이 생식하는 데 꼭 필요한 유당이 있기 때문이다. 하루에 한 컵을 마시면 되는데, 특히 아침식사 전에 마시는 게 효과적이다.

① 당근을 깨끗이 씻어 강판에 간다.
② 간 당근과 같은 양의 우유를 준비한다.
③ 준비한 우유와 당근을 잘 섞는다.

 배앓이 잦은 아이에게는 사과즙을

배앓이가 잦은 아이에게 사과를 갈아 즙을 내어 먹
이면 신기할 정도로 배앓이가 쉽게 가라앉는다. 사과
의 식물성 섬유질인 팩틴이 유독성 물질의 흡수를 막고
장내 이상 발효를 예방해 장염과 변비, 설사를 막아주는 효과가 있기 때문
이다. 물론 어른에게도 좋다. 그리고 사과에 든 칼륨 성분은 혈압을 낮춰
주고, 유기산은 피로회복에 도움을 준다.

 봄철 피부미용에 좋은 식품

봄을 타게 되면 전신의 영양 균형이 깨져 피부가 거칠고 검어지며 잔주
름이 생긴다. 이럴 때일수록 잠을 푹 자고, 균형 있는 식사와 쾌변이 되도
록 신경을 써야 한다.

봄철에 입맛을 돋워주고 균형 있는 신진대사를 도와 피부미용에 좋은 식
품을 알아보자.

- 참깨는 간기능 강화, 노화 억제, 피부 저항력을 길러준다. 토란대와 배
  합하여 먹으면 산성체질을 예방한다. 참깨소금과 말린 토란대가루를 1
  대 2의 비율로 섞어 조미료처럼 먹도록 한다.
- 씀바귀의 줄기·잎·뿌리를 데쳐 울궈낸 뒤 갖은 양념을 곁들여 무쳐
  먹는다.
- 참죽나무 어린잎을 물에 우려내고 양념에 무쳐 먹는다.
- 두릅은 끓는 소금물에 삶아 소쿠리에 담았다가 꺼풀을 떼고 초장에 찍
  어 먹는다.
- 하루에 8g의 오미자를 물 3컵으로 끓여 반으로 줄면 나누어 마신다.
  아니면 오미자를 새콤하게 끓여, 그 물에 녹두국수를 말고 꿀을 조금
  타서 먹는다.
- 딸기의 꼭지를 떼고 만든 딸기즙에 프렌치드레싱을 섞은 양상추, 브로
  콜리, 치커리 등을 곁들여 먹는다.

 비듬 제거법

■ 소금 마사지 : 비듬은 소금으로 마사지하면 좋다. 머리를 감은 다음 소

금을 두피에 뿌리고 손으로 가볍게 골고루 마사지한 다음 따뜻한 물로 행궈내면 된다.

양파 : 양파에 들어 있는 포도당, 자당 같은 당질이 보습제 역할을 해 두피에 수분을 공급한다. 양파를 강판에 갈아 즙을 낸 다음 가제에 묻혀 두피에 골고루 바르고 15분 후에 샴푸한다.

우유 : 우유의 산성성분이 두피의 각질과 피지를 제거한다. 여기에 수분과 단백질을 공급하므로 건성 비듬에 효과적이다. 우유를 미지근하게 데운 다음 화장솜에 묻혀 머리를 톡톡 치듯 마사지하면서 발라주고 10분 후 깨끗이 씻어낸다.

녹차 : 녹차 잎의 타닌산은 모공을 죄어주고 플라보노이드 성분은 더러움을 씻어주는 효과가 있다. 찌꺼기를 말렸다가 물에 우려내서 그 물로 두피를 문지르거나 샴푸 후 머리를 헹군다.

알로에 즙 : 알로에는 피지를 제거하고 가려움증에 효과가 있다. 껍질을 벗기고 점액을 가제에 묻혀 두피에 바른다. 10분 후 씻어내면 된다.

비만을 유발하는 식습관

대부분의 비만은 잘못된 식습관에서 비롯하므로 과감하게 고쳐야 한다.
- **허겁지겁 빨리 먹는 습관** : 인슐린 분비가 활발해져 지방의 분해를 방해한다.
- **끊임없이 먹는 습관** : 인슐린이 계속 분비돼 지방이 쌓인다.
- **자기 전에 먹는 습관** : 밤에는 휴식과 재충전을 조절하는 부교감신경계의 작용으로 영양 흡수와 지방 저장이 왕성해진다.
- **한꺼번에 몰아 먹는 습관** : 굶는 동안 몸이 본능적으로 에너지 충전을 위해 지방을 아끼다가 갑자기 음식이 들어오면 최대한 저장한다.
- **패스트푸드를 즐겨 먹는 습관** : 음식 자체의 열량이 높은 데다 조미료와 소금기가 많아 콜라 등 음료수와 샐러드 등을 곁들어 먹어 과식이 된다.

 비만인지 아닌지를 알아보는 법

자신의 비만 여부를 알아보는 간단한 공식이 있다. 체중을 신장의 곱으로 나누면 된다. 즉, 비만지수 = 체중(Kg) / { 신장(m) }^{2} 이다.

판정
- 18 미만 : 저체중
- 18~22.9 : 정상
- 23~28.9 : 과체중
- 29 이상 : 비만

예를 들어 키 170cm인 사람의 몸무게가 55Kg이라면, 55/(1.7×1.7)=19로 정상이며, 75Kg이면 비만지수가 26으로 과체중에 속한다.

 삐었을 때는 냉찜질을

발을 헛디디거나 넘어져서 관절을 삐었을 경우에는 함부로 주무르지 말고 안정을 취하면서 계속 냉찜질을 한다. 그런 다음 붕대로 고정시켜 둔다. 삐었다는 것은 관절이 무리하게 뒤틀려 관절의 힘줄이 늘어난 것이므로, 정상 상태로 고정시켜 두고서 늘어난 힘줄이 본래대로 되돌아오게 한다. 삔 후에 부기와 통증이 심한 경우는 골절이 되었을 염려도 있으므로 X선 사진을 찍어 본다.

 빈혈 약을 먹을 때 주의해야 할 음식

흔히 철분제라고 부르는 빈혈 치료약은 철 결핍성 빈혈인 사람에게 철분을 보충하기 위해 이용되는 약이다.

이때 계란·두부·라면·우유·빵 등은 철분제의 흡수를 방해하며, 쇠고기·야채·오렌지 등은 반대로 흡수를 촉진한다. 특히 쇠고기의 철 흡수율은 대단히 우수해 생선류와 함께 먹을 때보다 배나 된다. 이렇게 보면 쇠고기와 같은 동물성 단백질, 비타민 C는 철의 흡수를 돕고, 우유·계란·콩·단백질 등은 철의 흡수를 방해하는 셈이다. 빈혈로 철분제를 복용하는 사람이 인스턴트 라면이나 빵, 우유만으로 식사를 대신하는 것은 절대 금물이다.

 상처 후 물에 들어갈 때는 콜드 크림을

몸에 상처가 있을 때 그대로 물 속에 들어가면 상처가 자극을 받아 몹시 아프다. 따라서 물 속에 들어갈 때는 상처 난 부위에 콜드 크림 등과 같은 유성 크림을 바른 다음 들어가는 것이 좋다. 크림의 기름기가 물을 막아주기 때문이다.

 설사 잦은 사람은 도토리묵을

도토리는 다이어트 식품으로 각광받고 있는데, 도토리로 만든 묵은 설사에도 좋다. 또한 몸이 자주 붓는 사람이 먹어도 좋다. 배가 부글부글 끓는 사람이나 변을 자주 보는 사람, 아침 식사를 하고 나면 꼭 화장실에 가야하는 사람에게 도토리묵은 아주 좋은 치료식이다. 도토리는 아코닉산이 함유되어서 특유의 떫은맛을 가지고 있다. 이 물질은 체내의 중금속 제거에 탁월한 효과를 가지고 있어서, 우라늄 · 니켈 · 카드늄 · 수은 · 납 등의 중금속 침전에 매우 좋다.

또한 갑자기 설사가 나는데 금방 약을 구하기 힘들 때는 진하게 탄 녹차를 마시면 효과를 볼 수 있다. 녹차에 함유된 타닌 성분이 위장을 수축시키는 작용을 하기 때문이다. 날계란을 녹차에 넣어 마시면 효과가 배가된다.

 소화가 안 될 땐 무즙이 좋아

소화가 안 될 때는 무를 갈아서 즙을 공복에 마시면 좋다. 먹기가 불편하면 즙에 우유를 섞어서 마신다.

 손바닥과 건강

손바닥이 희다면 결핵을 의심해 봐야 한다. 반대로 손바닥이 붉은 사람이 있다. 붉은 계통이라도 핑크빛을 띤 것이라면 그것은 혈색이 좋은 건강인의 손바닥이다. 그러나 붉은 빛이 상당히 강한 경우, 특히 엄지와 새끼손가락이 붙어 있는 곳 아래의 부드럽게 부풀어 있는 부분이 붉어져 있다면, 간경변증이나 만성간염을 의심해야 한다. 흔히 손바닥이 붉다는 것만으로 간장이 약해져 있는 증거라고 단정하는 사람이 많은데, 손바닥 전체가 아니라 엄지나 새끼손가락이 붙어 있는 불룩한 곳을 충분히 체크해야 한다.

손을 베었을 때

부엌일을 하다가 칼에 손을 베는 경우가 있는데, 이럴 때는 얼른 피를 닦고 달걀껍질에 붙은 얇은 막을 떼서 상처에다 붙이면 피가 쉽게 멈추며 감염을 막는다. 달걀에는 리소자임(lysozyme)이라고 하는 항균물질이 있어 상처가 덧나는 것을 막아주기 때문이다.

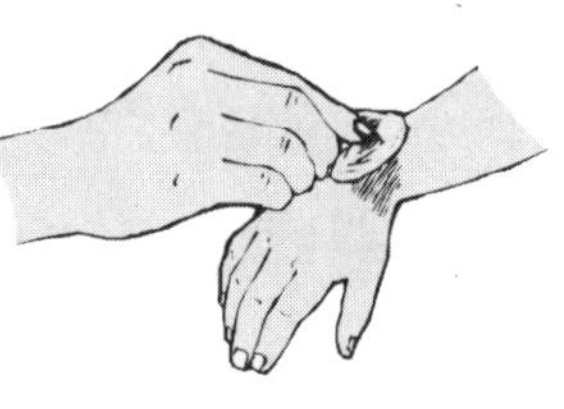

그리고 뜨거운 김이 나는 솥이나 냄비 안에 손을 넣었다가 데는 일이 있는데, 요리 특성상 뜨거운 김이 나는 솥 안에 손을 넣을 때는 우선 찬물에 손을 담가 적신 다음에 넣으면 손을 델 염려가 없다.

손톱과 건강

몸의 상태가 양호하고 건강한 사람의 손톱은 연한 핑크색을 띠고 있다. 그러나 몸의 컨디션이 나빠지는 경우에는 손톱의 색이 가지각색으로 변하게 된다.

우선 붉은 기가 적어지고 파르스름해진 경우에는 빈혈이나 말초순환에 장애가 있을 가능성이 높다. 더 나아가 창백함을 지나 희게 변색되는 중이라면 만성의 신장병이나 당뇨병을 의심해 볼 필요가 있다. 만약 당뇨병이라면 전혀 통증을 수반하지 않고 손톱이 벗겨져 떨어지는 수도 있다.

심장병이나 폐에 이상이 있을 경우, 그것이 원인이 되어 동맥 안의 산소가 결핍되면 손톱의 색이 청자색으로 변한다. 또한 부딪친 것도 아닌데 손톱의 색이 흑갈색으로 된다든가 울퉁불퉁해졌을 때는 손톱에 백선균이 기생해서 백선이 되었다고 생각해도 좋다.

손톱이 숟가락처럼 위쪽으로 휘는 증상을 스푼 네일이라고 한다. 이의 원인은 철 결핍성 빈혈에 있는데, 단시일에 치료되는 것은 아니며 만약 이 증상이 나타났다면 상당히 오랜 기간 빈혈이 계속된 것이므로 꾸준한 치료가 필요하다. 또한 손톱의 둥그스름한 정도가 심하면 선천성 심장병이나 만성의 폐 질환을 의심해 볼 필요가 있다.

 **술 마시기 전에 사탕 2~3개를**

술이 좋아서, 또는 비즈니스 관계로 술을 자주 마시는 사람은 간장이 피로해 몸 전체의 기능이 저하되어 있다. 이런 사람은 음주 전에 사탕 2~3개나 캐러멜, 초콜릿을 먹어두는 게 좋다.

혈액 속에는 여러 가지 단백질이 포함되어 있는데, 그중에서도 매우 중요한 것이 알부민이라는 단백질이다. 술을 마시면 간장은 알코올을 처리하기 위해 이 알부민을 계속 소비한다. 이 알부민을 만들어 내기 위해 없어서는 안 될 영양소가 당분이므로, 사탕 2~3개로 간장의 피로를 덜어주는 것이다.

 **쉽게 할 수 있는 천연 팩**

- **당근팩** : 당근의 풍부한 카로틴(비타민 A)은 피지분비를 원활하게 해준다. 당근즙 5ts+꿀 1ts+밀가루.
- **요구르트 팩** : 요구르트 속의 유산균은 피부 미백효과를 주며, 지성피부에 좋다. 요구르트 6ts+밀가루.
- **딸기팩** : 딸기 속에 있는 풍부한 비타민 C는 멜라닌 세포 증식작용을 억제시켜 피부를 희게 해준다. 적당량 으깬 딸기(물기를 뺀 상태)+분유 6ts.
- **포도팩** : 딸기와 마찬가지로 풍부한 비타민 C를 함유하고 있어 멜라닌 세포 증식작용을 억제시켜 미백효과를 준다. 껍질과 씨를 빼내서 으깬 포도+식물성 기름 1ts+밀가루 4ts.
- **알로에 팩** : 햇빛, 화상에 좋으나 임산부나 생리중인 여성은 삼가야 한다. 알로에젤 6ts+밀가루(로션 농도).
- **계란 노른자팩** : 노른자 속에 레시틴, 콜레스테롤, 비타민 등이 함유되어 있어 지쳐 있는 피부에 좋다. 난황 1개+우유 3ts+밀가루 2ts.
- **바나나 팩** : 바나나에는 각종 영양이 많다. 건성피부, 피로한 피부의 회복을 도와준다. 강판에 간 바나나 1개+요구르트+우유를 희석하여 밀크 로션 농도로 만든다.
- **오이팩** : 자연팩 중에서 가장 피부 성질과 같으며, 약산성을 띠고 있어 부작용도 거의 없고 비타민 C의 산화 효소작용으로 표백작용 효과도

좋다. 또한 오이에는 엽록소, 비타민 C, 각종 무기질이 함유되어 있어 진정작용을 한다. 오이즙+밀가루(약간)+분유(밀크 로션 농도).

- **해초팩** : 미역, 다시마에는 미네랄이 함유되어 있어 진정 보습효과에 탁월하다. 미역이나 다시마를 물에 담가 소금기를 빼고 얇게 썰어 밀가루 2ts를 섞는다.
- **콩가루팩** : 레시틴을 다량 함유하고 있어 피부를 윤기 있고 부드럽게 해주는 데 효과적이다. 콩가루 1찻술, 계란 1개, 참기름을 준비한다. 계란을 잘 풀고 콩가루, 참기름을 섞어 너무 묽지 않게 갠 다음 얼굴에 발랐다가 10~15분 후 깨끗이 씻어낸다.
- **약쑥팩** : 항균, 소염, 피부 부활 작용이 뛰어나 피부에 생명력과 윤기를 더해 주는 데 효과적이다. 주전자에 물 500cc 정도를 붓고 말린 약쑥 10g을 거즈에 싸서 넣고 약한 불에서 우려낸 후 오트밀 가루를 혼합한다. 세안한 얼굴에 바르고 10~15분 후 씻어낸 다음 화장수로 마무리한다.
- **율무팩** : 피부의 신진대사를 활발하게 하고 색소의 침착을 막아주어 맑은 피부색을 유지하는 데 좋다. 또 피부에 수분이 고루 퍼지게 해 건조한 피부에 효과적이다. 율무가루 3찻술, 계란 노른자, 꿀 2찻술을 잘 혼합해 얼굴에 바른 후 10~15분 후 미지근한 물로 씻어내고 화장수로 마무리한다.
- **바나나 팩** : 비타민 A, 단백질, 당류가 다량 함유되어 노화된 피부나 노화되기 시작하는 피부, 거친 피부에 좋다. 으깬 바나나에 영양크림, 꿀을 넣고 골고루 휘저은 후 얼굴에 펴 바른 다음 10~15분간 두었다가 씻어낸다.

스트레스와 음식

현대인에게 있어 스트레스는 만병의 근원이 되고 있다. 스트레스를 받으면 교감신경이 흥분하게 되어 가슴이 뛰고 혈압이 올라가면서 위장의 움직임이 둔화되어 소화불량, 궤양, 과민성 대장염 등을 일으키기도 한다. 또한 각종 심혈관계 질환 및 성인병, 피부병을 가중시키는 것으로도 알려져 있다. 그렇다고 스트레스를 전혀 안 받고 살 수는 없으므로, 가능한 한 스트레스 해소에 도움을 주는 음식을 섭취하도록 한다.

스트레스에 해로운 음식

카페인(커피, 홍차, 초콜릿, 콜라, 각종 드링크제), 설탕, 각종 식품첨가제, 유제품(치즈, 우유 등), 육류, 밀(위장장애 유발), 소금, 술, 담배.

스트레스에 도움이 되는 음식과 영양소

- **야채** - 스태미나와 활력 유지, 우울증 감소, 긴장감 감소
- **과일** - 혈관벽 강화, 신경계 안정, 근육기능 유지, 소화작용
- **콩** - 신경계 기능 유지, 정서적 안정, 근육 이완효과, 장기능 개선, 피로와 우울 감소
- **전곡류(옥수수, 현미)** - 알레르기 증상과 스트레스성 증상 호전
- **생선류(연어, 참치류)** - 긴장 해소

식사와 휴식

식사 후 30분에서 한 시간 동안은 위장 부위를 흐르는 혈액량이 많아지고 뇌로 가는 혈액량이 줄어들면서 식곤증을 경험하게 된다. 그래서 식사 후 소화가 잘 되게 하기 위해서는 목욕을 하거나 운동을 하는 것은 좋지 않고, 안락의자나 침대에서 30분쯤 쉬는 것이 가장 좋다. 특히 소화가 잘 안 되는 사람은 식후 20~30분가량 누워 있는 것이 효과적이다. 이때 반듯하게 눕거나 왼쪽허리를 바닥에 대고 옆으로 눕거나 해서는 효과가 없다. 반드시 몸 오른쪽이 아래로 향하게 옆으로 누워야 한다.

신경통과 딸기

딸기에는 신경통이나 류머티즘에 효과를 발휘하는 메틸살리실레이트가 다량으로 들어 있다. 뿐만 아니라 모든 과일 가운데 비타민 C를 가장 많이 함유하고 있기도 하다. 흔히들 비타민 C 하면 감귤을 먼저 생각하나 사실은 딸기에 훨씬 많이 들어 있다. 보통 감귤에는 40mg이 함유되어 있는 반면 딸기에는 그 두 배인 80mg이 들어 있다. 성인의 경우 비타민 C의 하루 요구 량이 100mg에 불과하므로 딸기 2개 정도면 충분하다. 딸기가 신경통에 좋은 것은 이처럼 메틸살리실레이트와 비타민 C를 다량 함유하고 있는 외에 비타민 A_1 · B_2, 니코틴산 등 각종 비타민과 무기질을 골고루 함유하고 있기 때문이다.

딸기의 신맛은 주로 사과산의 작용인데, 입맛을 돋워주기 때문에 일반적으로 식욕이 떨어지는 5, 6월에 식욕증진제 역할을 하기도 한다. 5~6월에 딸기를 많이 먹으면 장마철을 신경통 없이 보낼 수 있다.

아기가 젖을 충분히 먹었는지 아는 방법

- 처음 한두 달 동안에 각각의 유방에서 10~20분 동안, 하루 8~10회 수유를 하고 수유와 수유 사이에 1~3시간 동안 잠을 잔다. 3개월까지는 24시간 동안 5~8회 수유를 한다.
- 옅은 노란색 소변이 젖은 기저귀를 하루에 6번 이상 갈아준다면 충분히 젖을 먹었다고 할 수 있다.
- 대변의 양이 적든 많든 간에 규칙적인 장운동을 한다.
- 맑은 눈과 활발한 움직임, 좋은 피부 긴장도를 보인다.
- 첫 달에는 1주일에 평균 120~180g, 다음 석 달 동안에는 1주일에 180~240g 정도 체중이 증가한다. 체중 증가 양상은 매주마다 상당히 다양할 수 있다.

아기의 병, 눈으로 진단하는 법

눈 · 입 · 머리
- 눈이 충혈되고 아프며 눈곱이 많이 낀다 : 결막염
- 양쪽 눈의 초점이 맞지 않는다 : 사시
- 눈 안쪽에서 고름이 나온다 : 신생아 눈병
- 고열과 함께 눈이 충혈되고 팔다리가 붓다가 허물이 벗겨진다 : 가와사키병
- 코 근처나 입술 주위에 물집이 잡히면서 아프고 가렵다 : 안면헤르페스
- 입술 · 코 · 귀 주변에 물집과 딱지가 생기고 진물이 흐른다 : 농가진
- 잇몸이 붉게 부어오르고 침을 흘린다 : 이가 날 때
- 구강 점막이 헐어 작은 궤양이 생긴다 : 구강궤양
- 혀 및 구강 점막에 하얀 설태가 낀다 : 아구창

- 구토, 두통과 함께 의식 장애가 있다 : 일본뇌염

귀·코·목

- 귀 속 또는 귀 주위가 아프다고 한다. 귀에서 고름이 나오기도 한다 : 중이염
- 귀가 아프다. 특히 귓바퀴를 잡아당기면서 몹시 아파한다 : 외이염
- 말을 잘 못 알아듣고 귓속이 꽉 찬 것 같은 느낌을 갖는다 : 귀지·장액성 중이염·귀에 이물질이 들어갔을 때
- 신생아 코 주위에 희고 노란 자잘한 발진이 생긴다 : 피부 미립종
- 콧소리를 내며 입으로 숨쉰다 : 편도선염
- 목이 심하게 아프고 고열이 난다 : 편도선염·선열·성홍열·수족구병
- 재채기, 콧물이 나며 눈을 가려워한다 : 건초열(알레르기성 비염)
- 콧물이 나고, 목이 아프며, 고열이 동반된다 : 감기·인플루엔자(유행성 감기)
- 컹컹대는 기침과 목쉰 소리를 낸다 : 크루프·후두염
- 귀 밑 볼이 붓는다 : 이하선염
- 눈 밑의 통증을 호소한다 : 축농증

배·가슴·등

- 1세 미만의 아기가 숨을 가빠하고 쌕쌕거리며 숨쉬기를 힘들어한다 : 세기관지염
- 마른기침과 발열 및 호흡 곤란이 온다 : 기관지염
- 발작적인 기침을 한다 : 백일해
- 생후 3개월 이전의 아기가 배가 몹시 아픈 듯이 몸을 구부리고 심하게 운다 : 영아산통
- 신생아의 경우 탯줄이 떨어진 곳에서 진물이 흐른다 : 탯줄 감염
- 배꼽 주위에서 시작하여 오른쪽 아랫배가 아프다고 한다 : 맹장염

외부 생식기·장

- 1세 이하의 아기가 심한 복통을 동반하면서 붉고 끈적한 똥을 눈다 : 장중첩증
- 냄새가 고약하고 허연 똥을 눈다 : 소화흡수장애증후군
- 외부 생식기와 항문 주위가 붉어진다 : 기저귀 발진

- 검거나 적갈색의 오줌을 눈다 : 신장염·간염
- 소변을 자주 보고 아랫배의 통증을 호소하며, 고열이 난다 : 비뇨기 감염

피부

- 아기가 가려워하고 고리 모양의 붉은 반점이 생긴다 : 백선
- 얼굴이 창백하다 : 빈혈
- 피부와 눈이 노랗게 변한다 : 황달
- 작고 붉은 반점이 몸 전체에 있고 목이 아프다고 호소한다 : 성홍열
- 피부가 툭툭 불거져 나오고 그 주위가 붉어진다 : 두드러기
- 손바닥과 발바닥에 빨간 반점이 생긴 뒤 물집으로 변한다 : 수족구병
- 피부가 건조하여 껍질이 벗겨지고 가려워하며 붉어진다 : 습진
- 적갈색 발진이 귀 뒤에서 온몸으로 퍼지며 콧물, 결막염이 동반된다 : 홍역
- 몸 전체에 붉은 발진이 생기고 귀 뒤 및 목의 임파선이 붓는다 : 풍진
- 고열과 함께 발진이 생기고 혈압이 떨어진다. 심하면 소변이 나오지 않는다 : 유행성출혈열
- 고열이 난 후 열이 없어지면서 온 몸에 붉은 반점이 생긴다 : 돌발진
- 열이 난 후 발진 또는 작은 물집이 몸 전체에 돋는다 : 수두

팔·손·다리·발

- 팔다리를 몹시 아파하며 만지지도 못하게 한다. 심하면 다리를 움직일 수도 없다 : 골절·골수염
- 다리의 통증을 호소한다. 특히 무릎과 발목 사이의 통증을 호소한다 : 성장통
- 다리를 절고, 관절 부위를 아파하며, 붓는다 : 관절염

설사할 때

- 묽은 변을 보나 아이가 건강해 보인다 : 물같이 묽거나 자주 누지 않으면 걱정할 필요가 없다.
- 갑작스레 설사와 구토를 하고 미열이 있다 : 위염·식중독
- 설사 이외의 다른 증세가 있다. 예를 들면 기침을 하고 있어 의사가 지어준 기침약을 복용한 뒤 설사를 한다 : 각종 약 때문에 설사를 하는

경우가 있으므로 의사에게 상황을 설명하고 지시에 따른다.
- 심한 복통과 구토를 하고 붉은 점액질의 대변을 본다 : 장중첩증

열이 날 때
- 기침을 하고 콧물이 흐른다 : 감기
- 콧물이 흐르고 눈이 따가우며 적갈색 발진이 돋는다 : 홍역
- 얼굴, 귀 밑과 턱 밑이 부었다 : 이하선염(볼거리)
- 목이 따갑고 음식을 삼키기가 어렵다 : 편도선염
- 어린아이의 경우 자기 귀를 후비거나 잡아당기며 운다 : 중이염
- 기침을 계속하면서 숨이 가쁘고 숨쉬기를 힘들어한다 : 기관지염·폐렴
- 목을 구부릴 때 통증이 있으며, 두통을 호소하면서 밝은 빛을 싫어한다 : 뇌막염
- 5일 이상 열이 나며, 임파선이 붓고 눈이 충혈되고 발진이 생긴다 : 가와사키병
- 발진과 함께 혈압이 떨어지면서 소변량이 감소한다 : 유행성출혈열

토할 때
- 수유중이나 수유 후에 토하나 건강하고 체중도 는다 : 역류로 정상이다.
- 4주 미만의 영아가 수유중이나 수유 직후 뿜는 것같이 토한다 : 유문협착증
- 고열, 두통이 심하면서 의식 장애가 생긴다 : 일본뇌염
- 명치끝에서 시작하여 오른쪽 아랫배가 아프다고 한다 : 맹장염
- 심한 복통과 피가 섞인 점액성 대변을 본다 : 장중첩증

위의 증상에 따른 진단은 일반적으로 그럴 가능성이 있다는 것일 뿐이므로 임의대로 단정하지 말고 빨리 의사에게 보이도록 해야 한다.

아이에게 좋은 한방 안마 요법

병원이나 약국이 문을 닫은 밤에 아이가 갑자기 설사나 구토를 일으키면 대부분의 엄마들은 당황하여 허둥거리게 될 것이다. 아이가 급작스레 아플 때 누구나 간단히 할 수 있는 한방 안마 요법을 소개한다.

▌ 설 사

• 응급 안마법 1 – 엄지손가락을 문지른다

아이 엄지의 안쪽 둘째 마디와 엄지 아래 도톰한 살집 있는 부위를 엄마의 엄지로 아래에서 위로 밀어 올린다. 이 방법은 위장의 염증을 가라앉히고 위장의 기능을 도와 설사와 구토를 멎게 하는 작용을 한다.

• 응급 안마법 2 – 배꼽 부위를 문지른다

배꼽 둘레 약 2~3cm 부분을 엄마의 둘째와 가운뎃손가락 끝으로 약 1백~3백 차례 가볍게 돌리듯 문지른다. 이 방법은 대장을 소통시키고 기를 잘 순환시키며 장의 염증을 없애주는 작용을 한다. 따라서 소화기계통 질환에 자주 쓰인다.

▌ 구 토

• 응급 안마법 1 – 가슴 부위를 문지른다

흉골 밑 1cm 정도 떨어진 부위에서부터 배꼽 사이의 부드러운 부분을 중완혈이라 하는데, 이 부분을 문지르면 효과적이다. 방법은 엄마의 양손 엄지를 이용해서 아기의 중완혈에서부터 옆구리의 바로 아래 근육 부위를 따라 아래쪽을 향하여 약 1백~2백 차례 부드럽게 밀어 내린다. 이 방법을 계속하면 소화기를 강화하고 위를 튼튼히 하며 기를 잘 순행시켜 주고 소화를 촉진시키는 작용이 있다.

• 응급 안마법 1 – 목 뒷부분을 문지른다

열이 나면서 음식을 먹으면 바로 구토가 일어나며 구토물에서 신 냄새가 진하게 날 때는 목 뒷부분을 문지른다. 목 뒷부분을 보면 머리털이 돋아난 곳이 있다. 이곳의 한가운데에서부터 고개를 숙이면 뒷목 아래 뼈가 툭 튀어나오는 곳을 엄마의 엄지 또는 둘째, 가운뎃손가락으로 위에서 아래로 1백~3백 차례 밀어 내린다. 이 방법은 기를 내리고 구토를 멎게 하며 감기를 쫓는 작용도 있다.

▌ 열이 날 때

• 응급 안마법 1 – 이마 부분을 문지른다

양쪽 눈썹 가운데에서부터 앞머리가 돋아난 곳까지를 천문이라 한다. 어린이를 눕히거나 앉히고서 머리가 위쪽으로 가도록 양손으로 잘 잡은 다음 엄지손가락으로 이 부분을 약 30~50차례 밀어 올린다. 이 방법은 열을 내리고 경련을 멎게 하며 뇌를 각성시키는 작용이 있다.

• 응급 안마법 2 – 손목 부분을 문지른다

손목 안쪽 주름이 있는 곳 정중앙에서부터 팔꿈치 안쪽 관절 부분을 엄마의 둘째와 가운뎃손가락으로 약 1백~3백 차례 밀어 올린다. 이 방법은 몸을 서늘하게 하는 작용이 있어, 열을 내리고 감기를 낫게 하며 화를 풀어주고 열이 나고 가슴이 답답한 증상을 내려준다.

알레르기의 주범은 집먼지진드기

알레르기의 원인이 되는 물질(알레르겐)에는 집먼지진드기, 고양이 털, 개 털, 바퀴벌레, 꽃가루, 곰팡이 등이 있다. 이 중 집먼지진드기는 소아 천식 환자의 90% 이상, 성인 천식의 70~80%, 알레르기성 비염 환자의 50%의 원인이 되고 있고, 아토피성 피부염의 중요 원인이기도 하다.

집먼지 진드기는 0.2~0.4mm의 미세한 곤충으로 먼지 속에서 사람이나 동물에서 떨어지는 비듬, 때 등을 먹고 산다. 따라서 알레르기성 환자가 있을 때는,

① 침대, 카펫 등을 치우는 것이 좋다.

② 집먼지진드기의 최적 온도는 25~28℃이므로 겨울에는 가능한 실내 온도를 낮추고, 이불 등은 55℃ 이상 더운 물로 세탁하거나, 추운 곳에 내놓도록 한다.

③ 집먼지진드기는 75~80℃의 습도에서 가장 잘 생존하기 때문에 집먼지진드기에 알레르기가 있는 사람은 햇빛이 잘 드는 곳에서 기거하고, 침구도 자주 햇볕에 말려야 한다.

④ 진공청소기로 일주일에 한 번 정도 청소하고, 물걸레질을 하여 먼지를 줄이도록 하며, 청소할 때는 마스크를 사용하도록 한다.

⑤ 환자의 방에는 봉제완구, 쓰레기통, 냉장고, 꽃화분, 양탄자 등 습기 차고 곰팡이가 피기 쉬운 물품은 치우고, 공기청정기, 환풍기, 제습기 등을 사용하도록 한다.

암과 음식

암은 유전적 원인이나 공해 등 개인이 어쩔 수 없는 요인으로부터 올 수도 있지만 대부분 몇 가지 잘못된 생활 습관에서 비롯된다. 전체 암 발생 원인의 35% 정도가 그릇된 식생활에서 비롯되므로, 식사 형태를 바꾸면 이를 예방할 수 있다.

- **위암** : 고염분 식품, 절인 생선, 대량의 쌀밥, 뜨거운 음식 등은 발생률을 높인다. 반대로 우유 등 유제품, 신선한 과일이나 채소 등은 발암을 억제한다.
- **대장암** : 고지방식, 저섬유질 식품, 맥주 등은 발생률을 높이며, 곡류, 두류 등 고섬유질과 양질의 단백질 식품은 억제 효과가 있다.
- **간암** : 곡류에 생기는 아플라톡신 등 곰팡이는 발암을 높이고 양질의 단백질 식품은 억제 효과가 있다.
- **폐암** : 흡연으로 높아지고, 비타민 A가 풍부한 녹황색 채소는 낮춰준다.
- **식도암** : 뜨거운 음식, 술, 무기질이 적은 음식은 발생률을 높이고, 채소, 과일, 무기질이 많은 식품은 낮춰준다.
- **유방암** : 특히 성장기로부터 사춘기에 걸쳐 고지방, 고열량 식품이 발암에 관여한다.

애완동물로부터 전염되는 질병

애완동물이 옮기는 질병을 인축공통전염병이라고 하는데, 이러한 전염병의 종류는 130여 종에 달하며 병원체 수도 60여 종에 이른다. 이들 중에는 사람의 생명까지 위협하는 위험한 것도 있기 때문에 그 증상과 예방법을 잘 알아두어야만 만일의 피해를 줄일 수가 있다.

광견병

광견병은 일단 발병하기만 하면 개뿐 아니라 사람을 포함해서 어떤 동물이고 살아남을 수 없는 병이다. 개가 처음 발병할 때에는 활동성이 없지만 며칠 후 광폭해져서 닥치는 대로 물려고 한다. 이때 물리게 되면 개의 침을 통해 바이러스에 전염되는데, 잠복기간은 대개 2~6주 정도이고 길면

6개월까지도 간다.

광견병은 보통 개에게서 전염된다고 생각하기 쉬운데 개뿐 아니라 고양이, 쥐, 여우, 늑대, 박쥐로부터도 전염될 수 있다. 광견병은 미친개에게 물리지 않는 것이 중요하지만 일단 물렸을 경우에는 발병이 되지 않도록 전문의와 상의해야 하고, 사전에 애완동물에게 예방 접종을 시키는 등 예방에 각별하게 신경 써야 한다. 예방 접종은 생후 4개월에 한 뒤 1년에 두 번씩은 예방 주사를 맞혀야 한다.

▌ 브루셀라증

모든 동물이 퍼뜨릴 수 있는 질병인데, 애완동물 중에는 주로 개에 의해 감염된다. 동물이 이 병에 걸리게 되면 열이 나고 임파선이 붓는데 수컷은 고환염, 암놈은 유산을 하게 된다. 사람에겐 오염된 음식물을 통해 옮겨진다.

급성 브루셀라증에 걸리면 39℃ 정도의 고열과 함께 두통과 관절통이 일어나고 심하면 전신통과 함께 임파선도 부어 오른다. 급성을 제대로 치료하지 않고 그대로 두면 만성으로 넘어가 심한 경우 골수염과 패혈증, 뇌막염, 심내막염 등으로 넘어갈 수 있다.

▌ 톡소플라즈마증

주 감염원은 개나 고양이인데, 이들 체내에 있는 톡소플라즈마 병원체가 대변과 함께 배설되면 공기나 접촉 등을 통해 사람의 입으로 감염된다. 특히 고양이에게 많아 고양이 1백 마리당 한 마리는 이 병원체를 가지고 있는 것으로 알려졌다. 건강한 사람에게는 별로 감염의 위험이 없지만 몸이 약한 사람은 주의해야 하며, 특히 임산부가 감염되면 태반을 통해 태아의 몸 속으로 들어가 유산이나 사산을 시킬 수도 있다.

이 병원체의 감염 여부는 혈청 진단으로 알 수 있는데, 고양이를 키우는 사람이 임신되었을 때에는 반드시 진단을 받아 보는 것이 좋다. 증세는 발열, 두통, 전신 피로 등이 나타나면서 중증으로까지 발전하는 경우도 많다. 이를 예방하려면 개나 고양이의 배설물을 땅 속에 묻거나 태우고, 3개월에 한 번씩 구충제를 투약해야 한다.

▌ 살모넬라증

살모넬라증은 개나 고양이가 전염원이 되기도 하지만 거북이나 자라가

살모넬라균의 온상이 되기도 한다. 살모넬라균에 감염되면 급성 위염이나 식중독을 일으킨다. 특히 저항력이 약한 어린이들은 거북 등에 접촉하거나 수조의 물을 먹게 되면 쉽게 감염되므로 거북을 만진 뒤에는 반드시 손을 닦는 습관을 기르도록 한다.

살모넬라증은 8월을 정점으로 5~10월에 빈번하게 발생하고 겨울에도 높은 검출률을 보이고 있다. 사람에게 감염되면 2~5일간의 잠복기간을 거쳐 설사를 하게 되는데, 대개는 3~5일 정도의 가벼운 설사로 끝나게 마련이지만 심하면 패혈증으로 발전할 수도 있다.

캄필로박터증

개, 고양이 등이 배설하는 캄필로박터균이 일으키는 증세이다. 캄필로박터균에 오염된 음식물을 통해 전염된다. 살모넬라증과 비슷한 증세를 나타내나 병세는 약해 대략 1주 정도면 그대로 두어도 낫는다.

파스츠레라증

고양이나 개의 입 속에 있는 파스츠레라균이 이들 동물에게 할퀴거나 물렸을 때 상처를 통해 감염되어 발생한다. 이 균에 감염되면 24시간 이내에 상처가 부어오르고 통증이 온다. 모든 고양이와 개의 78%가 이 균을 보유하고 있다는 조사가 있으므로 개나 고양이가 물렸을 때에는 전염되었는가 의심하는 것이 좋다. 또한 고양이에게 할퀴고 2~3주일이 지나 발열과 권태감이 나타나고 상처 부근의 림프액이 부풀어오른다면 일단 의사의 진단을 받아 보는 것이 좋다.

앵무새병

가정에서 많이 기르는 앵무새, 잉꼬, 카나리아, 십자매 등 각종 조류의 배설물에 섞여 있는 그라미지아라는 미생물에 의해 발생한다. 실내가 건조하면 이들 조류의 배설물이 공기중에 흩어져 사람에게 흡입되어 감염된다. 초기 증상은 39℃를 웃도는 발열과 오한, 두통, 전신통, 기침, 숨찬 증세 등 감기와 비슷하다. 증상이 악화되면 간염이나 폐렴을 유발하여 생명을 잃을 수 있으므로 전문의의 치료를 받아야 한다.

앵무새병에 걸린 새는 잘 먹지 않고 설사를 하며 생기를 잃고 축 늘어진다. 따라서 이 같은 증세를 보이는 새가 있으면 곧 치료를 해주고 접촉엔 각별한 신경을 써야 한다. 만일 새가 콧물을 흘리거나 털을 곤두세우고 설사를 하다 죽었을 때에는 새의 시체에 절대 손을 대지 말고 소독한 뒤 버려야 한다. 앵무새 병을 예방하려면 새장을 청소할 때 배설물 입자를 들이마시지 않도록 마스크를 쓰고 바람을 등진 방향에서 하도록 한다.

뉴캐슬병

모든 조류가 옮길 수 있으나 닭이 주로 문제가 된다. 사람이 뉴캐슬병에 걸리면 결막염이 생겨 눈이 충혈되고 열도 나며 심하면 임파선이 부어 오르기도 한다. 조류가 뉴캐슬병에 걸리면 먹이를 잘 먹지도 않고 설사와 고열로 축 늘어진다. 뉴캐슬병은 이 같은 조류와 접촉할 때 옮겨진다.

피부병

애완동물로부터 옮겨오는 피부병으로는 벼룩, 진드기, 옴 등이 원위이 되는 것과 포도상구균이나 마이코박테륨과 같은 비정형결핵균이 원인이 된 것이 주류를 이룬다. 벼룩이나 진드기는 사람에 기생하지는 않지만 독소를 옮기며, 옴은 피부병을 유발할 수 있다. 따라서 애완동물은 자주 깨끗이 씻어주어 벼룩이나 진드기 등이 붙어살 수 없도록 해야 한다. 애완동물을 씻길 때에는 전용세제를 사용하는 것이 좋은데, 만일 사람이 쓰는 샴푸를 사용하게 되면 개의 피모는 사람의 머리카락 성분과 다르기 때문에 피부병에 걸릴 확률이 높다.

비정형결핵균에 의한 피부병은 주로 어항에서 옮겨온다. 감염되면 만성염증을 일으켜 장기간 치료를 해야 하므로 어항을 항상 깨끗하게 손질한다.

애완동물의 전염병 감염 예방

개의 회충알은 살갗이나 입을 통해 사람의 체내로 침입, 장기나 뇌에 기생하기도 하는데, 임신부가 감염되면 태아에게도 그대로 감염될 위험이 있다. 따라서 이들에 의한 피해를 막으려면 구충을 제대로 해야 한다. 개나 고양이는 생후 30일부터 10일 간격으로 세 차례 투약하면 구충이 가능하다. 그렇다고 해도 또다시 감염에 의해 기생충이 생길 수 있기 때문에 적어도 3개월에 한 번씩은 구충제를 투약해야 안심할 수 있다. 그리고 신생아나 임신부가 있는 집에선 애완동물과 같은 방을 쓰는 것은 피해야 한다.

환절기에는 털이 날리지 않도록 자주 빗겨준다. 동물의 털은 저항력이 약한 유아에게 피부염이나 호흡기 질환을 일으킬 수 있기 때문에 털이 집 안에 떨어지지 않도록 자주 브러시로 빗어주고 특히 환절기에는 매일 해주는 것이 좋다.

애완동물에 입을 맞추는 일도 삼간다. 애완동물의 입을 통해 세균에 감염될 수 있으므로 가급적 직접적인 접촉을 피하는 것이 좋다. 또한 사람이 사용하는 식기에 먹이를 담아주는 일이 없도록 하며, 애완동물을 만진 뒤에는 반드시 손을 씻는 습관을 기른다. 정기적으로 가축병원에 가서 질병 여부를 점검해 보도록 한다.

약물에 중독됐을 때

농약 등 유독한 약물을 먹었을 때나 먹은 것이 의심될 때는 빨리 손을 집어넣어서 토하게 한다. 먹은 약물의 양과 종류를 알아보고 약병 등이 있으면 잘 챙겨서 병원에 가지고 가야 한다.

또한 의식이 없을 경우에는 목을 뒤로 젖히면서 기도를 확보한다. 토할 경우에는 목을 옆으로 돌려 토사물이 기도로 들어가지 않도록 한다.

약 복용시 안전 수칙

① 해가 없을 것 같은 의약품도 항상 주의를 기울여 사용한다.

② 사용설명서를 주의 깊게 읽고 이해를 한 후 복용한다.

③ 의사나 약사와 상의 없이 1주일 이상 어떤 증상을 자가 치료해선 안 된다.

④ 사용지침에 따라 복용했는데도 약의 효과가 없다면 의사, 약사와 상의하도록 한다.

⑤ 어린이에게 약을 먹일 때는 의약품 포장에 특별히 어린이의 사용이 적합하다고 기재된 약품만을 선택한다.

⑥ 임신 중이나 수유 중엔 의사, 약사의 처방 없이 어떤 의약품도 복용해선 안 된다.

⑦ 현재 의사의 치료를 받고 있다면 그 의사와 상의 없이 다른 의약품을 복용하거나 심지어 다른 의사에 의해 처방된 약을 복용하는 일은 금하는 것이 좋다.

⑧ 의약품은 밀폐되고 빛이 차단된 서늘한 곳에 보관하며, 냉장고 보관 시엔 어린이의 손이 닿지 않는 곳에 둔다.

⑨ 1년 이상 두었던 의약품은 복용해선 안 된다.

⑩ 치료가 끝나고 남은 의약품은 완전히 폐기 처분한다.

얼굴형에 따른 헤어스타일

계란형 : 이 얼굴형은 세로가 가로의 약 1.5배이고 이마가 턱보다 약간 넓다. 예로부터 미인의 얼굴형으로 여겨졌으며, 계란형 얼굴의 가로 세로 비율은 다른 타입의 얼굴형을 수정하는 기준이 된다. 어떤 헤어스타일과도 대부분 잘 맞는 편이며, 얼굴 윤곽을 가리지 않고 그대로 보여 주는 게 좋다.

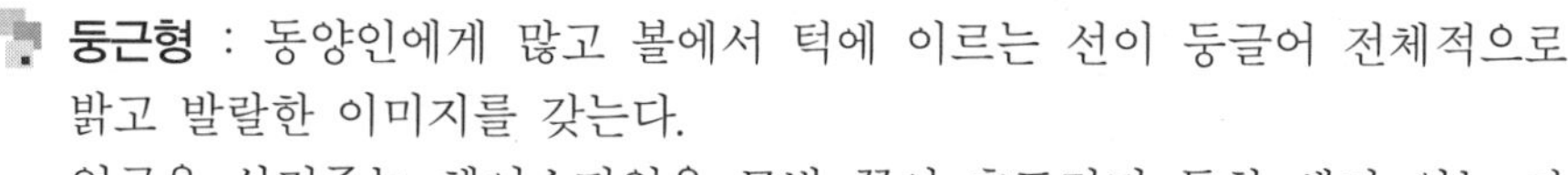

둥근형 : 동양인에게 많고 볼에서 턱에 이르는 선이 둥글어 전체적으로 밝고 발랄한 이미지를 갖는다.

얼굴을 살려주는 헤어스타일은 모발 끝이 흐트러진 듯한 생기 있는 가벼운 쇼트로, 귀여운 느낌의 이미지를 살려준다. 얼굴을 커버하려면 윗머리 쪽에 볼륨을 주고, 이때 앞머리는 짧고 이마가 살짝 보이는 게 좋다. 일반적으로 짧은 스타일이 무난한데, 이마를 덮는 스타일과 전체적으로 볼륨이 있는 파마도 피해야 한다.

네모형 : 아주 개성이 강한 얼굴로 보이는 게 단점일 수도 있지만 개성을 최대로 살려 변신할 수 있는 타입이다.

얼굴을 살려주려면 대담한 스타일의 짧은 헤어스타일을, 얼굴을 커버하려면 얼굴을 감싸듯 쏟아지는 느낌의 헤어스타일로 머리끝을 가볍게 터치해 턱선에 이르도록 하는 것이 좋다. 강한 인상이 되기 쉬운 형이므로 머리의 어느 부위에든 컬이나 웨이브를 주도록 한다. 이 얼굴형은 머리 전체에 볼륨을 넣거나 바깥쪽으로 삐치는 머리는 피해야 한다.

■ **긴 얼굴형** : 강한 개성을 가진 얼굴이므로 대담하고 화려한 이미지로 개성을 살려주는 것이 좋다.

얼굴을 살려주려면 앞머리를 길게 내려주고 전체적으로 웨이브가 없는 층진 짧은 머리로 심플하게 개성을 연출한다. 얼굴을 커버하려면 얼굴선을 따라 바깥쪽으로 흐르는 세미롱이나 롱 헤어가 얼굴형의 장점을 돋보이게 한다. 가장 좋은 스타일은 옆에 완벽한 볼륨을 주는 층이 많은 머리이며, 볼륨감이 없는 스트레이트 헤어스타일은 되도록 피하고 앞머리가 없으면 전반적으로 얼굴형이 너무 드러나 보이므로 피하는 게 좋다.

■ **역삼각형** : 광대뼈 사이의 넓이가 얼굴 길이에 비해 너무 넓은 형으로 이 얼굴에 균형을 주는 형태는 삼각형의 머리 스타일이다. 턱이 가는 얼굴형으로 현대적인 미인형이나 볼이 없어 다소 빈약해 보이기 쉬우므로 단점을 커버하기 위해서는 얼굴을 가려주는 것이 좋다.

얼굴을 살려주는 헤어스타일은 남성적인 느낌의 짧은 헤어스타일로, 산뜻한 윤곽이 드러나 귀엽게 보인다. 얼굴을 커버하는 스타일은 전체적으로 층을 준 둥근 실루엣의 헤어스타일로 턱선 가까이에 살짝 볼륨을 주는 정도의 길이가 적당하다. 또 귀 뒤쪽에 볼륨을 주어 볼의 가파름을 부드럽게 해준다. 앞머리를 눈썹 선까지 내려뜨리는 것도 좋다.

턱을 강조하는 형태나 얼굴을 드러내거나 높이는 스타일, 같은 길이의 긴 스트레이트 헤어스타일은 폭이 더욱 가늘어 보이면서 얼굴형이 강조되므로 주의한다.

■ **삼각형** : 윗머리에 볼륨을 준 층진 헤어스타일이 얼굴을 살려주는 형태인데 턱의 라인이 드러나더라도 이마를 가려주면 귀여운 느낌이 든다. 모발 끝이 쏟아져 내리게 한 헤어스타일로 얼굴을 감싸고 흘러내리는 듯한 분위기를 연출하면 발랄한 느낌으로 얼굴을 커버할 수 있다.

이마를 드러내거나 가운데 가르마는 피하고 강한 인상을 주는 스트레이트 헤어보다는 웨이브 헤어가 어울리지만 같은 길이의 웨이브 헤어스타일은 얼굴형이 강조되어 보이므로 조심한다.

■ **마름모꼴형** : 예리하고 지적인 이미지이지만 쌀쌀하고 신경질적인 독살스러움을 느끼게도 한다. 아주 마른 사람에게 많이 보여지는 타입이며,

역삼각형의 얼굴형과 비슷하다. 이마와 턱 부분을 부드럽게 하고 광대뼈를 숨겨 여성다움을 강조한다. 쇼트 스타일은 예리하며 도시적인 느낌을 준다. 이마와 턱선을 부풀리는 스타일이 좋다.

 얼굴형에 맞는 선글라스 고르는 법

선글라스는 실용적인 용도뿐 아니라 멋내기 소품으로도 많이 애용되고 있다. 하지만 자신에게 어울리지 않는 디자인은 자칫 역효과를 줄 수도 있다. 자신의 얼굴형에 맞는 선글라스로 개성을 한껏 연출해 보자.

- **계란형** : 스타일에 별로 구애받지 않는 얼굴형이지만 사각형의 각이 확실한 테는 피하는 것이 좋다. 두껍고 커서 무거운 느낌을 주는 짙은 색 선글라스보다는 심플하고 베이직한 비틀즈 스타일이 잘 어울린다. 렌즈 색깔만으로 개성을 줄 수 있는 무테 선글라스도 좋다.
- **둥근형** : 자칫 통통해 보이기 쉬우므로 각진 테를 선택한다. 오드리 헵번이 잘 쓰던 윗부분이 살짝 올라간 캐츠 아이 스타일은 지적인 느낌을 준다. 모양이나 각이 확실한 테를 써서 샤프한 인상을 줄 수도 있다.
- **네모난형** : 광대뼈가 나오고 각진 사람은 선글라스로 독특한 개성을 살릴 수 있다. 부드럽고 둥글어 보이는 인상을 주는 디자인을 고르는 것이 포인트로 타원형이나 동그란 테를 선택한다. 사각 테는 얼굴의 각을 더욱 강조하므로 피하는 것이 좋다. 아래쪽으로 갈수록 넓어지는 테는 절대 금물.
- **역삼각형** : 아랫부분이 둥글고 완만한 곡선을 이루는 선글라스가 적당하다. 검정이나 갈색 등 짙은 색깔의 테 또는 렌즈를 고르는 것이 좋다. 윗부분만 테로 처리하고 아랫부분을 테 없이 렌즈만으로 처리한 선글라스는 피할 것. 날카로운 개성을 돋보이게 하고 싶을 경우, 테의 꼬리가 살짝 올라간 뿔테도 잘 어울린다.

여드름과 식사

음식물에 따라 어떤 것은 여드름의 직접적인 원인이 되기도 하고, 또는 예방하는 데 도움이 되기도 한다. 우선 여드름에 영향을 주는 음식물로서는 초콜릿이나 커피 등의 자극물, 크림류나 케이크 등 지방분이 많은 것, 전분질, 설탕 등이 있는데, 너무 많이 먹게 되면 피지 분비가 많아지게 된다. 여드름이 난 연령의 사람들이 좋아할 만한 음식물이지만 여드름에 치명적인 나쁜 영향을 주므로 너무 많이 섭취해서는 안 된다. 야식은 가벼운 스낵류라 해도 그다지 좋지 않으며, 귤 같은 과일도 한꺼번에 많이 먹는 것은 좋지 않다. 특히 당분이나 탄수화물은 체내에서 지방질로 변해 쌓이기 때문에 저녁 늦게 먹는 것을 피하도록 한다.

여드름 피부를 가진 사람은 지방이 적고 붉은 빛이 도는 생선이나 쇠고기, 야채 등 균형 잡힌 음식물을 규칙적으로 섭취하는 것이 좋다. 또한 아침에 일어났을 때 피부가 평소보다 기름이 많고 끈적거리면 최근 무엇을 먹었는지 체크하여 여드름을 악화시키는 원인을 개선해 가는 것이 중요하다.

예쁜 목을 가꾸려면

목 부분의 피부는 부드럽기 때문에 쉽게 늘어나 주름이 생기기 쉽다. 한 번 생긴 주름은 좀처럼 없어지지 않으므로 목 주름을 덜 생기게 하는 생활습관을 기르는 것이 중요하다.

첫째, 구부정한 자세로 앉지 않는다. 소파나 의자에 앉을 때 다리를 쭉 빼고 삐딱하게 앉으면 목이 겹쳐져 주름이 생긴다. 허리를 꼿꼿이 펴고 바르게 앉는 것이 목 주름을 예방하는 길이다.

둘째, 높은 베개를 베지 않는다. 높은 베개는 목 주름을 확실하게 늘린다. 베개를 베지 않는 게 제일 좋지만 대부분 습관이 되어 베개를 베지 않고는 잘 수 없으므로 가능한 낮은 베개를 사용한다.

셋째, 땟수건으로 목을 문지르지 않는다. 목의 피부는 연하고 민감한 부분이기 때문에 땟수건으로 마구 문지르면 피부가 손상되기 쉽다. 찜찜하면 부드러운 타월이나 스펀지를 사용하자.

우황청심원, 제대로 알고 복용하자

시험장에 들어가는 수험생이나 결혼식장의 신부, 심지어 운전면허 응시

자들까지 우황청심원을 상비약처럼 복용하는 경우가 있다. 그러나 우황청심원은 고혈압, 뇌졸증, 심계항진 등에 사용하는 구급약이므로 가벼운 증상에 사용하는 일은 절대 삼가야 한다. 더구나 의사의 처방 없이 마음대로 사용하는 건 위험한 일이다. 저혈압 증세가 있는 사람에게는 위험할 수 있고, 고혈압의 경우 진정효과, 심기능 안정효과가 있으나 상시 복용해선 안 되며, 치료효과도 없다. 가슴이 두근거리거나 어지러울 때, 피곤하거나 원기가 안 좋을 때도 다소의 일시적 효과는 있지만 상시 복용할 건 못 된다. 우황청심원을 과다 복용할 경우 구토, 복통, 설사 등의 부작용을 초래하고, 장복시 간장이나 위점막 손상을 초래할 수 있다.

 ## 웃음은 백약의 으뜸

소문만복래라는 밀도 있듯이 웃음은 인간에게 있어 더없이 귀중한 신의 선물이다. 분위기를 밝게 해주고, 좋은 인상을 심어주며, 사업 등의 일도 잘 풀리게 해준다.

웃음은 또 건강 면에서도 최고의 보약이라고 할 수 있다. 웃음은 우리 몸을 긴장으로부터 해방시켜 스트레스를 풀어준다. 긴장하게 되면 호흡이 빨라지지만, 큰 소리로 웃게 되면 호흡이 깊어지고 산소 공급이 증가함으로써 심장의 부담이 가벼워진다. 깊어진 호흡은 복근의 운동으로 모든 내장에 좋은 영향을 주게 된다.

 ## 유방암 자가 진단법

생리가 끝난 후 2~3일째에 하는 것이 좋다. 이때가 유방이 가장 부드럽고 덜 부풀어 있어 만지기 쉽기 때문이다. 폐경이 된 여성은 매월 말일 매월 1일 식으로 임의로 한 날을 정해 정기검진을 해야 한다.

① 목욕 직후 거울 앞에 선다. 양쪽 유방을 비교하면서 평소와 다른 유방 모양, 돌출 또는 함몰 부위가 있는지 유심히 살펴본다.
② 양손을 깍지 끼워 머리 위로 올리고 가슴을 편 상태로 다시 관찰한다.
③ 양손을 옆구리에 올려놓고 어깨와 팔을 앞으로 민 상태서 다시 관찰한다.
④ 왼팔을 들고 오른손 중지와 약지를 이용해 왼쪽 유방을 샅샅이 만져

본다. 만질 때는 젖꼭지를 중심으로 원심을 그려가며 만지거나 안쪽부터 바깥쪽으로 위아래 지그재그 식으로 일정한 형식을 정해놓고 만져야 병변을 놓치지 않는다. 겨드랑이를 만지는 것도 필수.

⑤ 젖꼭지를 부드럽게 짜보아 분비물이 나오는지 살핀다. 4, 5번을 오른쪽 유방에도 동일하게 시행한다.

⑥ 바로 누워 양쪽 유방을 동일한 방법으로 만진다. 어깨 뒤를 수건 등으로 받쳐주면 가슴이 펴져 작은 몽우리도 쉽게 찾을 수 있다.

음료와 체중

당분은 1g당 4kcal의 열량을 제공하는데, 과잉 섭취시 지방의 형태로 피하에 축적되기 때문에 비만을 유발한다. 우리 나라 음료의 당분 함량은, 과일 음료·스포츠 음료의 경우 미국이나 일본의 음료와 유사하나, 탄산 음료는 절반 정도가 미국 및 일본에 비해 당분이 다소 더 많은 편이다.

음료 1캔(250㎖)의 당분 함량(음료류별 평균치)은 최저 15.3에서 최고 32.8g(평균 26.5g)이고 이로 인한 음료 1캔(250㎖)의 열량은 평균 106kcal다. 결국 식사 외에 매일 음료 1캔(250㎖)을 섭취하고, 이를 운동을 통해 소모하지 않으면 2개월에 0.9kg, 1년에 최대 5kg까지 체중이 증가할 수 있다.

음료 1캔(250㎖)으로 섭취하는 106kcal의 열량을 소모하기 위해서는 ▲ 걷기 41분 ▲ 자전거 타기 35분 ▲ 축구, 배구 26분 ▲ 에어로빅 21분 ▲ 등산 17분 등의 운동량이 필요하다. 자신의 체중에 비춰 과잉 섭취했을 때에는 운동을 통해 불필요한 열량을 소모시켜야 한다.

음료와 치아 건강

음료는 대체로 pH가 낮다. 이처럼 음료의 산성도가 높은 이유는 맛과 청량감을 살리고 미생물의 증식을 억제하기 위한 것인데, 콜라가 pH 2.5 정도로 산성도가 가장 높고, 착향 탄산 음료(2.7), 사이다(2.9), 스포츠 음료(3.0) 등의 순이다. 식혜 음료는 pH 5.8로 비교적 산성도가 낮은 편이다. pH가 낮은 산성 음료를 자주 섭취하거나 오랫동안 입 안에 머금으면서 섭취할 경우 치아 표면의 pH도 저하되고 이에 따라 치아에서 무기질이 탈회되면서 치아 손상 및 충치가 발생할 우려가 있다. 특히 치아가 성숙되지 못한 어린이는 그 영향이 더욱 크다.

음료로 인한 치아 손상을 예방하기 위해서는 음료를 너무 자주 마시거나 빨대, 젖병 등을 이용하여 오랫동안 입 안에 머금으면서 먹지 않도록 하고, 마신 후에는 양치질을 하거나 물로 입 안을 헹군다.

 음식 궁합

사람 사이에도 궁합이란 것이 존재하듯 음식에도 저마다 궁합이 있다.

각각의 음식을 놓고 보면 훌륭한데, 서로 궁합이 안 맞는 것들을 함께 먹으면 영양소를 제대로 흡수할 수 없을 뿐더러, 설사·변비 등의 부작용을 유빌힐 수 있다.

찰떡궁합

- **쇠고기와 배** : 배에는 단백질 분해 효소가 있어 단단하고 질긴 고기 속에 함유된 단백질을 분해하는 작용을 한다. 즉 아미노산이 형성되어 고기가 연해지고 맛이 더욱 좋아진다.
- **생선회와 생강** : 절인 생강은 생선의 비린내를 제거하고, 살균작용이 뛰어나 장염·비브리오균 등 각종 세균으로 인한 식중독을 예방하는 효과가 있다.
- **된장과 부추** : 된장은 좋은 식품이지만 소금 함량이 많다는 것이 단점이다. 또 된장의 원료인 콩에는 비타민 A와 C가 부족한데, 부추는 이들 성분을 보충하기에 충분한 식품이다.
- **조개탕과 쑥갓** : 조개에는 단백질, 칼슘 등이 풍부하지만 비타민 A · C가 너무 적다. 따라서 조개를 넣고 음식을 만들 때는 채소 종류와 함께 만들어 먹는 것이 좋은데, 향이 독특하고 맛이 산뜻해서 날로 먹어도 좋은 쑥갓을 넣어 먹으면 더욱 좋다.
- **돼지고기와 새우젓** : 돼지고기는 지방의 함량이 많기 때문에 소화가 잘 안 될 수 있다. 그러나 짠 새우젓과 함께라면 소화 걱정은 하지 않아도 된다. 새우젓은 단백질 분해 효소와 지방 분해 효소를 함유하고 있어 돼지고기의 소화를 돕기 때문이다.

안 맞는 음식

- **토마토와 설탕** : 토마토와 설탕을 같이 먹으면 맛은 좋을지 모르나 영양적인 면에서는 맛만큼 효과를 거두기가 어렵다. 비타민 B의 열량 발생 효율을 떨어뜨리기 때문이다.
- **미역과 파** : 미역은 칼슘과 요오드가 풍부한 저열량 식품이다. 그런데 파에 많이 들어 있는 인과 유황 성분이 미역 속의 칼슘을 흡수하는 것을 방해하는 역할을 한다.
- **문어와 고사리** : 이들은 둘 다 소화에 부담스런 식품들로 위장 기능이 약한 사람이 이 두 가지 음식을 함께 먹으면 소화불량에 빠지기 쉽다.
- **보신탕과 마늘** : 둘 다 열성(熱性)인 관계로 위 점막에 부담을 줄 수 있다.

그밖에 장어와 복숭아, 도토리묵과 감, 무와 오이 등도 궁합이 맞지 않는 식품이다.

음식의 비타민 C 제대로 섭취하려면

되도록 신선하게 날로 먹는다

비타민 C는 매우 예민해서 물, 더위, 공기 중의 산소와 닿으면 파괴되기 때문에 요리할 때도 주의해야 한다. 되도록 신선한 식품을 요리하고, 날 것으로 먹을 수 있는 식품이라면 씻어서 그대로 먹는다. 만일 요리를 해야 한다면 물에 넣어 국을 끓이기보다 찌거나 살짝 튀겨 먹는다.

종이 팩에 든 오렌지 주스를 마신다

비타민 C는 빛이 있는 곳에 두면 산화가 일어나 제구실을 못하게 된다. 유리병이나 투명 페트병 안에 든 오렌지 주스 속의 비타민 C는 약한 형광등 불빛 아래에 하룻밤만 두어도 60~70% 이상 산화되므로 불투명한 용기에 들어 있는 오렌지 주스를 먹는다.

고기는 야채와 함께 먹는다

대부분의 고기에 조금이나마 들어 있는 아질산염은 발암물질인 니트로스아민으로 변하기 쉽다. 이때 비타민 C는 위에서 아질산염이 발암물질로 바뀌는 것을 막아준다. 고기는 야채를 곁들여 먹고, 핫도그나 햄버거 등을 먹을 때는 비타민 C가 많은 과일 주스와 함께 먹도록 한다.

임산부의 가사 요령

- **요리** : 조리나 식후의 설거지는 선 채로 하게 되므로 의외로 피로해진다. 이럴 때는 두 발을 나란히 놓지 말고 앞뒤로 벌리고 서면 덜 피로하다.

- **세탁** : 복부에 부담이 가지 않도록 세탁물을 널 때 주의한다. 빨래 바구니에서 빨래를 꺼낼 때 구부리며 앉는 자세는 복부를 압박하게 된다. 빨래 바구니는 의자나 좌대 위에 올려놓고 허리를 구부리지 않도록 한다. 다림질도 다리미판을 테이블 위에 올려놓고 하면 좋다. 같은 자세를 장시간 계속하지 않는다.

- **청소** : 복부를 압박하지 않게 하기 위해서는 청소기의 자루가 긴 것이 좋다. 걸레질은 무릎을 꿇고 기는 자세로 한다.

- **쇼핑** : 가벼운 쇼핑은 오히려 기분전환도 되므로 좋다. 그러나 무거운 물건을 드는 것은 금물. 또한 너무 바쁘게 돌아다니다가는 간혹 유산이나 조산이 되는 경우도 있으므로 주의한다. 장보기는 혼잡한 시간을 피한다. 배가 아직 덜 불렀을 때는 등에 메는 배낭이 좋은 쇼핑 가방이 된다.

임신 중 감기에 걸렸을 때

임신 중에는 몸이 아파도 태아를 위해 약을 함부로 복용할 수도 없고, 산모는 병이 저절로 나을 때까지 그냥 고생을 해야 한다. 그중에서도 감기는 가장 흔하게 걸리는 질환인데, 임신 중에는 민간요법을 쓰는 게 효과적이다.

우선 배의 꼭지를 따고 씨방 부위를 파낸 뒤 꿀과 흑설탕을 넣고 찜통에 찐다. 다 찐 배를 그대로 짜서 즙을 내어 마셔도 되고 통째로 먹어도 된다. 감기는 물론 소화를 촉진시키는 효과도 있고 기침, 천식, 백일해 등에도 도움이 된다.

임신 초기 주의해야 할 체크 포인트 5

■ **약** : 임신이라고 생각되면 시판 약이라도 의사의 처방 없이는 절대 복용하지 말아야 한다. 이미 복용해서 불안하다면 산부인과를 찾아야 한다. 원래 병이 있어서 치료 중인 사람은 담당 의사와 잘 상담해서 임신 시기를 정해 놓고 복용하는 것이 좋다. 또한 다른 과에서 치료를 받을 때는 임신 사실을 알리도록 한다. 임신인지 아닌지 확실하지 않은 경우에도 지체없이 임신 가능성이 있음을 알린다. 임신 중 약의 복용은 반드시 산부인과 의사와 상담하도록 한다.

■ **담배** : 담배는 피우고 있는 본인뿐만 아니라 태아에게도 매우 해롭다. 임신 중 흡연을 하면 체중 미달아가 생길 가능성이 있기 때문에 임신 이후에는 아내는 물론 남편도 함께 금연을 하는 것이 좋다. 담배로 축적

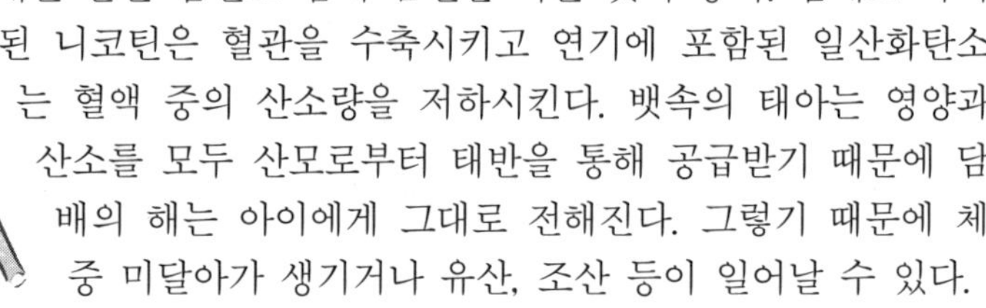

된 니코틴은 혈관을 수축시키고 연기에 포함된 일산화탄소는 혈액 중의 산소량을 저하시킨다. 뱃속의 태아는 영양과 산소를 모두 산모로부터 태반을 통해 공급받기 때문에 담배의 해는 아이에게 그대로 전해진다. 그렇기 때문에 체중 미달아가 생기거나 유산, 조산 등이 일어날 수 있다.

■ **B형 간염** : B형 간염 바이러스에 감염되면 급성간염, 만성간염, 간경변, 간암을 일으키게 된다. 가령 간염에 걸리게 되면 잠복기 이후에 권태감, 식욕 부진, 구토, 지속적인 황달 증세가 나타난다. 임신 초기에는 혈액 검사로써 B형 간염 바이러스의 유무를 가릴 수 있다. 검사 결과가 양성인 사람은 태어날 태아에게 감염될 위험도를 가려 정밀 검사를 받아야 한다. 근래에는 왁찐이 개발되어 태아에게 왁찐을 주사해 두면 감염을 예방할 수 있다. 현재 보균자이면서 발병하지 않았으면 고단백의 음식을 섭취하고 무리하지 않도록 하며, 건강 관리에 각별히 신경을 쓴다. 또한 임신한 경우에는 산부인과 의사나 내과 전문의와 상담해서 그 지시에 따르도록 한다.

■ **풍 진** : 풍진을 한번 앓았거나 예방접종을 받았다면 일단 안심해도 된다. 불안하다면 보건소나 병원에서 항체 검사를 받아 보는 것도 좋다.

임신 초기에 풍진에 걸리면 태아에게 선천성 백내장이나 심장 기형, 지능 장애, 청각 장애 등의 이상 증세가 상당히 높은 빈도로 발생한다. 그 영향은 임신 초기에 크다고 알려져 있다.

항체검사 결과 음성인 경우엔 왁찐 접종을 받는다. 임신 가능한 여성이 접종한 경우는 최저 2개월은 임신하지 말고 피임을 해야 한다. 양성인 경우는 이미 항체를 갖고 있기 때문에 감염되지는 않는다. 이미 임신한 경우 음성이라는 판정을 받았다면 그때부터 감염되지 않도록 주의하고, 그 시기에 풍진이 유행한다면 의사와 상담하고 풍진 왁찐은 접종하지 않는다.

 **톡소플라즈마** : 임신해서는 애완동물을 멀리 해야 한다. 고양이, 새, 개 등의 애완동물에는 톡소플라즈마라는 원충이 기생한다. 사람이 그 같은 동물과 밀접하게 접촉하거나 그 배설물에 접촉하면 톡소플라즈마 병을 일으킬 수 있다. 임신하지 않았을 때 감염되어도 전신 권태 및 열병과 같은 증상이 일어날 수 있으며, 임신 중에 감염되면 조산이나 사산의 원인이 되며, 지능 장애 등의 이상이 일어날 수 있다. 혈액검사에서 양성이라고 판정되고 이상 수치가 높게 나오면 감염 가능성이 있는 것이므로 임신 중이라도 톡소플라즈마에 효과가 있는 항생물질을 처방 받도록 한다. 임신이라고 생각되면 애완동물을 기르지 말아야 한다.

입냄새 제거 법

위장 질환이나 콧병, 충치, 잇몸병 때문에 입 냄새가 날 때는 근본 치료를 해야 하겠지만 그렇지 않을 때는 다음의 방법도 써봄직하다.

- **녹차 잎** : 녹차에 들어 있는 타닌이라는 성분은 항균작용이 있어서 입냄새의 원인이 되는 잡균을 없애는 데 효과적이다. 또 소화를 촉진시키기 때문에 위장의 소화 흡수가 좋지 않아서 입냄새가 자주 나는 사람에게도 효과가 있다. 입에서 냄새가 날 때는 녹차 잎을 껌처럼 씹도록 한다. 입냄새를 없앨 뿐 아니라 예방하는 효과도 있다.
- **파슬리** : 식사 후에 나는 입냄새의 주원인은 독특한 향이 있는 유황화합물인데, 파슬리는 유황화합물보다도 강력한 향이 있어 입에서 나는 나쁜 냄새를 없앤다. 요리에 곁들이로 놓았다가 식사 후에 한 줄기 정도 씹어 먹으면 입냄새 억제에 좋다.

이 외 설탕물로 입 안을 헹구어도 효과가 있다.

입 벌리고 자서 목이 따끔거릴 때

입을 벌리고 자거나 입으로 호흡하게 되면 목구멍이 건조해져 따끔거리며 열이 나고 아픈 경우가 있다. 이럴 때는 소금물 양치질을 하거나 벌꿀 및 레몬을 넣은 홍차를 목구멍 안으로 넣으면 통증이 완화된다. 음식은 찬 게 좋으며 실내에 가습기를 틀어주어도 좋다.

입술이 텄을 때는 알로에를

입술이 마르고 잘 트는 사람에게는 알로에가 좋다. 알로에 젤을 그대로 입술에 바르거나 꿀을 섞어 바르면 된다.

잘못 알고 있는 의학 상식 22가지

 알부민 주사(영양제)를 맞으면 몸에 좋다

영양제로 흔히 알려진 알부민 주사는 꼭 필요한 사람이 맞아야 한다. 예를 들면 신장, 간장 등의 기능이 약해져서 알부민의 균형이 깨졌을 때 필요하다. 그렇지 않고 건강한 사람이 알부민 주사를 맞는다면 아무런 도움이 되지 않는다. 오히려 영양제 등을 과다하게 사용하면 몸에 해로울 수 있다.

 갑상선 치료약을 먹으면 살이 빠진다

갑상선 호르몬 저하증 환자에게는 이 약이 신진대사를 원활히 해 살을 빠지게 해준다. 하지만 정상인이 사용하면 손이 떨리고 식은땀이 나는 등 부작용이 생길 수 있다. 시중에 살 빠지는 특효약이라고 팔리는 약들 중에는 특히 갑상선 치료약이 많으니 주의해야 한다.

위궤양에는 우유가 좋다

우유가 입에서 부드럽기 때문에 위벽을 부드럽게 싸는 것으로 오해하기 쉽다. 하지만 우유는 많은 지방과 단백질을 갖고 있기 때문에 위에 들어가면 위산분비를 자극한다. 따라서 우유는 오히려 위궤양을 악화시킬 수도 있다.

몸을 차게 하면 감기에 걸린다

감기는 바이러스에 의해 걸린다. 아무리 추운 곳에서 떨고 있어도 바이러스에 감염되지 않으면 감기에 걸리지 않는다. 물론 감기에 걸리지 않으려면 몸을 따뜻하게 하는 것이 좋지만, 추운 곳에서 떨었다고 해서 감기에 걸릴 확률이 높다고는 볼 수 없다.

이뇨제를 계속 먹으면 살이 빠진다

살이 찐 사람들, 특히 여성에게 있어서 다이어트는 최대의 관심사다. 따라서 살이 빠진다면 뭐든지 먹는데, 이뇨제도 바로 그중의 하나. 하지만 이뇨제를 과다 복용하면 콩팥이 상하고, 심지어 사망에까지 이를 수 있다. 특히 미혼 여성들 중에는 이뇨제를 계속 복용해, 먹지 않을 경우 소변이 안 나오게 되는 경우도 있으므로 주의해야 한다.

단식을 하면 위가 줄어든다

전혀 의학적 근거가 없는 이야기이다.

보약을 많이 먹으면 죽을 때 고생한다

중풍 등 질병의 종류에 따라서 죽을 때 고생하는 것이지, 보약 때문에 그런 것은 아니다.

보약은 봄 가을에 먹어야 한다

보약은 계절을 가릴 것 없이 몸이 약할 때는 언제 먹어도 효과가 있다. 보통 더운 여름을 대비해서 봄에 보약을 먹고, 또 가을에는 입맛이 좋기 때문에 보약의 효과가 더 클 것으로 생각되어 생겨난 이야기이다.

어릴 때 보약을 많이 먹으면 머리가 나빠진다

몸이 약한 어린이일수록 어릴 때 약을 먹이는 것이 좋다. 어릴 때일수록 두뇌 활동과 성장에 활발한 영양을 준다. 어린이도 각자의 체질에 맞게 처방을 달리 하므로 머리가 나빠지거나 살이 찐다는 걱정은 하지 않아도 된다.

▮ 한약을 먹을 때 돼지고기나 닭고기를 먹어서는 안 된다

평소 기름기가 많은 음식을 먹지 않던 사람이 고기를 먹으면 설사를 하는 경우가 있다. 그래서 보약을 먹을 때는 기름기가 많은 돼지나 닭고기를 먹지 말라고 했다. 보약을 먹고 설사하는 게 아까웠기 때문이다. 하지만 영양 상태가 좋은 요즘에는 그런 경우가 드물기 때문에 마음대로 먹어도 된다. 그러나 녹두로 만든 음식만은 먹어서는 안 된다. 녹두는 중화 작용을 하기 때문에 약의 효과를 감소시킨다.

▮ 한약은 따뜻하게 데워서 먹어야 한다

한약은 고단백질 음식이다. 그러므로 찬 것과 함께 먹으면 위에서 분해가 빨리 되지 않기 때문에 설사를 할 가능성이 높다. 하지만 한약 그 자체는 굳이 데워서 먹지 않아도 된다. 단지 차가운 것과 함께 먹지만 않으면 된다.

▮ 눈 영양제를 먹으면 시력이 좋아진다

일반 영양제를 먹는다고 해서 몸이 좋아지지 않는 것처럼 눈 영양제라고 해서 특별히 다른 것은 없다. 물론 특정한 질병에 대한 치료약제는 예외일 수 있지만, 시중에서 팔리는 눈 영양제를 과신하는 것보다 눈을 보호하기 위한 올바른 생활습관이 더 중요하다.

▮ 곁눈질을 하면 사팔뜨기가 된다

사팔뜨기는 눈알을 움직이는 눈 근육 중 일부가 마비되어서 생긴다. 곁눈질을 한다는 것은 눈의 근육이 작동을 잘 하고 있다는 것이므로, 오히려 사팔뜨기가 될 확률이 적은 사람이 잘 하게 마련이다.

▮ 희미한 불빛에서 책을 읽으면 시력이 나빠진다

희미한 곳에서 책을 읽으면 긴장성 두통이 올 수는 있지만, 시력에는 영향을 주지 않는다. 또한 안경을 쓰면 시력이 더 나빠진다는 말도 터무니없는 낭설이다. 제대로 맞는 안경을 착용한다면 결코 시력이 악화될 수 없다.

독서를 많이 하면 눈이 나빠진다

육체의 과로는 피로를 가져오고 누적된 피로는 질환을 유발시키지만, 눈의 과다한 사용은 시력의 저하와는 관계가 없다. 마치 머리를 많이 써도 두뇌가 나빠지지 않는 것처럼.

사랑니는 뽑지 않아도 된다

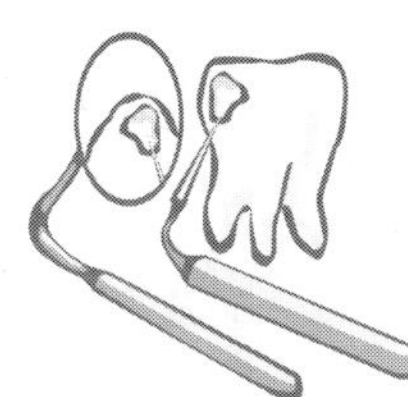

사랑니가 있으면 그 앞의 이를 사용하지 못하게 된다. 즉 칫솔질을 해도 사랑니 때문에 잘 닿지 않아 그 앞의 이가 쉽게 썩는다. 특히 여자들의 경우는 결혼하기 전에 뽑아 주는 것이 좋다. 임신 중에 사랑니가 많이 아프면 약도 못 먹고 고생하는 수가 많기 때문이다.

스케일링을 자주 하면 이가 오히려 나빠진다

스케일링은 이를 갈아내는 것이 아니라 치석과 염증조직을 제거하는 것이다. 따라서 치석을 자기 이의 일부분처럼 달고 있다가 떨어져 나가면 이가 시리고 차기 때문에 생겨난 오해이다. 이가 시리고 찬 것은 정상적인 현상이므로 신경 쓸 필요가 없다.

유치는 뽑아 버릴 것이므로 치료할 필요가 없다

흔히 어린이들의 유치는 영구치가 나올 때까지만 사용하는 것이므로 이상이 생겨도 치료할 필요가 없다고 생각하는 사람들이 있다. 하지만 그것은 잘못된 생각이다. 열두 살 정도까지는 유치를 사용해야 하는데, 아파서 제대로 씹지 못하면 소화기관에 일찍 이상이 생길 수 있다. 또한 어린이의 식성 자체를 변화시키게 할 수 있으므로 주의해야 한다. 영구치가 잘 나오게끔 자리를 잡아주는 것이 유치의 역할이므로 이상이 생기면 즉시 치료해 줘야 한다.

루프를 끼면 살이 찐다

중년 여성들이 가장 많이 사용하는 피임법이 루프인데, 중년기에 들어서면 생활이 안정되므로 자연히 체중이 늘어나게 된다. 이 때문에 루프를 끼면 살이 찌는 것으로 오해하는 사람들이 많다.

■ 임산부는 두 사람 몫의 음식을 먹어야 한다

대개 임신 중에 증가하는 몸무게는 13∼14kg 정도. 그 이상 증가했다면 군살이다. 그런데 이 군살은 아기의 영양을 향상시키는 게 아니라 오히려 임산부의 몸을 둔하게 한다. 그러므로 임산부라고 해서 2인분의 음식을 먹을 필요는 없고, 자기에게 알맞은 충분한 양의 식사를 하는 것이 바람직하다.

■ 텔레비전을 많이 보여 주면 말을 빨리 배운다

흔히 요즘 아이들은 텔레비전을 많이 보기 때문에 말을 일찍부터 배우게 된다고 한다. 하지만 이것은 잘못된 생각이다. 텔레비전은 아이가 보고만 있는 것이지 말을 주고받는 것이 아니다. 때문에 오히려 언어발달이 늦어지는 원인이 될 수도 있다. 사람과 애기를 하면서 아이가 소리를 내는 것이 말을 배우는 과정이다.

■ 이유식을 일찍 할수록 아이가 튼튼해진다

너무 일찍부터 이유식을 하면 식품 알레르기를 유발할 수 있다. 또 장에 나쁜 영향을 주거나 영양의 불균형을 초래할 수도 있다. 그러므로 이유식은 3개월 후부터 간단한 주스 등으로 시작하는 것이 무난하다. 본격적인 이유식은 6개월 후부터 하는 것이 좋은데, 7개월 이후에는 서서히 젖을 떼도록 한다.

 점심식사는 직장과 먼 곳에서

점심식사는 가능하면 직장에서 멀리 떨어진 곳에서 하는 게 좋다. 운동이 부족한 사무직 직장인들은 점심을 먹으러 오가면서 운동을 할 수 있기 때문이다. 특히 식후 가벼운 걷기는 혈당이 과도하게 올라가는 것을 막아줘 당뇨병 예방과 치료에 좋다. 또 스트레스를 많이 받는 직장인은 잠시나마 스트레스의 원천으로부터 멀리 떨어지는 것도 정신건강에 좋다.

식당을 선택할 때는 항상 많은 사람들로 북적대 서둘러 식사를 마쳐야 하는 집은 피하는 게 좋다. 너무 잘 되는 집은 음식이 맛있고 무언가 다른 점이 있는 것은 분명하지만 느긋하게 먹지 못한다면 아무리 맛이 좋아도 몸에 좋을 수 없다.

젖 분비를 원활하게 하는 방법

- 매 수유시마다 양쪽 유방을 사용해서 더 자주 젖을 먹인다. 유즙의 흐름을 증가시키는 최상의 방법이다.
- 규칙적으로 수유하고, 아기가 잘 빨지 못하거나 한 번 젖 먹는 시간이 짧으면 매 수유 후나 수유 도중에 즉시 유즙을 짜낸다.
- 엄마는 휴식을 많이 취하고, 최소한 하루에 한 번 낮잠을 자는 것이 좋다.
- 충분한 수분과 음식을 섭취한다.

줄담배를 피우는 사람은 하루 한 번 복식호흡을

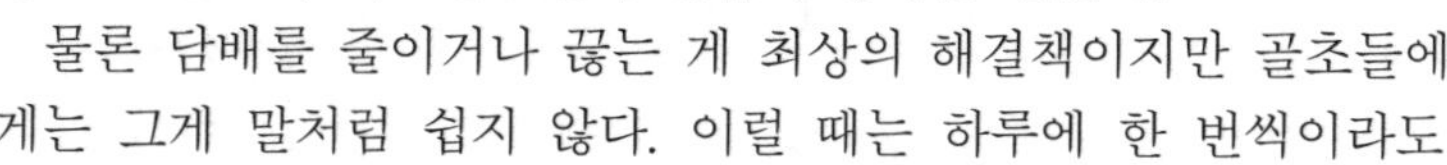

아침부터 저녁까지 계속 담배를 피우는 사람은 산소를 들이마시기 위한 호흡에 늘 연기가 섞이기 때문에 산소 결핍 상태에 빠져 있게 된다. 이러한 산소 결핍 상태가 지속되면 심장에 부담이 가 가슴이 울렁거리는 숨참의 원인이 되며, 일산화탄소의 영향으로 산소와 헤모글로빈의 결합이 방해를 받는다.

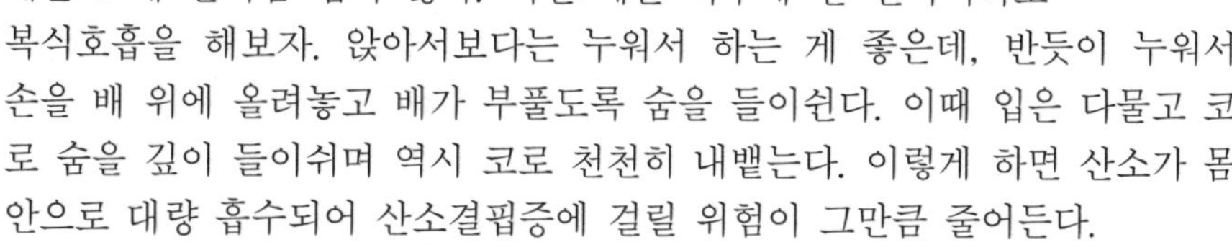

물론 담배를 줄이거나 끊는 게 최상의 해결책이지만 골초들에게는 그게 말처럼 쉽지 않다. 이럴 때는 하루에 한 번씩이라도 복식호흡을 해보자. 앉아서보다는 누워서 하는 게 좋은데, 반듯이 누워서 손을 배 위에 올려놓고 배가 부풀도록 숨을 들이쉰다. 이때 입은 다물고 코로 숨을 깊이 들이쉬며 역시 코로 천천히 내뱉는다. 이렇게 하면 산소가 몸 안으로 대량 흡수되어 산소결핍증에 걸릴 위험이 그만큼 줄어든다.

집안에서의 어린이 안전사고 예방법

주방

주방에서 발생할 수 있는 사고 중 가장 무서운 것은 화상이다. 물이 끓고 있는 주전자, 커피포트, 전기밥솥, 뜨겁게 달구어진 프라이팬 따위는 어린아이가 호기심을 갖고 만지거나 엎지르기 쉽다. 또한 뜨거운 물이 담긴 주전자를 쟁반에 놓아 식탁 가장자리에 두는 것도 위험하다. 어린아이가 까치발로 쟁반 끝을 잡아당기다가 뜨거운 물이 어린아이에게 덮칠 수도 있기 때문이다.

가스레인지, 전자레인지, 오븐 등도 어린아이가 만지며 놀다가 다치기 쉬우므로 사용하고 난 후에는 꼭 중간 밸브를 잠그거나 아예 코드를 뽑아둔다. 식칼이나 포크, 젓가락 등도 갖고 뛰어다니다 넘어질 경우 치명적인 상처를 입을 수 있으므로 갖고 놀지 못하도록 한다.

▌ 거실과 방

어른들에게는 편리한 가정 생활용품이나 가구들이 어린 아이에게는 치명적인 무기가 될 수 있다. 갓난아이의 경우 소파 위에 잠깐 뉘어둔 사이 움직이다 바닥으로 굴러떨어지기도 하고 서랍장, 식탁 의자, TV, 전축 등 집안의 모든 가구와 가전용품도 아이에게는 위험한 장애물이 될 수 있다. 그러므로 가구 등의 날카로운 모서리는 천을 대어주거나 플라스틱 끼우개를 씌워 어린아이가 다치지 않도록 해야 한다.

전기 콘센트에 어린아이가 손가락을 집어넣거나 아니면 젓가락이나 머리핀 따위를 꽂아서 놀다가 감전사고를 당할 수도 있으므로 덮개를 씌우거나 접착테이프를 붙여놓는다. 텔레비전 채널을 돌리다가 텔레비전이 넘어지면서 깔리는 수도 있으므로 항상 조심해야 한다. 화분대나 전화대처럼 좁고 긴 가구는 어린아이가 매달리거나 기어올라가 놀다가 넘어뜨려 다치기 쉬우므로 벽에 붙이거나 아예 쓰지 않는 게 좋다. 어린아이를 키우는 집에서는 될 수 있는 대로 가구를 벽 쪽으로 붙여놓고 아이가 놀 수 있는 공간을 조금이라도 넓게 쓰도록 하는 것이 좋다.

▌ 베란다와 현관

아파트 베란다는 밖이 보이기 때문에 어린아이들은 그곳에서 밖을 내다보기를 좋아한다. 그만큼 떨어질 위험도 크다고 볼 수 있으므로 베란다 창살을 촘촘하게 박고 상자나 의자, 책상, 화분 등 어린아이가 딛고 설 만한 물건은 미리 치워두어야 한다. 베란다에다 어린아이 놀이방을 꾸며주는 경우도 있는데, 이때는 더욱 아이의 안전에 신경을 써야 한다.

또한 현관 유리와 마루의 대형 유리창의 경우 어린아이가 아무 것도 없는 것으로 착각, 부딪쳐 넘어지면서 다치기도 하고 유리 파편으로 치명적인 부상을 입을 수 있다. 유리창에 그림을 붙여두면 아이가 유리를 인식하는 데 도움을 준다.

유모차 · 보행기

유모차에 태워둔 아이가 몸을 내밀거나 등을 젖히다가 넘어지는 경우가 있으므로 아이를 유모차에 태웠을 때에는 꼭 안전벨트를 매어주고 되도록이면 곁을 떠나지 않는 것이 좋다. 또 보행기를 타고 놀다 마루 밑으로 떨어지거나 현관 바닥으로 굴러 떨어지는 수도 있으므로 높낮이가 다른 집안의 경계에는 항상 장애물을 설치, 어린아이가 유모차나 보행기를 탄 채 굴러떨어지는 것을 방지해야 한다.

욕실 · 화장실

물기가 비누기와 섞여 늘 미끄러운 욕실은 어른들도 넘어지는 일이 빈번하다. 늘 콩콩거리며 뛰는 아이들인 경우는 더욱 그렇다. 게다가 대부분 바닥이 타일이라 뒤로 넘어질 경우 머리를 심하게 다칠 수 있으므로 타일 바닥에는 매트 등을 깔아 미끄럼을 방지해야 한다.

변기의 뚜껑도 반드시 덮어두어야 한다. 잘못 미끄러질 경우 아이의 얼굴이 사기로 된 변기통에 부딪쳐 다칠 수 있다. 또 아이가 물이 가득 담긴 욕조에 빠지는 수도 있으므로 사용 후에는 반드시 물을 빼놓는 것을 잊지 말아야 한다.

 천식 환자는 소시지 먹지 말아야

소시지에는 서퍼 다이옥사이드(sulphur dioxide)가 들어간다. 이것은 보존료의 역할을 하는데, 소시지를 신선하게 보이게 하고 분홍색을 유지하게 한다. 그러나 이 물질은 비록 기준치 이하가 들어 있다 해도 일부 사람들에게는 과민 반응을 일으킬 수 있는데, 특히 천식 환자들에게는 문제가 될 수 있다. 이들이 소시지를 먹었을 경우 호흡 곤란과 위장 장애를 일으킬 수 있다.

 체질과 음식

태양인 : 육식을 싫어하고 해산물을 잘 먹는 사람

태양인은 시원하고 담백한 음식을 좋아해서 야채를 많이 먹는다. 맵거나 짠 음식은 잘 안 먹으며, 술도 좋아하지 않는 편이다. 이런 태양인 체질은 기름진 육식과 술은 자제하는 대신 해산물과 해조류를 적극적으로 찾아서 먹는 게 좋다. 또한 평소 소변만 시원하게 나와도 건강하다는 의미이므로 배설에 문제없도록 주의해야 한다.

권장 식품

- **채소** : 고사리, 배추, 셀러리, 콩, 가지, 고구마, 김치, 녹두전, 미나리, 보리, 상추, 버섯, 오이, 시금치, 우엉조림, 콩나물, 표고버섯
- **생선 및 육류** : 굴, 김, 미역, 전복, 홍합, 가재, 게, 고등어, 꽁치, 낙지, 다시마, 도미, 문어 말린 것, 복어탕, 소라, 오징어, 장어구이, 홍어
- **과일** : 다래, 머루, 모과, 앵두, 유자, 키위, 포도, 감, 딸기, 멜론, 바나나, 배, 수박, 자두, 참외
- **기타** : 메밀국수, 팥죽
- **한약재** : 결명자차, 구기자차, 알로에, 영지버섯
- **음료** : 머루차, 모과차, 솔잎차, 녹차

피해야 할 식품

- **생선 및 육류** : 닭고기, 돼지고기, 보신탕, 쇠고기, 염소고기, 칠면조
- **음료** : 막걸리, 소주, 커피, 맥주, 코코아, 인삼차, 꿀차, 쌍화차

소양인 : 찬 음식을 좋아하는 사람

몸에 열이 많은 소양인은 데우거나 익히고 불의 힘을 이용한 음식과 약은 좋지 않다. 그러므로 미지근하고 차가운 성질의 음식과 시원하고 담백한 음식을 주로 먹고, 매운 음식이나 술처럼 몸을 덥게 하는 음식, 불을 이용해 조리한 음식은 몸에 열이 많기 때문에 피하는 것이 좋다. 또한 항상 몸을 시원하게 유지하도록 하며, 평소 대변이 시원하게 배설되면 어느 정도 건강하다는 의미이므로 변비가 생기지 않도록 주의해야 한다.

권장 식품

- **곡류** : 보리, 팥, 녹두
- **육류** : 돼지고기, 계란, 오리고기
- **해물** : 생굴, 해삼, 멍게, 전복, 새우, 게, 가재, 복어, 잉어, 자라, 가물치, 가자미
- **채소** : 배추, 오이, 상추, 우엉(뿌리), 호박, 가지, 당근, 상추, 강낭콩,

고구마, 배추, 버섯, 보리, 송이버섯, 옥수수, 콩나물
- **과일** : 수박, 참외, 자두, 바나나, 파인애플, 귤, 배, 딸기
- **한약재** : 구기자차, 두충차, 산딸기차, 녹차, 알로에, 영지버섯, 결명자차
- **기타** : 생맥주, 빙과

피해야 할 식품

닭고기, 염소고기, 조기, 고추, 생강, 파, 마늘, 후추, 겨자, 카레, 칡차, 호도, 은행, 잣, 율무, 꿀, 개고기, 인삼, 맵거나 자극성 있는 음식, 커피, 인삼차, 꿀차, 쌍화차 등

■ 태음인 : 맛을 밝히는 미식가

태음인은 호흡기는 약하지만 소화기 하나만큼은 튼튼해서 아무 음식이나 가리지 않고 잘 먹는다. 특히 라면, 국수 등 밀가루 음식을 굉장히 좋아하고 땀을 많이 흘리는 탓에 물도 많이 마신다. 술 역시 가리지 않는 편이라 애주가 중에는 태음인이 많다. 그러나 태음인 역시 피해야 할 음식이 있는데, 너무 차거나 너무 뜨거운 음식은 금물이며, 지나친 육식 섭취는 삼가고 다양한 채식을 하도록 한다.

권장 식품
- **곡류** : 밀, 콩, 율무, 수수, 땅콩, 들깨, 현미
- **과일** : 밤, 잣, 호두, 은행, 배, 살구, 자두, 포도, 앵두, 복숭아
- **생선 및 육류** : 갈치, 쇠고기, 참치, 해파리, 해삼, 메기매운탕, 추어탕, 멸치볶음
- **해물** : 명란, 우렁이, 뱀장어, 대구, 미역, 다시마, 김, 해조류, 대합, 꼬막
- **채소** : 김치, 당근, 더덕구이, 도라지무침, 무나물, 연근, 호박, 갓김치, 고구마, 도토리묵, 두부, 버섯, 부추, 양파, 파김치, 피망
- **차류** : 칡차(갈근차), 율무차, 들깨차, 녹차, 우유, 두유

피해야 할 식품
- **채소** : 가지, 녹두전, 시금치, 오이, 우엉, 콩, 토란, 팥
- **생선 및 육류** : 닭고기, 돼지고기, 가재, 게, 미역, 복어, 소라, 굴, 홍합
- **과일** : 감, 멜론, 바나나, 참외, 키위, 수박, 잣

소음인 : 한 번 탈이 난 음식은 잘 안 먹는다

소화기관이 좋지 않은 소음인은 소화가 잘 안 되거나 먹고 탈이 났던 음식은 가려서 먹는 편이다. 아이스크림, 얼음, 생야채, 보리밥, 돼지고기, 냉우유같이 뱃속에 들어가자마자 썰렁한 기운이 느껴지는 찬 음식을 먹으면 바로 설사하는 경우가 많고, 술 역시 차가운 맥주보다는 열이 많은 소주나 막걸리, 양주가 맞는다.

이런 소음인들은 차갑거나 성질이 냉한 음식은 피하고 소화가 잘 되고 따뜻한 음식, 날것보다는 볶거나 찌고 굽거나 익힌 음식이 좋으며, 차가운 것은 데워서 먹어야 한다. 특히 평소에도 몸을 따뜻하게 유지해야 하는데, 건강이 좋지 않을 때나 한약을 복용 중일 때는 돼지고기, 녹두, 밀가루 음식, 풋과일 등은 절대 금물이다.

권장 식품

- **채소** : 갓김치, 도토리묵, 마늘장아찌, 부추, 쑥갓, 양파, 파김치, 피망, 김치, 당근, 무나물
- **곡류** : 찹쌀, 차조, 감자, 콩, 두부, 땅콩, 검은깨, 참깨
- **생선 및 육류** : 닭고기, 멸치볶음, 추어탕, 조기, 갈치, 참치 대구찌개, 메기매운탕, 메추리알, 명태
- **과일** : 귤, 달래, 해바라기씨, 레몬, 복숭아, 살구, 호도
- **음료** : 코코아
- **한약재** : 계피차, 꿀, 생강차, 쑥차, 인삼차, 꿀차, 쌍화차, 더덕차, 귤차
- **조미료** : 고추, 후추

피해야 할 식품

- **생선 및 육류** : 가재, 게, 굴, 꽁치, 낙지, 다시마, 달팽이요리, 돼지고기, 복어탕, 오징어, 장어구이, 고등어, 전복, 홍합, 홍어회
- **과일** : 감, 딸기, 멜론, 바나나, 수박, 참외, 자두, 배, 은행, 잣, 키위, 포도
- **음료** : 맥주, 녹차, 우유
- **한약재** : 결명자, 구기자, 알로에, 영지버섯
- **기타** : 메밀국수, 밀가루부침, 빵, 생수, 냉면, 빙과류, 라면

 체형에 따른 헤어스타일

키가 크고 마른 체형 - 이 체형은 웨이브가 있는 롱 헤어스타일이 가장 잘 어울린다. 생머리의 단발머리도 잘 어울린다. 쇼트 헤어는 몸을 더욱 마르고 길게 보이게 하므로 피하는 것이 좋다.

키가 크고 뚱뚱한 체형 - 이 체형은 자칫하면 체격이 더욱 커 보일 수 있으므로 조심해야 한다. 가장 잘 어울리는 스타일은 단발머리형이며, 머리색 또한 차분한 스타일의 색이 좋다.

키가 작고 마른 체형 - 전체적으로 깜찍하고 귀여운 이미지를 가졌으므로 긴 머리, 짧은 머리, 단발머리 모두 그 나름대로의 분위기가 있어 잘 어울린다.

키가 작고 뚱뚱한 체형 - 전체적으로 날씬하게 보이는 것이 중요하며, 대체로 짧은 머리형이 좋은데 단발에 웨이브를 주는 스타일은 층을 내어 가벼워 보이도록 한다. 깔끔한 보브 스타일이 잘 어울린다.

 추석 성묘 길에 조심해야 할 질병

한가위 명절에는 조상의 묘를 찾아 성묘를 한다. 그러나 잘못하면 병에 걸릴 수도 있으므로 각별히 조심해야 한다.

추석 성묘 길에 조심해야 할 3대 질병은 급성 열병인 유행성출혈열, 쓰쓰가무시병, 렙토스피라 등이다.

유행성출혈열의 원인균은 들쥐 등 야생동물의 배설물에 들어 있으며, 대부분 호흡기를 통해 감염되고 초기에는 머리가 아프고 열이 나는 등 감기와 비슷한 증세를 보인다. 성묘를 위해 산에 가더라도 가급적 풀밭이나 잔디에 앉거나 눕지 말고 반드시 돗자리를 이용해야 한다. 유행성출혈열의 잠복기는 2~3주, 초기 증상은 발열 · 오한 · 두통 등 감기와 비슷하다.

쓰쓰가무시병 역시 들쥐의 몸에 기생하는 털진드기의 유충이 사람을 물면 감염되는 전염병으로, 풀밭을 거닐 때 이 유충에 물리지 않도록 조심해야 한다. 감염되면 10일 정도의 잠복기를 거쳐 두통 · 오한 · 근육통이 나타난다. 소매가 긴 옷을 입고 장갑을 끼면 안전하다.

렙토스피라 병은 집쥐·여우·족제비·개 등의 소변을 통해 외부로 나온 균이 사람의 상처를 통하여 인체에 들어와 감염된다. 초기 증상은 유행성 출열혈과 비슷하다. 산에 오를 때에는 손발 등에 상처가 생기지 않도록 장갑, 소매가 긴 옷을 착용한다. 산 속, 들판에 고여 있는 물을 마시거나 손발을 담그는 일은 피해야 한다.

 초조 · 불안에는 토마토를

특별한 이유도 없는데 괜히 초조와 불안 등의 신경 증에 시달리는 것은 비타민 A가 부족하기 때문이다. 비타민 A가 부족하면 혈액순환이 나빠져서 신경의 작용이 둔해지기 때문에 그런 증상이 생긴다. 비타민 A가 많이 포함되어 있는 식품은 빨갛게 잘 익은 토마토이다. 토마토 주스를 하루에 200cc씩 매일 마시면 효과적이다.

 출혈이 심할 때

피를 많이 흘리면 무력감이 오고 곧 혈압의 저하, 의식 장애가 온다. 이후 쇼크가 오고 사망하게 된다. 사람 몸무게의 30%(1500cc 정도) 정도의 피를 흘리면 생명을 잃게 되므로 출혈은 지압으로 꼭 막아줘야 한다.

먼저 상처를 심장보다 높게 하고, 상처보다 심장에 가까운 지혈점을 찾아 누르는 것이 효과적이다. 직접 압박 지혈시에는 소독 거즈나 깨끗한 수건으로 상처를 덮고 손바닥으로 지혈시킨다. 상처 부위에 칼·철사·유리 등 이물이 삽입된 경우에는 이물을 제거하지 말고 이물 주위를 손바닥으로 누르면서 구급차를 기다린다. 지혈대를 사용할 때에는 사용한 일시·장소 등을 기록한 꼬리표를 달아 후송 후 의료진이 상황을 파악할 수 있도록 해야 한다.

 치약으로 손톱 화장을

손톱 화장을 할 때 손톱을 다듬은 다음 손톱용 솔에다 치약을 묻혀서 손톱이 자라나는 방향으로 닦는다. 이때 물은 필요 없으며 닦고 난 다음에는 깨끗이 훔쳐내고 크림을 바르도록 한다. 이렇게 하면 손톱이 깨끗해지고 광택이 난다.

칫솔 선택 요령

건강한 치아 관리를 위해서는 칫솔을 잘 선택하는 것이 중요하다. 식모부(솔이 심어져 있는 부분)가 큰 칫솔은 양치질의 효과가 적다. 식모부 길이는 치아 2개 반을 덮을 정도, 폭은 어금니의 앞뒤 쪽과 같은 것이 좋다. 잇몸이 건강하고 치열이 고른 사람은 식모의 배열이 직사각형에 가까우면서 칫솔질 면이 평면인 제품이 좋고, 치석이 잘 끼거나 양치질 시간이 짧은 사람은 약간 빳빳한 모가 좋다.

커피 마시며 피부 탱탱하게 유지하는 법

이런 저런 이유로, 또는 습관적으로 하루에 커피를 몇 잔씩 마시는 사람이 많다. 커피의 카페인은 위산 분비를 촉진해 위벽을 손상케 하고 피부를 거칠게 하며, 오줌소태를 유발한다고 알려져 있다.

커피를 마실 때 치즈 한 조각을 곁들이면 위벽을 보호하고 비타민 A가 피부를 팽팽하게 유지해 준다. 문제는 치즈 한 장의 열량이 설탕 한 숟갈보다 3~4배나 된다는 것. 블랙커피로 바꾼 뒤 치즈 한 장을 곁들이는 게 좋다.

콤플렉스 커버 헤어스타일

이마 : 좁은 이마의 경우 이마를 전부 내보이는 스타일은 피하고 옆 가르마를 이용해 이마를 살짝 내보이는 스타일이 좋다. 앞머리로 이마를 가리더라도 약간 볼륨을 주어 답답해 보이지 않게 해야 한다.

넓은 이마의 경우 좁은 이마와 마찬가지로 이마를 전부 보여 주지 않고 살짝살짝 보이도록 해야 한다.

목 : 목이 짧은 사람은 짧은 커트나 올림머리를 하는 것이 좋고, 턱선에 맞춘 단발머리 형태나 무거워 보이는 컬이 있는 헤어는 피해야 한다. 긴 목을 가진 사람은 되도록 머리를 길러 머리와 어깨선이 이어지도록 목덜미에 부드러운 컬을 주는 것도 좋다.

눈 : 눈의 크기는 어느 정도 메이크업으로 커버할 수 있다. 눈 사이가 넓은 사람은 머리의 흐름을 얼굴 쪽으로 모아주는 것이 좋으며, 눈 사이가 좁은 사람은 답답해 보이지 않게 얼굴을 드러내어 다른 부분에 웨이브를 주어 눈길을 그쪽으로 유도하는 것이 좋다.

귀 : 귀는 대부분 그 사람의 얼굴에 맞도록 되어 있으나 얼굴이 작은 사람이 유난히 귀가 커서 보기 싫다면 헤어스타일로 가려주도록 한다. 그러나 무턱대고 다 덮어주는 것보다는 살짝살짝 가려주는 것이 더 좋으므로 항상 귀 부분을 유의하여 스타일을 만들도록 한다.

턱 : 턱은 얼굴의 인상을 만드는 데 중요하므로 부드러운 인상을 줄 수 있도록 해야 한다. 그러나 턱이 뾰족하거나 튀어나왔다고 해서 턱을 전부 다 가릴 수는 없으므로, 층을 낸 레이어 스타일로 부분적으로 가리거나 아니면 턱을 깔끔하게 드러내면서 머리 위쪽에 웨이브를 형성하든가 볼륨을 주어 시선을 다른 쪽으로 유도하도록 한다.

코 : 코가 너무 높다면 앞머리를 내리면서 컬을 주어 볼륨을 만들어 코의 높이가 일시적으로 보이지 않도록 유도한다. 코가 너무 낮은 사람은 되도록 얼굴을 드러내는 것이 좋다.

코 막힘에는 쑥을

코감기에 걸리면 코가 막히는 것이 무엇보다 괴로운 일이다. 이럴 경우 쑥을 가볍게 비벼서 콧구멍에 잠깐 끼우면 거짓말같이 막혔던 코가 탁 트인다. 특히 아이들이 감기에 걸려 코가 막히면 호흡곤란까지 일으키는 수가 있으므로 이 방법을 사용하면 아주 좋을 것이다.

코에 생긴 피지 없애기

코에 생긴 피지는 비누로 씻어도 잘 없어지지 않는다. 이럴 땐 소금과 콜드 크림을 섞어서 살살 문질러 주면 잘 없어진다.

코피가 자주 날 때는

코피를 자주 흘리는 이유는 콧속 앞쪽 점막이 헐거나 부어서 그 부근 모세혈관이 약해져서 터지게 되는 전비성 비출혈인 경우가 많다. 대개 코감기 후, 알레르기성 비염이나 만성비염이 있고 콧속에 딱지가 잘 생기는 아이들한테서 잘 나타난다.

코피가 날 때는 콧속 앞쪽에 약솜을 대추알 크기 정도로 뭉쳐서 막고 고개를 약간 숙인 채로 10분간 코를 꼭 잡고 있으면 지혈이 되며, 아이를 안정시킨 후 이마나 코에 찬물이나 얼음찜질을 하는 것도 좋다. 이때 고개를 뒤로 젖혀서 피를 삼키게 하는 것은 좋지 않다. 콧속에 생긴 딱지를 떼지 못하게 해야 아물고 재발되지 않으며, 만약 계속 심하게 피가 난다면 이비인후과에서 치료를 받도록 한다.

파마보다 염색을 먼저

파마는 염색 일주일 전에 하는 것이 좋다. 염색한 후 바로 파마를 하면 염색된 색상이 빠질 수 있다.

편도선염에는 아이스크림을

편도선염에 걸리면 고열과 함께 목이 붓고 음식물을 넘기는 것도 힘들어진다. 이때는 우선 안정을 취하고 자극성이 없는 유동의 식사를 하면서 목둘레를 찬 물수건으로 찜질하는 것이 좋다. 부드러운 아이스크림을 먹는 것도 효과적인 방법이다. 아이스크림의 차가운 기운이 목 안의 열을 떨어뜨려 주고 편도의 염증을 방지해 주기 때문이다.

편두통 심할 때는 벌꿀을

편두통이 심할 때 벌꿀을 한 숟갈 먹으면 효과가 있다. 또 아픈 쪽 콧구멍에 무즙을 조금 넣은 다음, 신선한 콩비지를 따뜻하게 데워 헝겊으로 싸서 아픈 쪽 머리에다 대고 있으면 얼마 안 있어 통증이 멈춘다.

평소 주의해야 할 신체의 이상 증세 8가지

미열이 계속된다

열은 몸 안의 이상을 알리는 경계경보로써 대단히 중요한 증상 중의 하나이다. 열이 나는 가장 큰 원인은 세균·바이러스 등 병원체의 침입으로 몸의 세포에 이상이 생긴 경우이며, 흔치는 않지만 뇌 자체에 종양이 생긴다든지 외상을 입든지 해서 체온을 관리하는 중추가 고장난 신경성 발열도 있다. 또 설사·열사병 등으로 탈수가 되어 신진대사가 잘 되지 않는 경우, 호르몬 이상으로 체온조절 중추가 제대로 움직이지 않는 경우에도 열이 난다. 하지만 미열이 계속되더라도 며칠 동안 체온을 재봐서 열의 오르내림이 심하지 않고, 오전과 오후의 차가 0.5℃ 이내이며, 열 이외의 다른 이상이 없으면 걱정하지 않아도 된다. 단, 몸이 나른하다든가 기침이 나오거나 가래가 끼는 등의 다른 증상이 따르는 경우엔 반드시 의사의 진찰을 받도록 한다.

붓는다

눈꺼풀이 퉁퉁 부은 듯한 느낌이 든다든가 저녁이 되면 신발이 뻑뻑해지는 현상이 나타날 경우 부종을 의심해 봐야 한다. 부종이 나타나는 병으로는 신장병, 심장병, 간장병, 내분비의 이상, 영양실조, 끝으로 원인을 찾을 수 없는 특발성 부종이라고 부르는 것도 있다. 부종이 생겼을 때엔 물론 각기 원인이 되는 질환에 따라서 치료해야 하지만, 제일 중요한 것은 나트륨의 섭취를 줄이는 일이다. 즉 간장, 소금, 된장국, 김치 등의 섭취를 삼가야 한다. 또 어느 정도 안정돼 있을 때는 그다지 줄이지 않아도 좋지만 체중이 불어나고 있을 때엔 수분의 섭취량이 그 전날의 소변량을 넘지 않을 정도로 억제한다.

나른하다

운동이나 과로에 의한 증상이 아니라 온몸이 전체적으로 왠지 모르게 나른한 경우, 일단 빈혈을 의심해 봐야 한다. 또 가벼운 운동이나 일을 해도 단박에 가슴이 쿵쿵 뛰고 숨이 차는 경우, 전엔 2층에 오르는 것이 아무렇지도 않았는데 어느 날 무척 가슴이 뛰는 경우도 빈혈의 주요 증상이다.

또 쉽게 지치거나 나른한 경우, 당뇨병을 의심해 볼 필요가 있다. 아주 가벼운 당뇨병은 자각증상이 없으나 전형적인 당뇨병으로서 혈당치가 대단히 높아진 경우엔 쉽게 지치고 나른하며, 갈증이 나고 그 때문에 줄곧 물을 마시게 된다.

빈혈이나 당뇨병도 아닌데 피로와 나른함이 계속될 때엔 신장염이 아닌지 살펴본다. 감기가 다 나았는데도 웬일인지 쉽게 피로해지고, 별로 일을 많이 히거니 밤 늦게까지 공부하는 것도 아닌데 피곤한 경우, 피부에 부스럼이 생겨서 좀처럼 낫지 않는 사람이 몹시 나른해졌을 때도 신장염을 의심해 볼 필요가 있다.

머리가 아프다

두통은 복통과 함께 흔히 나타나는 증상인데 급성두통과 만성두통이 있다. 비교적 급작스레 일어나는 급성두통은 바탕이 되는 병이 있어서 두통이 하나의 증상으로 나타나는 것이며, 만성두통은 두통 그 자체가 하나의 주된 증상으로 오랜 시일에 걸쳐 환자를 괴롭힌다. 급성두통은 뇌출혈 등 치명적인 질환이 원인일 수 있으므로 가능한 빨리 병원을 찾도록 한다.

오랜 세월에 걸쳐 일어나는 만성두통엔 지속적으로 머리가 아픈 근육수축성 두통과 발작적이면서도 반복적인 편두통이 있다. 만성일지라도 두통은 진통제가 잘 듣지 않는 통증이므로 시판되는 약을 습관적으로 사먹지 말고 전문의의 진찰을 받는 것이 필요하다.

저리다

팔다리가 저리거나 혹은 온몸이 저린 증상은 뇌에서 시작해서 척수, 말초신경, 말초순환 등 4가지가 원인이 되어 나타난다. 뇌가 원인인 경우는 주로 오른쪽이든 왼쪽이든간에 몸의 한편이 저린다. 척수 장애가 원인일 때엔 좌우대칭으로 저리기 쉽다는 것이 특징으로, 좌우의 손이나 발, 허리

아래 전부, 목 아래 전부가 좌우대칭으로 저리다. 말초신경에 원인이 있는 경우는 부분적으로, 이를테면 한쪽 팔만이라든가 또 팔 전체가 아니고 안쪽만, 혹은 바깥쪽만 하는 식으로 저린 것이 특징이다. 말초순환 장애에 의해 저린 경우가 있다. 이때엔 아침에 세수를 하려고 냉수에 손을 넣으면 손가락 끝이 새파랗게 질리면서 저려오는 등의 증상이 나타나는데, 이것은 말초혈관의 수축 확장 기능에 이상이 생긴 탓이다. 이외에 고혈압, 당뇨병 중증, 신장병 환자에게도 저린 증상이 나타나기도 한다.

📌 어지럽다

주위가 빙글빙글 도는 것 같거나 일어설 때, 갑자기 몸이 비틀거리는 현기증은 여러 가지 원인이 있지만 먼저 귀나 눈에 이상이 없는지 확인해 볼 필요가 있다. 중이염이나 청신경의 종양 등 귀에 이상이 있어도 현기증이 난다. 그러나 현기증과 함께 손발이 저리거나 마비되고 시력이 급격히 떨어지는 증상이 동반될 때엔 뇌의 이상을 의심해 봐야 한다. 이외에도 고혈압, 혈당치 저하, 갱년기 장애 등에 따라 현기증이 생기기도 하고, 누워 있으면 아무렇지도 않은데 일어서면 현기증이 나는 기립성 저혈압도 원인이 된다.

📌 코피가 난다

코의 점막이 약해서 코피가 잘 나는 사람이 있는데, 이런 경우 크게 걱정하지 않아도 된다. 문제는 특별한 질병이 있어서 그 증상으로 코피가 나는 경우이다. 먼저 순환기 질환, 특히 고혈압·동맥경화 혹은 신장의 질환이 있는 경우, 오슬러병(적혈구 증가증)이라는 유전성 혈관 이상에 의해 출혈을 일으키는 경우도 있으며, 간경변처럼 간장이 나쁜 사람도 코피가 난다. 그리고 혈액의 병이 원인인 경우도 있는데, 이것은 어린이에게 많이 나타난다. 이때엔 전신 상태가 좋지 않고 살갗에도 보라색 반점이 나타나거나 몸에서 피가 나기도 하므로 단순한 코피가 아니라는 것을 알 수 있다.

📌 가래가 끓는다

가래 색깔, 상태를 잘 살펴보면 원인이 되는 질병을 추정할 수 있다. 물 같은 가래는 보통 감기나 일반 기관지염에 걸렸을 때, 끈적끈적한 가래는 천식에 걸렸을 때 나타난다. 그리고 걸쭉한 것은 세균감염이 겹쳐 있는 경우에 나타나며, 피가 섞인 가래는 기관지 확장증이 가장 많고, 그 다음은 폐렴, 폐암, 폐결핵이 원인이 되어 나타난다. 따라서 가래가 들끓는 사람은 가래의 색깔과 상태를 유심히 살펴보고 전문의의 진찰을 받아 보는 것이 좋다.

표고버섯으로 피부에 윤기를

표고버섯은 눈가의 잔주름이나 기미, 거칠어진 피부에 효과가 있으며, 누렇게 들뜬 얼굴을 발그스름하게 만들어 주기도 한다. 요리를 해 먹어도 좋지만 좀더 효과적으로 먹으려면 가루를 내어 먹어 보자. 먼저 진하게 탄 꿀물에 표고버섯을 3~4일 푹 담가 탱탱하게 부풀면 잘 말린 후 프라이팬에 굽는다. 그런 다음 가루를 내어 1일 3회 공복에 4~6g씩 온수로 복용한다.

또한 우엉과 율무는 노폐물 배설을 도와 피부를 깨끗하게 해준다. 우엉을 껍질째 씻은 다음 겉껍질만 얇게 빗겨내고 물에 담가 우려낸다. 그리고 미리 물에 불려둔 율무와 함께 죽을 쑤어 자주 먹도록 한다.

피를 맑게 하는 음식

피는 맑을수록 건강에 좋다. 동맥경화증 같은 순환기 질환들은 주로 피가 깨끗하지 못해 생기는 병이다. 따라서 평상시 피를 맑게 하는 음식들을 계속 섭취한다면 중풍 같은 순환기 질환들을 예방하는 데 도움이 된다. 식균작용을 하는 백혈구의 힘도 증강시켜 감기, 간염, 폐결핵 등 바이러스나 세균에 의해 생기는 질환도 쉽게 물리칠 수가 있다.

피를 맑게 하는 대표적인 음식은 쑥과 미역이며, 양파, 마늘, 목이버섯, 다시마, 김, 우엉, 부추, 시금치도 피를 정갈하게 해준다.

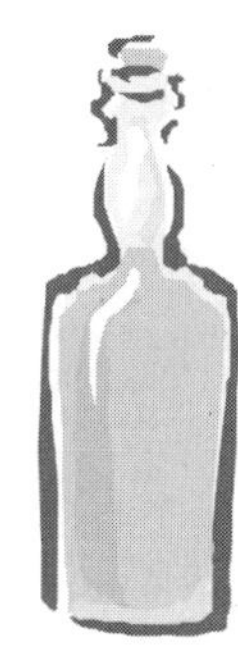

피부 거칠 땐 세수 헹굼물에 식초를

사용하고 있는 비누가 피부에 맞지 않아 피부가 거칠거칠해질 경우 헹굼물에 식초를 서너 방울 넣어 씻어 보자. 비누의 알칼리성이 중화되어 피부가 거칠어지는 것을 막을 수 있다. 이 방법을 사용하면 지금 쓰고 있는 비누를 버리고 다른 비누를 살 필요가 없다.

피부미용에 좋은 녹차식초우유

식초뿐 아니라 녹차, 우유도 피부미용에 좋다. 먼저 우유 한 잔에 현미식초를 3~4티스푼 섞는다. 그러면 요구르트처럼 걸쭉해진다. 그런 다음 녹차를 가루내어 식초우유에 1티스푼을 넣고 마신다.

이 녹차식초우유는 기미와 주근깨는 물론 저승꽃이라 불리는 검버섯도 깨끗이 없앤다. 또한 피부미용의 적이라고 할 수 있는 변비를 개선하여 배변을 원활하게 한다. 녹차가루는 비타민 C와 비타민 E를 풍부하게 공급해 거친 피부를 부드럽게 한다.

피부 · 미용 상식의 허와 실

■ 선탠은 피부와 건강에 좋다?

그렇지 않다.

단적으로 자외선은 피부의 적이다. 피부노화와 피부암을 일으키는 가장 큰 원인이기 때문이다. 따라서 외출시에는 모자를 쓰거나 자외선 차단제를 바르는 게 안전하다. 자외선 차단제는 외출하기 30분 전에 발라야 하며, 3시간마다 덧바르는 것이 좋다.

■ 여름에는 화장품을 냉장고에 보관하는 것이 좋다?

그렇지 않다.

대부분의 화장품은 실온(15~25℃)에 적합하도록 제조되어 있다. 그러므로 로션, 크림과 같은 유화제품을 냉장고에 보관하면 묽어지거나 굳어지는 등 변질되기 쉽다. 다만 젤 타입의 제품은 냉장고에 넣었다가 사용하면 청량감이 더해져서 화끈거리는 피부에 찜질효과를 더할 수 있다.

■ 세안 후에 얼굴에 각질이 일어나고 당기면 지성피부다?

그렇다.

세안 후에 각질이 생기고 얼굴이 당기면 건성피부로 생각하는 경우가 많지만 실은 대부분의 경우 지성피부에 속한다. 이런 각질은 노인이나 목욕을 자주 하는 사람이 특히 겨울철에 정강이에 하얗게 일어나는 건성 각질과는 구분해서 생각해야 한다. 지성피부의 각질은 피지선에서 왕성하게 분비되는 피지로 번들거리던 피부가 비누 세안 후에 피지와 수분이 제거되면서 각질이 생기고 당기는 느낌을 주는 것이다.

머리를 자주 감으면 머리가 많이 빠지고 두피에도 해롭다?

그렇지 않다.

머리를 감거나 빗질을 하다가 빠지는 머리는 휴지기의 머리로 시간이 지나면 다시 새 머리가 자라난다. 새치나 흰머리를 아무리 뽑아도 다시 나는 것과 같은 이치다. 따라서 하루나 이틀에 한 번씩은 머리를 감는 것이 좋다.

뜨거운 물로 씻어야 피부가 개운하다?

그렇지 않다.

뜨거운 물, 사우나 등은 피로회복에는 효과가 있지만 피부에는 별로 좋지 않다. 또 물 온도가 너무 차가우면 세안제나 더러움이 제대로 씻기지 않고 반대로 너무 뜨거우면 피부의 피지성분을 빼앗아 피부가 건조해진다. 따라서 미지근한 정도가 적당하다.

클렌징은 많이 하면 할수록 좋다?

그렇지 않다.

클렌징은 피부의 노폐물을 없애는 과정인데, 이 과정에서 피부에 꼭 필요한 수분까지 빼앗는 경우가 허다하다. 그렇기 때문에 필요 이상의 클렌징은 피부를 건조하게 만들고 예민하게 만들 수 있다. 클렌징은 이중 세안 정도면 충분하다.

피부병에는 생선, 돼지고기, 닭고기는 피해야 한다?

그렇지 않다.

이는 민간요법에서 나온 속설로 전혀 근거가 없다. 알레르기 환자에게도 생선, 돼지고기, 닭고기에 대한 반응검사를 해보면 극소수만이 반응할 뿐이다. 따라서 음식과 피부질환과는 아무런 상관이 없다.

비타민 C를 먹으면 주근깨가 없어진다?

그렇지 않다.

주근깨는 유전되는 것이다. 그렇기 때문에 비타민 C를 아무리 많이 먹는다 해도 주근깨가 없어지지는 않는다.

▪ 기름기가 많은 음식을 먹으면 여드름이 심해진다?

그렇지 않다.

피부의 피지분비와 기름진 음식과는 아무런 상관이 없다. 고기 등 기름진 음식을 많이 먹으면 피하지방층에 지방이 쌓여 살이 찔 수는 있어도 여드름과는 무관하다.

▪ 스트레스가 심하면 여드름이 생긴다?

그렇다.

스트레스를 받으면 부신피질 호르몬 등의 스트레스 호르몬이 분비되어 피지의 분비를 증가시키고 여드름을 악화시킨다. 스트레스는 그밖에도 위장 장애, 변비, 생리불순 등 많은 질환의 원인이 될 수 있으므로 그때그때 해소하는 것이 좋다.

▪ 여드름은 사춘기에만 생긴다?

그렇지 않다.

여드름은 10대 사춘기에 많이 발생하여 20세 중반부터 쇠퇴하는 것이 일반적이지만 20~30대에 나타나거나 중년까지 지속되는 경우도 적지 않다.

그 밖에도 여드름은 나이에 상관없이 나타나는데, 월경 전에 프로게스테론이라는 여성 호르몬 때문에 여드름이 나타나기도 하고, 약물·화장품·호르몬제 연고 등의 부작용으로 스테로이드성 여드름이 나타날 수 있다.

▪ 화장이 여드름에 해롭다?

그렇다.

기름기나 여드름을 가리기 위해 두꺼운 화장을 하는 경우 모공을 막기 때문에 오히려 여드름을 악화시키게 된다. 메이크업을 하는 경우는 철저한 클렌징으로 모공 속의 불순물까지 깨끗이 없애야 한다.

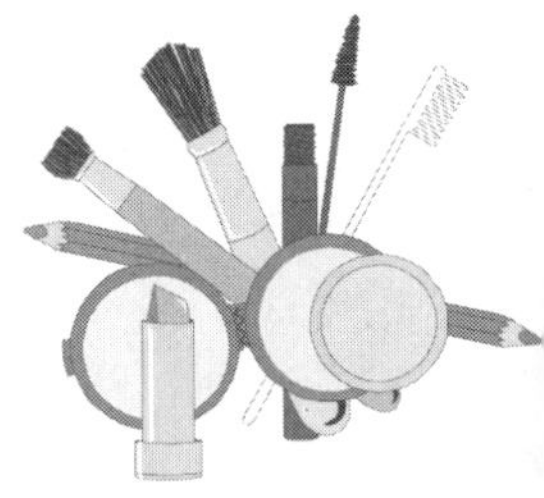

▪ 여드름은 바로바로 짜내야 한다?

그렇지 않다.

여드름을 손으로 억지로 짜는 경우 염증이 피부 깊이 번지거나 또 다른 세균감염을 일으켜 영구적인 흉터를 남길 수 있다. 여드름을 전문적으로 치료하지 않을 바에는 차라리 자연 그대로 두는 것이 가장 좋다.

 샴푸는 독하기 때문에 머리를 비누로 감는 것이 좋다?

그렇지 않다.

일반 비누는 알칼리성으로 세정력과 탈지력이 강해서 머리카락이 거칠어지기 쉽다. 하지만 샴푸에는 약산성물질, 보습성분, 지방산 등의 성분이 함유되어 모발의 타입별로 알맞은 샴푸를 사용하면 윤기 있고 부드러운 모발을 유지할 수 있다. 하지만 어느 경우든 먼저 손으로 잘 풀어 머리를 감고 충분히 물로 헹구는 것이 중요하다.

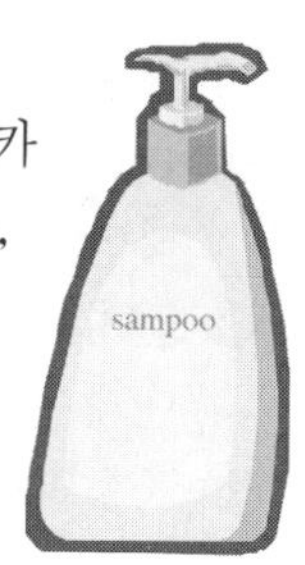

 머리는 자주 삭발할수록 많이 난다?

그렇지 않다.

어린아이에게 머리숱이 많아지라고 삭발을 해주는 경우가 있다. 그러나 이는 과거 어렵던 시절에 손쉬운 두발 관리와 기생충 예방을 위해 하던 관습일 뿐이다. 머리를 자주 삭발할수록 많이 난다는 말은 사실 무근이다.

한가위에 토란국을 먹는 이유

토란은 알칼리성 식품이며 소화를 돕고 변비를 치료, 예방해 주는 완화제이며 뱃속의 열을 내려준다. 예로부터 송편, 고기 등을 과식해서 배탈이 나기 쉬운 한가위에 토란국을 끓여 먹는 것은 이러한 이유 때문이다. 토란은 물론 영양 면에서도 매우 좋은 식품이다. 토란을 소금물에 살짝 삶은 다음 요리를 하면 독성도 없어지고 끈끈한 것도 줄어든다. 토란껍질을 벗길 때 손이 가려운 경우는 소금물로 씻으면 쉽게 낫는다.

햇빛에 그을린 피부는 다시마로

햇빛에 그을린 피부에는 다시마 팩이 좋다. 다시마를 물에 불려 물과 함께 믹서에 넣고 잘 간 다음 끈적끈적해지면 얼굴에 가제를 얹어 바르고 20

분 후 씻어내면 얼굴이 한결 부드럽고 좋다.

향수 재활용법

잘 안 쓰는 향수를 알뜰하게 사용하는 법.

① 머리 감을 때 마지막 헹구는 물에 한두 방울 향수를 첨가
하면 하루 종일 은은한 향이 풍겨 나와서 좋다.
② 편지지가 든 서랍 속에 넣어두면 편지를 받는 사람
에게 향이 전달된다.
③ 옷장이나 속옷 서랍에도 넣어두어도 좋다.

허리 건강 10계명

① 서 있거나 걸을 땐 가슴과 머리, 목을 편다. 신체검사 때의 키재기 자
세로 서 있거나 걷는다.
② 앉을 때 허리를 의자의 등받이에 붙인다. 등받이는 바닥과 90℃가 되
거나 약간 뒤로 젖혀지도록 한다. 앉았을 때 발이 바닥에 닿지 않을
정도로 의자가 높으면 허리에 좋지 않다. 의자의 손잡이에 양손을 올
려놓은 다음 팔을 쭉 펴는 방법으로 허리를 펴주면 허리 건강에 좋다.
③ 운전 때 운전석을 충분히 앞으로 끌어당겨 무릎을 굽히도록 한다. 장
거리 운전 때엔 1시간마다 차를 세우고 쉰다.
④ 누워서 잘 때 무릎 밑에 베개나 쿠션을 받친다. 옆으로 잘 때는 무릎
과 무릎 사이에 푹신한 베개를 끼워넣는다. 될수록 큰 침대에서 혼자
자는 것이 가장 좋다. 푹신한 침대에서 높은 베개를 베고 자는 것은
허리엔 독약이다.
⑤ 허리를 좌우로 비틀며 두두둑 소리를 내는 행동을 하지 않는다.
⑥ 선 채 허리만 숙여 아기나 물건을 들지 않는
다. 반드시 척추가 직각이 되도록 앉은 다음
아기나 물건을 든다.
⑦ 두꺼운 지갑을 뒷주머니에 넣고 오래 앉
아 있지 않는다.
⑧ 높은 곳에 있는 물건을 내릴 때엔 발받

침대를 사용해서 내린다. 발뒤꿈치를 들고 팔을 펴서 내리지 않는다.
⑨ 베개나 쿠션을 등 윗부분이나 목에 대고 TV나 책을 보지 않는다.
⑩ 딱딱하고 발에 맞지 않는 신발, 굽이 높은 신발을 신지 않는다.

헤어 스프레이 및 무스를 알뜰하게 사용하려면

에어로졸 제품의 경우 가스층과 액체층이 분리되어 있어 사용시 반드시 흔들어서 가스와 액체를 섞어 사용해야 분사가 잘 된다. 무스는 충분히 흔든 다음 90° 각도로 거꾸로 세워 사용하지 않으면 위층에 분포되어 있던 가스가 먼저 분사되어 밑에 있는 액체만 남게 되므로 거품을 형성하지 못하게 된다. 스프레이와 무스를 사용하고 나면 반드시 뚜껑을 닫아두도록 한다.

헤어 스프레이를 사용하다 보면 노즐 구멍이 막히는 경우가 있다. 이때는 노즐 구멍 부분에 굳어 있는 물질을 제거하여 사용하거나, 버튼을 분리하여 따뜻한 물에 담가두면 구멍을 막고 있는 물질이 녹아 재사용할 수 있다.

혀와 건강

건강한 사람의 혀는 아름다운 핑크색이든가 어렴풋이 흰색이 섞인 핑크색을 하고 있다. 그런데 소화기 계통의 상태가 좋지 않을 경우 이 색에 변화가 나타나게 된다. 예를 들면 아침에 이를 닦기 전에 거울로 혀를 보면 갈색의 이끼 같은 것이 붙어 있는 경우가 있다. 이것은 위의 상태가 나쁜 것을 나타내는 신호로서, 가장 가능성이 높은 것이 위염이다. 또한 변비나 감기 등으로 열이 있다든가 하는 경우에도 연한 갈색의 설태가 많아진다. 그러나 설태의 색이 암갈색으로 나타날 경우에는 위염의 증세가 꽤 심해진 상태이므로 빨리 치료해야 한다.

혀 표면의 연한 핑크색 사이에 지도 모양의 흰 것이 점점이 뒤섞여 있는 경우도 있다. 이것은 소화불량일 경우가 대부분이지만, 흰색의 반점이 많이 나타날 때에는 극히 드물게 암으로 진행하는 경우도 있으므로 피부과에 가서 검사를 받아야 한다.

심하게 붉어져 있다면 빈혈을 의심해야 한다. 이 밖에 비타민 B_1의 결핍,

만성간염, 위장 장애 등도 같은 증상을 나타낼 수 있다.

혀의 뒤쪽에는 정맥이 지나가고 있다. 만약 이 정맥이 울퉁불퉁 부풀어 있다면 우심부전을 의심해 볼 필요가 있다. 어떤 이유로 심장기능이 약해져 있을 경우 혈액을 몸 구석구석에 보내든가 또 반대로 받아들이는 작업이 자주 막히게 된다. 그러면 몸 여기저기에서 정맥의 압력이 높아지고 혈관이 부풀어오르는 것이다. 노인이 만약 부종이 나타나는 것 같다든가 갑자기 속이 답답하다고 할 때에는 혀 뒤쪽을 체크해 보고, 정맥이 부풀어 있으면 병원에서 검사를 받도록 하는 것이 좋다.

화상을 입었을 때는

의복에 불이 붙은 경우에는 불을 끈 후 불씨를 완전히 제거한다. 이때 피부와 직접 닿는 셔츠·바지·양말 등은 벗기지 않도록 한다. 화상 부위에 간장·기름·바셀린·된장 등의 이물질을 바르면 안 된다. 소독약을 바르는 것도 삼가는 것이 바람직하다. 수돗물에 대어 일시적으로 통증을 감소시킬 수 있으나 가능하면 금한다. 얼음을 대는 것도 바람직하지 않다. 화학물질에 의한 화상인 경우는 수돗물로 화상 부위를 계속 세척한다. 화상 부위를 덮을 때 붕대나 탄력 붕대로 압박하면 안 된다.

일광에 의한 화상을 입었을 때에는 냉수찜질을 해준다. 물집이 넓게 퍼졌으면 기름에 담갔던 거즈를 대준다. 심한 화상은 가능한 한 빨리 병원에 가서 치료를 받아야겠지만 가벼운 화상일 경우엔 다음의 방법도 효과적이다.

① 오이를 갈아서 환부에 붙이고 붕대로 감아놓는다.
　 하루에 1~2회 갈아준다.
② 생감자를 갈아서 붙인다.
③ 달걀 흰자를 약솜에 적셔 살살 문질러 준다.

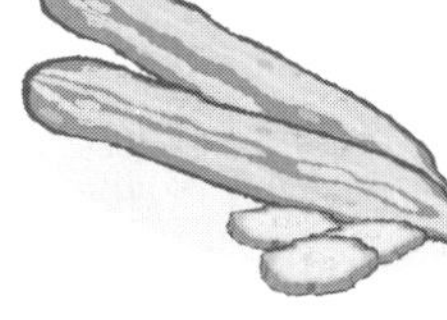

화장품의 유효기간은

화장품의 유효기간은 제품의 성분, 제형, 보관 상태 등에 따라 다르지만 보통 개봉 전을 기준으로 3년~5년으로 보는 것이 일반적이다. 개봉한 후에는 클렌징, 화장수, 로션, 에센스, 팩, 자외선 차단제와 같은 기초 제품들은 개봉 후 1년 안에 사용하는 것이 좋다. 색조 제품의 경우, 메이크업 베이스나 파운데이션과 같은 베이스 메이크업 제품은 1년 반 정도, 아이섀도나 투웨이케이크 같은 고체 형태의 메이크업 제품인 경우에는 개봉 후 2~3년 정도 안에 쓰는 것이 안전하다. 그리고 마스카라는 3~6개월, 아이라이너(리퀴드 타입)는 6~12개월, 립스틱은 1~2년 정도 사용하는 것이 알맞다.

화장품 재활용 방법

- **스킨·로션** : 스킨과 로션을 사용하다가 피부 타입이 바뀌거나 싫증이 나면 다른 용도로도 얼마든지 이용할 수 있다. 쓰다 남은 로션과 살구씨 가루를 혼합하면 얼굴이나 몸에 있는 각질 제거에 좋은 스크럽제가 된다. 스킨에 향수 한두 방울을 섞으면 향이 독특한 샤워 코롱이 만들어진다.

- **영양크림·에센스** : 오래된 영양크림은 모발에 윤기와 영양을 주는 헤어 트리트먼트로 사용하면 좋다. 머리 전체에 충분한 양의 영양크림을 바르고 1시간 후에 헹궈내면 돈 안 들이고도 머릿결이 눈에 띄게 달라진다. 가죽 핸드백이나 지갑에 때가 묻었을 때 영양크림을 약간 퍼프(분첩)에 묻혀 문지르면 깨끗해진다. 오래된 에센스는 물과 섞어 스프레이 용기에 넣어 머리를 감고 말린 후 머리에 뿌려준다. 머리카락에 보습효과를 주는 훌륭한 헤어 에센스가 된다.

- **트윈케이크·파우더** : 트윈케이크를 사용하다 보면 귀퉁이 부분만 조금 남게 된다. 이럴 때는 이것을 실핀으로 긁어내어 곱게 갈아 파우더로 사용한다. 일반 파우더에 비해 커버력이 뛰어난 것이 장점이다.

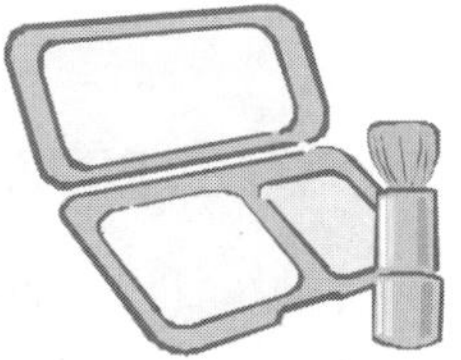

- **마스카라** : 마스카라가 굳었을 때는 스킨을 두세 방울 떨어뜨려 뚜껑을 닫아 흔든 후 사용하면 된다. 완전히 다 쓴 마스카라는 브러시를 불에 달구어 속눈썹을 올리는 아이래시 컬로 사용한다.

- **립스틱** : 쓰다 남거나 유행이 지난 립스틱을 모아 립 팔레트를 만들어 다른 컬러와 섞어 쓰는 것은 잘 알려진 재활용법. 남은 립스틱을 적당하게 잘라 시중에서 파는 팔레트나 다 쓴 아이섀도

용기에 담은 뒤 헤어드라이로 가열해 칸칸이 메우면 근사한 립 팔레트가 완성된다. 유행이 지난 아이섀도와 립글로스와 섞으면 또 다른 색상의 립스틱이 만들어진다.

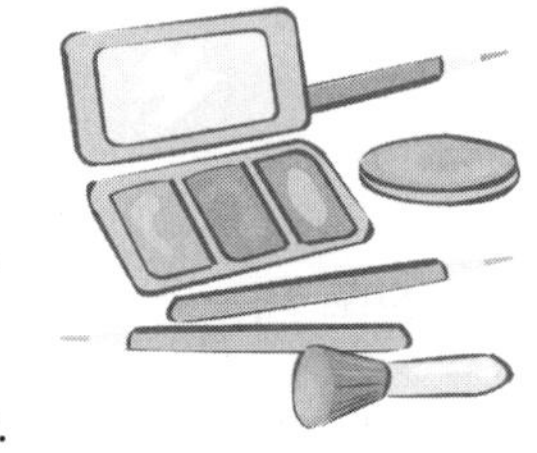

■ **아이섀도** : 아이섀도도 유행이 지났거나 자신이 좋아하는 색상만 쓰다 보면 꼭 한두 가지 색상이 남게 마련. 남은 아이섀도를 가루로 만든 후 투명 파우더를 섞어주면 색상에 따라 볼 터치나 피부톤 조절을 할 수 있는 컬러 파우더가 된다. 펄이 많이 든 흐린 색 아이섀도는 와인이나 퍼플 계열 립스틱을 바르고 그 위에 덧발라 주면 겨울철 스키장에서 단연 돋보인다.

■ **클렌징** : 생활용품이나 가죽제품 클리너로 효과적이다. 클렌징 크림은 때묻은 가죽제품을 닦는 데 사용하고, 클렌징 워터는 마른 수건에 묻혀 가전제품을 닦아주면 윤기가 난다.

■ **향수** : 쓰지 않는 향수를 목욕할 때 이용하면 새로운 느낌을 준다. 스펀지나 보디 브러시에 향수를 떨어뜨려 비누나 샤워젤로 거품을 내 사용하면 은은한 향이 온몸을 감싼다. 접시에 화장솜을 깔고 뜨거운 물을 부은 후 향수를 두세 방울 떨어뜨려 침실이나 거실에 놓으면 향이 집안 전체에 퍼진다.

휴대폰, 이렇게 쓰면 건강 덜 해친다

전자파란 일종의 에너지로 각종 세포의 정상적인 기능을 방해하고 유전자에도 영향을 미칠 수 있는 것으로 보고되고 있다. 휴대폰 전자파는 '통화' 버튼을 눌러 기지국과 연결될 때 가장 많이 발생하는데, 송신 전화가 연결되는 순간의 전자파는 수신 단계보다 최고 20배 높다.

휴대폰 전자파에 특히 민감한 체질은 더욱 주의를 요한다. 오른쪽으로 핸드폰을 10분 이상 쓰면 오른쪽 두통이나 귀의 통증이 나타나는 사람이 왼쪽으로 사용했을 때 같은 증상이 나타나면 전자파 민감체질로 보고 사용을 자제해야 한다.

휴대폰 사용 안전 수칙

① 발신음과 수신음이 날 때는 가능한 몸에서 멀리 뗀다.
② 안테나를 뽑고 사용한다.
③ 안테나가 휴대폰 본체의 오른쪽에 있으면 오른손으로, 왼쪽에 있으면 왼손으로 사용한다.
④ 이어폰을 사용한다.
⑤ 가능하면 안테나의 방향이 바깥쪽으로 향하는 '폴더형' 휴대폰을 쓴다.
⑥ 휴대폰으로 5분 이상 통화하지 않는다. 임산부, 어린이, 전자파 민감자는 더욱 주의한다.
⑦ 심장 박동 보조기를 몸에 장착한 사람은 휴대폰을 상의 안주머니에 넣고 다녀서는 안 된다. 보청기를 단 사람도 주의한다.

흡연과 비타민 C

감기에 걸린 환자나 흡연자는 보통 사람보다 많은 양의 비타민 C가 필요하다. 흡연자의 하루 섭취 권장량은 비흡연자의 약 2배에 달하는 100mg. 보통 사람과 똑같이 식사를 해도 몸 안에서는 더 많은 비타민 C를 원하기 마련이므로 틈틈이 짬을 내어 과일 등으로 보충하면 좋지만 그럴 수 없는 경우에는 비타민제를 복용하면 도움이 된다. 이때 알약으로 정제된 비타민 C를 깨물어서 씹어 먹으면 치아 표면이 상할 수 있으므로 되도록 녹여 먹거나 씹지 말고 삼키는 것이 좋다.

5

자동차 생활

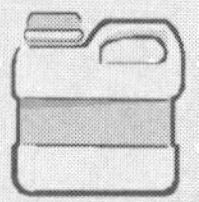

5. 자동차 생활

겨울철 시동이 안 걸릴 때는

날씨가 갑자기 추워져 시동이 안 걸릴 때는 배터리를 따뜻하게 한 뒤 시동을 걸어 본다. 배터리 수명은 보통 3~4년 정도이지만 수명이 남았더라도 겨울엔 성능이 크게 떨어진다. 영하의 날씨에서는 60% 정도밖에 기능을 발휘하지 못한다.

따뜻한 물수건을 덮어 배터리를 녹여 주면 부드럽게 시동이 걸린다. 주차시에도 실내 주차장을 이용하거나, 옥외 주차시 차량 커버를 씌워 놓으면 배터리 성능이 향상되고 엔진이 급속히 냉각되는 것을 막을 수 있다.

무정비(MF) 배터리는 점검창의 색깔이 초록색이면 정상, 검정색이면 충전이 부족한 상태, 무색이면 사용이 불가능하다.

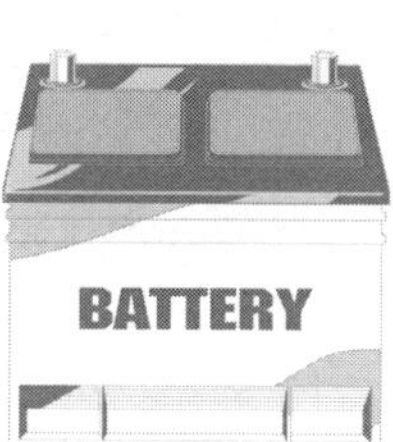

일반 배터리는 증류수 수면이 배터리 측면에 표시된 상한선과 하한선 사이에 가도록 보충한 뒤 30분가량 시동을 걸어두면 충전된다.

계절별 차량 관리 요령

■ 봄철 차량 관리

• 구석구석 깨끗한 세차

겨울철에는 눈의 결빙을 방지하기 위해 도로상에 염화칼슘을 살포하므로 차량의 부식을 촉진하게 된다. 따라서 각종 유해물질이 엔진룸이나 하체에 잔뜩 붙어 있으므로 차를 목욕시킨다는 생각으로 깨끗이 세차해야 한다.

• 냉각수 교환

겨울철에 사용했던 부동액은 냉각수의 동결을 막아주는 역할을 하지만 금속을 부식시키며, 냉각효과가 낮아지는 단점이 있다. 따라서 냉각수 전체를 갈아줄 필요는 없으나 라디에이터 캡을 열어 냉각수를 가득 채워서 부동액의 비율을 낮추어 주면 좋다.

• 스노 타이어의 교환

스노 타이어를 눈이 오지 않을 때에도 사용하게 되면 연료의 소비가 많아지고 소음이 크게 발생하므로 일반 타이어로 교환을 하는 것이 좋다. 교환한 스노 타이어는 다음 겨울에도 쓸 수 있도록 깨끗이 세척한 후에 위치 표시를 하고 보관을 한다.

■ 여름철 차량 관리

• 와이퍼 점검

와이퍼의 고무날은 겨우내 얼었다 녹는 일을 반복하게 마련이므로 딱딱하게 굳어 있거나 상처가 나 있어 제 성능을 발휘하지 못한다. 이렇게 되면 앞창에 부분적으로 줄이 생기고 앞차가 제대로 보이지 않아 위험한 상황을 맞게 될 수도 있다. 따라서 본격적인 장마철이 오기 전에 미리 점검하고 교환할 필요가 있으면 지체 말고 교환하는 것이 좋다.

• 왁스 처리로 녹 예방

철판으로 만들어진 자동차는 습기에 약하다. 따라서 장마가 본격적으로 시작되기 전에 차체를 습기에서 보호하기 위해 왁스를 발라두는 등 예방 조치를 해두는 것이 필요하다. 도장면이 손상되어 녹슨 부분을 발견했을 경우 터치 업 페인트 같은 것으로 칠해 더 이상 부식이 진행되지 않도록 한다.

• 우산 보관은 운전석 쪽에

운전 중 일이 생겨 갑자기 차에서 내려야 할 때나 멈췄던 비가 갑자기 내릴 때 우산이 없으면 곤혹스럽다. 이때를 대비해 우산은 트렁크에 두지 말고 운전석 가까이에 둔다. 물론 휴대가 간편한 접이식 우산이 좋다.

• 습기가 차 안으로 들어오는 것을 미리 막자

비올 때 차 안으로 습기를 몰고 들어오는 역할을 하는 것은 바로 신발이다. 이렇게 묻어 들어오는 습기를 막기 위해 바닥에 신문지를 깔아둔다. 차 안에 습기를 줄이는 것이 쾌적한 장마철 운전의 기본이 된다.

• 주차지역

여름철에는 갑자기 내린 집중호우로 차량이 물에 잠기는 불상사가 발생할 수 있다. 침수 상태에 따라서 폐차까지 해야 하는 경우도 있으므로 특히 야간 주차시에는 이런 점을 고려하여 주차시키도록 한다.

■ 가을철 차량 관리

• 염분 제거 세차

여름에 산이나 바닷가로 피서를 다녀온 경우 차량에 치명적인 염분과 먼지들이 함께 묻어서 온다. 여행을 하고 나서는 반드시 차량을 전체적으로 세차를 해주어야 녹이 슬거나 기타 다른 부식을 예방할 수 있다. 또한 긁히거나 도장이 벗겨진 곳은 곧 페인트를 칠해 주는 것이 좋다.

• 브레이크 액의 점검

여름에 물가를 다녀온 차는 수분이 브레이크 액에 스며드는 경우가 생길 수 있으므로 반드시 브레이크 액을 점검해 보아야 하며, 제동 성능을 향상시키기 위해 2만 킬로미터마다 교환해 주는 것이 좋다.

• 에어컨의 주기적인 가동

여름철이 지난 후 에어컨을 사용하지 않더라도 일주일에 1회 이상 가동을 시켜주면 냉매 유출을 방지하고 컴프레서 내의 오일 순환을 원활히 해줌으로써 고장 방지뿐만 아니라 에어컨의 수명도 늘여주는 역할을 한다.

■ 겨울철 차량 관리

• 히터와 라디에이터의 호스 점검

이 호스들은 철과 고무의 합성물로써 영구적인 것이 아니라 소모품이다. 손으로 만져 보아 딱딱한 상태이거나 바각거리는 소리가 날 경우에는 즉시 교환을 해주어 운행 도중 호스가 파열되는 현상을 예방해야 한다.

• 부동액 주입

부동액을 주입할 때는 반드시 라디에이터 캡을 연 뒤 라디에이터, 히터에 붙어 있는 배수꼭지를 모두 열어 더러운 물을 비워낸 다음 부동액과 물을 섞어 넣어준다. 이렇게 함으로써 부동액의 교환과 냉각 계통의 세척을 동시에 하게 되는 것이다.

• 스노 타이어로 교환

겨울철에는 스노 타이어로 교환해 주어 안전 운전을 준비한다. 하지만 스노 타이어는 눈이 내리는 눈길에서는 도움이 되지만 빙판길이나 물기가 있는 눈길, 산길 주행에는 별 도움이 되지 못한다는 것을 염두에 두어야 한다. 만일 스노 타이어 없이 운행을 하다 눈을 만나게 되면 차를 세우고 타이어의 공기압을 20% 정도 낮추어 운행을 하면 타이어의 접지력이 높아져서 안전에 다소 도움이 된다.

• 와이퍼 결빙과 성에 예방

겨울철에 운전을 하다 보면 와이퍼가 결빙되어 있는 경우가 있다. 이때 강제로 작동시키려고 스위치를 자꾸 조작하면 모터가 망가질 수도 있으므로 와이퍼는 결빙되지 않도록 미리 예방하는 것이 좋다. 귀찮더라도 주차시에 와이퍼에 묻어 있는 습기를 헝겊으로 닦아서 제거해 버린다.

또한 앞 유리에 성에가 끼는 것을 막으려면 주차시에 차량 커버를 덮어주는 것이 가장 좋으나 그렇지 못한 경우에는 종이 박스나 신문지를 앞 유리만이라도 덮어주도록 한다.

• 열쇠구멍이 얼었을 경우

이때는 당황하지 말고 열쇠를 라이터나 촛불로 살짝 달구어서 넣으면 얼어붙은 열쇠구멍을 녹일 수 있다.

고속 주행시 일어나기 쉬운 현상

속도계 속도와 감각속도의 차이

사람이 느끼는 차의 속도 감각은 주행하는 환경이 변화하면 정확하지 않게 바뀔 수 있다. 실제로 대형차에서 소형차로 바꾸어 탔을 때나 또는 그 반대의 경우 속도계의 속도가 80km를 가리키고 있어도 소형차의 경우에는 그 이상의 빠른 속도로 느껴지고, 대형차일 경우에는 느리게 느껴지는 경향이 있다. 또한 고속도로에 들어가면 도로의 폭이 넓어지고 주변의 경치 등이 차에서 멀리 떨어져 있기 때문에 80km 정도의 빠른 속도인데도 시가지의 60km 정도의 속도로밖에 느껴지지 않는 경우가 있다. 이와 같이 실제 속도와 느껴지는 속도간에 차이가 생기는 것은 모두 일종의 착각 현상으로서 감각속도와 물리속도 사이에 차이가 있기 때문이다.

유체자극(流體刺戟) 현상

고속주행 시에는 노면과 좌우에 있는 나무나 중앙분리대의 풍경 등이 마치 물이 흐르듯이 흘러서 눈에 들어오는 느낌의 자극을 받게 된다. 속도가 빠를수록 눈에 들어오는 흐름의 자극은 더해지며, 주변의 경관은 거의 흐르는 선과 같이 되어 눈을 자극하는데, 이것을 유체자극이라 한다. 이러한 자극을 받으면서 오랜 시간 운전을 하면 눈이 몹시 피로하여 운전자는 무의식중에 유체자극을 피하여 안전된 시계를 갖고자 앞에 주행하고 있는 차의 가까운 거리에까지 접근하여 될 수 있는 한 앞차의 뒷부분에 시선을 고정시켜서 앞차와 같은 속도로 주행하려고 한다.

운전시계(運轉視界)의 착각

고속도로에서 일어나는 추돌사고는 대부분이 대형차가 일으키고 있다. 이러한 원인은 승용차와 대형차의 시계(視界) 차이 때문이다. 대형차의 운전석은 승용차의 운전석에 비하여 약 2배나 높은 위치에 있다. 따라서 대형차 운전자가 내다보는 시점은 승용차에 비해서 약 2배나 높기 때문에 노면을 내려다보는 것같이 되는데 비하여, 승용차의 경우는 반대로 약간 쳐다보면서 먼 곳을 내다보는 것 같은 운전 자세가 된다. 이때 대형차 운전자는 노면 부분이 넓게 보이고, 같은 거리라도 더 길게 느껴지게 되기 때문에 안전거리를 좁혀서 주행하여도 위험하다고 느끼지 않으며, 또한 안전거리를 가깝게 유지하고 주행하는 관계로 앞차가 갑자기 정지하면 추돌사고를 일으키게 된다.

고속주행 중 타이어가 펑크 나면

고속주행 중에 펑크가 나서 타이어의 공기가 급격히 빠지거나 파열이 일어나면, 파열된 쪽으로 차체가 기울어져 핸들을 놓치기 쉽다. 이때는 핸들을 단단히 잡고 직진 방향으로 누르듯이 하고, 엔진브레이크로 서서히 속도를 떨어뜨려 길가에 댄다. 급브레이크를 밟으면 중심을 잃어버

려 오히려 위험하다.

 ## 고장시 조치 요령

① 다른 차량에 방해가 되지 않도록 한다
고장이나 연료가 소진되어 운행할 수 없는 경우 다른 차량의 통행에 방해가 되지 않도록 갓길 등에 안전하게 주차시켜야 한다.

② 고장 차량 표지의 설치
주간에도 주차등을 반드시 켜고 고장 차량의 100m 이상 후방에 고장 차량 표지를 설치하여 후속차 운전자에게 정지하고 있다는 것을 알린다. 야간에는 고장 차량의 200m 이상의 후방에 고장 차량 표지와 함께 사방 500m 지점에서 식별할 수 있는 적색 섬광신호, 전기제등 또는 불꽃신호를 설치하여 다른 차에게 고장 차량이라는 신호를 한다.

③ 신속한 조치 및 이동
고장 차량 표지 설치 후 신속히 수리 또는 견인 조치하여야 안전하다.

 ## 광폭 타이어는 삼간다

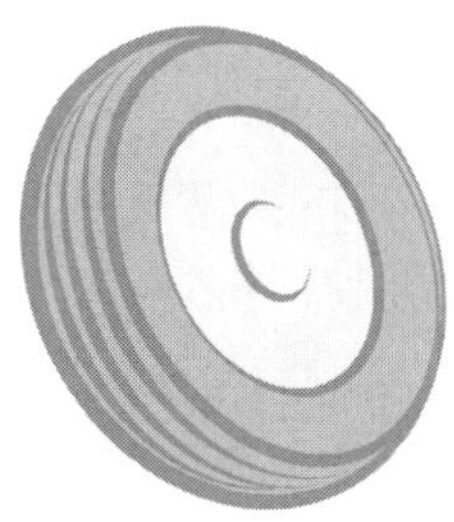

자동차 타이어는 출고될 때의 타이어가 그 차량에 가장 적합한 사이즈이다. 너무 광폭 타이어를 장착하면 마치 큰 신발을 신고 헐떡거리며 다니는 것과 마찬가지라고 할 수 있으며, 이는 쇼크 업소버는 물론 하부 베어링, 등속 조인트 등 서스펜션 등에도 무리를 주게 된다. 연료 소비도 많아진다.

 ## 교통법규 위반시 벌점과 교통 범칙금

	벌점	범칙 금액(원)	
		승용차	9인승 이상 승합차
신호, 지시 위반	15점	60.000	70.000

위반 행위	벌점		
중앙선 침범, 통행구분 위반	30점	60,000	70,000
일반 도로 버스 전용차선 통행 위반	10점	40,000	50,000
제한속도 위반(20km/h 초과)	15점	60,000	70,000
안전거리 미확보	10점	40,000	50,000
앞지르기 방법 위반	10점	60,000	70,000
앞지르기 금지 위반	15점	60,000	70,000
차로에 따른 통행 위반 (보도 침범, 보도 횡단 방법 위반)	10점	40,000	50,000
주 · 정차 금지 위반		40,000	50,000
끼여들기 금지 위반		30,000	30,000
안전운전 의무 위반	10점	40,000	50,000
승객 승하차시 안전조치 위반	10점	60,000	70,000
고속도로 갓길 및 버스 전용차선 (다인승 포함) 위반	30점	60,000	70,000
철도 건널목 통과방법 위반	15점	60,000	70,000
노상시비 · 다툼 등으로 차마의 통행 방해 행위	10점	40,000	50,000
출석, 범칙금 납부기간 만료일로부터 60일 경과 후 즉결심판 안 받을 때	40점	60,000	70,000
보행자 보호 의무 불이행(정지선 위반 포함)	10점	40,000	50,000
운전면허증 제시 의무 위반	30점	30,000	30,000
음주운전(혈중 알코올 농도 0.05% 이상 0.09%까지)	100점	형사 입건	
단속 경찰공무원 폭행으로 형사입건시(구속)		면허 취소	
단속 경찰공무원 폭행으로 형사입건시(불구속)	90점	60,000	70,000
어린이 통학버스 운전자의 의무 위반	15점		70,000
어린이 통학버스 특별 보호 위반	10점	40,000	50,000
차로에 따른 통행 위반 (진로변경 금지장소에서 진로변경 포함)	10점	40,000	50,000
횡단 · 유턴 · 후진 위반		60,000	70,000
교차로 통행 방법 위반		40,000	50,000
긴급 자동차에 대한 피양, 일시정지 위반		40,000	50,000
안전벨트 미착용		30,000	30,000
고인 물 튀게 하는 행위		20,000	20,000

짙은 썬팅, 불법 부착 장치 차 운전	20,000	20,000
택시의 합승, 승차거부, 부당 요금 징수 행위	20,000	20,000
적성검사 기간 경과(6개월 이하)		50,000
(6개월 이상)		70,000

교통사고 발생시 합의서 작성 요령

합 의 서

피해자의 주 소 :
    성 명 :   (주민등록번호)
가해자의 주 소 :
    성 명 :   (주민등록번호)

    년   월   일 밤 10시경 서울 잠실 4거리에서 ○○차에 의해 발생한 교통사고에 대하여 가해자는 피해자의 치료비 일체(퇴원 시까지)를 부담하고, 그 외로 손해배상금 및 위자료조로 일금 ○○○만원을 지급하며, 피해자는 상기금을 수령하고 상호 본 사건 종결에 원만히 합의하였으므로 차후 본 사고 건에 대하여 민·형사상의 책임을 제기치 않을 것을 이에 확약하고 본 합의서에 서명 날인함.

_______년 ___월 ___일

위 피해자   인
위 가해자   인

입회인 주소 :
주민등록번호 :
    성 명 :   인

※ 단, 사망사고 발생시와 미성년자의 사상 발생시는 부모 또는 법정대리인이 합의한다.

교통사고 10대 중과실 사고

교통사고에 있어서 특히 10대 중과실 사고는 처벌이 엄하기 때문에 주의해야 한다. 10대 중과실 사고란 교통사고처리특례법상 보험 가입 여부와 관계없이 형사처벌되는 사고로 뺑소니 사고나 사망사고 및 10대 중과실 사고를 일으켰을 때에는 보험으로 보상하는 것과는 별도로 피해자와 합의를 하는 것이 좋다.

① 신호 위반 사고
② 중앙선 침범, 고속도로상 횡단·회전·후진 사고
③ 20km/h 이상의 규정 속도 위반 사고
④ 앞지르기 방법 및 금지 위반 사고
⑤ 건널목 통과방법 위반 사고
⑥ 횡단보도상의 보행자 보호 의무 위반 사고
⑦ 무면허 운전 사고
⑧ 주취 운전 및 약물복용 운전 사고
⑨ 보도 침범 사고
⑩ 승객의 추락 방지 의무 위반 사고(개문 발차 등)

교통사고 피해자의 대처 요령

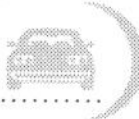

- 가벼운 상처라도 반드시 경찰공무원에게 알려야 한다. 피해자가 피해 신고를 태만하게 하면 후일 사고로 인한 후유증의 발생시 불리하게 될 뿐만 아니라 교통사고증명서를 받을 수 없게 되는 경우가 있다.
- 가벼운 상처나 외상이 없어도 두부 등에 강한 충격을 받았을 때에는 의사의 진단을 받아두어야 나중에 후유증이 생겼을 때 선의의 피해를 당하지 않는다.

국제운전면허 어떻게 받나

해외 여행을 하다 보면 국제면허가 필요할 때가 있다. 국제운전면허는 여권 원본 및 사본, 운전면허증, 도장, 컬러 소명함판 사진 3매를 준비하여 본인이 편리한 전국 면허시험장에서 발급받을 수 있다. 유효 기간은 발급일로부터 1년이다.

 눈 · 코 · 귀를 이용한 자동차 점검 요령

자동차에 이상이 생기면 반드시 징후가 나타나게 된다. 눈·코·귀 등 기본 감각기관으로 자동차의 이상 징후를 감지하고 관리하는 것은 운전자의 기본 의무이기도 하다.

① **눈을 이용한 점검**
- 타이어 공기압 상태 : 눈으로 보고 손으로 만져 본다.
- 각종 계기판 상태 : 계기판의 바늘이 평상시와 같은지 확인한다.

② **귀를 이용한 점검**
- 시동을 건 다음 이상한 쇳소리가 난다 : 타이밍 벨트의 이상
- 주행 중 소음이 심하게 난다 : 엔진오일 교환 시기를 점검

③ **코를 이용한 점검**
- 기름 타는 냄새가 난다 : 각종 오일의 외부 누출 여부 점검
- 고무 타는 냄새가 난다 : 디스크 패드나 라이닝 등 브레이크 계통을 점검

 라디에이터에서 물이 샐 경우

라디에이터에서 물이 새게 되면 냉각장치가 제대로 기능을 발휘하지 못해 엔진부의 온도와 압력이 올라가므로 재빨리 전문업소에 수리를 의뢰해야 한다. 그러나 시골길 등 어쩔 수 없는 곳에서 이런 낭패를 당했을 경우에는 테이프를 이용하여 단단히 감아준다. 테이프가 없을 때엔 밥알을 으깨어 새는 곳에 문질러 붙이면 라디에이터의 열로 밥알이 마르면서 단단해지기 때문에 어느 정도는 응급처치가 가능하다. 비누를 으깨어 문질러도 효과를 볼 수 있다. 이때 라디에이터 캡은 1단을 열고 운행해야 한다. 라디에이터 내의 압력이 높으면 임시 조치한 부분이 다시 터질 수 있기 때문이다.

 매트 선택 및 관리

자동차 매트는 흙이나 기타 오물로 쉽게 더러워지므로 소재, 청소 편리성, 디자인 등을 잘 따져 선택해야 한다.

매트는 소재에 따라 크게 카펫형과 고무형, PVC를 재료로 한 제품으로 나눌 수 있다. 카펫은 화사하고 쿠션이 좋아 고급차일수록 선호하는데, 청

소와 햇볕 쐬기를 자주 하는 게 중요하다. 촘촘하게 얽힌 올이 먼지와 각종 세균을 감추고 있기 때문이다. 정기적으로 세균제거제를 뿌려주는 것도 좋은 관리법이다. 아이들이 자주 타는 차량은 가급적 피하는 게 좋다.

고무매트는 값이 저렴하고 청소와 관리가 쉬워 가장 널리 쓰이며 내구성도 좋다. 하지만 새 매트에서는 냄새가 나는 게 흠이다.

최근 들어서는 개성을 중시하는 소비자들을 위해 캐릭터를 넣거나 색상이 화려한 PVC 매트도 등장하고 있다. 매트는 무엇보다 세탁이 용이하며 미끄러지지 않도록 뒷면에 엠보싱 처리가 잘된 제품이 좋다.

머플러에서 흰 연기가 날 때

액셀러레이터를 밟았을 때 머플러에서 흰 연기가 나면 엔진오일이 타는 것이다. 엔진오일이 과소모되는 이유는 피스톤, 링이 불결하거나 실린더, 밸브, 핀 가이드 등이 마모됐을 경우에 나타난다. 즉시 수리를 받는 것이 좋다.

멀미 날 때는 눕거나 찬바람 쐐야

메스꺼움과 구토, 어지러움, 두통, 무기력감, 복통 등을 일으키는 멀미는 어린이뿐 아니라 어른에게서도 흔히 나타나는 증상이다.

멀미가 나는 것은 귓속 세반고리관에 반복적인 자극이 가해져 평행조절 능력을 잃어버리기 때문이다. 이를 극복하기 위해서는 차의 흔들림에 적응하는 능력이 필요한데, 대부분의 사람들은 일상적인 교통수단에 익숙해져 있어 평소에는 문제를 느끼지 못하다가 낯선 이동수단을 이용하거나 장거리를 이동할 때 멀미를 하게 된다.

환자가 차 내에서 구토를 할 때는 우선 편안히 눕히거나 찬바람을 쐬도록 하면 증상이 좀 가라앉는다. 멀미를 예방하기 위해 귀밑에 붙이는 패치류 제품은 체내에 흡수되는 데 6~7시간 걸리기 때문에 출발 시간을 고려하여 미리 착용하도록 한다. 약효는 보통 3일 정도 지속된다. 그러나 패치류는 두통과 함께 입이 마르고 졸리면서 시야가 흐려지는 부작용이 나타날 수 있으므로 운전자는 가급적 사용을 피하는 게 좋다. 또한 패치를 만진 손을 씻지 않은 채 눈을 만지면 눈동자가 커지고 시야가 흐릿해지는 현상이 나타나므로 주의해야 한다.

멀미를 예방하려면 뱃속이 비지 않게 출발 한 시간쯤 전에 가벼운 식사를 해두거나 여행 중에 생밤, 생쌀 등을 조금씩 씹어먹는 것도 효과적이다. 알코올이 섞인 음료나 인스턴트 식품은 가급적 피하는 게 좋다.

 ## 면허 정지 및 취소

벌점에 의한 면허 정지 및 취소 기준은 다음과 같다.

① **면허 정지** : 운전면허 정지 처분은 법규 위반, 사고로 인한 벌점 또는 처분 벌점이 40점 이상이 된 때부터 결정하여 집행하되, 원칙적으로 1점을 1일로 계산하여 집행한다. 범칙금 납부 기한 60일이 경과하였을 때 즉결심판에 불참하여도 40일간의 정지 처분을 받는다. 이때 소정의 교통안전교육을 이수하면 정지 처분 집행 일수를 20일 경감해 준다(누산 점수는 공제해 주지 않음).

② **면허 취소** : 벌점 누산 점수가 1년간 121점 이상, 2년간 201점 이상, 3년간 271점 이상이면 면허 취소 처분을 내린다.

 ## 면허 취소 14개 항목

누적 벌점과 관계없이 다음의 14개 항목 중 1개라도 해당될 때에는 면허가 취소된다.

- 교통사고 야기 후 도주
- 술에 취한 상태(혈중 알코올 농도 0.05% 이상)에서 인명 피해 사고
- 술에 만취한 상태(혈중 알코올 농도 0.1% 이상)에서 운전
- 술에 취한 상태의 측정에 불응한 때
- 타인에게 운전면허 대여(도난·분실 제외) 또는 타인 면허로 운전
- 운전면허 취득 결격사유에 해당된 때
- 적성검사(수시 적성검사 포함) 불합격 또는 적성검사(면허갱신) 기간 1년 경과
- 운전면허 정지 처분 기간 중 운전 행위
- 허위, 부정 수단으로 면허 취득
- 등록 또는 임시 운행 허가를 받지 아니한 자동차로 운전한 때
- 자동차를 이용하여 범죄행위를 한 때

- 타인의 차량 등을 훔치거나 빼앗은 때
- 타인을 위해 운전면허 시험에 부정 응시한 때
- 단속 경찰공무원 등에 대한 폭행
- 도로교통법 외의 다른 법령규정에 의하여 취소 사유에 해당한 때

모양에 따른 자동차 종류

세단(Sedan) : 앞뒤로 2줄의 좌석이 있는 가장 일반적인 미국식 승용차. 엔진룸과 트렁크 부분이 각각 튀어나와 있으며, 2도어, 4도어, 5도어 등 문의 개수로 모양을 구분한다.

리무진(Limousine) : 운전서과 뒷좌서 사이에 유리 칸막이가 있는 귀빈용 호화 승용차. 실내가 넓어서 차 안에서 사무를 볼 수도 있다. 독일에서는 풀만(pullman)이라고 부르며, 미국에서는 보통 리무진이라고 하지만 스트레치드 리무진(stretched-limousine) 또는 줄여서 리모(limo)라고 부르기도 한다.

쿠페(Coupe) : 공기 저항을 줄이기 위해 차체의 뒷부분을 경사지게 깎아내린 자동차로 스포츠카는 대부분 쿠페 모양이다. 보통 2도어 2인승이며, 낮고 좁기는 하지만 뒷좌석을 만들어 놓은 것도 있다. 트렁크가 있는 노치드 쿠페(notched coupe)와 트렁크가 없는 패스트백(fastback)이 있다.

컨버터블(Convertible) : 지붕을 접어서 열 수 있게 만든 자동차. 보통 오픈카라고도 하며, 유럽에서는 카브리올레(cabriolet)라고 부른다. 옆 유리창이 없는 것은 로드스터(roadster), 4도어 컨버터블은 페톤(phaeton)이라고 한다.

하드탑(Hardtop) : 딱딱한 철판이나 플라스틱 지붕을 떼었다 붙였다 할 수 있고, 창문의 중간 기둥을 없애서 창을 열었을 때 개방감을 느낄 수 있는 자동차. 요즈음에는 지붕을 떼어낼 수 없더라도 창문의 기둥이 없으면 하드탑이라 한다.

■ **해치백(Hatchback)** : 세단이나 쿠페의 뒤 크렁크에 문을 단 승용차. 해치란 내리닫이 문을 말하는데, 이 문을 올리면 바로 뒷좌석과 연결된다. 뒷좌석 등받이를 꺾어 접으면 짐칸이 커지지만 보통 때에는 승용차 분위기를 내기 위해서 뒷좌석 등받이 뒤에 선반으로 칸을 막아 사용한다.

■ **밴(Van)** : 뒤쪽 실내에 큰 짐칸이 있는 자동차. 원래 짐을 옮기는 마차를 밴이라고 했는데, 그만큼 짐을 싣는 데 큰 비중을 두고 만들어진 자동차이다. 요즘에는 레저용으로 많이 쓰인다.

■ **왜건(Wagon)** : 사람과 짐을 함께 실을 수 있는 다용도 자동차. 원래 미국 서부 개척 시대의 포장마차 또는 역마차를 가리키던 말로, 실내를 길게 만들고 뒤쪽에 짐칸을 만들어 업무용이나 레저용으로 많이 이용되고 있는데, 독일에서는 콤비, 영국에서는 에스테이트(estate), 프랑스에서는 브레이크(break)라고 부른다.

■ **픽업(Pickup)** : 짐칸의 덮개가 없고 보통 차체 옆판이 한판으로 만들어지는 소형 트럭. 운전 칸의 좌석이 1열인 것을 싱글 픽업, 2열인 것은 더블 픽업이라고 부른다.

■ **지프(jeep)** : 산악지대나 험한 길을 달릴 수 있는 4륜구동 자동차. 지프라는 이름은 미국 크라이슬러의 AMC에서 만든 차의 이름으로 AMC와 일본의 미츠비시만이 쓸 수 있는 상품명이다. 그 밖의 다른 자동차 회사의 차는 지프 타입이라 부르는 것이 옳으나 보통 4륜구동의 오프로드 차를 통칭하기도 한다.

물웅덩이를 지난 후에는 브레이크를 2~3회 밟아준다

여름철이나 공사 현장 등의 물웅덩이를 지나간 후에는 브레이크의 제동력이 약해지는 수가 있다. 브레이크 장치에 물이 묻어 마찰력이 떨어지기 때문이다. 물웅덩이를 빠져나온 경우, 브레이크 페달을 2~3회 가볍게 밟아

주면 마찰열에 의해 수분이 증발하여 브레이크가 원상태로 회복된다.

 방어운전 요령

　방어운전이란 다른 운전자나 보행자가 교통 법규를 지키지 않거나 위험한 행동을 하더라도 그에 적절하게 대처하여 사고를 미연에 방지할 수 있도록 하는 최상의 운전 방법이다.

■ 안전한 공간을 확보한다

- **브레이크를 밟을 때**
  - 급제동을 하지 않으면 안 되는 상황을 만들지 않는다.
  - 고속주행 중 브레이크를 밟을 때는 여러 번 나누어 밟아 뒤차에 알려준다.
- **앞차를 뒤따라갈 때**
  - 가능한 한 4~5대 앞의 상황까지 살핀다.
  - 앞차가 급제동하더라도 추돌하지 않도록 안전거리를 충분히 유지한다.
  - 적재물이 떨어질 위험이 있는 화물차로부터 가급적 멀리 떨어진다.
- **차의 옆을 통과할 때**
  - 상대방 차가 갑자기 진로를 변경하더라도 안전할 만큼 충분한 간격을 두고 진행한다.
- **교통 정체가 있는 도로를 주행할 때**
  - 중앙선을 넘어 앞지르기하는 차량이 있으므로 2차로 도로에서는 가급적 중앙선에서 떨어져 주행한다.
  - 4차로 도로에서는 가능한 한 우측 차로로 통행한다.
  - 길가에 어린이 등 노약자가 있을 때에는 반드시 일시 정지한다.

■ 흔쾌히 양보한다

- 신호등 없는 교차로를 통과할 때 우선권을 따지지 말고 양보를 전제로 운전한다.
  - 진로를 변경하거나 끼여드는 차량이 있을 때 속도를 줄이고 공간을 만들어 준다.
  - 대형차가 밀고 나오면 즉시 양보해 준다.

- **뒤차가 접근해 올 때**
  - 가볍게 브레이크 페달을 밟아 주의를 준다.
  - 뒤차가 앞지르려고 할 때 도로의 오른쪽으로 다가서 진행하거나 감속하여 피해 준다.

미리 예측하여 대응한다

- **교차로를 통과할 때**
  - 신호를 무시하고 뛰어드는 차나 사람이 있을 수 있으므로, 신호를 절대적인 것으로만 믿지 말고 안전을 확인한 뒤에 진행한다.
- **진로를 변경할 때**
  - 여유 있게 신호를 보낸다.
  - 이쪽 신호를 이해한 것을 확인한 다음에 천천히 행동한다.
  - 횡단하려고 하거나 횡단 중인 보행자가 있을 때 갑자기 뛰어나오거나 뒤로 되돌아갈지 모르므로 감속하고 주의한다.
  - 보행자가 차의 접근을 알고 있는지를 확인한다.

밤에 운전할 때

- 일반 도로에서는 아무리 한적할지라도 절대 시속 60~70km 이상으로 주행하지 않는다.
- 교차로나 오르막길 등에서는 전조등을 아래위로 켰다 껐다 하여 자기 차의 존재를 알려준다.
- 마주 오는 차가 전조등 불빛을 줄이지 않고 접근해 올 때에는 그 불빛에서 시선을 피하여 서행하거나 일시 정지한다.

백미러에 빗방울이 맺히지 않게 하려면

비오는 날 백미러에 빗방울이 맺히면 여간 불편하지가 않다. 이럴 경우에는 유리용 코팅제를 발라 잘 문질러 닦아주면 효과적이다. 유리용 코팅제가 없을 경우는 백미러에 담배꽁초를 문질러 주면 어느 정도 빗방울 맺힘을 방지할 수 있다.

 ## 베이퍼 록과 페이드 현상을 방지하려면

베이퍼 록(Vapor Lock)이란 특히 긴 내리막 길에서 풋 브레이크를 많이 사용하여 브레이크의 드럼과 라이닝이 과열, 휠 실린더 등의 브레이크 오일 속에 기포가 생김에 따라 브레이크 페달을 밟아도 유압이 전달되지 않아 브레이크가 잘 작동되지 않는 현상을 말한다.

페이드(Fade) 현상 역시 고속주행 내리막 길 등에서 짧은 시간 안에 풋 브레이크를 지나치게 사용함으로써 브레이크 라이닝이 과열되어 마찰력이 떨어져 미끄러지고 브레이크가 듣지 않는 현상을 말한다.

생명과 직결되는 이러한 베이퍼 록과 페이드 현상은 긴 내리막 길 등에서 풋 브레이크보다는 엔진 브레이크를 사용함으로써 방지할 수 있다.

 ## 벨트의 점검

엔진룸의 각종 벨트는 자동차의 성능 및 안전과 직결되므로 수시로 점검한다. 손가락으로 벨트의 정가운데를 눌렀을 경우 규정치보다 더 처지는 경우 얼터네이터(발전기) 주위에 위치한 벨트 조정 너트를 돌려 알맞게 조절한다. 승용차 기준 규정치는 팬벨트 7~9mm, 에어컨 벨트 4~6mm, 파워 핸들 벨트 10~15mm이다.

 ## 보험사의 무료 긴급출동 서비스

고장이나 사고 발생시 보험사의 무료 출동 서비스를 받으면 비용을 절약할 수 있다. 다만 이 서비스는 현장 수리를 해주는 자동차 회사들의 긴급출동 서비스와는 달리 긴급 상황에서 벗어나 수리를 받을 수 있도록 간단한 도움을 주는 데 초점이 맞추어져 있다. 그리고 상해가 발생하거나 개인적으로 처리하기 힘든 정도의 사고일 경우에는 보험회사의 24시간 사고 접수반으로 연락을 취해야 보다 정확한 도움을 받을 수 있다. 서비스 범위는 보험사마다 약간의 차이는 있으나 대개 아래 범주 내에서 서비스를 제공한다.

- **긴급 견인 서비스** - 차량이 고장나거나 사고로 움직이지 않을 때 가까운 정비업체까지 무료로 차를 견인해 준다. 단 10km를 초과할 경우 10km

당 2천 원씩을 받는다(참고로 일반 견인의 경우 승용차를 10km 견인하는 데 기본요금 51,600원과 구난비용 16,000원 그리고 기후 조건과 작업 조건에 따른 할증요금을 지불해야 한다).

- **급유 서비스** - 연료가 바닥난 경우 휘발유 차량에 한하여 3리터까지 무료로 기름을 넣어준다. 주변 주유소까지 충분히 찾아갈 수 있는 양이다. 만일 가까운 주유소가 없을 경우에는 견인을 부탁하면 된다.

- **배터리 방전시 시동 서비스** - 배터리 방전으로 운행이 불가능할 때 무료로 충전해 준다. 배터리를 교환해야 할 경우에는 카센터까지 견인해 준다.

- **타이어 펑크 교체 서비스** - 차에 예비 타이어가 있는 경우만 서비스가 가능하다. 없을 경우에는 타이어 비용을 받거나 정비업체로 견인해 준다.

- **잠금장치 해제 서비스** - 차 안에 열쇠를 두고 문을 잠갔을 경우 문을 열어준다.

- **보험회사별 무료 긴급출동 서비스**
  - 국제화재(에어스카 서비스) 080-4321-8282 · 02-431-6295
  - 동부화재(SOS 긴급출동 서비스) 080-700-1114 · 02-678-5241
  - 동양화재(알라딘 긴급출동 서비스) 080-940-8585 · 02-786-8585
  - 대한화재(해피카 서비스) 080-023-7282 · 02-403-2146
  - 삼성화재(애니카 서비스) 080-611-7111 · 02-2636-7111
  - 신동아화재(마스터카 서비스) 080-960-6300 · 02-334-2702
  - 쌍용화재(마이카 서비스) 080-404-8282 · 02-404-7282
  - LG화재(LG 매직카 서비스) 080-023-1119 · 02-335-1119
  - 제일화재(제일 OK 서비스) 080-236-7000 · 02-316-8282
  - 현대해상(오토가드 서비스) 080-203-8282 · 02-403-5950
  - 해동화재(바로처리 서비스) 080-960-8572 · 02-332-8572

부동액 넣을 때 주의사항

겨울철 부동액을 넣어주는 것은 1차적으로 엔진 동파를 방지하기 위함이지만 2차적으로는 냉각계통을 세척하는 데도 목적이 있다. 따라서 부동액을 주입할 때는 필히 라디에이터 캡을 연 뒤 라디에이터, 실린더 블록, 그리고 히터에 붙어 있는 배수꼭지를 모두 열어 현재 들어 있는 더러운 물을 비워낸 다음 부동액과 물을 적당한 비중으로 섞어서 넣어주어야 한다. 카센터에 가서 그냥 부동액을 넣어 달라고 차를 맡기면 대부분 새로 보충할 부동액량만큼만 기존 냉각수를 뺀 뒤 바로 부동액 원액을 넣는 경우가 많은데, 이렇게 하면 단순히 부동액만을 주입한 것이지 결코 냉각계통을 보호하거나 성능에 대해서는 전혀 신경을 쓰지 않은 것이 되어 버리고 만다.

 ## 브레이크 등(제동등)의 작동 여부를 확인하려면

등화장치의 전구가 끊어진 채 주행하면 다른 차량에게 불편을 줄 뿐더러 자칫 사고를 일으킬 소지가 많으므로 가능한 한 빨리 수리해야 한다.

방향지시등의 전구가 나갔을 때는 계기판의 램프에서 끊어진 쪽이 평상시보다 빨리 깜박거리기 때문에 쉽게 알 수 있고 전조등, 미등, 번호등이 끊어진 것도 차에서 내려보면 쉽게 확인할 수 있다.

문제는 제동등으로, 제동등에 불이 들어오는 것은 브레이크를 밟았을 때 뿐이기 때문에 운전자가 확인하기 어렵다. 제동등의 작동 여부를 알아보는 가장 손쉬운 방법은 야간에 주차할 때나 교차로에서 일시 정지할 때 브레이크를 밟아서 뒷벽이나 후속차에 제동등이 반사되는가를 확인하면 된다.

 ## 브레이크 오일도 교환을

자동차는 달리는 것도 중요하지만 더욱 중요한 것은 정지하는 것이다. 자동차가 멈추는 데 결정적인 역할을 하는 것이 바로 브레이크 오일이다. 브레이크 오일은 흡수성이 강한 글리콜이 주성분이기 때문에 1년 정도 경과하면 3~3.5% 정도의 수분이 흡수되고 그에 따른 비점이 내려감에 따라 여름철에는 베이퍼록 현상이 일어나 브레이크의 기능을 상실할 위험이 있고, 겨울철에는 점도가 높아져 제동거리가 길어지게 된다. 또한 복원하는 시간이 길어져 라이닝의 마모가 증대되기 때문에 1년 정도 사용한 브레이크 오일이라면 미리 교환해 주는 것이 올바른 관리 방법이 된다.

빗길 운전과 수막현상

폭우 등으로 인해 주행 노면에 10mm 정도 물이 계속해서 고이는 도로에서 고속으로 주행하면 타이어와 노면 사이에 수막이 생겨 마치 물 위에서 수상 스키를 타는 것과 같은 경우가 되는데, 이를 수막현상(Hydroplaning)이라 한다. 수막현상은 보통 시속 90km 정도의 고속에서 발생한다. 타이어가 마모되었을 때에는 그보다 느린 속도에서도 발생한다. 수막현상을 방지하기 위해서는 저속 운전을 하고 타이어의 공기압을 높이며, 핸들이나 브레이크를 함부로 조작하지 않도록 해야 한다.

산성비 맞은 뒤에는 곧바로 세차를

자동차가 산성비를 맞은 뒤 햇볕을 쪼이면 수분은 증발해 버리고 산성분만 남아 자동차 겉면 페인트를 부식시킨다. 세차를 해도 빗방울이 튄 것 같은 흠집이 남는 것은 바로 이 때문이다. 이렇게 생긴 흠집은 아무리 닦아도 지워지지 않으므로 도색할 수밖에 없다. 산성비로 인한 부식을 막으려면 비가 내린 후 곧바로 세차하는 게 최선이다.

상식으로 알아두어야 할 자동차 용어

- **1 Box** : 차체의 구조가 하나의 상자 개념으로 만들어진 차량으로, 공간의 효율이 가장 높은 차량이며, 주로 미니 밴이나 화물용 밴 등이 이 구조를 가진다.

- **1.3 Box** : 1 Box 구조의 차량은 정면 충돌 사고시 인명의 피해가 많아 이를 보완하기 위하여 앞바퀴를 운전자보다 앞쪽으로 옮겨 정면 충돌시의 충격을 흡수하도록 한 것이다.

- **1.5 Box** : 1.3 Box 구조에서 엔진까지도 운전자 앞쪽으로 이동시켜서 차체의 앞쪽을 강화시킨 형태를 취한 구조이다.

2 Box : 엔진룸과 객실이 구분되어 크게 두 개의 공간으로 나누어진 구조이며, 대부분의 해치백형 승용차와 지프류의 차량이 이 구조의 차체를 가지고 있다.

3 Box : 엔진룸, 객실 그리고 화물공간으로 나누어지는 구조이며, 대개의 정통적인 세단형 차량이 여기에 속한다.

스킨 체인지(Skin Change) : 차량의 구조는 바꾸지 않고 외관의 형상만을 바꾸는 것을 말한다.

엠블렘(Emblem) : 일반적으로는 배지와 표장을 말하고 메이커와 차의 이름 등을 디자인하여 마크로 만든 것을 엠블렘이라 한다.

풀 모델 체인지(Full Model Change) : 차량의 전체 스타일과 구조를 변경하는 것을 말한다.

퓨전 카(Fusion Car) : 서로 다른 형태의 자동차가 하나로 결합된 형태, 즉, 승용차와 SUV 또는 RV의 특징을 모두 가지고 있는 차량 등을 부를 때 퓨전 카라고 한다.

프로토 타입(Proto Type) : 주로 시험제작 차량을 뜻하는 말로써 대량생산 이전 단계에서 설계 검증 및 실험 등의 목적으로 제작되는 차량을 말한다.

RV(Recreational Vehicle) : 본래 레저용 차량으로 미국에서 볼 수 있는 버스 형태의 이동 가옥의 의미였으나, 현재는 그 의미가 확대되어 지프, 왜건, 미니 밴 등에 모두 RV라는 이름을 쓰게 되었다.

SUV(Sports Utility Vehicle) : RV 중에서도 주행 성능에 초점이 맞추어진 지프류의 차량을 말한다.

롤 바(Roll Bar) : 레이싱 머신(Racing Machine) 등에서 운전자의 머리 뒤쪽에 장착된 반원형의 파이프 구조물로써 차량 전복시에도 운전자의 머리 공간을 확보하여 부상을 막기 위한 구조물이다.

■ **벨트 라인(Belt Line)** : 차체에서 유리창과 차체의 벽체를 수평으로 구분하는 경계선을 이르는 말이다.

■ **보디 사이드 트림(Body Side Trim)** : 트림은 내장을 말한다. 승객이 접촉하는 보디 내부의 부분은 충격 때 쿠션 역할을 하도록 패드 재료가 채워지고 몰딩도 쓰고 있다. 또 도어 안쪽은 도어 트림, 플로어 부분은 플로어 트림이라 한다.

■ **선 바이저(Sun Visor)** : 운전자의 눈을 태양의 직사로부터 지켜주기 위한 햇빛 가리개. 보통 때는 앞창 위에 접어두었다가 햇빛이 들어오면 펴서 가린다.

■ **슬라이드 도어(Slide Door)** : 승용차와 달리 원박스 카에서는 앞뒤로 움직이는 슬라이드 도어가 널리 쓰인다. 도어가 열리는 부분이 크고, 좁은 장소에서 짐을 싣고 부리는 데도 편리하다.

■ **시트 어저스터(Seat Adjuster)** : 운전자(또는 승객)의 체위에 맞게 수동 또는 자동으로 전후, 좌우, 상하 방향으로 조절하는 장치를 말한다.

■ **암 레스트(Arm Rest)** : 승객이 차 안에서 편안한 자세가 되도록 팔꿈치를 올려놓게 한 것. 일반적으로 도어의 안쪽 부분에 붙어 있고 뒷좌석의 중앙에 위치하여 등받이 부분과 함께 쓸 수 있도록 되어 있다.

■ **어시스트 그립(Assist Grip)** : 차를 몰 때 운전자는 핸들을 잡고 있어서 몸의 안정을 유지할 수 있지만, 다른 승객은 그렇지 못하다. 이를 위해 마련된 것이 어시스트 그립으로 손잡이의 하나이다. 대부분이 도어 위쪽에 잡을 수 있게 붙어 있으나 뒷좌석 승객을 위해 앞좌석의 등에 붙어 있는 것도 있다.

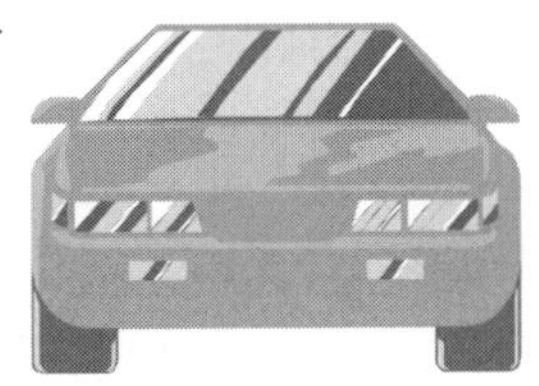

■ **웨더스트립(Weatherstrip)** : 도어를 닫았을 때 꼭 맞게 밀폐되고 비와

물, 먼지 등이 실내로 들어오지 못하도록 도
어와 차체 사이에 마련된 탄성고무나 스
펀지. 도어를 여닫을 때의 충격이나 달리
는 중에 도어가 진동되는 것을 막는 구실도
한다. 도어뿐 아니라 트렁크 룸의 밀폐를 위해 쓰는 것도 스트립이다.

윙커(Winker) : 깜박이 또는 플러셔라 한다. 우회전, 좌회전에 앞서 뒤
차나 보행자에게 신호하기 위해 깜박이는 등이다. 차의 앞뒤와 양옆에
있다. 방향지시등(Turn Signal Lamp)이라고도 한다.

차일드 록(Child Lock) : 차가 달리는 중에 어린이들의 장난 등으로 도
어가 열리는 일이 없도록 뒤쪽 도어를 차내에서는 열 수 없게 한 메커
니즘이다.

패키지 트레이(Package Tray) : 글로브 박스 밑에 노트와 지도 등을
둘 수 있게 한 접시 모양의 부분으로 보조적인 수장공간이 된다.

헤드 라이닝(Head Lining) : 천장 내장을 헤드 라이닝이라 한다. 엷은
완충제가 들어 있고, 실내의 무드를 높이고 있다.

헤드 램프(Head Lamp) : 흔히 헤드 라이트라고도 하며, 밤길 주행을
위한 조명등이다. 일반적으로 100m 이상 앞의 장애물도 확인할 수 있는
밝기여야 한다. 헤드 램프는 빛을 아래쪽으로도 비출 수 있게 해야 한다.

헤드 레스트(Head Rest) : 시트의 절대적인 구성 요소로 차체 충격시
승객의 두부에 후반 각도에서 충격을 완화하여 두뇌손상을 경감하는 장
치이다.

상황별 조치 요령

• **시동이 안 걸릴 때** - 경음기를 눌러 보고 소리가 작으면 배터리가 약한
것이므로 배터리 약이 정상인지 확인한다. 전기가 다 나가 버렸으면 배
터리 연결 케이블로 다른 차에서 지원을 받아 엔진 시동 후 충분히 충

전한 다음 출발한다.

- **전조등이 켜지지 않을 때** - 전조등 전구의 필라멘트가 끊어진 경우 비상 전구가 있으면 갈아 끼우고 비상 전구가 없으면 대부분 자주 쓰는 근 등의 심선이 먼저 끊어지므로 전조등의 윗면을 1/3 정도 테이프 등으로 가려서 원등을 이용해 운행할 수 있다.
- **기어 변속이 안 될 때** - 케이블식 클러치의 경우에는 클러치의 케이블이 끊겼거나 유격이 과다해서이며, 유압식 클러치는 리저브 탱크의 오일 부족 때문이거나 기름이 새서 압력 전달이 안 되기 때문이다. 따라서 기름이 새는 정도가 적으면 클러치 액을 보충하고 더블 클러치를 밟아 주면 기어가 들어간다.
- **핸들이 한쪽으로 쏠릴 때** - 한쪽 타이어에서 공기가 새거나 펑크, 휠 얼라이언먼트가 불량해서일 때가 많다. 타이어에 공기를 주입하거나 새 타이어로 교환해야 한다.
- **타이어에 펑크가 났을 때** - 앞 타이어가 펑크 나면 핸들이 펑크 난 쪽으로 돌아가려고 하며, 뒤 타이어가 펑크 나면 좌우로 기우뚱거리면서 헤엄치는 것 같은 느낌을 준다. 즉시 예비 타이어로 교체한다.
- **충전 경고등이 들어왔을 때** - 충전 경고등이 들어오면 얼터네이터에서 축전지로 충전이 안 된다는 뜻으로, 팬 벨트가 끊어지거나 얼터네이터 자체에 이상이 생긴 것이다.
- **오일 압력 경고등이 들어올 때** - 엔진 시동을 끄고 4~5분 정도 기다렸다가 오일 레벨 게이지로 엔진 오일량과 점도를 점검한 후 부족하면 보충한다. 만약 오일량이 정상이면 오일 스위치 배선이 떨어지지 않았나 확인하고, 이상이 없는데도 오일 압력 경고등이 들어오면 가까운 정비 공장에 문의 조치를 하도록 한다.

새차 구입 요령

카탈로그 분석

자동차 영업소에서 쉽게 구할 수 있는 카탈로그에는 자동차에 대한 자세한 정보가 담겨 있다. 그러므로 구입하고자 하는 자동차와 동급의 경쟁 자동차 카탈로그를 구해서 세밀히 분석해 본다.

구입 운전자의 경험 청취

구입하려고 생각하는 자동차를 이미 구입한 운전자가 있다면, 운전자에게 부탁하여 실제로 운전을 해보거나 운전자에게 차량 성능 및 운전 편의성과 승차감 등의 의견을 들어본다.

영업소 방문

카탈로그 분석이 끝났으면 해당 자동차를 판매하는 영업소를 방문하여 실제로 자동차를 보고 아래 사항을 꼼꼼히 체크해 본다.

- **가격** : 자동차의 옵션에 따라 자동차 가격은 천차만별이기 때문에 자신이 선택한 옵션을 포함한 자동차의 정확한 가격을 알아봐야 한다. 옵션의 선택은 구입하는 소비자 마음이지만, 기본으로 제공되는 사양과 옵션 사양에 대해 정확한 이해가 필요하다. 옵션을 전혀 장착하지 않은 기본형을 선택할 수도 있지만, 에어컨과 파워 핸들 정도는 선택하는 것이 추후에 추가 장착으로 인한 낭비를 줄일 수 있다.
  영업사원에게 중고 자동차의 가격에 대해서도 문의한다. 자동차를 폐차할 때까지 소유할 것이 아니라면 중고 시장에서 높은 가격을 받고 있는 자동차를 구입하는 것이 좋다.
- **시승** : 실제로 전시되어 있는 자동차의 운전석에 앉아서 자동차의 내부를 살펴본다. 가능하면 직접 시운전을 해보는 것이 가장 좋지만, 여의치 못할 경우 조수석에라도 앉아서 자동차의 주행 성능이나 승차감을 확인한다.
- **단종 여부 파악** : 자동차를 구입하자마자 단종되어 중고 자동차 가격이 많이 내리는 경우가 있으므로 구입하고자 하는 자동차의 단종 여부를 확인해야 한다. 그리고 모델 체인지가 있는 경우에도 모델 체인지 된 후에 구입하는 것이 좋다. 단종되는 모델이라는 것을 알고 있으면 소비자가격보다 싸게 구입할 수도 있다.

계약 전 계약서 내용 확인

구입하려는 자동차를 선택하고 계약을 할 경우에는 계약서의 내용을 세 번 확인해야 한다. 계약서에 도장을 찍고 나면 모든 일이 끝나기 때문에 지금까지 자동차를 구입하기 위해 연구하고 탐색한 모든 내용에 대한 결과가 제대로 담겨 있는지 확인해야 한다. 특히 옵션과 할부 조건, 가격 등에 대해서 다시 한 번 꼼꼼히 따져본다.

 ## 새차 길들이기

새차를 길들일 때 고속도로를 주행해야 한다고 생각하거나, 엔진을 길들이는 것으로 생각하는 것은 잘못된 인식이다. 새차를 길들인다는 것은 조립 공장에서 조립된 부속품들의 제자리를 잡아주는 것을 의미한다.

제자리 잡기 위한 방법

최초 2,000km까지 주행하는 요령에 따라 차량의 수명, 성능이 좌우된다.

- 2,000km까지는 과속, 급가속, 급제동을 삼가야 한다.
- 엔진 회전수를 약 3,000rpm 이내로 주행한다.
- 속도에 맞는 변속을 한다.
- 장시간 엔진 공회전을 시키지 않는다.
- 80km 이상 장시간 운행을 계속하지 않는다.
- 비포장 도로는 가급적 피한다.

 ## 스탠딩 웨이브 현상

고속주행할 때 일정 속도 이상이 되면 타이어 접지부의 바로 뒷부분이 부풀어 물결처럼 주름이 잡히는 현상이 생기게 되는데, 이를 스탠딩 웨이브(Standing Wave) 현상이라 한다. 이런 경우 타이어 내부에 고열이 생겨 변형이 커지며 끝내는 타이어가 파열되기도 하므로 충분히 주의하여야 한다. 고속도로 주행시에는 미리 타이어의 공기압과 마모·훼손 상태를 점검하도록 한다.

 ## 시동이 안 꺼질 때는

매우 드문 경우이긴 하나 여름철에 시동을 꺼도 잘 꺼지지 않는 경우가 있다. 이는 연속 장거리 운행 등으로 인한 엔진 과열이 주원인이며, 엔진 조정이 잘 되어 있지 않아 일어나는 경우도 있다. 이때 핸드 브레이크를 작동시킨 다음 1단 기어를 넣고 클러치 페달에서 발을 떼면 자동차가 덜컥 하

면서 꺼지게 되지만 엔진과 클러치 변속기 등 모든 부분에 무리를 주게 된다. 따라서 시동이 안 꺼질 때는 당황하지 말고 먼저 키를 빼고 보닛을 연다음 융걸레 등으로 에어클리너 입구를 꽉 막으면 공기가 차단되어 시동이 꺼지게 된다.

야간 운전시의 감각 저하 현상

야간 운전, 특히 한적한 도로에서의 운전 시계(視界)는 전조등이 비추는 범위 안에 한정되어 있어서 노면과 앞차의 미등밖에 보이지 않는 단조로운 시계가 된다. 따라서 운전자는 눈의 동작이 활발하지 못하고 반응도 둔해져서 졸음 상태에서 주행하게 되는데, 이를 감각 저하 주행이라 한다.

또 밤에는 앞차의 미등을 목표로 해서 주행하는 경우가 많은데, 이렇게 앞차를 따라서 가다가 단독으로 주행하는 경우 우측 차선을 목표로 주행하게 된다. 이때에 전방에 주차하고 있는 차가 있을 경우, 운전자는 차의 미등빛을 보고 주행하고 있는 차인지 주차하고 있는 차인지를 쉽게 판단하지 못하고 순간적으로 앞차가 주행하고 있는 것으로 착각하여 사고가 발생하게 된다.

약물복용과 운전

음주와 마찬가지로 마약류 등의 약물복용은 신경반응 및 운동능력 등을 저하시켜 안전운전에 치명적인 악영향을 미치므로, 이러한 약물 복용자는 절대 핸들을 잡지 말아야 한다. 종류별 특성은 다음과 같다.

- **마약** : 중추신경을 진정시키는 작용으로 졸음과 함께 정신이 집중이 되지 않고 시력장애 또는 나른함을 느끼게 된다. 일시적인 쾌감, 도취감, 무감동을 일으킨다. 습관성이 있기 때문에 사용을 중지하면 극심한 고통이 뒤따른다.
- **대마초(마리화나)** : 습관성이 있고 극심한 흥분과 공포에 빠지게 하거나 환각을 일으키는데, 차츰 졸음이 오면서 나중에는 혼수상태가 된다.
- **항히스타민제** : 감기, 알레르기성 질환에 사용되는 약물로 중추신경의 진정작용과 함께 부주의·혼란·졸음 등의 부작용을 일으키며, 사람에

따라 환각증세가 나타나기도 한다.

- **필로폰** : 처음에는 신경자극과 함께 작업능률이 높아지는 경향을 보이지만 나중에는 두통·어지럼·집중력 감퇴와 함께 극심한 피로를 일으킨다.
- **트랭퀼라이저** : 근육 긴장을 풀어주거나 정신 불안의 해소 등 진정작용을 하지만 많이 사용하면 졸음과 함께 어지럼·시력감퇴 현상이 생기며 습관성 중독증상을 일으킨다.
- **카페인 성분의 약물** : 신경을 흥분시켜 일시적으로 졸음과 피로를 덜 수 있으나 멍한 상태에서는 주의력 집중이 되지 않고 더욱 피로해진다.
- **시너·본드 냄새** : 졸음과 어지럼, 집중력이 감퇴되며, 심하면 혼수·인사불성·환각증세가 나타나기도 한다.
- **진정제·신경안정제·수면제** : 주로 대뇌의 지각·운동 중추의 병적 흥분을 억제하는 효과의 약물로, 다량 복용하는 경우 정상적인 기능마저 상실한다.

 여성 운전자를 위한 안전수칙

■ 생리 중엔 운전하지 말자

여성들은 생리 기간 동안 판단력과 반사신경이 감소되는 경우가 많다. 때문에 주의력이 떨어져 사고 발생 가능성이 높다. 따라서 생리 중에는 가급적 운전을 안 하는 게 좋다.

■ 미니스커트와 하이힐은 금물

몸에 꼭 붙는 짧은 스커트와 높은 굽이 있는 신발은 운전에 불편을 준다. 순발력이 필요한 상황에서는 적절한 대응을 어렵게 만들어 사고 위험이 커진다. 부득이한 경우 차 안에 편한 신발을 두고 운전시 갈아 신는 게 바람직하다.

■ 범죄 예방책을 실천하자

백화점이나 고급 주택가 주차장에서 여성 운전자를 상대로 한 범죄가 많이 발생하므로 주의한다. 혼자 운전할 때는 사치스러운 치장으로 주위의 시선을 끌지 않도록 조심해야 한다. 또 인적이 드문 곳에서 혼자 운전하는 것은 삼가고, 승차 후에는 차 문을 밖에서 열지 못하게 잠가두는 게 좋다. 필요 이상으로 바짝 접근하는 차는 피해야 한다.

연료 절약 운전 기법

에너지 절약형 차종 선택

자동차는 과시품이 아닌 교통의 수단이므로 에너지 소비 효율이 높은 차를 선택한다. 경차·소형·중형·대형차의 종류에 따라 연료비가 30~60% 차이가 나며, 배기량이 높은 중·대형 차일수록 연비가 낮을 뿐 아니라 배기 오염물질도 과다 배출하게 된다.

급출발 · 급가속 · 급제동 금지

급작스런 출발이나 가속은 정상적인 상황보다 2~3배 정도 연료가 더 소비될 뿐 아니라 타이어의 마모를 촉진시킨다.

불필요한 공회전 금지

공회전은 기온차에 따라 적절히 해야 하는데, 여름철에는 시동을 건 뒤 곧바로 출발해도 되며, 추운 겨울철에도 2분 이내면 된다.

적절한 기어 변속

기어 변속은 차량의 속도, 도로의 상태, 교통량 등의 여건에 맞춰 신속히 실시하여야 한다. 엔진에 무리가 없는 한 고단 기어를 사용하여 주행하는 것이 연료를 절약한다.

타이어 공기압의 수시 점검

타이어 공기압이 과다하면 타이어의 이상 마모, 진동시 무게중심의 악화 등을 초래하므로 최소한 1주일에 한 번 정도는 점검한다. 타이어 공기압이 표준보다 30% 낮으면 연료는 10% 더 소모된다. 반대로 표준보다 30% 높으면 8%의 연료 낭비가 따른다. 또 공기압이 높이면 타이어 중앙 부분이 빨리 마모되어 수명이 짧아지고, 접지면과의 마찰력이 저하되어 제동거리도 길어진다. 알맞은 공기압은 안전운행과 연료절감에 도움이 된다.

불필요한 물건 적재 금지

자동차의 중량은 연료 소비에 커다란 영향을 미친다. 특히 트렁크 안에는 예비 타이어와 고장을 대비한 부품, 기본 공구 이외에는 싣고 다닐 필요가 없다.

경제속도 유지

주행 중 급격한 속도 변화는 피하고 가급적 연료가 적게 소비되는 경제속도에서 도로 및 기타 제반 여건이 허용하는 한 정속주행을 한다.

에어컨의 적정 가동

에어컨을 사용하게 되면 주행속도의 변화에 따라 최대 20% 정도 연료 소비가 증가되므로 오르막 길이나 체증이 심한 시내 주행시에는 가능한 에어컨 사용을 줄이고, 장시간 주행시에는 1시간 간격으로 에어컨을 끄고 창문을 열어 환기시킨다.

핸드 브레이크는 당기지 않았나?

초보 운전자 중에는 핸드 브레이크를 당긴 채 운행하는 경우가 가끔 있다. 핸드 브레이크를 당긴 채 달리면 브레이크를 걸면서 달리는 것과 같으므로 여분의 마찰저항이 생겨 연료가 더 소모된다.

휠 밸런스 점검

타이어 밸런스, 휠 얼라이언먼트 조정 등 타이어와 관련된 부분이 잘못되면 달릴 때 필요 없는 저항이 늘어 연료가 더 소모된다.

영업소 전시 자동차는 싸게 살 수 있다

영업소에서 전시되었던 자동차는 많은 사람들이 자동차를 살펴보기 위해 앉고, 열고, 만지고 했기 때문에 내장과 외장이 조금 낡고 흠집이 있을 수 있다. 하지만 성능상에 문제가 없다면 이렇게 전시되었던 자동차를 싸게 구입하는 것도 좋은 방법이다.

 ## 오토매틱 차량 정차 시간이 길어지면 기어를 N으로

신호 대기를 하거나 잠시 정차할 때 30초~1분 이내이면 괜찮지만 1분 이상일 때에는 기어를 N으로 바꾸어야 변속 레버를 보호할 수 있다.

 ## 워셔 액이 잘 안 나올 때는

워셔 액이 있는데도 잘 뿜어져 나오지 않거나 힘없이 나오면 노즐이 막힌 경우가 많다. 이때는 가는 철사로 뚫어주면 된다. 그래도 워셔 액이 나오지 않으면 워셔 탱크에서 노즐까지 이어진 파이프가 풀어졌을 가능성이 있으므로 정비소에서 수리한다.

와이퍼가 움직이지 않을 때는 퓨즈 박스를 열어 퓨즈가 끊어졌는지 확인, 교환한다. 잘 닦이지 않거나 잡음이 날 경우 고무 블레이드를 교환한다. 블레이드는 소모품이므로 6개월~1년 정도 쓰고 바꾸어 주는 것이 좋다.

 ## 월동용 타이어 제대로 알기

■ 스노 타이어

겨울만 되면 누구나 상비품으로 생각할 정도로 널리 알려져 있고, 얼어붙은 노면이나 눈이 다져진 길을 제외하고는 비교적 뛰어난 성능을 발휘한다. 그러나 일부 초보 운전자들은 겨울에 스노 타이어만 끼우면 모든 도로에서 만능일 거라 여기지만 이는 위험천만한 생각이다. 스노 타이어는 물기가 있는 눈길이나 빙판 길 또는 산길 주행에서는 큰 효과를 기대하기 어렵다. 눈이 막 내려 쌓이기 시작하는 눈길에서는 기분 좋게 달리지만 빙판 길에서는 반드시 체인을 장착해야 한다는 점에 유의해야 한다.

■ 스노 스파이크 타이어

스노 타이어에 스파이크(못)를 꽂아 넣어 얼어붙은 노면에 잘 적응하도록 제작된 타이어로, 못의 구조나 수 및 설치 위치에 따라 성능에 차이가 있고 빙판 길에서는 다른 어느 타이어보다 큰 효과가 있지만 건조한 도로에서는 체인과 마찬가지로 노면을 손상시키게 된다. 또한 빙판 길 주행용으로는 최상급이지만 눈길에서는 구르는 힘과 멈추는 힘이 그리 강하지 못해 역시 체인을 휴대하는 것이 안전하다. 스파이크 타이어를 사용할 때는 지난 겨울에 장착했던 회전 방향을 확인하여 그대로 사용해야 하며, 잘못 장착할 경우 사용 중 스파이크(못)가 빠져나가게 된다.

▪ 타이어 체인

타이어에 체인을 감아주면 눈길이나 얼어붙은 노면을 주행하는 데 큰 효과가 있고, 직진 주행시 뛰어난 견인력을 발휘하지만 승차감이 불량하고 커브 길에서는 자칫 옆으로 미끄러지기 쉬운 결점이 있어 각별히 주의해야 한다. 지난해 쓰던 체인은 사용 전에 녹이 슬거나 마모가 심한 부분을 가려 내 손질 또는 교환해 둘 필요가 있다. 특히 체인 밴드와 클립이 제대로 보관되어 있는가를 확인해 보고 밴드는 2개 정도를 여벌로 마련해 두는 것이 좋다.

▪ 4계절 타이어

4계절 타이어는 쾌청한 날, 비오는 날, 미끄러운 길, 눈길에도 모두 적응할 수 있도록 특수 설계한 타이어이다. 4계절 타이어는 미끄러운 길에서 일반 타이어보다 제동 능력이 높고 엷은 눈이 내린 구간에서는 일반 타이어보다 유리하지만 다져진 눈길 또는 빙판에서는 무용지물이어서 전혀 효력을 발휘하지 못한다. 이런 사실을 모르고 겨울 전용 타이어라는 판매상의 말만 믿고 4계절 타이어를 끼웠으므로 겨울을 그냥 날 수 있다고 맹신하는 것은 금물이다. 따라서 특히 첫눈이 내리기 전인 초겨울에는 조심해야 하며, 고갯길이 있는 먼 곳을 갈 때는 반드시 체인을 휴대해야 한다.

▪ 월동 준비를 못했을 때

미처 월동 장비를 준비하지 못했는데 차량을 운행하다 눈을 만나면 당황하게 된다. 이럴 때는 차를 세우고 타이어의 공기압을 20% 정도 낮추는 것이 좋다. 그렇다고 스노 타이어를 끼었을 때처럼 높은 접지력을 기대할 수는 없지만 그대로 달리는 것보다는 훨씬 안전하기 때문이다. 요즘의 타이어는 상당한 접지력을 가지는 컴파운드를 쓰고 있어 어느 정도 공기압을 낮추면 눈길에서도 접지 성능이 좋아지게 된다. 공기압을 낮춘 상태로 눈길을 무사히 빠져나왔을 때는 고속주행을 해서는 안 되며, 반드시 공기압을 다시 높여주어야 한다.

 음주운전 기준 및 처벌

알코올이 운전자에 미치는 영향
- 이성과 판단력이 둔화되어 의사결정 능력이 떨어진다.
- 주의력과 반사능력이 저하되고 시각·청각 장애로 조작 동작에 착오를 일으킨다.
- 속도감과 거리 감각이 둔해져 과속, 난폭운전을 하게 된다.
- 처벌이 두려워 도주 등 제 2의 과오를 저지르기 쉽다.

음주 상태의 기준
- 운전이 금지되는 술에 취한 상태의 기준은 혈중 알코올 농도가 0.05% 이상이며, 술에 만취된 상태는 0.1% 이상을 말하나, 이 상태 이하라도 술을 마신 상태에서는 운전을 하지 않는 것이 안전하다.
- 일반적으로 음주운전의 기준이 되는 혈중 알코올 농도 0.05%는 사람의 체질이나 심신 상태 등에 따라 개인차가 많으나, 보통의 성인 남자가 (음주 후 30~60분 경과한 기준) 소주 2잔 반 정도 마셨을 경우에 해당된다(캔맥주 2캔, 양주 2잔, 포도주 2잔).

처벌의 기준

결과 ＼ 알코올 농도	0.05%~0.1% 미만	0.1% 이상
사고가 없을 때 대물사고	100일간 면허 정지 형사 입건	면허 취소 형사 입건
대인사고	면허 취소 형사 입건	
음주 측정 불응	형사 입건, 면허 취소(측정 결과 불복 시에는 재측정 가능)	

※ 형사 입건시 : 2년 이하의 징역 또는 500만 원 이하의 벌금

자동차 이름의 의미

국내

- **TICO(티코)** : 영어로 작다는 의미의 Tiny와 튼튼하다는 뜻인 Tight의 앞 두 글자 TI, 편리하다는 뜻의 Convenient, 아늑하다는 뜻의 Cozy, 그리고 친구라는 뜻의 Companion, 경제적이다는 뜻의 Economic의 두 글자 CO를 조합한 단어.
- **MATIZ(마티즈)** : 뉘앙스 느낌의 뜻을 지닌 스페인어.
- **LANOS(라노스)** : 라틴어인 라토스(Latus ; 즐거움)와 노스(Nos ; 우리)의 합성어.
- **NUBIRA(누비라)** : 우리말 누비다에서 따온 순 우리말 이름으로 세계를 누비는 우리의 차라는 의미.
- **LEGANZA(레간자)** : 이탈리아어 Elagante(우아함)와 Forza(파워)의 합성어. 또한 새롭게 다가온 강자란 의미의 來强者(래강자)를 영문 표기한 것으로 과거 중형차 시장에서의 대우의 명성을 되찾을 수 있는 새로운 강자란 의미를 지님.
- **MAGNUS(매그너스)** : 위대한 (Great), 강력한(Might), 품위 있는(Noble) 등의 뜻을 가진 라틴어.

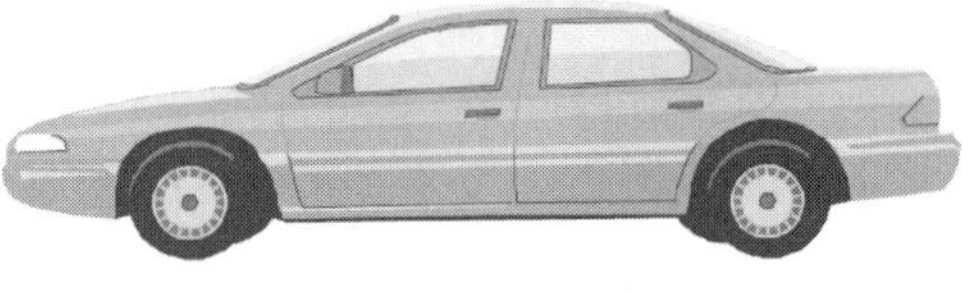

- **ARCADIA(아카디아)** : 그리스어로 고대 그리스의 산 속에 있는 이상향을 뜻함.
- **REZZO(레조)** : 시원하고 상쾌한 바람이 부는 안락한 쉼터란 의미의 이탈리아어.
- **DAMAS(다마스)** : 친한 친구들이라는 뜻의 스페인어.
- **LABO(라보)** : 일하다, 도전하다라는 뜻의 그리스어.
- **LEMANS(르망)** : 프랑스 서북부의 도시 이름. 세계 4대 자동차 경주의 하나인 르망 24시가 열리는 곳으로, 자동차 경주로 유명한 도시 이름을 통해 스포티한 스타일과 성능을 표현함.
- **CIELO(씨에로)** : 스페인어로 하늘이라는 뜻.
- **NEXIA(넥시아)** : Next Generation Idea의 조합어.
- **ESPERO(에스페로)** : 스페인어로 희망하다, 기대하다라는 뜻.
- **PRINCE(프린스)** : 영어로 왕자라는 뜻.

- **BROUGHAM(브로엄)** : 중세 유럽 귀족이 타던 유개 마차라는 뜻.
- **CHAIRMAN(체어맨)** : 의장, 회장 등을 뜻하는 영어 단어로 고품격 이미지를 표현.
- **ISTANA(이스타나)** : 말레이어로 궁전이란 의미.
- **MUSSO(무쏘)** : 코뿔소를 의미하는 순 우리말인 무소를, 강인함을 강조하기 위해 경음화한 브랜드 네임.
- **KORANDO(코란도)** : 한국인은 할 수 있다(Korean can do)라는 영문 합성어.
- **ATOZ(아토스)** : A에서 Z까지(A to Z).
- **VERNA(베르나)** : 이탈리아어로 청춘, 열정의 뜻을 지닌 파생어.
- **AVANTE(아반테 XD)** : 전진, 발전, 앞으로라는 뜻을 지닌 스페인어. XD는 Excellent Driving의 약자.
- **EF SONATA(EF 쏘나타)** : 피아노 독주곡을 말하며, 조화로운 승용차임을 상징. EF는 Elegance Feeling의 약자.
- **TIBURON(티뷰론)** : 스페인어로 상어를 뜻함.
- **GRANDEUR(그랜저 XG)** : 영어로 웅장, 장엄, 위대함을 뜻함. XG(Extra Glory)는 최고의 영광을 의미.
- **EQUUS(에쿠스)** : 라틴어로 개선장군의 말, 멋진 마차, 천마를 의미하며, 영어로는 세계적으로 독특한 독창적인 명품 자동차(Excellent, Quality, Unique, Universal, Supreme automotive)를 의미.
- **LAVITA(라비타)** : 이탈리아어 LaVita(풍요로운 삶)를 한 단어화 함.
- **STAREX(스타렉스)** : 별을 의미하는 영어의 Star와 왕을 뜻하는 라틴어에서 유래된 영어 Rex의 합성어.
- **SANTAMO(산타모)** : Safety and talented motor의 약자. 안전하고 다양한 기능을 가진 다목적인 차를 의미.
- **GALLOPER(갤로퍼)** : 질주하는 말을 나타냄.
- **SANTA FE(산타페)** : 미국 뉴멕시코의 인디언 마을 도시 이름. 휴식, 레저를 상징하며, 일상에서 벗어나 여유와 자유를 추구한다는 의미.
- **TRAJET(트라제)** : 프랑스어로 여행, 여정의 의미.
- **TERRACAN(테라칸)** : 땅, 대지를 뜻하는 테라(Terra)와 왕, 황제를 의미하는 칸(Can:Khan)의 합성어.

- **GRACE(그레이스)** : 에이스(Ace)와 레이스(Race)의 합성어로 날쌔고 민첩한 1등 자동차를 의미. 또한 영어 단어 그대로 우아하고 품위가 있다는 의미도 지님.
- **CHORUS(코러스)** : 음악 용어로 합창을 의미함.
- **COUNTY(카운티)** : 백작이 관할하는 영토에서 유래. 전원의 안락함과 현대적 세련미를 조화시킨 신개념의 중형 버스를 상징.
- **PORTER(포터)** : 높은 산을 등정할 때 필수적인 동반자는 포터, 즉 짐꾼을 의미함.
- **MIGHTY(마이티)** : 강력한, 힘센의 뜻을 담고 있음.
- **LIBERO(리베로)** : 이탈리아어로 자유로운, 활달한, 능동적인 행위자란 의미.
- **PONY(포니)** : 영어로 예쁘고 귀여운 작은 말을 뜻함.
- **EXCEL(엑셀)** : 엑설런트(Excellent ; 우수한, 뛰어난)의 줄임말.
- **ACCENT(액센트)** : 영어의 Accent. 삶의 활력을 의미함.
- **PRESTO(프레스토)** : 음악 용어로 '빠르게'라는 뜻.
- **ELANTRA(엘란트라)** : Elan(불어로 열정) + Tra(Transportation)의 합성어.
- **SCOUPE(스쿠프)** : 스포츠(Sports)+쿠페(Coupe)의 합성어.
- **STELLAR(스텔라)** : 라틴어 Stellaris에서 유래된 것으로 별의, 우수한, 일류의란 뜻.
- **MARCIA(마르샤)** : 이탈리아어로 행진곡을 뜻함.
- **DYNASTY(다이너스티)** : 영어로 왕조를 의미함.
- **VISTO(비스토)** : 스페인어로 경쾌하게, 빠르게라는 의미.
- **RIO(리오)** : 스페인어로 활기차다, 역동적이다라는 의미를 가짐.
- **SPECTRA(스펙트라)** : 영어로 빛의 근원이라는 의미. SR은 Saturn(토성), MR은 Mercury(수성), JR은 Jupiter(목성)의 약어.
- **OPTIMA(옵티마)** : 영어 Optimum(최상, 최적)의 복수형.
- **POTENTIA(포텐샤)** : 힘센, 강력한, 유력한, 잠재적인이라는 뜻을 가진 영어.
- **ENTERPRISE(엔터프라이즈)** : 진취성, 모험심, 기업가 정신이라는 뜻을 가진 영어.

- **CARSTAR(카스타)** : 영어 Car + Star의 합성어. 자동차 중의 으뜸이란 의미.
- **CARENS(카렌스)** : 영어 Car + Renaissance의 합성어. 다시 한 번 부흥기를 열겠다는 기아의 의지를 담음.
- **SPORTAGE(스포티지)** : Sports + Portage의 합성어. 스포츠(레저)와 운반(자동차의 속성)을 조화시킨 자동차로 레저와 업무를 동시에 만족시키는 신감각 자동차임을 의미.
- **CARNIVAL(카니발)** : 영어로 사육제(축제)를 뜻함.
- **BONGO(봉고)** : 영어로 넓은 초원을 날렵하게 뛰어다니는 아프리카 산양을 뜻함.
- **PREGIO(프레지오)** : 이탈리아어로 가치, 명예라는 뜻.
- **CERES(세레스)** : 고대 그리스 신화의 땅. 농사, 풍요의 여신.
- **TRADE(트레이드)** : 영어로 거래, 무역, 고객을 뜻함.
- **RHINO(라이노)** : 영어로 코뿔소, 돈(영어 속어)을 뜻함.
- **PRIDE(프라이드)** : 영어로 긍지, 자랑거리를 뜻함.
- **AVELLA(아벨라)** : 라틴어 Avelo(갖고 싶은) + Illa(그것)의 합성어.
- **SEPHIA(세피아)** : Style Economy Power Hi-tech Ideal Auto의 합성어. 스타일과 경제성, 성능을 만족하는 첨단의 이상적인 자동차라는 뜻.
- **ELAN(엘란)** : 불어의 열정, 열의, 활기, 돌격의 뜻.
- **SHUMA(슈마)** : 라틴어 최고, 가장 중요한 것이라는 Summa의 조어로 퓨마(PUMA)와 스타일상의 이미지 및 유사 발음에 역점을 둔 이름.
- **CONCORD(콩코드)** : 영어로 조화, 화합, 일치를 뜻함.
- **CAPITAL(캐피탈)** : 영어로 으뜸가는, 수도를 뜻함.
- **CREDOS(크레도스)** : 라틴어로 믿다, 신뢰하다, 확신하다의 의미.
- **BESTA(베스타)** : 영어 Best + Ace의 합성어.
- **JUMBO TITAN(점보 타이탄)** : 타이탄은 고대 그리스 신화의 하늘의 신인 Uranos와 땅의 신인 Gaia 사이에서 태어난 힘센 거인으로, 매우 크다는 점보와 타이탄처럼 힘이 세다는 의미를 가짐.
- **BOXER(복서)** : 영어로 권투 선수를 뜻함.
- **SM** : 삼성차의 이름 SM 525V, SM 520V, SM 520, SM 518 등에 나타나는 앞의 SM은 Samsung Motors Sedan을 표시하고 가운데 5는 중

형을 의미하며 뒤 두 자리는 배기량을, 마지막의 V는 V6 엔진을 탑재하였다는 것을 뜻함.

- **YAMUZINE(야무진)** : Yes! Mount the Zone of Images의 이니셜을 조합한 말. 누구나 꿈꾸던 1t 트럭의 새로운 세계를 의미. 또 우리말 야무지다의 형용사형이기도 함.

해외

- **AUDI(아우디)** : 아우디의 창업자인 호르히 박사는 자기 이름과 발음이 비슷한 회렌이라는 단어를 회사명으로 쓰기로 하였는데 회렌은 듣다라는 뜻으로, 라틴어로는 아우디가 된다. 우리가 흔히 쓰는 영어의 오디오라는 말도 이 아우디에서 나온 것이다.
- **BEETLE(비틀)** : 영어로 딱정벌레, 풍뎅이란 뜻. 비틀의 원래 차명은 폴크스바겐(독일어로 국민차란 뜻)이었다. 그러나 2차 세계대전이 끝난 후 전쟁에 참가했던 미군들이 본국으로 돌아가면서 값이 싸면서 실용적인 독일의 국민차 폴크스바겐을 전리품 겸 선물로 구입하게 되었고, 그 생긴 모양이 딱정벌레와 같이 생겼다 하여 비틀로 불려지게 되었다. 이후 미국에 수출되는 폴크스바겐은 차명을 비틀로 사용하게 되었다.
- **BENZ(벤츠)** : 창업자의 이름.
- **BMW** : 1916년 바이에른의 중심지 뮌헨에서 탄생한 바바리아 모터 주식회사(Bayerische Motoren Werke AG)의 약어.
- **BUGATTI(부가티)** : 창업자의 이름.
- **CADILLAC(캐딜락)** : 캐딜락 자동차 회사를 세운 사람은 헨리 릴랜드라는 사람인데, 다른 회

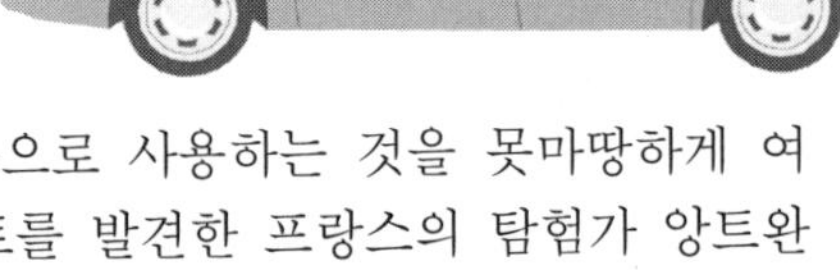

사들이 창업자의 이름을 회사 이름으로 사용하는 것을 못마땅하게 여겼던 릴랜드는, 1701년에 디트로이트를 발견한 프랑스의 탐험가 앙트완느 드 모드 캐딜락 장군의 이름을 따서 회사 이름을 캐딜락이라고 하고 이후 차명으로 사용하였다.

- **CHEROKEE(체로키)** : 미국 인디언 부족의 이름.
- **CINQUECENTO(친퀘첸토)** : 이탈리아어로 생쥐란 뜻. 생긴 모습에서 비롯되었다.
- **COUNTACH(카운타크)** : 이탈리아어로 감염, 전염이란 뜻. 1970년 직원들을 대상으로 한 최초 공개식에서 누군가 쿤타치(Countach)라고

소리쳤다. 이 말은 이탈리아 토리노 지방의 사투리로 감염 또는 전염이라는 뜻으로, 이 차의 전위적인 스타일에 놀라 소리친 이 말이 바로 이 차의 이름으로 붙여졌다.

- **DIABLO(디아블로)** : 이탈리아어로 악마란 뜻.
- **FERRARI(페라리)** : 창업자의 이름. 수퍼 스포츠카의 대명사.
- **LANCIA(란치아)** : 창업자의 이름.
- **MERCEDES(메르세데스)** : 여성의 이름.
- **MUSTANG(머스탱)** : 미국의 서남부 평원에 사는 반(半) 야생마를 가리키는 말로 우리말로는 무스탕이라고 불린다.
- **QUATTRO(콰트로)** : 라틴어로 4를 뜻하며, 4륜구동 방식을 의미.
- **VIPER(바이퍼)** : 영어로 살무사, 독사라는 의미로 강력한 인상을 주기 위해서 지어진 이름.
- **WRANGLER(랭글러)** : 영어로 서부목장의 말을 모는 사람이라는 뜻으로, 편안함보다는 정통 4WD의 스파르탄적인 멋을 가진 차란 의미.

잘못 쓰고 있는 자동차 용어

자동차 분야에선 유난히 잘못된 영어 표현과 일본식 발음이 아무 거리낌 없이 통용되고 있다. 심지어는 이런 용어를 써야 자동차에 대해 많이 알고 있는 것으로 인식하기도 한다.

- **핸들** : 운전대의 정확한 표현은 스티어링 휠(steering wheel)이다. 핸들(handle)은 손잡이라는 뜻으로 자동차에선 도어 핸들을 말한다. 파워핸들도 파워 스티어링이라고 해야 맞다.
- **백미러** : 리어 뷰 미러(rear view mirror)가 정확한 영어 표기다. 룸미러라는 표현은 괜찮다. 백미러는 뒤에 달린 미러로써 승합차나 지프형 차에서 주차 또는 후진 때의 편의를 위해 뒷유리 윗부분에 다는 거울이다. 자동변속기의 셀렉트 레버 옆에는 후진 기어를 B(back)가 아닌 R(rear)로 표시한다. 따라서 백기어는 리어 기어나 후진 기어로 표현하는 게 맞다.
- **밋션, 밋숑** : 트랜스미션(transmission)의 일본식 발음이다. 우리말에 변속기라는 좋은 단어가 있으므로 자동변속기, 수동변속기라고 사용하는 게 좋다.

- **헷도** : 실린더 헤드(cylinder head). 실린더 헤드는 엔진의 뚜껑으로 연료의 연소 압력을 고스란히 받는 부품이다.
- **데후** : 디퍼런셜 기어(differential gear). 엔진의 힘을 직각으로 변환하고 차가 커브를 꺾을 때 안쪽과 바깥쪽 바퀴의 회전차를 허용하면서 동력을 균등하게 바퀴에 공급하는 톱니바퀴다.
- **다시방** : 대시보드(dashboard). 각종 운전정보를 보여 주는 계기판, 오디오, 시계, 공조 시스템 등이 붙어 있는 앞유리 아래쪽 구조물 전체를 말한다.
- **세루모다** : 스타트 모터(start motor) 또는 시동 모터라고 해야 맞다.
- **후렌다** : 앞부분의 바퀴를 덮어주는 철판 부위를 말하는 것으로 펜더(fender)가 정확한 표현이다.
- **잠바카바** : 실린더 헤드 커버. 실린더 헤드에는 캠축과 밸브 장치가 들어 있다. 그 위를 덮어 윤활 오일이 튀지 않도록 해주는 커버를 말한다. 요즘은 엔진 경량화를 위해 플라스틱으로 만들기도 한다.
- **리데나** : 리테이너(retainer) 또는 실(seal)을 말한다. 변속기 출력축이 나오는 부분 등에 변속기 오일이 새지 않도록 부착해 놓은 고무 링. 정식용어는 오일실(oil seal) 또는 O링(O-ring)이다.
- **비후다, 뷰다** : 디스트리뷰터(distributor). 엔진 점화를 위해 고압 발생기에서 나온 고압을 순번에 맞게 점화 플러그로 보내주는 부품이다.
- **링구갈이** : 피스톤 링 교환 작업의 정비 현장 용어. 승용차 엔진은 이 작업이 거의 없지만 상용차 엔진은 피스톤 링이 마모돼 새것으로 교환하는 일이 잦다.
- **오무기어** : 스티어링 기어(steering gear) 또는 조향 기어가 올바른 용어다. 구식 승용차들은 지금의 네 바퀴 굴림차들처럼 스티어링 기어가 웜 기어(worm gear) 방식이었다. 따라서 웜 기어를 오무기어라고 부른 것이다. 지금은 스티어링 기어가 랙&피니언 방식으로 바뀌었으나 계속 오무기어라는 이름으로 불리고 있다.
- **미미** : 엔진 마운트(engine mount). 엔진을 차체에 고정하는 고무 부품. 고무로 만들어져 엔진의 진동을 완충시킨다.
- **찜바** : 엔진 부조 또는 엔진 불안정. 공회전 상태에서 엔진이 털털거리거나 액셀러레이터를 밟았을 때 한 박자 쉬고 가속되는 등 비정상적인 엔진 진동을 뜻한다.
- **우찌바리** : 도어 트림(door trim). 문짝 안쪽의 플라스틱제 내장재다.

여기에 파워윈도 스위치, 오디오 스피커 등이 붙어 있다.

- **시다바리** : 하체. 차체의 아랫부분을 가리키는 말이다. 높은 과속방지 턱을 넘을 때 땅에 닿는 부위다.
- **스베루** : 미끄러짐의 일본말. 클러치 판이 닳아서 엔진 출력을 못 견디거나 팬벨트의 장력이 부족해서 미끄러질 때 스베루가 있다고 말한다.
- **에바** : 에어컨 증발기(evaporator). 에어컨에서 액화시킨 프레온 냉매를 기화시켜 냉기를 생성하는 알루미늄 라디에이터다. 실내 조수석 발 윗부분에 숨겨져 있다.
- **화케이스** : 트랜스퍼 케이스(transfer case). 네 바퀴 굴림차에서 앞·뒷바퀴로 엔진 동력을 연결 및 차단하는 보조 변속기다.
- **구리스** : 그리스(grease). 오일에 증점제를 첨가시켜 엿 모양으로 만든 윤활제다. 주로 베어링 윤활에 사용된다.
- **로아다이** : 로위 암(lower arm). 서스펜션 부품으로 위쪽의 맥퍼슨 스트럿을 지지하는 일을 한다. 어원은 로워+다이(대)로 추정된다.
- **볼 엔도** : 타이 로드 엔드 볼 조인트(tie rod end ball joint). 스티어링 기어에서 나온 타이 로드와 서스펜션이 연결되는 부분은 회전운동과 상하운동을 모두 하기 위해 볼과 소켓 형식으로 된 볼 조인트를 사용한다.
- **쇼바** : 쇼크 업소버(shock absorber). 서스펜션 스프링의 2차 진동을 흡수하기 위한 피스톤이 내장된 완충기.
- **마후라** : 머플러(muffler). 배기 소음기.
- **후앙** : 팬(fan). 엔진 냉각팬.

잘못 알고 있는 자동차 상식

겨울철 워밍업은 5분 이상 해야 한다

냉각수 온도 계기 바늘이 조금이라도 움직이기 시작하면 워밍업은 이미 끝난 셈이므로 바로 출발하면 된다. 보통 아무리 추워도 2~3분 정도면 된다. 지나친 워밍업은 기름만 낭비한다. 대부분의 공회전은 1분가량이면 충분하다.

내리막길에서 시동을 끄고 운전하면 연료가 절약된다

브레이크는 엔진의 진공을 이용한 배력장치의 힘으로 제동력이 생긴다. 따라서 시동을 끄면 엔진에 진공이 안 생기고 배력장치도 작동되지 않아 브레이크 기능이 떨어지므로 매우 위험하다.

■ LPG차 개조는 아무나 가능하다

일반 휘발유 엔진의 승용차를 LPG 연료 차량으로 개조할 수 있는 대상은 장애인이나 국가유공자 차량, 관용 차량, 렌터카에 한한다. 개조시에도 시청이나 구청에서 허가를 얻어 1, 2급 자동차 정비공업사에서 해야 한다.

■ 고속 기계 세차는 편해서 좋다

딱딱한 털이 고속으로 회전하면서 차체에 닿는 기계 세차는 아무래도 차체에 상처가 생긴다. 몇 번 반복되면 차 표면의 작은 상처에 물때나 왁스 찌꺼기가 붙어 차 색상이 변하고 광택도 잃게 된다.

■ 위험한 자동차 액세서리

핸들에 부착하는 작은 공 모양의 손잡이는 충돌 사고시 운전자의 가슴에 부딪힐 수 있어 매우 위험하다. 돗자리나 양털 시트 등을 운전석에 까는 것도 위험하다. 몸이 쉽게 미끄러져 운전자의 무릎 부분이 시동키 부분에 끼여 상처를 입을 수 있기 때문이다.

■ 신호대기 때는 전조등을 끈다

밤길 신호대기 중일 때 무심코 전조등을 끄는 운전자가 많다. 그러나 짧은 시간 전조등 점멸은 전지 소모량 면에서 거의 차이가 없을 뿐더러 잦은 전조등 점멸은 수명 단축의 원인이 된다. 신호대기 중일 때는 그대로 켜두는 게 좋다. 다만 신호대기 순서가 맨 앞에 위치한다면 상대편 차선의 차량에 눈부심이 생기지 않도록 배려해 주는 에티켓은 지켜야 한다.

■ 부동액은 2년마다 갈아야 한다

요즘 나오는 부동액은 성능이 좋다. 업체 역시 장수형 부동액을 사용하기 때문에 10만km를 주행했거나 5년마다 교체해 주면 된다.

■ 가죽시트로 바꿔야 품위가 산다

흔히 신차를 구입할 때 가죽시트 옵션 때문에 고민할 때가 많다. 가죽시트로 바꾸면 품위 있게 보일지는 모르지만 이 역시 비경제적이다. 요즘 나오는 준중형급 이상은 물론 소형차도 전반적인 고급화 추세에 맞춰 방수·방염처리가 잘된 최고급 시트가 갖춰져 있다. 일반 카센터에서 자칫 가죽시트(비닐)를 잘못 달았다간 제 기능을 못할 뿐더러 습기가 차고 곰팡이가 생기는 원인이 될 수 있다.

신차 엔진오일은 1,000km 때 갈아야 한다

옛날 엔진은 마모량이 많아서 엔진오일을 빨리 갈아주는 게 좋았지만 지금은 엔진의 재질과 성능이 훨씬 향상됐기 때문에 신차의 엔진오일은 3,000〜5,000km 주행시 갈아주어도 무리가 없다.

에어클리너는 오일 교환 때마다 바꾼다

공기정화 기능을 담당하는 에어클리너는 보통 엔진오일을 갈 때마다 바꿔주는 것으로 돼 있다. 그러나 요즘 나오는 에어클리너는 수명이 보통 2년이기 때문에 1만km 때마다 바꾸는 엔진오일과는 달리 엔진오일을 2번 갈 때 한 번씩 바꿔주면 된다.

액세서리가 좋다

차량 안에 인형을 줄줄이 달고 다니거나 지프형 차량의 경우 범퍼 가드가 필수품으로 인식되고 있다. 그러나 범퍼 가드와 같은 중량감 있는 액세서리를 많이 달면 정기검사 때 안전검사에 걸릴 뿐더러 연료 소모량과도 직결된다. 차량 내부의 과중한 액세서리도 안전운전을 가로막는 요인이 될 수 있다.

제동력의 한계

자동차는 움직이는 물체이므로 브레이크를 밟았을 때 즉시 정지하지 못하는 것은 당연하다. 급브레이크를 밟는다 해도 바퀴의 회전만 멈출 뿐 차는 노면을 일정 거리까지 미끄러져 나가게 되어 차의 제동력에 한계가 생기게 된다.

주행 중인 차는 운동 에너지를 가지고 있으며, 운동 에너지는 속도의 제곱에 비례해서 커진다. 차의 제동거리 또한 차가 갖는 운동 에너지의 제곱에 비례해서 길어지며, 차의 속도가 2배로 되면 제동거리는 4배가 된다. 비에 젖은 노면이나 빙판 길에서는 마찰력이 낮아지게 되므로 미끄러져 나가는 거리가 더 길어진다.

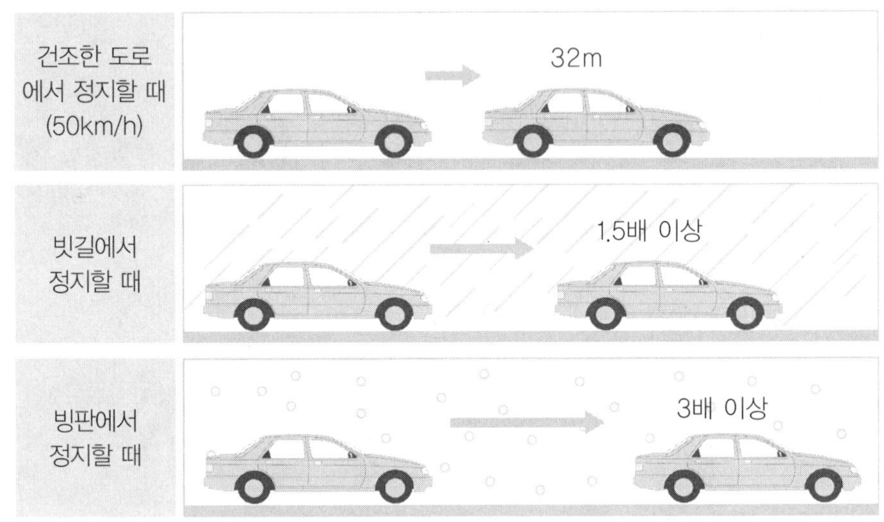

주행 중 브레이크가 잘 안 들을 때

주행 중에 브레이크를 밟았는데 발에 전해지는 느낌이 평소와 다르며 제동력이 떨어진다면 브레이크에 이상이 생긴 것이다. 이때는 당황하지 말고 기어 단수를 서서히 내려 엔진 브레이크를 이용하여 감속한다.

충분히 감속이 되었으면, 핸드 브레이크를 천천히 당겨 정지시킨다. 이때 급격히 핸드 브레이크를 당기면 균형을 잃어 차체가 회전하거나, 브레이크 와이어가 끊어질 우려가 있으므로 주의하여야 한다. 또한 당황하여 엔진 스위치를 끄면 핸들이 무거워 방향성을 잃게 되므로 더욱 위험하다. 차를 정지시켰으면 보닛을 열고 브레이크 액의 양을 점검한 후 보험사 등에 연락하여 필요한 조치를 받는다.

차 안에 벌이 들어왔을 때

운전 중에 벌이 들어와 앞 유리에서 날아다니면 여간 신경 쓰이는 게 아니다. 그렇다고 당황하여 급하게 벌을 몰아내려고 하면 매우 위험하다. 이

때는 우선 창문을 열고 송풍 팬의 스위치를 켠 후, 전면 윈도 쪽으로 바람이 세게 가게 하면 바람에 밀려 벌이 창 밖으로 나가게 된다. 가장 확실한 방법은 차를 세워 몰아낸 후 주행하는 것이다.

 차에서 소리가 날 때

- **끼익끼익 소리가 날 때** - 주행 중 제동할 때마다 끼익 하는 소리가 나는 것은 브레이크 라이닝이 닳아서 그럴 경우가 많으므로 브레이크 라이닝을 교환한다.
- **덜커덩 하는 소리가 날 때** - 속 업쇼버가 고장난 것인데, 완충기는 차의 스프링이 신축될 때 적당한 저항을 주어 차를 지탱하고 노면을 달릴 때 안정성을 유지시켜 준다. 2만km 정도 달린 후에 이 소리가 나면 속 업쇼버를 교환한다.
- **휙휙 하고 바람 부는 듯한 소리가 날 때** - 보닛 쪽에서 바람이 부는 듯한 소리가 나면 발전기 벨트가 느슨해진 것이므로 바로 엔진 시동을 끈 다음 조정 너트를 풀고 팬벨트를 규정의 장력으로 잡아당긴 다음 너트를 돌려서 조여주면 이 소리가 나지 않는다.
- **삐익삐익 하는 소리가 날 때** - 주행 중 핸들을 돌릴 때마다 삐익 하고 철대문이 닫히는 것 같은 소리가 날 때는 스티어링 기어 박스나 핸들에 결함이 발생한 것이므로 수리를 받는다.

 차에서 이상한 냄새가 날 때

- **고무 타는 냄새** - 전기 계통의 누전일 경우가 많으므로 차의 운행을 바로 중지하고 배터리의 마이너스 쪽 코드에서 배선을 빼내 냄새나는 부위를 찾는다. 그 부위를 절연 고무 테이프 등으로 감아 응급조치를 한 다음 정비소에서 수리한다.
- **휘발유, LPG 냄새** - 가벼운 접촉 사고나 정비 직후에 있을 수 있는데, 자동차 뒤 트렁크를 열어 냄새가 심하게 나는지 또는 엔진 연료 계통 파이프 연결 부위 등에서 휘발유가 새지 않나 살펴보고 강력 접착 테이프 등으로 단단히 감아 임시 조치한다.

철도 건널목에서 엔진이 멈추었을 때

철도 건널목에서 시동이 꺼져 재차 시동을 걸어도 잘 안 될 때는 당황하게 된다. 자동차를 밀어서 이동시킬 수 있으면 다행이지만 그것이 여의치 않을 수도 있다. 이럴 때는 기어를 1단에 넣고 엔진키를 돌리면 배터리와 스타팅 모터의 힘으로 20m 정도는 충분히 갈 수 있다. 단, 자동차에 따라 클러치 페달을 밟지 않으면 시동 모터 자체가 돌지 않는 경우도 있으므로 미리 차의 특성을 알고 그에 대비하는 자세를 가져야 한다.

추운 곳에서는 연료를 가득 채운다

겨울철에는 연료 탱크 내·외부의 온도차로 연료 탱크 안쪽 벽에 물방울이 맺힌다. 소량이라면 연료와 함께 연소실에서 타 버리지만 기온이 많이 내려가면 아예 얼어붙어 연료 공급을 차단, 시동이 걸리지 않거나 주행 중 갑자기 엔진을 멈추게도 한다. 따라서 아주 추운 밤엔 연료를 가득 채우는 게 좋다. 연료 필터도 정기적으로 교환, 이물질에 의해 연료 공급이 차단되지 않도록 한다.

키가 돌아가지 않을 때

시동을 걸려고 키를 돌려도 키가 돌아가지 않을 때가 있다. 이것은 핸들의 잠금장치가 작동하고 있기 때문이다. 이때는 키를 가볍게 돌리면서 핸들을 좌우로 툭툭 치듯이 돌리면 잠금장치가 풀리면서 키가 돌아가게 된다.

퓨즈의 점검

전기 장치가 전혀 작동되지 않거나 불이 들어오지 않으면 먼저 퓨즈가 끊어졌는지를 확인해 본다. 퓨즈 박스는 차종에 따라 차이가 있으나 대부분은 보닛 안쪽이나 운전석의 클러치 페달 위쪽에 있다. 퓨즈 박스 커버에는 각 장치의 명칭과 퓨즈의 용량이 표시되어 있으므로, 고장시 일단 해당

퓨즈의 단락(끊어짐) 여부를 확인하고 단락된 경우는 교
환해 주어야 한다.

① 시동을 끄고 모든 전기장치 스위치를 끈다.
② 퓨즈 박스에 있는 퓨즈 풀러(집게)를 이용
　해서 퓨즈를 뽑는다.
③ 단락된 퓨즈 발견시 교환을 해주고 그 밖의
　다른 퓨즈도 점검해 본다. 만약 여분의 퓨즈가 없다면 현재 사용하지
　않는 기기의 퓨즈를 임시 방편으로 이용한다. 즉, 와이퍼의 퓨즈가 끊
　어진 상태라면 라디오의 퓨즈를, 저녁에 전조등의 퓨즈가 끊어졌다면
　뒷열선의 퓨즈를 이용하는 식이다. 철사나 구리선 등을 사용하는 경우
　도 있는데 이는 과대 전류가 흘러 조그만 고장이 큰 고장으로 확대되
　거나, 전기로 인한 화재가 발생할 가능성이 있으므로 특히 주의해야
　한다. 퓨즈가 끊어지는 것은 전기 장치의 어딘가에 문제가 있음을 의
　미하므로 퓨즈 교환 후에도 해당 전기 장치의 작동에 의한 퓨즈 단락
　시에는 즉시 가까운 정비업체에 가서 점검을 받아야 한다.

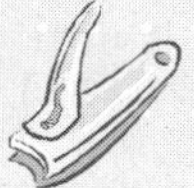

6

생활 상식

6. 생활 상식

갓난아기 손톱 깎기

잠시도 가만히 있지 않고 움직이는 갓난아기 손톱 깎기는 여간 어려운 일이 아니다. 이럴 때는 아기의 손 안에 탁구공을 꼭 쥐게 하면 손가락이 고정되어 손톱 깎기가 쉽다.

건강한 강아지 고르는 방법

① 체격에 비해 무거우면 몸이 단단하다는 증거이다. 그리고 성격이 좋은 강아지는 두 손으로 안아주면 좋아한다.
② 귓속을 점검해 본다. 귀가 청결하고 상처나 이물질이 없어야 한다. 어느 정도의 귀지는 괜찮다.
③ 코와 이빨을 관찰한다. 콧등은 촉촉해야 한다. 건조하거나 콧물이 나면 질병을 의심해야 한다.
④ 눈이 건강한가를 살펴본다. 눈곱이나 눈물이 많은 강아지는 좋지 않다.
⑤ 설사 흔적 등 항문이 깨끗한가를 살펴본다.
⑥ 복부를 만져 본다. 배가 말랑말랑하고 부드러운 느낌이 들면 소화가 잘 되고 건강하다는 증거이다.
⑦ 무엇을 먹이는지를 물어 보고 잘 먹는지 어떤지를 직접 확인해 본다.

경조사 봉투 쓰는 법

우리 나라는 예로부터 경조사에 서로 돕는 풍습이 있어 살아가다 보면 봉투 쓸 일이 참으로 많다. 이때 봉투는 단지 돈만 전달하는 기능 이외에 주는 사람의 마음과 품위도 함께 전달해 준다. 상황에 맞추어 써넣어야 될 문구를 알아보자.

■ **약혼 · 결혼** : 祝約婚(축약혼), 祝結婚(축결혼), 祝成婚(축성혼), 祝華婚(축화혼), 祝儀(축의), 祝盛婚(축성혼), 祝華燭(축화촉)

■ **초상** : 謹弔(근조), 追慕(추모), 追悼(추도), 哀悼(애도), 弔意(조의), 尉靈(위령), 賻儀(부의), 奠儀(전의), 楮儀(저의)

■ **승진 · 취임 · 영전** : 祝昇進(축승진), 祝榮轉(축영전), 祝就任(축취임), 祝轉任(축전임), 祝移任(축이임), 祝遷任(축천임), 祝轉役(축전역)

■ **개업 · 창립** : 祝發展(축발전), 祝開業(축개업), 祝盛業(축성업), 祝繁榮(축번영), 祝創立(축창립), 祝創設(축창설), 祝創刊(축창간), 祝移轉(축이전), 祝開院(축개원), 祝開館(축개관)

■ **생일** : 祝生日(축생일), 祝生辰(축생신), 祝壽宴(축수연 : 오래 산 것을 축하하며-흔히 환갑을 이름), 祝華甲(축화갑), 祝回甲(축회갑), 賀儀(하의), 慶儀(경의), 祝古稀(축고희 : 70세를 축하하며)

■ **결혼기념일** : 祝錫婚式(축석혼식 : 결혼 10주년을 축하하며), 祝銅婚式(축동혼식 : 결혼 15주년을 축하하며), 祝陶婚式(축도혼식 : 결혼 20주년을 축하하며), 祝銀婚式(축은혼식 : 결혼 25주년을 축하하며), 祝眞珠婚式(축진주혼식 : 결혼 30주년을 축하하며), 祝珊瑚婚式(축산호혼식 : 결혼 35주년을 축하하며), 祝紅玉婚式(축홍옥혼식 : 결혼 45주년을 축하하며), 祝金婚式(축금혼식 : 결혼 50주년을 축하하며), 祝金剛婚式(축금강혼식 : 결혼 60주년을 축하하며)

■ **이사** : 祝入宅(축입택), 祝入住(축입주), 祝家和萬事成(축가화만사성)

■ **공사(건축)** : 祝起工(축기공), 祝竣工(축준공), 祝完工(축완공), 祝竣役(축준역 : 공사의 완공을 축하하며), 祝除幕式(축제막식 : 동상이나 기념비 등을 완공하고 공개하기에 앞서 기념식을 가질 때)

■ **전시 · 공연** : 祝展示會(축전시회), 祝展覽會(축전람회), 祝演奏會(축연주회), 祝發表會(축발표회), 祝獨唱會(축독창회)

■ **수상** : 祝當選(축당선), 祝優勝(축우승), 祝入選(축입선), 祝聖誕(축성탄), 祝卒業(축졸업), 祝入學(축입학), 祝合格(축합격)

■ **사례** : 菲品(비품), 薄謝(박사), 薄禮(박례), 微衷(미충), 略禮(약례), 菲儀(비의)

■ **문병** : 祈快遊(기쾌유), 祈完快(기완쾌)

■ **송별** : 餞儀(전의), 賑儀(진의), 惜別(석별), 菲儀(비의), 菲品(비품), 精領(정령)

■ **세시** : 略禮(약례), 歲饌(세찬), 精領(정령), 薄禮(박례), 歲儀(세의), 送久迎新(송구영신), 新年元旦(신년원단)

내용증명 Q&A

내용증명이란?

내용증명은 '발신인이 수신인에게 ▲어떤 내용의 문서를 ▲언제 발송했다는 사실을 우체국에서 증명해 주는 특수 우편 제도'다. 예컨대, 방문판매법상 청약 철회는 계약한 날로부터 10일 이내에 서면으로 철회 의사를 알려야 하는데, 등기우편 등은 사업자가 엉뚱한 서면을 받았다고 주장할 수도 있다.

어떤 경우에 보내나?

신청서 · 통지서와 같이 확실한 도달이 목적인 경우에는 굳이 내용증명이 필요 없다. 내용증명은 향후 상대방과의 다툼에 대비한다는 것이 본질이다. 가장 대표적인 경우는 충동 구매 후 청약 철회를 요구할 때다. 또 상대방에게 계약 해지 또는 손해배상을 요구하거나 자신의 입장을 확고히 밝힐 때도 유용하다.

■ 어떻게 작성하나?

내용증명은 특별한 형식이나 양식이 있는 것은 아니지만 보편적으로 사용하기에 적합한 방식은 다음과 같다.

① **제목** : '계약해지통보', '손해배상청구' 등 편지의 목적을 쓴다. 내용증명이라고 쓰는 경우가 많은데 적합치 않다.

② **수신인 및 발신인 주소·성명** : 당사자의 주소를 정확히 기재한다. 반드시 봉투 겉면 주소와 일치해야 한다.

③ **본문** : 사실 관계와 자기 주장을 쓴다. 청약 철회인 경우 계약 경위를 명시하고 철회하겠다는 의사표시 정도로 충분하다. 그 외는 가능한 육하원칙에 따라 상세히 기술하고, 요구 사항의 내용과 근거를 분명히 제시한다.

④ **발신일자·발신인** : 발송 날짜를 쓰고 발신인에 도장을 찍거나 사인한다.

⑤ **기타** : 내용은 반드시 한글 또는 한자로 써야 한다. 영어는 고유 명사와 첨부물에 한해 쓸 수 있다.

■ 어떻게 보내나?

① 내용증명 편지를 A4 용지에 작성(원본) 후 2부를 복사(등본)해 발신인에 날인한다. 편지가 2매 이상인 경우 반드시 계인(간인)을 해야 한다.

② 우체국에 제출하고 내용증명으로 발송해 주도록 요청한다.

③ 우체국에서 원본과 사본 2통의 동일 여부를 확인 후 3통 상호간에 통신일부인(通信日附印)으로 계인한다.

④ 원본을 우체국 직원이 보는 앞에서 봉투에 넣고 봉함하여 제출하면 원본은 수신인에게 발송되고 사본 1통은 발신인에게, 나머지 1통은 우체국에서 보관한다.

■ 보관 기간·열람 방법

내용증명으로 발송한 우편물은 3년간 우체국에서 보관한다. 이 기간 내에는 해당 우체국에 특수우편물수령증·주민등록증 등을 제시해 당사자임을 입증하면 보관 중인 사본의 열람을 청구할 수 있다. 필요시에는 복사를 요청할 수도 있다.

 **노래를 잘 부르기 위한 습관**

자신감을 갖는다

아무리 멋지고 예쁜 목소리를 가진 사람이라도 자신감이 없으면 제 능력을 발휘할 수 없다. 노래 부르기는 노는 행위의 하나이며, 자신의 목소리 는 세상에서 유일무이한 소중한 것이라는 생각 으로 자신감을 갖는다.

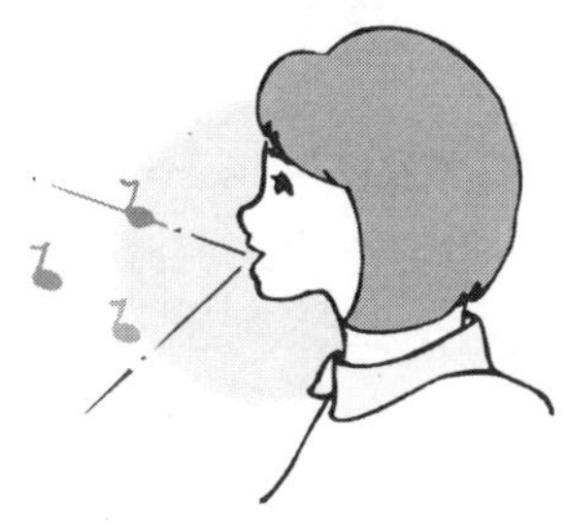

자신이 좋아하는 노래 집중적으로 듣기

자신이 좋아하는 노래를 집중적으로 듣는다. 그러다 보면 어느 순간 그 노래가 자연스럽게 입에서 나오는 것을 확인할 수 있다.

혼자 있을 때 소리를 내어 보자

자신의 노래 소리가 이상하다고 피하기만 한다면 영원히 발전이란 있을 수 없다. 이상하게 들린다 하더라도 자신의 목소리와 친해져야 한다. 혼자 서 자신의 목소리를 관찰하는 습관을 들여야 한다.

노래 녹음하기

녹음한 자신의 노래를 들으면 누구나 처음에는 낯설고 어색하다. 마치 자 신의 목소리가 아닌 것 같기도 하다. 그러나 반복적인 녹음으로 음색을 조 절할 수 있다.

비교 분석하기

자신의 노래와 가수의 노래를 비교하며 이상한 부분을 체크하고 왜 다른지를 알아야 한다. 틀린 부분이 있으면 그 부분만 집중적으로 다시 연습한다.

잘 알려진 노래 선택하기

가급적이면 많이 알려진 노래를 선택하는 것이 좋다. 많이 들 어본 노래일수록 따라 하기도 쉽고 호응도 좋아 자연스럽게 노 래할 수 있기 때문이다.

가사를 외운다

글자를 하나하나 외우는 것이 아니라 가사에 담긴 의미를 음미하면서 외우도록 한다. 그래야 자연스러운 노래가 나오게 된다.

거울을 보며 노래를 따라 부른다

거울을 보며 자신의 노래하는 모습을 일일이 체크한다. 자신이 노래할 때의 입 모양과 몸 동작을 보며 연습함으로써 가창에 방해가 되는 나쁜 습관을 고칠 수 있다. 예를 들어 고음을 낼 때는 목을 들기보다는 목과 몸을 숙임으로써 고음을 잘 표현할 수 있다.

늘어진 비디오 테이프를 새것처럼

여러 번 사용해서 화질이 나빠진 비디오 테이프를 새것처럼 만들려면 비닐봉지에 꽁꽁 묶어 냉동실에 15분 정도 넣어둔다. 그러면 냉동이 늘어진 테이프를 원상 복구시키는 작용을 해 화질이 아주 깨끗해진다.

도난 방지 요령

같은 동네, 같은 구조의 집인데도 도둑이나 강도가 얼씬거리지 않는 집이 있는가 하면 몇 번씩이나 목표물이 되는 집도 있다. 결국 이런 집은 어딘가 허술한 구석이 있다는 얘기다.

도둑이 노리는 집은 대문이 열려 있는 집, 자물쇠가 밖으로 채워져 있는 집, 초인종을 눌러도 대답이 없거나 전화를 걸어도 받지 않는 집, 초저녁에 불이 꺼져 있는 집, 대문에 정기 배달물(우유, 신문 등)이 쌓여 있는 집 등이다.

가정에서 지켜야 할 사항

귀중품은 은행 또는 집안에 분산 보관한다

귀중품(귀금속, 현금 등)은 은행에 예치하는 것이 좋고, 집안에 둘 때에는 적당한 곳에 분산 보관하는 것이 안전하다.

■ 방범시설과 장비를 갖춘다

창문에는 방범창을 설치하도록 하고, 도어 체인·투시경·경보기·비상벨 등을 갖추어 놓는다.

■ 집을 비울 때는 이웃이나 파출소에 부탁한다

부득이한 사정으로 집을 비울 때에는 이웃이나 경비원, 파출소에 부탁하고, 밤에는 형광등이나 라디오를 켜놓는 것이 안전하다. 또 집을 여러 날 비울 때에는 배달물(우유, 신문 등)을 중지하도록 하여 빈집임을 모르게 해야 한다.

■ 낯선 사람을 함부로 들이지 않는다

검침원, 동직원, 앙케이트 요원, A/S맨 등을 사칭하거나 전세방을 얻으러 다니는 것처럼 가장하여 침입하는 경우도 많으므로, 낯선 사람을 함부로 집에 들이지 말아야 한다.

■ 문단속을 수시로 확인한다

온 가족이 한 방에서 TV를 볼 때에도 집 밖의 인기척에 귀를 기울이고 문단속을 확인해야 한다.

■ 과도, 부엌칼 등은 눈에 안 띄는 곳에 둔다

강도는 대개 흉기를 소지하고 침입하지만, 도둑이 침입한 주택의 부엌칼 등을 이용하여 강도로 돌변하는 경우도 있으므로 흉기가 될 만한 과도 등은 눈에 안 띄는 곳에 넣어둔다.

■ 도둑이 침입한 경우 뒤척이는 척 한다

야간에 도둑이 침입한 경우에는 가벼운 기침을 하거나 선잠에서 깨는 것처럼 하품을 하며, 이불을 뒤척이면 도둑이 불안을 느껴 도망가는 경우가 많다.

■ 강도가 들었을 때는 인상착의를 기억한다

강도가 들었을 때에는 가능한 그들의 요구대로 따르되 자극적인 말은 삼가고 인상착의를 정확히 기억한다.

범죄를 당했을 경우 그 상태로 112에 신고한다

범죄를 당했을 경우에는 범죄 현장을 그대로 보존하고 신속히 112에 신고한다.

도장 찌꺼기를 제거하려면

도장에 인주 찌꺼기가 묻어 있을 때는 글자가 있는 부분에 촛농을 떨어뜨린 다음 굳으면 떼어낸다. 촛농과 함께 찌꺼기가 제거돼 핀으로 파낼 때보다 글자의 획이 상하지 않는다. 부드러운 칫솔에 치약을 묻혀 닦아내고 물로 헹구어도 깨끗해진다. 껌을 도장에 대고 꾹꾹 눌러주어도 제법 깨끗이 빼낼 수 있다.

마우스 청소 방법

컴퓨터 마우스가 헛돌 경우에는 마우스 아래에 있는 볼을 청소해 주면 되는데, 마우스를 뒤집어 보면 볼 주위에 'OPEN', 'CLOSE'나 화살표 표시가 있다. 이 부분을 돌리면 볼을 분리해 낼 수 있는데, 볼을 빼서 볼과 볼이 있던 주변의 부속들에 낀 불순물들을 핀셋 등으로 제거한 뒤 부드러운 천에 세제를 묻혀 닦아준다. 이때 밑판을 고정시킨 나사를 풀거나 마우스를 분해하면 센서가 망가질 수 있으므로 주의한다.

배낭 챙기는 요령

배낭에 물건을 챙겨넣을 때는 순서가 있다. 즉 밑바닥에는 의류와 같은 가볍고 부드러운 것을 넣고 그 위에는 버너나 통조림 따위의 무거운 것을 넣어주면 같은 물건을 넣어도 등에 미치는 부담이 훨씬 적어진다.

벨트가 길 때는

벨트의 길이는 적당해야 좋지만 만일 벨트의 끈이 너무 길다면 남는 벨트의 적당한 부분에 큰 이어링이나 핀을 꽂아주면 액세서리 효과와 함께 이중의 연출을 할 수 있다. 벨트를 보관할 때는 줄에 거는 것보다 둥글게 말아서 두는 것이 좋다.

비디오가 클리너로도 안 되면

비디오 화면이 지지직거리며 안 나올 때가 있다. 대개 헤드 클리너로 해결하지만 그것도 소용없을 경우가 있다. 이럴 땐 면봉에 알코올을 묻혀 헤드를 닦아 보자. 비디오가 말짱하게 잘 나오게 된다.

식초 물로 먹 갈면 붓글씨 물에 잘 안 지워져

식초에는 의외의 효능이 있다. 붓글씨를 쓰기 위해 먹을 갈 때 식초 몇 방울을 떨어뜨리면 그 먹으로 쓴 글씨는 신기하게 물이 묻어도 잘 지워지지 않는다.

신용카드 보상제도

신용카드 사용이 점차 확대됨에 따라 분실이나 도난 등 신용카드 사고도 그에 비례하여 증가 일로에 있다. 이렇게 분실·도난 당한 신용카드로 부정 사용되는 액수는 연간 수백억 원에 이른다. 카드 사고로 인한 위험을 줄이기 위해서는 도난·분실카드 보상제도를 정확히 알아둘 필요가 있다.

1980년대 초만 하더라도 신용카드를 분실하거나 도난 당하여 제 3자가 부정 사용한 경우 원인 제공자인 회원이 모든 책임을 부담했으나 차츰 발전하여 1992년 표준약관이 제정·시행된 이후부터는 분실신고 일로부터 15일 전까지 발생한 부정사용은 금액에 관계없이 전액 보상 처리해 주는 제도가 시행됐다.

그리고 이 제도는 2000년에 약관이 개정되어 보상기간이 25일로 확대됐다. 즉, 회원이 분실 사실을 신고한 시점으로부터 25일 전까지 발생된 부정사용대금은 전액 보상 처리된다. 하지만 지연신고 등 부정사용 책임을 놓고 카드사와 분쟁이 다르게 마련이므로 카드 분실시에는 즉시 신고하여야 한다. 신고할 때는 신고일시, 접수자 성명, 접수 번호 등을 확인하여 따로 적어둔다. 또한 필요 이상으로 여러 종류의 카드를 소지하지 말아야 하며, 모르는 사이에 분실이나 도난 당하는 경우도 많으므로 수시로 점검하는 습관을 들이도록 한다.

신용카드 제대로 사용하기

수수료를 따져보자

카드사마다 적용하는 금리가 달라 수수료 체계를 꼼꼼히 비교해 봐야 한다. 현금서비스 금리는 비씨, 국민, 외환카드가 유리한 편이다.

선결제 제도를 활용하자

급하게 돈이 필요해서 현금서비스를 받았더라도 여유 자금이 생겼다면 결제일 이전에 상환할 수 있다. 수수료가 비싸므로(연 24% 수준) 이 제도를 활용토록 하자. 이때는 반드시 그냥 통장에 입금시키는 것이 아니고 직원에게 선결제임을 주지시켜야 한다.

할부 사용시 개월수 선택을 잘해야 한다

카드사별로 차이가 있지만 비씨카드는 3~5개월, 6~9개월, 10개월 이상, 국민카드는 2~5개월, 6~8개월, 9~11개월, 12~14개월, 15~18개월, 19~24개월 단위로 수수료가 부과되므로, 6개월보다는 5개월이 10개월보다는 9개월, 이런 식으로 고려할 필요가 있다. 1개월 차이로 수수료가 1% 정도 차이가 나기 때문이다.

포인트 점수에 관심을 갖자

카드회사들은 정유사, 항공사, PCS사 등과 제휴해 회원들에게 이용 액에 따라 다양한 포인트 서비스를 제공하고 있다. 따라서 자신의 생활에 맞추어 제휴카드를 쓰면 요금 할인 등 부대서비스를 받을 수 있다. 그러기 위해서는 제휴카드에 가입하는 것이 바람직하다.

기간이 긴 할부 구입은 가급적 자제한다

물품을 구입할 때 할부를 하게 된다면 수수료가 연 17~18% 고금리이다. 따라서 장만하고 싶은 물건이 있으면 미리 계획을 세워 적금을 가입하여 구입하는 것이 바람직하다.

엘리베이터에 탈 때는 버튼 앞에 탄다

심야에 여성 혼자 엘리베이터를 타는 경우에는 층 조작 버튼 앞에 가까이 서 있도록 한다. 만일 범죄자 탑승시 신속히 내릴 수 있고 또 모든 층의 버튼을 눌러 범죄자가 계속적인 범행을 하지 못하도록 하기 위해서다.

이혼 Q&A

백년해로를 맹세하며 결혼한 부부들이 이런 저런 이유로 이혼하는 사례가 점차 늘고 있다. 결혼하는 일도 만만치 않지만 이혼할 때도 정리하고 해결해야 할 것들이 많다.

이혼 방법은?

• 협의 이혼

부부가 이혼하기로 합의하면 호적등본 1통, 주민등록등본 1통, 이혼신고서(각 구청에 비치) 3통, 협의이혼 의사 확인신청서(법원에 비치) 1통을 작성하여, 각자의 주민등록증과 도장을 가지고 부부가 함께 법원에 가서 판사의 확인을 받은 후 이혼신고서와 이혼확인서를 가지고 3개월 이내에 남자의 본적지나 주소지에 가서 신고하면 된다.

• 재판상 이혼

어느 한쪽이 이혼에 동의하지 않거나 실종되어 사실상 동의가 불가능할 때에는 상대방의 동의 없이도 법원에 이혼을 청구할 수 있다. 단, 다음과 같이 재판상 이혼사유 요건에 해당되는 이유가 있어야 한다.

첫째, 배우자에게 부정한 행위가 있을 때이다. 여기서 말하는 부정한 행위란 간통을 포함하는 보다 넓은 개념이다. 일반적으로 부부의 정조 의무에 충실하지 않은 일체의 행위로서 자유로운 의사로 결정된 행위를 말한다. 즉 강간 등은 부정 행위에 포함되지 않는다. 그리고 혼인 전의 행위일 경우에는 혼인 후에도 그로 인한 영향이 계속 미치지 않으면 부정한 행위로 보지 않는다.

둘째는 부부 중 일방이 상대방을 고의로 돌보지 않을 때이다. 배우자가 가출한 상황이 이에 해당된다. 하지만 질병이나 경제적 이유, 상대방의 학대에 못 이겨 집을 나간 경우는 '악의적 유기' 요건에 해당하지 않는다.

셋째는 배우자나 그 부모로부터 심히 부당한 대우를
받았을 때,

넷째, 자기의 부모가 배우자로부터 심히 부당한
대우를 받았을 때,

다섯째, 3년 이상 생사불명인 때,

여섯째, 그밖에 혼인을 계속하기 어려운 배우자
의 범죄, 성적 불능, 불치의 정신병, 성격 불일치,
신앙의 차이, 알코올 및 마약 중독, 지나친 사치 등
의 이유가 있을 때 재판상의 이혼을 청구할 수 있다.

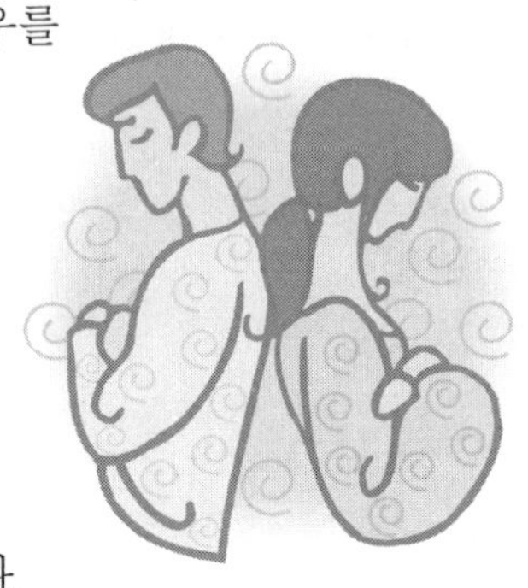

▶ 이혼 후 자녀 양육은?

이혼할 때 부부가 미성년인 자녀의 양육 문제를 협의해서 정할 수 있지
만 서로 협의가 안 될 때에는 부부 중 어느 한쪽이 법원에 양육자나 양육
비 부담 등 양육에 필요한 사항을 정해 달라는 신청을 할 수 있다. 이 결정
은 사정이 있는 경우 협의 또는 재판을 통해 변경할 수 있다. 그리고 법원
에서 자녀 양육권을 판결 받았는데도 상대방이 아이를 보내주지 않을 때는
유아인도청구를 할 수 있다. 이 청구대로 판결이 나면 집행관에 의해 아이
를 강제로 데려올 수 있다. 그러나 인도적 측면에서 아이를 물건같이 다루
는 강제집행은 아이에게 정신적인 상처를 입힐 수 있다. 이보다는 간접강제
의 수단을 먼저 취해 보는 것이 바람직하다. 즉, 아이를 인도할 때까지 계속
하루에 얼마씩 금전을 지불하라는 판결을 받아내는 것이다.

▶ 이혼 후 자녀에 대한 친권은?

과거에는 이혼하면 무조건 아버지에게만 친권이 있고 어머니는 친권자가
될 수 없었던 것을 협의해서 아버지나 어머니를 친권자로 정할 수 있게 고
쳐졌고, 협의가 안 되면 당사자의 청구에 의하여 법원에서 아버지와 어머니
중 적당한 사람을 친권자로 정해줄 수 있게 되었다. 나중에 친권자를 변경
할 수도 있다.

▶ 면접교섭권이란?

이혼 후 직접 자녀를 기르지 않는 아버지 또는 어머니도 그 자녀를 만나
보거나 전화 또는 편지 등을 할 수 있는 규정이다. 그러나 이미 인정한 면
접교섭권도 자녀의 양육 및 교육상 지장이 있을 경우에는 제한하거나 배제

할 수도 있게 하여 자녀의 복리에 중점을 두었다.

이혼할 때 재산의 처리는?

예전에는 잘못이 있는 상대방에게 손해배상을 받을 수 있을 뿐 재산을 나눌 권리는 인정하지 않던 것이 결혼 후 함께 노력하여 모은 재산은 그 명의가 누구로 되어 있든지 서로 협의하여 나누어 가질 수 있게 되었다. 협의가 이루어지지 않을 때 법원에 청구하면 각자가 노력한 공로에 따라 분할의 액수와 방법을 정해주게 된다. 한편, 상대방의 잘못에 대한 손해배상이나 위자료청구는 함께 모은 재산의 분할과는 별개의 것이므로 따로 청구할 수 있다.

위자료 산정은 어떻게 하나?

위자료 액수의 결정은 전적으로 법원의 재량이다. 법원은 이혼의 원인, 이혼의 책임이 있는 배우자의 재산 상태, 이혼 청구자의 정신적 고통의 정도, 혼인 생활의 기간 및 실태, 부부 각자의 학력·경력·연령·직업에 따른 자녀 양육 문제 등을 모두 고려하여 액수로 산정한다. 따라서 이혼을 청구한 사람이 적당한 금액이라고 생각해서 위자료를 청구했더라도 꼭 그렇게 받을 수 있는 것은 아니다. 만약 위자료가 부당하게 책정되었다고 생각되면 항소할 수 있다.

위자료를 지급하지 않을 때는?

법원의 확정판결을 받았는데도 상대방이 위자료를 지급하지 않을 때는 법원에 신청하여 일정기간 내에 지급을 명할 수 있다. 그래도 지급을 연기하면 100만 원 이하의 과태료 처분을 내릴 수 있으며, 위자료를 분납하기로 했는데 3회 이상 지급이 미뤄지면 지급할 때까지 상대방을 구치소에 가둘 수도 있다(단 20일 범위 내에서 구금 가능).

시부모에게 위자료를 청구할 수 있을까?

고부간의 갈등은 부부간 불화의 큰 원인 중 하나이다. 만약 시부모의 며느리에 대한 학대가 부부간의 이혼사유가 되었다면 시부모에 대한 위자료 청구도 가능하다. 즉, 남편에게 청구하는 위자료 외에 이혼사유를 제공한 시부모에게도 위자료를 따로 청구할 수 있다.

제사상 차리기

제사에 사용하는 음식을 제수라고 하고 이를 제사상에 배열하는 것을 진설이라 한다. 제사상 차리기는 속담에도 '남의 집 제사에 감놔라 대추놔라 한다.'고 했듯이 원래 집안마다 나름대로의 법이 있으므로 대대로 전해 내려오는 집안 전통에 따르는 것이 합당하다. 그러나 각 집안마다의 제사 지내는 법도에 큰 차이가 있는 것은 아니며, 일반적인 제수 진설법은 다음과 같다.

- 제사상 차림의 기준 위치는 지방(신위)이 있는 쪽이 북쪽이다.
  신위의 오른쪽은 동쪽, 신위의 왼쪽은 서쪽이다.
- 남자 조상은 서쪽(왼쪽), 여자 조상은 동쪽(오른쪽)에 위치한다.
  남좌여우(男左女右), 즉 남자 조상의 신위(지방), 밥, 국, 술잔은 왼쪽에 놓고 여자 조상은 오른쪽에 놓는다.
- 조상의 제사는 배우자가 있을 경우 함께 모신다.
  합설(合設), 즉 밥, 국, 술잔은 따로 놓고 나머지 제수는 공통으로 한다.
- 밥은 서쪽(왼쪽), 국은 동쪽(오른쪽)에 위치한다.
  반서갱동(飯西羹東), 즉 산 사람의 상차림과 반대이다. 수저는 중앙에 놓는다.
- 기는 서쪽(왼쪽), 생선은 동쪽(오른쪽)에 위치한다.
  어동육서(魚東肉西).
- 꼬리는 서쪽(왼쪽) 머리는 동쪽(오른쪽)에 위치한다.
  두동미서(頭東尾西).
- 적은 중앙에 위치한다.
  적전중앙(炙奠中央). 적은 옛날에는 술을 올릴 때마다 즉석에서 구워 올리던 제수의 중심 음식이었으나 지금은 다른 제수와 마찬가지로 미리 구워 제상의 한가운데 놓는다.
- 탕은 3열에 위치한다.
  신위를 기준으로 1열은 밥과 국, 2열은 적과 전, 3열은 탕, 4열은 포와 나물, 5열은 과일 및 과자류 순으로 놓는다.
- 나물은 서쪽(왼쪽), 김치는 동쪽(오른쪽)에 위치한다.
  생동숙서(生東熟西).
- 포는 서쪽(왼쪽), 젓갈은 동쪽(오른쪽)에 위치한다.
  좌포우혜(左脯右醯).
- 대추, 밤, 감, 배의 순으로 놓는다.

조율시이(棗栗柿梨). 보통 진열의 왼쪽에서부터 대추, 밤, 감, 배의 순서로 놓는다.

• 흰 과일은 서쪽(왼쪽), 붉은 과일은 동쪽(오른쪽)에 위치한다. 홍동백서(紅東白西).

제수진설도 1 (가례)				
신 위				
메	잔	초접	시접	갱 잔
국수	육류	적	어류	떡
	탕	탕	탕	
포	채소	해(젓갈류)	나물	나물 간장
과일	과일	과일	과일	과일

제수진설도 2 (격몽요결)				
신 위				
수저	메	잔	갱	초
국수	육류	적	어류	떡
	탕	탕	탕	
자반	포	나물	간장	식혜 김치
밤	대주	감	배	은행

제수진설도 3 (가정의례준칙)		
신 위		
메	잔	갱
채소	간장	김치
어류	탕	육류
과일	과일	과일

지방 쓰는 법

깨끗한 한지를 폭 8cm, 길이 24cm 정도의 직사각형으로 잘라 위쪽을 둥글게 오려 사용한다. 지방의 문안은 되도록 붓을 사용하여 한자로 쓴다.

• 한 장의 지방에 한 분의 신위만을 쓸 때는 중앙에 적당한 간격으로 종서한다.

• 한 장의 지방에 남자 조상과 여자 조상을 동시에 쓸 경우에는 중앙을 기준으로 왼쪽에 남자 조상을, 오른쪽에 여자 조상에 대해 쓴다. 만약 여자 조상이 두 분 이상이면 남자 조상의 바로 오른쪽에서부터 계

속 쓴다.

- 문안은 일반적으로 남자 조상인 경우 顯考(관직 및 직함)府君神位로, 여자 조상인 경우 顯(직함)姓氏神位로 쓴다. 여기에서 顯은 존경의 의미로 쓰이며, 考는 돌아가신 아버지를 의미한다. 할아버지일 경우는 顯祖考, 증조할아버지는 顯曾祖考, 고조할아버지는 顯高祖考라 쓴다. 여자 조상일 경우에도 顯과 사이에 祖·曾祖·高祖를 넣는다.
- 벼슬이 없었던 남자 조상의 경우에는 관직 대신 學生이라고 쓴다. 근래 顯考學生府君神位(현고학생부군신위)가 마치 지방 문안의 표준인 것처럼 여기는 경향이 있으나 관직에 있었던 사람은 반드시 學生 대신 관직을 명기해 줘야 한다. 예를 들어 강릉부사인 경우 江陵府使, 국회의원을 지낸 경우 國會議員이라 써넣는다.
- 여자 조상의 경우 남편의 벼슬에 따라 '貞敬夫人(정경부인)' 등의 호칭을 쓰고, 벼슬이 있었으면 그 명칭을, 일정한 봉작이 없는 경우엔 孺人(유인)이라 쓴다.
- 남자 조상에 쓰는 府君은 제사 대상이 자신의 윗사람인 경우에 쓰고, 아랫사람일 때는 이름을 써준다. 여자 조상은 본관과 성씨를 함께 써넣는다. 따라서 영의정을 지낸 고조할아버지인 경우 顯高祖考領議政府君神位, 고조할머니는 顯高祖 貞敬夫人密陽朴氏神位가 된다.
- 요즘엔 '현비유인김해김씨신위'처럼 한문을 그대로 한글로 옮겨 적거나, '어머님 신위' 등 간편하게 쓰기도 한다.

해외여행시 카메라 · 노트북 컴퓨터 등은 휴대하는 것이 안전

즐거운 해외여행에 찬물을 끼얹는 것이 수화물 분실 사고다. 수화물 분실 사고는 직항 노선보다는 연결 노선에서 많이 일어난다. 수화물을 분실하면 정신적 피해도 피해지만 금전적인 보상도 제대로 받지 못한다.

항공 여행 중 수화물 분실에 대한 배상 책임 한도액은 국제 운송 항공인 경우 대부분 항공 회사가 적용하고 있는 바르샤바 조약에 따른다. 바르샤바 조약에는 위탁 수화물에 대해 1kg당(여객 1인) 20달러로 돼 있다. 무료로 실을 수 있는 수화물의 허용량은 이코노미클래스가 20kg이므로 보통 4백 달러가 배상 한도액이다.

실제 분실물에 해당하는 금액을 보상받기 위

해서는 수화물을 위탁할 때 내용품 신고를 하면 된다. 이때 신고액 1백 달러당 50센트의 추가 요금을 내야 한다. 최고 2천5백 달러까지 신고할 수 있는데, 여행객이 내용품 신고를 하지 않으면 실제 분실물에 대한 보상은 받기가 어렵다. 그러나 위탁 신고를 하여 물품대는 보상을 받는다 하더라도 카메라 필름에 담겨 있는 중요 사진이나 컴퓨터의 정보 등은 돈으로 환산할 수 없는 가치를 지니므로 이런 물품은 가급적 휴대하는 것이 안전하다.

현금서비스 알뜰 사용법

결제일과 가까운 날 빌리자

현금서비스는 이용 일수에 따라 수수료율이 다르다. 이용 일수가 많으면 그만큼 높은 수수료가 부과된다. 예컨대, A씨가 급하게 100만 원이 필요하여 현금시비스를 받게 되었다. 돈이 필요한 날짜는 12월 1일인데 11월 30일에 현금서비스 받을 때와 12월 1일에 현금서비스를 받을 때 과연 어느 쪽이 유리할까(A씨는 국민카드를 소지하고 23일 결제일이다)?

A씨가 11월 30일 날 현금서비스를 사용하면 결제일은 12월 23일이 돼 23일간의 이자를 지불하게 된다. 이때 23일간의 이용수수료는 1.2%이므로 12,000원(100만원×1.2%)을 이자로 부담하게 된다. 그러나 현금서비스를 12월 1일 날에 사용하게 될 경우 결제일자가 1월 23일로 넘어가게 된다. 왜냐하면 23일 결제일인 경우 사용기간은 전월 1월~전월 말까지이기 때문이다. 따라서 이용 일수는 53일이 된다. 이때 53일 간의 이용수수료는 3.7%이므로 100만원×3.7%=37,000원을 부담하게 된다. 따라서 단 하루 차이로 인해 25,000원을 더 수수료로 부담하게 된 것이다.

카드사별 금리를 따져본다

현금서비스 수수료는 카드사마다 적용하는 금리가 달라 수수료 체계를 꼼꼼히 비교해 볼 필요가 있다. 30일을 기준으로 할 경우 국민, 신한, 비씨카드가 유리하며, 50일 기준일 경우에는 신한, 비씨, 평화카드가 유리하므로 결제기간을 잘 선택해 수수료를 꼼꼼히 확인해 본다.

선결제 제도를 이용한다

급전이 필요해 현금서비스를 받았더라도 나중에 여유 자금이 생겼다면 이자 부담을 줄이기 위해 중도상환 방식의 일종인 선결제 제도를 이용하면 굳이 결제일까지 가지 않게 되어 수수료 부담을 줄일 수 있다.

■ 이용 방법도 중요하다

현금서비스를 이용하는 방법은 은행에 설치된 현금자동지급기(CD기), 자동응답전화(ARS), 지하철역 등에서 24시간 가동되는 현금서비스 전용 지급기, 인터넷 현금서비스 등이 있다. CD기 및 인터넷 이용시에는 별도의 수수료가 부과되지 않지만 ARS는 건당 200원, 현금서비스 전용 지급기는 건당 600원가량이 부과되는 점을 유의해야 한다.

■ 카드 연체보다는 현금서비스를 받아서 결제한다

현금서비스를 이용하면 별도의 수수료를 부담해야 하지만 그래도 신용카드 대금을 연체하는 것보다는 낫다. 신용카드를 연체하게 되면 연 25~29%의 연체료를 적용받을 뿐만 아니라 연체에 대한 기록이 남게 되어 한도 감액 등 신용상에 불이익을 당할 수가 있다.

혼인 관련 상식

■ 협박에 못 이겨 혼인신고를 한 경우

가족법상 혼인이 성립하려면 양자간에 착오, 사기, 강박이 없는 상태에서 서로의 완전한 합의가 있어야 한다. 만약 협박이나 사기에 의해 혼인신고 용지에 도장을 찍었다면 '혼인취소청구소송'을 통해 호적을 바로잡을 수 있다. 단 혼인취소청구소송은 사기를 당한 사실을 안 날이나 강박에서 벗어난 날로부터 3개월 이내에 해야 한다. 또 육체관계를 맺었다하더라도 상대방이 원하지 않으면 혼인을 강제할 수는 없다. 만약 남자가 혼인할 마음이 없으면서 혼인할 것처럼 속여서 육체관계를 맺었다면 형사상 혼인을 빙자한 간음죄로 고소할 수 있다. 하지만 이때에 손해배상청구는 할 수 없다.

동성동본 사이의 혼인은

서로 사랑하지만 동성동본 금혼제도 때문에 헤어지거나 혼인신고도 못하고 살아온 사람이 많았다. 그러나 이 동성동본 금혼규정은 1997년 7월 헌법재판소의 헌법 불합치 판결로 유명무실해졌다. 이로써 혼인신고도 하지 못하고 살던 많은 동성동본의 부부들이 합법적 부부관계를 인정받게 된 것이다. 8촌 이내의 혈족이나 인척간의 혼인이 아니라면 동성동본 사이라도 혼인할 수 있다.

남편 혹은 아내 모르게 부부 한쪽이 진 빚은

기본적인 생활비 때문에 빚을 졌을 때에는 다른 한쪽이 이 사실을 몰랐다 하더라도 갚아줄 책임이 있다. 하지만 도박, 사치 등으로 빚을 졌다면 이를 갚아줄 책임이 없다. 그리고 혼인한 부부가 벌어서 모은 재산은 부부 공동의 재산으로, 결혼 전부터 가지고 있던 재산은 각각의 소유로 간주한다. 또한 부부의 공동 생활비용 부담은 누가 부담할 것인가를 특별히 정하지 않았을 때에는 부부가 함께 부담하도록 되어 있다. 전업주부는 가사노동과 가사관리 업무를 담당함으로써 생활비용을 공동으로 부담하는 것이 된다.

사실혼 부부

이런 저런 이유로 혼인신고를 하지 못한 채 사실혼 관계만을 맺고 사는 부부도 적지 않다. 이러한 부부의 권리와 책임을 알아보자.

- **헤어지려면** : 사실혼 부부는 혼인신고를 하지 않은 부부이므로 이 경우 법적 절차를 따로 밟을 필요가 없으므로, 합의하에 또는 상대방에게 일방적으로 통보하여 헤어지면 된다. 그러나 상대방의 잘못으로 헤어지게 되었을 때에는 손해배상을 청구할 수 있다.
- **아내로서의 권리** : 혼인신고 없이 살아왔던 아내라도 남편이 공무원, 군인, 사립학교 교원, 선원으로서 사망했을 때 지급되는 유족연금은 받을 수 있다. 그리고 제 3자의 불법행위로 인한 손해배상청구도 가능하다. 또 남편이 사망한 뒤에는 시집에서 원하더라도 그 호적에 들어갈 수 없다. 혼인신고는 살아 있는 부부 사이에서만 할 수 있기 때문이다. 그 밖에 법률상 부부로 인정되지 않아 간통죄 고소는 할 수 없지만 상대

방에게 민사상 불법행위로 인한 손해배상은 청구할 수 있다.

- **사실혼 관계로 살다가 헤어진 부부의 아이는** : 첫째, 아버지의 호적에 생모의 이름을 써넣어 혼인 외의 자식으로 입적시킬 수 있다. 둘째, 만일 아버지가 스스로 입적시켜 주지 않으면 인지청구소송을 통해 강제로 아버지의 호적에 올릴 수 있다. 셋째, 아버지의 호적에 올릴 수 없을 때에는 어머니의 호적에 올리되 아버지의 성과 본을 따를 수 있다. 넷째, 아버지, 어머니 호적에 모두 올릴 수 없을 경우는 일가를 만들어 단독 호주가 될 수 있다.

회중전등을 혼자서 편하게 사용하려면

밤에 끊어진 퓨즈를 고친다거나 어둠 속에서 무엇을 고쳐야 할 때, 한 손에 전등을 들고 나머지 한 손만으로 도구를 만지려면 여간 불편하지가 않다. 이럴 때에는 회중전등을 오른쪽 팔에다 고무밴드 등으로 묶어두면 양손을 모두 사용할 수 있어 편리하다. 캠핑이나 낚시를 가서도 유용하게 써먹을 수 있는 아이디어다.

생활의 지혜

- 이럴 땐 요렇게! -

1판 2쇄   2007. 9.15.

편저자 / 박 만 선
발행인 / 김 철 영
발행처 / 전원문화사
등록 / 1977. 5. 23. 제 6-23호
157-033 서울시 강서구 등촌3동 684-1
에이스 테크노타워 203호
☎ 6735-2100~2 / Fax 6735-2103

Copyright ⓒ 2002, by Jeon Won Publishing Co.
Printed in Seoul, Korea

정가 10,000원

ISBN   978-89-333-0225-5   13590